中国专利报告

CHINA PATENT REPORT

（总第2卷·2014）

尹新天 主编

北京君策知识产权发展中心

知识产权出版社
全国百佳图书出版单位

图书在版编目（CIP）数据

中国专利报告. 2014：总第2卷/尹新天主编. —北京：知识产权出版社，2015.1

ISBN 978-7-5130-3327-5

Ⅰ. ①中… Ⅱ. ①尹… Ⅲ. ①专利－研究报告－中国－2014 Ⅳ. ①G306.72

中国版本图书馆CIP数据核字（2015）第015694号

内容提要

本书由四大板块组成：一是官方文件，收集新近制定或者修订的与专利工作有关的法律法规、司法解释、地方法规、部门规章以及规范性文件；二是专利案例，精选我国法院2013年作出的专利行政纠纷案件判决和专利民事诉讼纠纷案件判决；三是环球动态，介绍国外有关专利工作动向；四是著论索引，收集我国2013年出版发表的部分与专利有关的著作和论文。对我国专利案例的介绍是本书的重点。本书有助于广大读者及时了解国内外专利工作的动向，提高专利工作者的从业水平，促进我国专利事业的发展。

读者对象：知识产权领域从业人士、高校及科研院所相关专业研究人士。

责任编辑： 李 琳 龙 文　　**责任校对：** 谷 洋

装帧设计： 品 序　　**责任出版：** 刘译文

中国专利报告（总第2卷·2014）

Zhongguo Zhuanli Baogao（Zong Di 2 Juan·2014）

尹新天　主编

出版发行： 知识产权出版社有限责任公司　　**网　　址：** http://www.ipph.cn

社　　址： 北京市海淀区马甸南村1号　　**邮　　编：** 100088

责编电话： 010-82000860转8123　　**责编邮箱：** longwen@cnipr.com

发行电话： 010-82000860转8101/8102　　**发行传真：** 010-82000893/182005070/82000270

印　　刷： 三河市国英印务有限公司　　**经　　销：** 各大网上书店、新华书店及相关销售网点

开　　本： 720mm×960mm 1/16　　**印　　张：** 31.5

版　　次： 2015年1月第1版　　**印　　次：** 2015年1月第1次印刷

字　　数： 500千字　　**定　　价：** 90.00元

ISBN 978-7-5130-3327-5

编委会

目　录

第二章 专利行政纠纷案件判例

第三章 专利民事纠纷案件判例

第四章 环球动态

第五章 著论索引

前言

为了帮助读者及时了解国内外专利工作的动向，提高专利工作者的从业水平，促进我国专利事业的发展，北京君策知识产权发展中心编辑出版了本书，并自2014年起每年编辑出版一卷。

北京君策知识产权发展中心成立于2011年，系经北京市民政局登记核准、北京市知识产权局主管的民办非企业单位。该中心的设立宗旨是服务于各级政府和企事业单位，增强全社会的知识产权意识，促进我国知识产权战略的实施和创新型国家的建设，促进国际交流与合作。该中心的业务范围包括开展知识产权相关课题研讨、咨询及论证，组织国内国际知识产权培训、交流与合作，收集、编辑、翻译知识产权信息和文献。

本书目前设立了四个版块：一是官方文件，收集新制定的或者经修订的与专利工作有关的法律法规、司法解释、地方法规、部门规章以及规范性文件；二是专利案例，精选我国法院2013年作出的专利行政纠纷案件判决和专利民事诉讼纠纷案件判决；三是环球动态，介绍国外有关专利工作动向；四是著述索引，收集我国2013年出版发表的部分与专利有关的著作和论文。今后视读者需要，还可以增加其他版块。

对我国专利案例的介绍是本书的重点。无论是成文法体系国家还是判例法体系国家，专利案例对专利制度的运作和完善都发挥了十分重要的作用，体现在：专利法律法规无论如何详尽都不可能穷尽现实中遇到的各种问题，专利案例是针对具体案情“活用”专利法律法规的规定，能够起到促进专利制度不断完善进步的作用，可谓“问渠哪得清如许，为有源头活水来”。

介绍我国专利案例的书籍已有很多，本书的特色在于：增加了“本案专利介绍”部分，补充专利说明书的有关内容以及必要附图，以帮助读者更好地理解案情，正确领会判决的含义；对部分案例增加了“评析”部分，对有关判决的重要意义以及有关问题进行分析讨论，以开展学术研讨，一孔之见意在引玉，凡不当之处敬请专家学者和广大读者批评指正。

衷心欢迎读者就如何编好本书提出建议。

本卷导读

本卷收集的官方文件有如下亮点：

● 随着科学技术的迅猛发展，专利技术与国家标准挂钩，特别是与国家强制性标准挂钩所带来的问题日益突出，引起了社会各界的高度关注，希望国家尽快出台有关法律法规予以规范的呼声由来已久。2013年12月，国家标准化管理委员会和国家知识产权局联合发布了**《国家标准涉及专利的管理规定（暂行）》**，其条款涉及国家标准中包含专利的应当如何披露专利信息，应当以何种方式获得专利实施许可等重要问题。

● 2001年9月，北京市高级人民法院发布了《专利侵权判定若干问题的意见（试行）》，这是我国法院首次对专利侵权判断规则的较为系统的归纳总结，对我国法院审理专利侵权纠纷案件产生了重要的促进作用。经过十多年的实践，北京市高级人民法院于2013年9月重新发布了**《专利侵权判定指南》**，与2001年的文件相比，在内容上有了进一步的丰富与提高。

本卷收集的专利行政纠纷案例涉及如下问题：

● 何时需要对权利要求的内容进行解释？一种观点认为只有当权利要求存在不清楚的问题时才需要进行解释。最高人民法院对**"喷墨打印设备及其墨盒"发明专利无效宣告请求案**的再审裁定指出，无论在专利授权确权程序还是在专利民事侵权程序中，客观上都需要明确权利要求的含义及其保护范围，因而都需要对权利要求进行解释。

● 修改不得超出"原说明书和权利要求书记载的范围"，对此规定应当如何理解？最高人民法院对**"后换挡器"发明专利无效宣告请求案**的再审判决指出，原说明书和权利要求书记载的范围应当理解为原说明书和权利要求书所呈现的发明创造的全部信息，这是对发明创造的全部信息的固定，既是先申请制度的基石，也是专利申请进入后续阶段的客观基础。

● 在复审程序中，专利复审委员会在何种情况下应当发出复审通知书，在何种情况下可以作出复审请求审查决定？最高人民法院对**"一种防治鼠害的药物组合物"发明专利申请复审案**的再审判决指出，专利复审委员会以两处新的修改超范围为由驳回专利权人的复审请求，属于引入了驳回决定未提出的理由，应当再次发出复审通知书，给予本案申请人再次修改或者陈述理由的机会。

本卷收集的专利民事纠纷案例涉及如下问题：

- 在外观设计侵权纠纷案件的审理过程中，是否在任何情况下都需要将被诉侵权产品的所有外观设计要素，即形状、图案、色彩与涉案外观设计专利的图片或者照片进行对比，以判断两者是否相同或者相近似？最高人民法院对**“剪刀”外观设计专利侵权案**的再审裁定指出，被诉侵权产品在采用与外观设计专利相同或者相近似的外观设计之余，还附加有其他图案、色彩设计要素的，如果这些附加的设计要素属于额外增加的设计要素，则对侵权判断一般不具有实质性影响。否则，他人即可通过在外观设计专利上简单增加图案、色彩等方式，轻易规避专利侵权。这无疑有悖于专利法鼓励发明创造，促进科技进步和创新的立法本意。

- 经法院认定构成专利侵权行为，侵权人与专利权人就今后可能再次发生的侵权赔偿责任作出约定的，在此后发生的专利侵权纠纷中，专利权人是否可以请求法院依据上述约定确定赔偿数额？最高人民法院对**“前轮定位装置”实用新型专利侵权案**的再审判决指出，基于举证困难等因素的考虑，双方当事人在私法自治的范畴内完全可以对侵权赔偿数额作出约定，这种约定既包括侵权行为发生后的事后约定，也包括侵权行为发生前的事先约定。本案适用调解协议中双方约定的赔偿数额确定方法与《专利法》第六十五条的有关规定并不冲突。

- 在专利侵权纠纷案件的审理过程中，被诉侵权人是否可以实施抵触申请的技术方案为由提出不侵权抗辩？最高人民法院对**“布塑热水袋的加工方法”发明专利侵权案**的再审判决指出，虽然抵触申请并不构成现有技术，但由于抵触申请能够破坏对比专利技术方案的新颖性，故在被诉侵权人以实施抵触申请中的技术方案主张其不构成专利侵权时应该被允许，并可以参照现有技术抗辩的审查判断标准予以评判。

- 当授权专利包含并列独立权利要求，并采用引用在前独立权利要求的撰写方式时，确定其保护范围是否一定需要将被引用独立权利要求记载的全部技术特征读入到并列独立权利要求？最高人民法院对**“一种钢带增强塑料管道及其**

制造方法和装置”发明专利侵权案的再审裁定指出，当并列独立权利要求引用在前的独立权利要求时，该并列独立权利要求仍然属于独立权利要求，而不属于从属权利要求。虽然在确定并列独立权利要求的保护范围时，被引用的独立权利要求的特征均应当予以考虑，但其对该并列独立权利要求并不必然具有限定作用，其实际限定作用应当根据其对该并列独立权利要求的技术方案或保护主题是否有实质性影响来确定。

本卷“环球动态”部分收集的美国专利案例涉及如下问题：

- 本书第一卷（2013）介绍了美国联邦巡回上诉法院2012年对AKamai一案作出的大法庭判决，并指出该判决如果生效将对美国认定间接侵权的标准产生重大影响。美国联邦巡回上诉法院的这一判决是否能够得到美国最高法院的认同？2014年6月2日，美国最高法院的全体9名大法官一致通过了对**Akamai一案**的终审判决，推翻了美国联邦巡回上诉法院的上述大法庭判决，指出大法庭判决违背了美国最高法院的一贯立场，即没有直接侵犯专利权的行为存在就不能追究间接侵犯专利权的责任。

- 美国专利法第112条第6款允许专利申请人在权利要求中采用功能性限定特征。美国法院如何认定专利权利要求中是否采用了功能性限定特征？如果说明书中没有记载该功能的具体实现方式，将对专利权的效力产生何种影响？美国联邦巡回上诉法院2013年1月2日对**Lighting Ballast Control LLC一案**的判决回答了上述问题，对我国理解和施行最高人民法院司法解释的有关规定具有借鉴意义。

第一章

官方文件

全国打击侵犯知识产权和制售假冒伪劣商品工作领导小组《关于依法公开制售假冒伪劣商品和侵犯知识产权行政处罚案件信息的意见（试行）》

（国发〔2014〕6号2014年2月4日发布）

为规范公开制售假冒伪劣商品和侵犯知识产权行政处罚案件（以下简称假冒伪劣和侵权行政处罚案件）信息，保护消费者权益，提高执法公信力，维护公平竞争的市场秩序，促进质量提升和产业升级，制定本意见。

一、总体要求

（一）行政执法机关原则上应当主动、及时公开适用一般程序查办的假冒伪劣和侵权行政处罚案件相关信息，接受人民群众监督。

（二）行政执法机关公开假冒伪劣和侵权行政处罚案件相关信息，应当遵守《中华人民共和国行政处罚法》、《中华人民共和国政府信息公开条例》（以下简称《政府信息公开条例》）等法律法规规定。

二、公开的内容

（三）公开的假冒伪劣和侵权行政处罚案件信息主要是指行政处罚决定书载明的内容和依法律、法规应当公开的其他信息，一般应当包括：行政处罚决定书文号；被处罚的自然人姓名，被处罚的企业或其他组织的名称、法定代表人姓名；违反法律、法规或规章的主要事实；行政处罚的种类和依据；行政处罚的履行方式和期限；作出处罚决定的行政执法机关名称和日期。

（四）行政处罚决定因行政复议或行政诉讼发生变更或撤销的，应当及时公开相关信息。

（五）行政执法机关应当按照有关规定及时移送涉嫌犯罪的案件；对作出行政处罚决定后移送的案件，要公开行政处罚结果信息。

（六）对公民、法人或其他组织申请公开的假冒伪劣和侵权行政处罚案件相关信息，按照《政府信息公开条例》和相关法律法规的规定办理。

三、公开的权限

（七）县级以上人民政府行政执法机关负责本机关假冒伪劣和侵权行政处罚案件的信息公开工作。

（八）实行垂直管理的行政执法机关自行确定本系统假冒伪劣和侵权行政处罚案件信息公开工作的机构层级。

四、公开的程序和方式

（九）对属于主动公开范围的假冒伪劣和侵权行政处罚案件信息，自行政执法机关作出处罚决定或处罚决定变更之日起20个工作日内予以公开。对食品药品、卫生器材、农业生产资料等事关人民群众健康和安全领域的假冒伪劣和侵权行政处罚案件信息，应根据相关法律、法规的规定，及时予以公开。法律、法规对公开的期限另有规定的，从其规定。

（十）行政执法机关应当主要通过政府网站主动公开假冒伪劣和侵权行政处罚案件信息，也可以选择公告栏、新闻发布会以及报刊、广播、电视等便于公众知晓的方式予以公开。

（十一）有关部门要将公开的假冒伪劣和侵权行政处罚案件信息作为社会征信系统的重要内容，方便社会公众查询。

五、规范和管理

（十二）行政执法机关要建立健全假冒伪劣和侵权行政处罚案件信息公开管理制度，并指定专门机构负责假冒伪劣和侵权行政处罚案件信息公开日常工作。

（十三）行政执法机关要建立健全假冒伪劣和侵权行政处罚案件信息公开的内部审核机制。

（十四）行政执法机关应当建立健全假冒伪劣和侵权行政处罚案件信息公开协调机制。涉及其他行政机关的，应当在公开前沟通、确认，保证所公开的信息准确一致。

（十五）行政执法机关应当建立健全假冒伪劣和侵权行政处罚案件信息公开的档案管理制度。

（十六）行政执法机关公开假冒伪劣和侵权行政处罚案件信息，不得涉及商业秘密以及自然人住所、肖像、电话号码、财产状况等个人隐私。但是，经权利人同意公开或者行政执法机关认为不公开可能对公共利益造成重大影响的，可以予以公开，并将决定公开的内容和理由书面通知权利人。

（十七）行政执法机关公开假冒伪劣和侵权行政处罚案件信息，不得泄露国家秘密，损害国家政治、经济安全，影响社会稳定。因上述理由决定不予公开相关信息的，应当写明理由并报上级机关批准。

（十八）行政执法机关应当制定相关配套措施，加强基层执法队伍培训，提高执法水平，有序推进假冒伪劣和侵权行政处罚案件信息公开工作。

六、监督和保障

（十九）各级人民政府要将假冒伪劣和侵权行政处罚案件信息公开工作纳入政府信息公开工作的监督检查内容，建立健全考核制度和责任追究制度，定期进行考核。要加强政策解读和舆论引导，做好相关宣传教育工作。

（二十）行政执法机关要严格履行假冒伪劣和侵权行政处罚案件信息公开的责任与义务。上级机关和监察机关要加强监督指导，对不履行信息公开义务、不及时公开或更新信息内容、违规收取费用等行为，责令改正并追究责任。

（二十一）承担假冒伪劣和侵权行政处罚案件信息公开工作的行政执法机关，要根据本意见要求和相关规定制定具体实施办法并抓好落实。

最高人民法院关于人民法院在互联网公布裁判文书的规定

（2013年11月13日最高人民法院审判委员会第1595次会议通过）

为贯彻落实审判公开原则，规范人民法院在互联网公布裁判文书工作，促进司法公正，提升司法公信力，根据《中华人民共和国刑事诉讼法》《中华人民共和国民事诉讼法》《中华人民共和国行政诉讼法》等相关规定，结合人民法院工作实际，制定本规定。

第一条 人民法院在互联网公布裁判文书，应当遵循依法、及时、规范、真实的原则。

第二条 最高人民法院在互联网设立中国裁判文书网，统一公布各级人民法院的生效裁判文书。

各级人民法院对其在中国裁判文书网公布的裁判文书质量负责。

第三条 各级人民法院应当指定专门机构负责互联网公布裁判文书的管理工作。该机构履行以下职责：

（一）组织、上传裁判文书；

（二）发现公布的裁判文书存在笔误或者技术处理不当等问题的，协调有关部门及时处理；

（三）其他相关的指导、监督和考评工作。

第四条 人民法院的生效裁判文书应当在互联网公布，但有下列情形之一的除外：

（一）涉及国家秘密、个人隐私的；

（二）涉及未成年人违法犯罪的；

（三）以调解方式结案的；

（四）其他不宜在互联网公布的。

第五条 人民法院应当在受理案件通知书、应诉通知书中告知当事人在互联网公布裁判文书的范围，并通过政务网站、电子触摸屏、诉讼指南等多种方式，向公众告知人民法院在互联网公布裁判文书的相关规定。

第六条 人民法院在互联网公布裁判文书时，应当保留当事人的姓名或者名称等真实信息，但必须采取符号替代方式对下列当事人及诉讼参与人的姓名进行匿名处理：

（一）婚姻家庭、继承纠纷案件中的当事人及其法定代理人；

（二）刑事案件中被害人及其法定代理人、证人、鉴定人；

（三）被判处三年有期徒刑以下刑罚以及免予刑事处罚，且不属于累犯或者惯犯的被告人。

第七条 人民法院在互联网公布裁判文书时，应当删除下列信息：

（一）自然人的家庭住址、通讯方式、身份证号码、银行账号、健康状况等个人信息；

（二）未成年人的相关信息；

（三）法人以及其他组织的银行账号；

（四）商业秘密；

（五）其他不宜公开的内容。

第八条 承办法官或者人民法院指定的专门人员应当在裁判文书生效后七日内按照本规定第六条、第七条的要求完成技术处理，并提交本院负责互联网公布裁判文书的专门机构在中国裁判文书网公布。

第九条 独任法官或者合议庭认为裁判文书具有本规定第四条第四项不宜在互联网公布情形的，应当提出书面意见及理由，由部门负责人审查后报主管副院长审定。

第十条 在互联网公布的裁判文书，除依照本规定的要求进行技术处理的以外，应当与送达当事人的裁判文书一致。

人民法院对送达当事人的裁判文书进行补正的，应当及时在互联网公布补正裁定。

第十一条 人民法院在互联网公布的裁判文书，除因网络传输故障导致与送达当事人的裁判文书不一致的以外，不得修改或者更换；确因法定理由或者其他特殊原因需要撤回的，应当由高级人民法院以上负责互联网公布裁判文书的专门机构审查决定，并在中国裁判文书网办理撤回及登记备案手续。

第十二条 中国裁判文书网应当提供操作便捷的检索、查阅系统，方便公众检索、查阅裁判文书。

第十三条 最高人民法院负责监督和指导地方各级人民法院在互联网公布裁判文书的工作。

高级人民法院负责组织、指导、监督和检查辖区内各级人民法院在互联网公布裁判文书的工作。

第十四条 各高级人民法院在实施本规定的过程中，可以结合工作实际制定实施细则。中西部地区基层人民法院在互联网公布裁判文书的时间进度由高级人民法院决定，并报最高人民法院备案。

第十五条 本规定自2014年1月1日起实施。最高人民法院2010年11月8日制定的《关于人民法院在互联网公布裁判文书的规定》（法发〔2010〕48号）同时废止。最高人民法院以前发布的司法解释和规范性文件与本规定不一致的，以本规定为准。

关于修改《最高人民法院关于审理专利纠纷案件适用法律问题的若干规定》的决定

（2013年2月25日最高人民法院审判委员会第1570次会议通过，
自2013年4月15日起施行）

根据最高人民法院审判委员会第1570次会议决定，对《最高人民法院关于审理专利纠纷案件适用法律问题的若干规定》作如下修改：

第二条规定增加一款："最高人民法院根据实际情况，可以指定基层人民法院管辖第一审专利纠纷案件。"

最高人民法院关于废止部分司法解释和司法解释性质文件（第十批）的决定（专利部分）

（2013年2月18日最高人民法院审判委员会第1569次会议通过，
自2013年4月8日起施行）

为适应形势发展变化，保证国家法律统一正确适用，根据有关法律规定和审判实际，最高人民法院会同有关部门，对1997年7月1日至2011年12月31日期间发布的司法解释和司法解释性质文件进行了集中清理。现决定废止1997年7月1日至2011年12月31日期间发布的81件司法解释和司法解释性质文件。废止的司法解释和司法解释性质文件从本决定施行之日起不再适用，但过去依据下列司法解释、司法解释性质文件对有关案件作出的判决、裁定仍然有效。

予以废止的1997年7月1日至2011年12月31日期间发布的部分司法解释和司法解释性质文件目录（第十批）（专利部分）

序号	司法解释和司法解释性质文件名称	发文日期、文号	废止理由
48	最高人民法院关于苏州龙宝生物工程实业公司与苏州朗力福保健品有限公司请求确认不侵犯专利权纠纷案的批复	2002年7月12日〔2001〕民三他字第4号	已被《最高人民法院关于审理侵犯专利权纠纷案件应用法律若干问题的解释》代替
62	最高人民法院关于诉前责令停止侵犯专利权、商标权、著作权行为案件编号和收取案件受理费问题的批复	2004年2月16日法〔2004〕17号	已被《诉讼费用缴纳办法》代替

国家标准涉及专利的管理规定（暂行）

（2013年12月19日国家标准化管理委员会、国家知识产权局发布）

第一章 总则

第一条 为规范国家标准管理工作，鼓励创新和技术进步，促进国家标准合理采用新技术，保护社会公众和专利权人及相关权利人的合法权益，保障国家标准的有效实施，依据《中华人民共和国标准化法》、《中华人民共和国专利法》和《国家标准管理办法》等相关法律法规和规章制定本规定。

第二条 本规定适用于在制修订和实施国家标准过程中对国家标准涉及专利问题的处置。

第三条 本规定所称专利包括有效的专利和专利申请。

第四条 国家标准中涉及的专利应当是必要专利，即实施该项标准必不可少的专利。

第二章 专利信息的披露

第五条 在国家标准制修订的任何阶段，参与标准制修订的组织或者个人应当尽早向相关全国专业标准化技术委员会或者归口单位披露其拥有和知悉的必要专利，同时提供有关专利信息及相应证明材料，并对所提供证明材料的真实性负责。参与标准制定的组织或者个人未按要求披露其拥有的专利，违反诚实信用原则的，应当承担相应的法律责任。

第六条 鼓励没有参与国家标准制修订的组织或者个人在标准制修订的任何阶段披露其拥有和知悉的必要专利，同时将有关专利信息及相应证明材料提交给相关全国专业标准化技术委员会或者归口单位，并对所提供证明材料的真实性负责。

第七条 全国专业标准化技术委员会或者归口单位应当将其获得的专利信息尽早报送国家标准化管理委员会。

第八条 国家标准化管理委员会应当在涉及专利或者可能涉及专利的国家标准批准发布前，对标准草案全文和已知的专利信息进行公示，公示期为30天。任何组织或者个人可以将其知悉的其他专利信息书面通知国家标准化管理委员会。

第三章 专利实施许可

第九条 国家标准在制修订过程中涉及专利的，全国专业标准化技术委员会或者归口单位应当及时要求专利权人或者专利申请人作出专利实施许可声明。该声明应当由专利权人或者专利申请人在以下三项内容中选择一项：

（一）专利权人或者专利申请人同意在公平、合理、无歧视基础上，免费许可任何组织或者个人在实施该国家标准时实施其专利；

（二）专利权人或者专利申请人同意在公平、合理、无歧视基础上，收费许可任何组织或者个人在实施该国家标准时实施其专利；

（三）专利权人或者专利申请人不同意按照以上两种方式进行专利实施许可。

第十条 除强制性国家标准外，未获得专利权人或者专利申请人根据第九条第一项或者第二项规定作出的专利实施许可声明的，国家标准不得包括基于该专利的条款。

第十一条 涉及专利的国家标准草案报批时，全国专业标准化技术委员会或者归口单位应当同时向国家标准化管理委员会提交专利信息、证明材料和专利实施许可声明。除强制性国家标准外，涉及专利但未获得专利权人或者专利申请人根据第九条第一项或者第二项规定作出的专利实施许可声明的，国家标准草案不予批准发布。

第十二条 国家标准发布后，发现标准涉及专利但没有专利实施许可声明的，国家标准化管理委员会应当责成全国专业标准化技术委员会或者归口单位在规定时间内获得专利权人或者专利申请人作出的专利实施许可声明，并提交国家标准化管理委员会。除强制性国家标准外，未能在规定时间内获得专利权人或者专利申请人根据第九条第一项或者第二项规定作出的专利实施许可声明的，国家标准化管理委员会可以视情况暂停实施该国家标准，并责成相应的全国专业标准化技术委员会或者归口单位修订该标准。

第十三条 对于已经向全国专业标准化技术委员会或者归口单位提交实施许可声明的专利，专利权人或者专利申请人转让或者转移该专利时，应当事先告知受让人该专利实施许可声明的内容，并保证受让人同意受该专利实施许可声明的约束。

第四章 强制性国家标准涉及专利的特殊规定

第十四条 强制性国家标准一般不涉及专利。

第十五条 强制性国家标准确有必要涉及专利，且专利权人或者专利申请人拒绝作出第九条第一项或者第二项规定的专利实施许可声明的，应当由国家标准化管理委员会、国家知识产权局及相关部门和专利权人或者专利申请人协商专利处置办法。

第十六条 涉及专利或者可能涉及专利的强制性国家标准批准发布前，国家标准化管理委员会应当对标准草案全文和已知的专利信息进行公示，公示期为30天；依申请，公示期可以延长至60天。任何组织或者个人可以将其知悉的其他专利信息书面通知国家标准化管理委员会。

第五章 附则

第十七条 国家标准中所涉及专利的实施许可及许可使用费问题，由标准使用人与专利权人或者专利申请人依据专利权人或者专利申请人作出的专利实施许可声明协商处理。

第十八条 等同采用国际标准化组织（ISO）和国际电工委员会（IEC）的国际标准制修订的国家标准，该国际标准中所涉及专利的实施许可声明同样适用于国家标准。

第十九条 在制修订国家标准过程中引用涉及专利的标准的，应当按照本规定第三章的规定重新要求专利权人或者专利申请人作出专利实施许可声明。

第二十条 制修订国家标准涉及专利的，专利信息披露和专利实施许可声明的具体程序依据《标准制定的特殊程序第1部分：涉及专利的标准》国家标准中有关规定执行。

第二十一条 国家标准文本有关专利信息的编写要求按照《标准化工作导则》国家标准中有关规定执行。

第二十二条 制修订行业标准和地方标准中涉及专利的，可以参照适用本规定。

第二十三条 本规定由国家标准化管理委员会和国家知识产权局负责解释。

第二十四条 本规定自2014年1月1日起施行。

国家知识产权局政府信息公开实施办法

（2013年3月4日国知办发办字〔2013〕20号发布）

第一章 总则

第一条 为保障公民、法人和其他组织依法获取国家知识产权局政府信息，充分发挥知识产权政府信息对人民群众生产、生活和经济社会活动的服务作用，根据《中华人民共和国政府信息公开条例》，结合我局工作实际，制定本办法。

第二条 国家知识产权局政府信息公开遵循真实准确、公正透明和便民及时的原则。

第三条 本办法所称政府信息，是指国家知识产权局在履行职责过程中制作或者获取的，以一定形式记录、保存的信息。

第四条 国家知识产权局设立政务公开领导小组，负责全局政务信息公开和政府信息公开的组织领导工作。

领导小组在局办公室设立政府信息公开办公室，具体负责政府信息公开的日常工作。

第二章 公开的内容

第五条 下列内容应当主动、及时、准确地向社会或者服务对象公开：

（一）国家知识产权局机构设置、职能及办事程序；

（二）国家知识产权局发展规划，重要工作部署及实施情况；

（三）《中华人民共和国专利法》及其实施细则规定在专利申请、审批及复审、无效等程序中，应当对外公开的信息；

（四）专利代理机构的审批决定、全国代理人资格考试的有关政策、规定；

（五）公务员招录有关政策、通知；

（六）财政预算、决算报告；

（七）行政事业性收费的项目、标准；

（八）政府采购规定和实施情况；

（九）年度统计信息；

（十）其他依照法律、法规和国家有关规定应当主动公开的内容。

第六条 涉及国家秘密、商业秘密、个人隐私的信息不得向社会公众公开。但是，经权利人同意或者我局认为不公开可能对公共利益造成重大影响的涉及商业秘密、个人隐私的政府信息，可以予以公开。

第七条 对于公民、法人或者其他组织根据自身生产、生活、科研等特殊需要提出的公开申请，经审查符合受理条件，由政府信息公开办公室会同相关职能部门对其申请进行答复，政府信息公开办公室负责将答复结果告知申请人。

第三章 公开的方式和程序

第八条 国家知识产权局政府信息主要按以下方式公开：

（一）政府网站；

（二）国家知识产权局文告、主管报刊等；

（三）新闻发布会；

（四）专利受理大厅和客户服务中心；

（五）其他可以公开政府信息的方式。

第九条 依照《中华人民共和国保守国家秘密法》和《中华人民共和国政府信息公开条例》有关规定，遵循“谁制作、谁公开”和“先审查、后公开”原则，政府信息公开保密审查程序与公文运转程序、信息发布程序相结合，发布政府信息应提供保密审查依据。

各部门在制作政府信息时，应当确定该信息是否公开及公开范围、公开内容是否需要删减。对不能确定是否公开及公开范围的政府信息，应当报局政府信息公开办公室审核，必要时报政务公开领导小组审批。

第十条 属于主动公开范围的政府信息，应当自该信息形成或者变更之日起20个工作日内予以公开。法律、法规及规章对政府信息公开的期限另有规定的，从其规定。

第十一条 公民、法人或者其他组织依照本办法第八条规定申请获取国家知识产权局政府信息的，应当采用书面形式（包括数据电文形式）；采用书面形式确有困难的，国家知识产权局应当为其提供必要的帮助。

公开申请应当包含申请人的姓名或者名称、联系方式、申请公开信息的目的和用途、所需政府信息的描述以及获取该信息的方式等内容。

第十二条 对申请公开的政府信息，国家知识产权局根据下列情况予以答复：

（一）属于公开范围的，应当告知申请人获取该政府信息的方式和途径；

（二）属于不予公开范围的，应当告知申请人并说明理由；

（三）依法不属于国家知识产权局公开的信息或者该政府信息不存在的，应当告知申请人；对能够确定该政府信息公开部门的，应当告知申请人该部门的名称、联系方式；

（四）申请内容不明确的，应当及时告知申请人作出更改或补充。

第十三条 申请公开的政府信息中，含有不应当公开的内容但能够作区分处理的，应当向申请人提供可以公开的信息内容。

第十四条 对于受理的政府信息公开申请，可以当场答复的，应当当场予以答复。不能当场答复的，应当自受理申请之日起15个工作日内予以答复。如需延长答复期限的，应当经政府信息公开办公室负责人同意，并告知申请人，延长答复的期限最长不得超过15个工作日。

对于申请公开的政府信息涉及商业秘密、个人隐私，公开后可能损害第三方合法权益的，应当书面征求第三方的意见，所需时间不计算在规定的期限内。

第十五条 依申请提供的政府信息，除可以收取检索、复制、邮寄等成本费用外，不得收取其他费用。

申请公开政府信息的公民确有经济困难的，经本人申请、政府信息公开办公室负责人审核同意，可以减免相关费用。

第十六条 申请公开政府信息的公民存在阅读困难或者视听障碍的，应当为其提供必要的帮助。

第四章 监督与保障

第十七条 国家知识产权局纪检监察部门负责政府信息公开工作的监督检查。

第十八条 建立政府信息公开的工作考核制度、公开评议制度和责任追究制度等各项制度，定期对政府信息公开工作进行考核、评议，保证政府信息公开的有效实施。

第十九条 国家知识产权局应当在每年的3月31日前公布政府信息公开工作

年度报告。

第二十条 公民、法人或者其他组织认为国家知识产权局在政府信息公开工作中的具体行政行为侵犯其合法权益的，可以依法申请行政复议或者提起行政诉讼。

第五章 附则

第二十一条 本办法适用于国家知识产权局机关、专利局和专利复审委员会，局直属各单位参照执行。

第二十二条 本办法由国家知识产权局办公室负责解释。

第二十三条 本办法自印发之日起实施。原《国家知识产权局政府信息公开暂行办法》同时废止。

北京市专利保护和促进条例

（2005年5月20日北京市十二届人大常委会第20次会议通过，2013年9月27日北京市十四届人大常委会第6次会议修订，2013年9月27日北京市人民代表大会常务委员会公告第2号公布）

第一章 总则

第一条 为了鼓励发明创造，保护专利权人的合法权益，推动发明创造的应用，促进科学技术进步和经济社会发展，提高创新能力，根据《中华人民共和国专利法》、《中华人民共和国专利法实施细则》和其他有关法律、行政法规，结合本市实际情况，制定本条例。

第二条 本市行政区域内专利的保护、促进及相关活动，适用本条例。

第三条 本市专利工作应当遵循激励创新、合理运用、依法保护、科学管理、完善服务的原则。

第四条 市和区、县人民政府应当按照首都知识产权战略制定专利保护和促进规划，将专利工作纳入国民经济和社会发展规划并组织实施，保障专利事业发展需要的经费和投入，加强体制机制创新和政策环境建设，建立和完善专利发展评价指标，提升社会的专利创造、运用、保护和管理能力。

市和区、县人民政府应当加强服务，完善有利于专利保护和促进的市场环境，健全政府与市场、社会的统筹协调机制。

第五条 市专利管理部门负责本行政区域内的专利工作。

区、县专利管理部门在市专利管理部门的指导下，开展有关专利保护和促进工作。

发展改革、科学技术、经济和信息化、人力资源和社会保障、教育、农业、工商、商务以及国有资产管理等有关部门，应当按照各自的职责做好相关工作。

第六条 市和区、县人民政府有关部门应当指导企业、事业单位开展专利工作，引导企业、事业单位建立健全专利管理体系和管理制度。

第七条 市和区、县人民政府有关部门及有关单位应当加强专利宣传教育，在法制宣传教育计划和公务员培训体系中纳入专利知识的内容，加强对企业、事业单位人员的培训，鼓励高等院校开设专利课程，提高全社会的专利意识，营造专利保护和促进的良好环境。

第八条 市和区、县人民政府有关部门应当加强对专利信息发布、新闻报道工作的组织、协调，对重大专利事件新闻报道和舆情进行收集、分析、通报。

第二章 专利保护

第九条 市专利管理、工商、商务等有关部门应当建立专利保护的预防、查处、处理工作机制，重点预防假冒专利行为和群体性专利侵权行为，依法查处假冒专利行为、处理专利侵权纠纷。

第十条 市专利管理部门查处假冒专利行为、处理专利侵权纠纷时，应当依法调查取证，相关单位和个人应当协助配合，如实反映情况，不得拒绝、阻挠。

市专利管理部门查处假冒专利行为时，对有证据证明是假冒专利的产品，依法查封或者扣押。

第十一条 市专利管理部门处理专利侵权纠纷，认定专利侵权行为成立并作出处理决定的，应当按照下列规定采取措施制止侵权行为：

（一）侵权人制造专利侵权产品的，责令其立即停止制造行为、销毁制造侵权产品的专用设备、模具等生产工具，并不得销售、使用尚未售出的侵权产品或者以其他形式将其投放市场；

（二）侵权人未经专利权人许可使用专利方法的，责令其立即停止使用行为、销毁实施专利方法的专用设备、模具等生产工具，并不得销售、使用尚未售出的依照专利方法所直接获得的侵权产品或者以其他形式将其投放市场；

（三）侵权人销售专利侵权产品或者依照专利方法直接获得的侵权产品的，责令其立即停止销售行为，并不得使用尚未售出的侵权产品或者以其他形式将其投放市场；

（四）侵权人许诺销售专利侵权产品或者依照专利方法直接获得的侵权产品的，责令其立即停止许诺销售侵权产品的行为、消除影响，并不得进行任何实际销售行为；

（五）侵权人进口专利侵权产品或者依照专利方法直接获得的侵权产

品，已经进入本市的，责令其不得销售、使用该侵权产品或者以其他形式将其投放市场；

（六）侵权人以生产经营为目的使用专利侵权产品的，责令其立即停止使用行为；

（七）制止侵权行为的其他必要措施。

第十二条 本市建立专利保护工作协调机制，完善执法协作工作平台，健全专利案件行政执法和司法衔接机制，完善行政机关之间以及行政机关与司法机关之间的案件移送和线索通报制度。

第十三条 发生专利纠纷的，当事人可以自行协商解决，也可以在行政处理时向市专利管理部门申请行政调解，或者向人民法院提起诉讼。行业协会及其他中介组织可以接受行政机关或者人民法院委托进行调解的相关工作。

第十四条 市专利管理部门处理专利纠纷时，在当事人自愿的基础上优先采用调解的方式解决纠纷。专利纠纷当事人可以就下列专利纠纷请求市专利管理部门调解：

（一）侵犯专利权的赔偿数额纠纷；

（二）专利申请权和专利权归属纠纷；

（三）发明人、设计人资格纠纷；

（四）职务发明创造的发明人、设计人的奖励和报酬纠纷；

（五）专利权被授予之后提出，该发明专利申请公布后，专利权授予前使用发明而未支付适当费用的纠纷；

（六）其他专利纠纷。

第十五条 市专利管理部门进行调解时应当坚持自愿、合法原则，在查明事实、分清是非的基础上，促使当事人相互谅解，协商解决纠纷。双方当事人经调解达成协议的，市专利管理部门应当制作调解协议书，并告知双方当事人可以向人民法院申请司法确认；未能达成协议的，市专利管理部门应当依法处理。

第十六条 专利权人或者利害关系人应当合理运用专利制度，不得滥用专利权限制技术竞争和技术发展，维护公平竞争的市场秩序、公共利益以及他人合法权益。

第十七条 大型零售企业应当与供货企业就专利保护事项进行约定，明确双方的专利保护责任，预防假冒专利产品和专利侵权产品进入流通市场；专利产品的供货企业应当提供专利证书或者专利实施许可合同等相关证明材料。

第十八条 展览会、展示会、博览会、交易会等活动的主办方应当与参展方就专利保护事项进行约定，按照相关规定做好专利保护工作；参展方以专利产品或者专利技术的名义进场参展的，应当提供专利证书或者专利实施许可合同等相关证明材料；依法需要向海关部门申报的，应当提交相关材料。

在展会期间，展会的主办方、承办方、参展方应当对专利管理等部门的工作予以配合。

第十九条 市专利管理部门应当建立企业实施假冒专利、专利侵权违法行为的档案，纳入本市企业信用信息系统，对于依法给予行政处罚或者追究刑事责任的情形，应当及时向社会公布。

第二十条 本市设立专利举报投诉工作平台，公布举报投诉方式，并为举报人保密。

任何单位和个人有权向市和区、县专利管理部门举报投诉假冒专利行为，提供违法行为线索。对于举报查实的，应当予以奖励。

第二十一条 本市知识产权维权援助机构应当积极开展专利维权援助工作，重点援助、扶持困难人员和中小企业，实现维权援助的公益化、专业化、规范化。

第二十二条 市专利管理及相关部门应当指导企业、行业协会建立专利海外援助机制，鼓励行业协会、服务机构为企业提供应对海外专利纠纷、争端和突发事件的服务。行业协会应当制定本行业专利海外应急预案，指导会员建立海外专利保护制度。

第三章 专利促进

第二十三条 本市鼓励企业、科研院所、高等院校制定专利战略，加强科学技术的研究开发和专利创造、运用、保护、管理工作；鼓励个人发明创造，申请专利。

第二十四条 本市应当以提高自主创新能力为核心，创新组织模式，构建、完善以项目为载体、企业为主体、市场为导向、产学研用相结合的技术创新体系。

第二十五条 本市鼓励高等院校和科研院所依法申请专利，实施专利；支持企业、高等院校、科研院所开展多渠道、多形式的合作，共同研究开发和实施专利。

第二十六条 本市建立重大经济活动专利评议制度，对使用大额政府财政资金、涉及国有资产数额较大或者对经济社会发展有重大影响的经济活动进行专利评估和审议，防范专利纠纷隐患和市场风险，避免低水平重复研究，为政府科学决策提供依据。具体评议办法由市人民政府规定。

第二十七条 本市建立专利预警制度，对重点区域、行业的国内外专利状况、发展趋势、竞争态势等信息进行收集、分析、发布、反馈。市和区、县人民政府应当鼓励、引导企业开展专利预警工作，支持行业协会、专利中介服务机构在专利预警方面为政府决策和企业发展提供服务，维护产业安全，提高企业应对专利纠纷的能力。

第二十八条 本市建立专利研究开发、实施和交易的服务体系，建设专利公共信息服务基础设施、各类专业专题专利数据库，开展专利信息数据检索、加工和分析，促进专利信息的传播和利用，推动专利交易和专利运用。

第二十九条 本市设立专利奖，对在本市进行发明创造并实施，为促进本市经济社会发展做出突出贡献的专利权人予以表彰奖励。

专利奖资金应当用于奖励发明人、设计人以及对专利的实施、转让、许可做出实质贡献的专利管理、技术转移人员。

第三十条 本市对在进行发明创造、专利申请、专利实施、专利保护、专利预警等方面确需获得帮助的单位和个人，可以予以资金支持。具体办法由市专利管理部门、市财政部门会同市科学技术、发展改革、经济和信息化等有关部门制定。

第三十一条 本市通过各种优惠政策鼓励企业及其他组织增加专利研究开发的投入，其专利研究开发费用，在计算应纳税所得额时，可以在实际成本基础上按照规定比例加计扣除或者摊销。

企业购买专利所发生的费用，可以按照规定列入成本。

第三十二条 专利权转让合同、专利申请权转让合同、专利实施许可合同经依法认定登记的，当事人享受国家和本市有关技术交易的税收优惠政策。

第三十三条 市专利管理工作部门会同市科学技术、发展改革、经济和信息化、教育、农业等相关部门建立企业、高等院校、科研院所、社会组织等各类创新主体认定的专利考核指标体系，并将认定考核结果作为相关部门支持、奖励创新主体的依据之一。

第三十四条 本市鼓励企业将自主研究开发的专利产品、技术参与政府采购活动。

第三十五条 申请本市政府财政资金支持的研究开发、技术改造、技术引进等项目，涉及发明、实用新型专利的，应当根据项目的具体情况，按照有关规定和项目主管部门的要求提交专利文献检索报告或者专利分析报告。

市专利管理部门应当会同市科学技术、发展改革等有关部门，公布可以出具专利文献检索报告或者专利分析报告机构的推荐目录。

第三十六条 本市政府财政资金支持项目可能产生专利的，项目承担单位应当全面、准确、真实地报告专利成果。项目主管部门应当与项目承担单位就以下事项进行约定：

（一）涉及专利成果的研发目标和验收标准。

（二）资金使用计划。属于科技计划项目的，按照计划和规定所发生的费用，在项目验收后，可以按照相关规定在科技计划项目经费中列支。

（三）专利权的权属及相关权益。未约定的，专利权归项目承担单位所有，由项目承担单位自主决定专利的实施、许可、转让、作价入股等，并取得相应的收益。法律法规另有规定的除外。

（四）专利申请权及申请的合理期限。项目承担单位在合理期限内不提出专利申请的，发明人、设计人可以申请专利，专利权被授予后，项目承担单位享有专利免费实施权。

（五）专利的实施运用计划及其期限。项目承担单位未依照约定实施的，项目主管部门可以许可他人实施，所收取的费用，应当给予项目承担单位。

（六）专利维持的合理期限。

第三十七条 以专利出资方式设立企业的，专利出资占企业注册资本的比例，依法由出资各方约定。以专利作价出资的，应当出具评估机构的评估报告和验资机构的验资证明。涉及国有企事业单位的，应当符合有关国有资产的管理规定。

第三十八条 本市国有企事业单位应当按照规定建立专利管理制度，健全专利管理体系。有下列情形之一的，应当按照有关规定进行专利评估：

（一）以专利作价出资设立企业的；

（二）许可境外企业、其他组织或者个人使用专利权的；

（三）改制、上市、投资、转让、置换、拍卖、偿还债务等涉及专利的；

（四）合并、分立、解散、清算等涉及专利的；

（五）其他需要进行专利评估的。

第三十九条 被授予专利权的单位应当按照规定和约定给予职务发明创造的发明人、设计人以及对专利的实施、转让、许可做出实质贡献的专利管理、技术转移人员奖金和报酬。

奖金和报酬可以现金、股权收益或者当事人约定的其他形式给付。给付的数额、时间和方式等，由当事人依法约定。没有约定数额的，可以按照下列比例确定：

（一）单位转让、许可他人实施的，不低于转让费、许可使用费净收入的20%；

（二）以专利权入股的，不低于股份或者股权收益的20%。

第四十条 本市进行专业技术职称评审时，应当将发明人、设计人已经实施并取得经济或者社会效益的相关专利作为评价考核的重要因素；对技术进步能够产生重大作用、取得显著经济或者社会效益的专利，可以作为发明人、设计人以及对专利的实施、转让、许可做出实质贡献的专利管理、技术转移人员破格申报相关专业技术职称评价考核的重要因素。

第四十一条 对于具备实施条件、未能适时实施的单位拥有的专利，本市鼓励职务发明的发明人、设计人或者其他单位和个人，与拥有专利权的单位以签订合同的方式予以实施。

第四十二条 本市鼓励开展专利领域的金融创新，支持金融机构开展专利质押业务，创新专利质权处置机制，建立质押贷款和风险补偿机制，鼓励拥有专利的企业利用资本市场融资，支持境内外个人和机构开展以专利运用为目的的投资。

市和区、县人民政府及有关部门依法设立的创业投资引导资金和基金，应当采取阶段参股、跟进投资、风险补助等多种方式，支持专利产业化和商用化。

第四十三条 本市鼓励发展专利服务业，支持专利中介服务机构发展，加强专利中介服务业人才队伍建设，培育专利中介服务市场，完善专利中介服务体系。

第四十四条 专利中介服务机构及其执业人员应当依法提供服务，不得利用商业贿赂手段招揽业务、不得泄露委托人的商业秘密。

第四十五条 市专利管理部门依法对专利中介服务机构及执业人员进行监督和管理。依法设立并在本市从事专利代理业务的专利中介服务机构应当按照规定将机构及其执业人员的情况向市专利管理部门备案，并由市专利管理部门公示。

市专利管理部门建立专利中介服务机构及执业人员的违法行为信息管理系统，及时披露违法行为信息。

第四十六条 本市有关行业协会应当开展专利知识的宣传和培训，增强会员专利意识，规范会员行为，指导支持会员建立专利联盟和专利池，为会员提供专利信息咨询、预警、维权援助等服务。

行业协会应当加强与高校、科研院所的合作，充分利用高校、科研院所的优势，促进产学研合作。

第四章 法律责任

第四十七条 专利侵权纠纷的行政处理决定或者法院判决生效后，同一侵权人再次侵犯同一专利权的，可以由市专利管理部门责令改正，没收违法所得，并处二万元以上二十万元以下的罚款。

第四十八条 市专利管理部门根据本条例第十一条采取措施制止侵权行为，侵权人拒不履行行政处理决定，市专利管理部门可以对涉及的产品以及设备、模具等生产工具予以没收。

第四十九条 专利中介服务机构及其执业人员违反本条例第四十四条规定的，由市工商行政管理部门依法予以查处。

第五十条 负有专利保护和促进责任的相关部门及其工作人员，违反本条例规定，不履行、违法履行或者不当履行保护和审查职责的，依法追究行政责任；相关人员的行为构成犯罪的，依法追究刑事责任。

第五章 附则

第五十一条 本条例自2014年3月1日起施行。

山东省专利条例

（2013年8月1日山东省第十二届人民代表大会常务委员会第三次会议通过，
山东省人民代表大会常务委员会公告第23号发布）

第一章 总则

第一条 为了鼓励发明创造，促进专利运用，加强专利保护和管理，增强自主创新能力，推动经济社会发展，根据《中华人民共和国专利法》和其他有关法律、行政法规，结合本省实际，制定本条例。

第二条 本条例适用于本省行政区域内专利促进、保护、管理、服务以及相关活动。

第三条 专利工作遵循激励创造、有效运用、依法保护、科学管理、完善服务的原则。

第四条 县级以上人民政府应当加强对专利工作的领导，将专利工作纳入国民经济和社会发展规划，健全专利工作体系，支持专利运用和产业化，促进专利事业发展。

第五条 县级以上人民政府专利行政部门负责本行政区域内的专利工作；发展改革、财政、人力资源社会保障等部门按照各自职责，做好相关工作。

第六条 县级以上人民政府及其专利行政等有关部门应当加强专利宣传教育，普及专利知识，增强公众的专利意识。

第七条 县级以上人民政府对具有重大经济、社会和生态效益的优秀专利项目，以及对发明创造和专利运用做出突出贡献的单位和个人，按照有关规定给予表彰、奖励。

省人民政府设立山东优秀发明家奖。

第二章 专利促进

第八条 县级以上人民政府及其有关部门应当建立健全发明创造的激励和保障机制，支持发明创造形成专利；重点扶持符合国家和省产业政策、自主研发和具有较高技术水平的专利技术产业化项目，促进专利运用。

第九条 县级以上人民政府应当设立专项资金，按照规定的使用范围，用于促进专利运用、专利资助奖励、专利人才培养、专利行政保护等相关工作。专项资金应当专款专用，并根据财政状况逐步增加。

第十条 县级以上人民政府有关部门进行专业技术职务评审时，应当将专利发明人、设计人的相关专利作为综合评价的重要内容。

对推动技术进步产生重大作用或者取得显著经济效益的发明专利的主要发明人，获得山东优秀发明家奖的个人，可以优先推荐申报相关专业技术职务资格。获得中国专利金奖、优秀奖的主要发明人，符合破格申报条件的，可以破格申报相关专业技术职务资格。

第十一条 被授予专利权的单位应当依法支付发明人或者设计人奖金和报酬。报酬可以采取现金、股份、股权收益形式或者当事人约定的其他形式支付。

第十二条 以政府财政资金安排和设立的创业风险投资资金的管理机构，应当加大对专利技术产业化项目的投资力度。

第十三条 鼓励和支持银行等金融机构开展专利权质押贷款；对具有发展潜力、良好市场前景的专利技术实施项目，优先给予信贷支持。

鼓励信用担保机构为实施专利技术提供以融资担保为主的信用担保。

支持担保机构开展中小企业专利质押融资担保业务。

第十四条 鼓励企业事业单位和个人采取专利权入股、质押、转让、许可等方式实施专利，股东依法以专利权等非货币出资所占注册资本比例可以达到百分之七十。

企业在专利实施以及产业化过程中形成的新产品，享受有关扶持新产品开发的税收优惠。

单位和个人从事专利技术转让、开发和与之相关的专利技术咨询、服务等业务，依法享受税收优惠。

第十五条 鼓励和支持企业事业单位参与国际标准、国家标准、行业标准或者地方标准的制定，促进专利运用与标准制定相结合。

第十六条 鼓励和支持高等学校、科研机构和企业采取多种形式开展发明创造，实现专利技术的产业化。

专利行政等有关部门应当建立专利技术转移机制，鼓励和指导高等学校、科研机构与企业之间加强专利技术的转移。

第三章　专利保护

第十七条　省、设区的市人民政府专利行政部门负责处理本行政区域内的专利纠纷。

县级以上人民政府专利行政部门负责查处本行政区域内的假冒专利行为。

县级以上人民政府专利行政部门应当加强专利行政执法队伍建设，强化执法人员培训，提高执法水平。

第十八条　请求专利行政部门处理专利侵权纠纷的，应当符合下列条件：

（一）请求人是专利权人或者利害关系人；

（二）有明确的被请求人；

（三）有明确的请求事项和具体事实、理由；

（四）属于受理专利行政部门的受案范围和管辖范围；

（五）专利侵权纠纷未进入诉讼程序。

经审查认为不符合受理条件的，不予受理，并出具不予受理通知书。当事人不服的，可以依法对专利行政部门提起行政诉讼。

对已驳回请求或者作出处理决定的专利侵权纠纷案件，同一请求人以相同的事实和理由再次对同一被请求人提出专利侵权纠纷处理请求的，专利行政部门不予受理。

第十九条　专利侵权纠纷处理过程中，被请求人向国家知识产权局专利复审委员会请求宣告涉案专利权无效的，可以请求专利行政部门中止案件处理；中止案件处理请求应当在指定的期限内以书面形式提出，并同时提交无效宣告请求受理通知书、专利权无效宣告请求书以及相关证据材料。

专利行政部门经审查认为需要中止处理的，应当作出中止处理的决定。但是，有下列情形之一的，可以不中止处理：

（一）请求宣告专利权无效的理由不成立或者提交的证据材料不充分的；

（二）被请求人所实施的技术或者设计属于现有技术或者设计的；

（三）被请求人所实施的技术或者设计未落入涉案专利权保护范围的；

（四）专利行政部门认为不应当中止处理的其他情形。

第二十条　在处理实用新型或者外观设计专利侵权纠纷过程中，专利行政部门可以根据案情需要，要求请求人出具由国务院专利行政部门作出的专利权评价报告。请求人无正当理由拒不提供的，专利行政部门可以驳回请求人的请求。

第二十一条 在专利侵权纠纷处理过程中，当事人对自己提出的主张有责任提供证据。

专利行政部门可以根据需要，依据职权调查收集有关证据。

当事人因客观原因不能自行收集部分证据的，可以书面申请专利行政部门调查收集。书面申请应当载明需要调查收集的证据内容和线索、拟要证明的事实以及不能自行收集的客观原因。

第二十二条 专利侵权纠纷涉及新产品制造方法的发明专利的，制造同样产品的单位或者个人应当提供其产品制造方法不同于专利方法的证明。

产品或者制造产品的技术方案在专利申请日以前为国内外公众所知的，该产品不属于前款规定的新产品。

第二十三条 专利行政部门根据处理专利侵权纠纷的需要进行调查时，可以行使下列职权：

（一）询问当事人和证人；

（二）查阅、复制与案件有关的合同、图纸、账簿等资料；

（三）对涉嫌侵权的产品进行登记并抽样取证；

（四）对涉嫌制造侵权产品和涉嫌使用专利方法的场所进行现场勘验；

（五）现场检查、摄录与案件有关的物品和设施；

（六）涉嫌侵犯制造方法专利权的，要求被调查人进行现场演示；

（七）对可能灭失或者可能被销毁、被转移的合同、图纸、发票、账簿、标记等资料以及有关的物品和设施依法予以登记保存。

专利行政部门行使前款规定的职权，公安机关和工商行政管理等有关部门应当予以协助。有关当事人应当协助调查并提供证据，不得拒绝、阻碍，不得伪造、转移或者毁损证据。

第二十四条 专利行政部门处理专利侵权纠纷，当事人应当如实提供相关证据。

专利行政部门可以根据已经查明的事实、鉴定意见以及权利人提供的证据等材料，对是否构成侵权以及损害结果等予以认定并依法作出处理决定。

第二十五条 专利行政部门处理专利侵权纠纷，认定侵权行为成立的，责令侵权人立即停止制造、使用、销售、许诺销售、进口等侵权行为，销毁侵权产品或者使用侵权方法直接获得的产品,销毁制造侵权产品或者使用侵权方法的专用零部件、工具、模具、设备等物品。

第二十六条 专利行政部门处理专利侵权纠纷，认定侵权行为不成立或者请求人提供的证据不充分的，应当驳回请求人的请求。当事人不服的，可以依法提起行政诉讼。

第二十七条 专利行政部门或者人民法院认定专利侵权行为成立的处理决定或者判决生效后，同一行为人对同一专利权继续或者再次实施侵权行为的，除依法承担民事责任外，由专利行政部门依据职权查处。

第二十八条 在展览会、展示会、推广会、交易会等展会上，当地专利行政部门应当及时处理专利侵权纠纷、查处假冒专利行为。

专利行政部门处理展会上的专利侵权纠纷，能够初步认定参展的产品、技术与专利技术相同或者等同的，可以要求被请求人将相关物品撤离展位。被请求人拒不撤离的，由当地专利行政部门依法处理。

第二十九条 专利行政部门处理或者调解专利纠纷，当事人达成调解协议的，应当制作调解书。

调解书经双方当事人签名或者盖章后生效，对双方当事人具有约束力，当事人应当履行。

调解书中具有给付内容的，当事人可以依照《中华人民共和国公证法》的规定申请公证机关赋予强制执行效力。债务人不履行或者不适当履行具有强制执行效力的公证文书的，债权人可以依法向有管辖权的人民法院申请执行。

第三十条 在专利权有效期内，专利权人或者经专利权人同意享有专利标识标注权的被许可人，可以在其专利产品、依照专利方法直接获得的产品、该产品的包装或者该产品的说明书等材料上标注专利标识。

生产、销售标有专利标识的产品，专利权终止的，当事人应当向专利行政部门提供生产日期的有效证明文件；拒不提供的，视为假冒专利。

第三十一条 专利行政部门在检查与涉嫌违法行为有关的产品时，对有证据证明是假冒专利的产品，可以依法查封或者扣押。

第三十二条 任何单位或者个人不得假冒专利，不得为明知是假冒专利提供制造、销售、运输、仓储、隐匿、广告、展示等便利条件。

第三十三条 县级以上人民政府专利行政部门应当建立专利违法行为举报制度，公布举报方式。

任何单位或者个人有权向专利行政部门举报专利违法行为。其他部门接到专利违法行为举报或者发现涉及专利的违法行为，应当及时告知专利行政部门。

专利行政部门对于查证属实的举报，按照有关规定对举报人给予奖励，并为其保密。

第四章　专利管理

第三十四条　任何单位和个人宣传、推销专利产品和专利方法，应当明示该专利权有效的证明文件。

广告中涉及专利的，广告主应当向广告经营者、广告发布者提供设区的市人民政府专利行政部门出具的有关证明文件；未提供的，广告经营者、广告发布者不得提供设计、制作、代理服务或者发布该广告。

第三十五条　设立从事专利代理的中介服务机构应当依法经专利行政部门审查、审批后，再向登记管理机关申请登记。

第三十六条　有下列行为之一的，应当向有关部门提交由省人民政府专利行政部门认定的专利文献检索机构出具的专利检索报告：

（一）申报重大科研和新技术、新产品立项的；

（二）从事专利技术、产品、设备进口贸易的；

（三）以专利技术、设备作为投资或者申办企业的；

（四）对科技成果进行评价的。

在技术、产品、设备出口贸易中，涉及进口国家或者地区专利权的，可以请求省人民政府专利行政部门认定的专利文献检索机构出具专利检索报告。

第三十七条　有下列情形之一的，专利权人、利害关系人应当提供专利登记簿副本等专利有效证明文件，利害关系人还应当提供专利实施许可合同：

（一）以专利产品或者技术为主要项目内容，申请政府财政资金支持或者政府奖励的；

（二）在展览会、展示会、推广会、交易会等展会活动中，参展方在产品、展板或者宣传资料上标注专利标记的；

（三）组织标注专利标记的商品进入商场、超市等市场流通领域销售的；

（四）需要确认专利权权属和专利权法律状态的其他情形。

不能提供专利权有效证明文件的，有关部门和单位不得给予其资金支持或者为其提供相关服务。

第三十八条　省、设区的市人民政府应当建立健全专利考核评价体系，将创新能力与专利运用情况纳入政府目标责任考核。

县级以上人民政府及其有关部门应当建立企业、高等学校和科研机构创新能力评价体系，将专利数量、质量和转化率作为其创新能力评价的重要依据。

第三十九条　专利行业协会应当加强对其会员服务和经营行为的自律管理，维护行业公平竞争秩序和会员合法权益，促进行业健康发展。

第五章　专利服务

第四十条　省、设区的市和有条件的县（市、区）人民政府专利行政部门建立健全专利信息公共服务体系，建立重点行业专利专题信息数据库，进行专利信息加工和战略分析，开展专利预警分析，为专利运用提供政策指导、技术咨询、信息共享、市场开发、展示交易等公共服务。

第四十一条　县级以上人民政府及其有关部门建立专利审议机制，对与专利技术相关的重大经济活动进行审议，防止技术的盲目引进、重复研发、流失或者侵犯专利权，避免造成重大经济损失。

下列与专利技术相关的重大经济活动，项目单位报批立项时，应当进行专利审议，并在可行性研究报告或者立项报告中对项目相关技术的专利权状况、专利侵权风险等作出评价：

（一）实施使用国有资金或者涉及国有资产数额较大的重大建设、重大并购、重点引进、重大高新技术产业化等项目；

（二）实施省重大科学技术项目、核心技术转让、重大技术进出口以及重点装备进口、省重点项目等与专利技术相关的项目；

（三）对当地经济社会发展有重大影响的其他经济活动。

第四十二条　省、设区的市人民政府专利行政部门应当建立专利咨询、鉴定专家人才库，组织有关专家开展与专利有关的技术咨询、鉴定和评价工作。

第四十三条　县级以上人民政府及其有关部门应当发展和规范专利技术交易市场，支持专利技术交易机构、专利技术展示交易平台的设立和发展。

第四十四条　县级以上人民政府应当组织开展专利维权援助工作，省、设区的市和有条件的县（市、区）设立公益性维权援助机构，负责受理、审查维权援助申请，免费提供相关事务咨询、纠纷解决方案等公共服务。

第四十五条 从事专利代理、检索、评估等中介服务机构依法取得设立登记后，方可从事专利服务。法律、行政法规规定应当具备相应资格、资质的，适用其规定。

专利中介服务机构及其工作人员应当依法开展中介服务，不得出具虚假报告和以不正当手段招揽业务，不得与当事人串通牟取不正当利益，不得损害专利申请人、专利权人以及其他当事人的合法权益和公共利益。

专利行政部门及其工作人员不得从事或者参与以营利为目的的专利中介服务。

第四十六条 省、设区的市人民政府专利行政部门应当加强对专利中介服务机构的指导与监管，建立专利中介服务机构以及专利代理人服务评价机制，引导、支持专利中介服务机构发展。

第四十七条 省、设区的市人民政府专利行政部门应当建立专利预警机制，监测和通报重点行业的国内外专利发展趋势、竞争态势等状况，制定应急预案，防范和化解专利风险。

第四十八条 县级以上人民政府及其有关部门应当制定和实施专利人才培养计划，加强对专利专业人才培养，促进专利人才向职业化、市场化和专业化方向发展。

第六章 法律责任

第四十九条 专利行政部门的工作人员以及其他有关国家机关工作人员玩忽职守、滥用职权、徇私舞弊的，依法给予处分；构成犯罪的，依法追究刑事责任。

第五十条 违反本条例规定，单位或者个人弄虚作假，骗取政府专利资助、奖励的，由人民政府或者有关部门撤销奖励，收回资助、奖励资金，五年内不得申报政府专利资助、奖励，将其记入社会信用档案并予以公布；构成违反治安管理行为的，由公安机关依法给予行政处罚；构成犯罪的，依法追究刑事责任。

第五十一条 违反本条例规定，假冒专利的，除依法承担民事责任外，由专利行政部门责令改正并予以公告，没收违法所得，可以并处违法所得一倍以上四倍以下的罚款；违法所得难以确定或者没有违法所得的，可以处二万元以上二十万元以下的罚款；构成犯罪的，依法追究刑事责任。

销售假冒专利产品的，以产品销售价格乘以所销售产品的数量作为其违法所得。

订立假冒专利合同的，以收取的费用作为其违法所得。

第五十二条 违反本条例规定，为明知是假冒专利提供制造、销售、运输、仓储、隐匿、展示等便利条件的，由专利行政部门责令其停止违法行为，可以处四千元以上二万元以下罚款；情节严重的，可以处二万元以上五万元以下罚款。为假冒专利制作、发布广告的，由专利行政部门书面告知，限期改正，并进行公告；逾期不改正的，由有关部门依法处理。

第五十三条 违反本条例规定，专利中介服务机构及其工作人员出具虚假报告，与当事人串通牟取不正当利益的，由专利行政部门责令改正，拒不改正的，处四千元以上二万元以下罚款；有违法所得的，没收违法所得；情节严重的，由发证机关依法吊销相关证照；给当事人造成损失的，依法承担民事责任。

第五十四条 阻碍专利行政执法人员依法执行职务的，由公安机关依照《中华人民共和国治安管理处罚法》进行处罚；构成犯罪的，依法追究刑事责任。

第五十五条 违反本条例规定，法律、行政法规已有行政处罚规定的，依照其规定执行；造成财产损失或者其他损害的，依法承担民事责任；构成犯罪的，依法追究刑事责任。

第七章 附则

第五十六条 本条例自2013年9月1日起施行。2002年5月16日山东省第九届人民代表大会常务委员会第二十八次会议通过的《山东省专利保护条例》同时废止。

辽宁省专利条例

（2013年11月29日辽宁省第十二届人民代表大会常务委员会第五次会议通过，
辽宁省人民代表大会常务委员会公告第10号发布）

第一章 总则

第一条 为了保护专利权人的合法权益，鼓励发明创造，促进专利运用，维护市场经济秩序，根据《中华人民共和国专利法》等法律、行政法规，结合本省实际，制定本条例。

第二条 本条例适用于本省行政区域内的专利工作及相关活动。

第三条 专利工作遵循激励创造、有效运用、依法保护、科学管理的原则。

第四条 省、市、县（含县级市、区，下同）管理专利工作的部门（以下简称专利管理部门）负责本行政区域内的专利管理工作。

发展改革、经济和信息化、财政、人力资源和社会保障、农业、海洋与渔业、国有资产监管、科学技术等有关行政部门，应当按照各自职责，做好专利管理的相关工作。

第五条 省、市、县人民政府应当将专利工作纳入国民经济和社会发展规划，建立专利管理工作协调机制，采取措施促进发明创造、专利成果运用和专利产业化发展。

第六条 专利管理、科学技术、教育、文化、新闻出版广电等部门以及社会团体、教育和科研机构、新闻媒体，应当加强专利法律、法规的宣传，普及专利知识，增强全社会尊重、运用和保护专利的意识。

第二章 专利促进

第七条 省、市、县人民政府应当设立专利专项资金，用于资助专利申请和专利维护以及促进专利实施和产业化等事项。

专利专项资金应当专款专用。具体使用管理办法，由省财政部门会同同级专利管理部门制定。

第八条 省人民政府应当对获得中国专利奖和省专利奖的单位或者个人

给予一次性奖励。

市、县人民政府可以根据本地实际，对获得前款专利奖的单位和个人给予奖励。

第九条 被授予专利权的单位应当对职务发明创造的发明人或者设计人给予奖励或者报酬。奖励或者报酬给付的方式和金额，按照当事人约定或者依法制定的规章制度执行；无约定或者规定的，应当按照下列规定执行：

（一）自专利权公告之日起三个月内发给发明人或者设计人奖金，所发奖金不得低于法律、法规规定的最低标准；

（二）专利实施后，应当在专利权有效期内，每年从实施该项发明专利或者实用新型专利的营业利润中，提取不低于百分之五，或者从实施该外观设计专利的营业利润中提取不低于百分之一的比例，作为报酬支付给发明人或者设计人，或者参照上述比例，发给发明人或者设计人一次性报酬；

（三）专利技术转让或者许可他人实施的，应当在获得转让、许可收益后三个月内，从收取的转让费、使用费中提取不低于百分之二十的比例，作为报酬支付给发明人或者设计人。

奖金、报酬可以采用现金、股份、股权收益或者当事人约定的其他形式给付。

第十条 自主专利权首次转化使用在本省的，项目所在地的县级以上人民政府应当在项目立项、土地、场所等方面给予支持。

第十一条 由财政性资金资助的科研项目所形成的发明专利权，除涉及国家安全、国家利益和重大社会公共利益外，专利申请权和专利权属于科研项目的承担单位或者个人。

第十二条 专利发明人或者设计人的相关专利，可以作为专业技术职称评审的依据。对技术进步产生重大作用或者取得显著经济效益，并能出具税收等相关证明的专利，以及获得辽宁省专利奖、中国专利奖的专利，均可以作为专利发明人或者设计人破格申报相应专业技术职称的依据。

第十三条 市、县人民政府及有关行政部门应当扶持企业、科研机构、高等学校以及其他组织开展专利知识培训，提高专利管理人员的业务素质。

鼓励高等院校将专利知识纳入课程教育体系。鼓励大、中、小学学生开展发明创造竞赛活动，培养学生的创新观念和专利保护意识。

第十四条 企业、科研机构、高等学校应当完善专利管理制度，建立专利管理工作机构和保护机制，制定优惠办法，提供发明创造所需的物质、技术条件，吸引发明创造高级专业人才从事研究开发和创业，壮大高级专业人才队伍。

第三章 专利运用

第十五条 专利权人可以采取入股、质押、转让、许可等方式运用专利权。以专利权作价出资入股的，可以占公司注册资本中非货币财产作价出资金额的法定最高限额。

第十六条 财政等有关行政部门应当在专利专项资金和其他资金中安排一定资金，采取贷款贴息、风险补助等方式，引导金融机构开展专利权质押贷款业务，为专利技术产业化项目提供资金支持。

政府财政资金安排、设立的风险投资资金和风险投资机构，应当优先支持专利技术产业化项目的投融资需求。

鼓励担保机构优先为专利技术产业化项目提供投融资担保。

第十七条 鼓励和支持企业同高等学校、科研机构围绕本省经济社会发展需要开展产学研合作，依靠专利技术创办科技型企业。

鼓励取得专利技术的企业建立相关领域专利联盟，促进专利资源的充分利用。

在同等条件下，科技型中小企业创新基金和专利专项资金要优先扶持科技型企业和实行专利联盟的企业实施专利产业化开发应用项目。

第十八条 质量技术监督、经济和信息化等有关行政部门，应当引导、支持拥有自主专利的单位和个人参与国家标准、行业标准、地方标准的制定工作，推动自主专利形成相关技术标准。

第十九条 市人民政府应当完善专利交易市场，建立专利技术网络交易平台，促进发展专利代理、咨询、评估等服务业，规范专利权交易行为。

第四章 专利保护

第二十条 任何单位和个人不得侵犯他人专利权或者假冒专利，不得为侵犯他人专利权、假冒专利的行为提供资金、场所、运输工具、生产设备和产品销售服务等便利条件。

第二十一条 专利管理部门应当建立对假冒专利行为的举报制度，经查实确有假冒专利行为的，对举报单位或者个人可以给予奖励，并为举报人保密。

第二十二条 专利管理部门处理专利案件（含调解专利纠纷、处理专利侵权纠纷、查处假冒专利行为，下同）按照下列分工执行：

（一）省专利管理部门负责全省范围内有重大影响的案件；依申请处理行为发生地涉及两个以上市的案件；

（二）市专利管理部门负责本市行政区域内发生的专利案件；

（三）县专利管理部门负责由上级专利管理部门委托的查处假冒专利行为、调解专利纠纷的案件。

第二十三条 专利管理部门处理专利案件时，根据需要或者当事人的申请，可以组织专家进行咨询论证或者委托有关单位进行技术鉴定。

当事人自愿申请进行技术鉴定的，技术鉴定费用暂由申请人垫付；专利管理部门认定责任后，技术鉴定费用由责任人承担。

第二十四条 人民法院或者专利管理部门作出认定专利侵权行为成立并责令侵权人立即停止侵权行为的判决或者处理决定生效之后，被申请人就同一专利权再次作出相同类型的侵权行为，专利权人或者利害关系人申请处理的，专利管理部门可以直接作出责令立即停止侵权行为的处理决定。

第二十五条 专利管理部门应当建立专利保护和维权援助制度，为专利权人提供及时、有效的求助渠道，并发挥行业协会、专利服务机构的作用，指导专利维权援助机构开展相关活动。

鼓励和扶持建立民间专利权维权组织，形成专业性和区域性民间专利权维权体系。

鼓励专利服务机构无偿提供专利权维权援助。

第二十六条 开展展览会、交易会等展会活动时，展会所在地的专利管理部门可以派员进驻展会现场，现场受理专利侵权纠纷，查处假冒专利行为，展会主办方应当提供办公场地等便利条件。

展会期间，专利权人或者利害关系人提供担保且有证据证明参展商涉嫌侵犯他人专利权或者有假冒专利行为的，专利管理部门可以责令参展商撤展，并依法予以处理。

第五章　专利服务与管理

第二十七条　专利管理部门应当建立专利信息公共服务平台，建立支柱产业和重点技术领域的专利信息数据库，促进专利信息的传播、开发和利用。

第二十八条　专利管理部门应当监测本地区重点行业、支柱产业和重点技术领域的国内外专利状况，建立专利预警通报制度，指导有关行政部门和行业协会、企业建立专利预警与应急机制。

第二十九条　发展改革、经济和信息化、科学技术等行政部门应当将拥有专利的质量和数量，作为财政资金支持的研究开发、技术改造、高新技术产业化等项目立项和审批的重要条件，作为工程研究中心、工程技术中心、企业技术中心、重点实验室、工程实验室等认定和考核的指标。

第三十条　有下列情形之一的，发展改革、经济和信息化、国有资产监管等有关行政部门应当会同专利管理部门组织专利技术风险审查:

（一）涉及专利技术的政府投资的重大项目；

（二）涉及重要专利技术的国有及国有控股企业引进项目、重大合资或者合作项目；

（三）涉及重要专利技术的国有及国有控股企业并购、重组、转让、破产清算项目；

（四）国有企业、科研机构重要专利技术进出口；

（五）涉及专利技术且对本地区经济社会发展和公共利益有重大影响的其他情形。

第三十一条　有下列情形之一的，应当按照有关规定进行专利权资产评估：

（一）以专利权作价出资，成立公司的；

（二）以专利权质押，市场没有参照价格，质权人要求评估的；

（三）行政单位拍卖、转让、置换专利权的；

（四）国有事业单位改制、合并、分立、清算、投资、转让、置换、拍卖涉及专利权的；

（五）国有企业改制、上市、合并、分立、清算、投资、转让、置换、拍卖、偿还债务涉及专利权的；

（六）国有企业与非国有企业间收购、置换或者接受出资涉及专利权的；

（七）国有企业许可外国公司、企业、其他经济组织或者个人使用专利权，市场没有参照价格的；

（八）其他依法需要进行专利权资产评估的。

财政、国有资产监管等有关行政部门应当会同专利管理部门指导、监督专利权资产评估。

第三十二条 有下列情形之一的，有关单位和个人应当提供专利登记簿副本，属于专利权实施许可合同的被许可人，还应当同时提供专利实施许可合同等有效证明：

（一）专利技术或者专利产品申请政府奖励；

（二）专利技术产业化项目申请政府财政资金支持；

（三）在展览会、交易会等展会活动中，参展商在产品、展板或者宣传资料上标注专利标识；

（四）标注专利的商品进入商场、超市等市场流通领域销售；

（五）委托有关单位和个人设计、制作、发布专利广告；

（六）需要提供专利有效证明的其他情形。

第三十三条 专利交易、代理、咨询、评估等专利服务机构，应当依法设立和经营。未依法取得专利服务资质的机构和执业资格的人员，不得从事以营利为目的的专利服务。

专利服务机构及其执业人员不得从事下列活动：

（一）以不正当手段招揽业务；

（二）出具虚假报告；

（三）与当事人串通牟取不正当利益；

（四）未经当事人同意披露其商业秘密；

（五）损害当事人合法权益或者公共利益的其他行为。

第三十四条 专利管理部门应当建立假冒专利及侵犯他人专利权的企业和个人的信用档案，将有关信用情况通报信用主管部门，并与省信用数据交换平台实现信息共享。

第六章 法律责任

第三十五条 违反本条例规定，假冒专利的，除依法承担民事责任外，由专利管理部门责令改正并公告，没收违法所得，可以并处违法所得四倍罚款；没有违法所得的，依照下列规定处罚；构成犯罪的，依法追究刑事责任：

（一）在未被授予专利权的产品或者其包装上标注专利标识的，专利权被宣告无效后或者终止后继续在产品或者其包装上标注专利标识的，或者未经许可在产品或者产品包装上标注他人专利号，以及销售上述产品的，情节轻微的，对假冒实用新型、外观设计专利处五千元罚款，对假冒发明专利处一万元罚款，情节较重的，处五万元罚款，情节严重的，处二十万元罚款；

（二）在产品说明书等材料中将未被授予专利权的技术或者设计称为专利技术或者专利设计的，将专利申请称为专利，或者未经许可使用他人的专利号，使公众将所涉及的技术或者设计误认为是专利技术或者专利设计的，情节轻微的，对假冒实用新型、外观设计专利处三千元罚款，对假冒发明专利处五千元罚款，情节较重的，处二万元罚款，情节严重的，处十万元罚款；

（三）伪造或者变造专利证书、专利文件或者专利申请文件的，情节轻微的，处一万元罚款，情节较重的，处五万元罚款，情节严重的，处二十万元罚款；

（四）其他使公众混淆，将未被授予专利权的技术或者设计误认为是专利技术或者设计的，情节轻微的，处一万元罚款，情节较重的，处五万元罚款，情节严重的，处十万元罚款。

第三十六条 违反本条例规定，未依法取得专利服务资质和执业资格的机构和人员以营利为目的从事专利服务的，由专利管理部门责令改正，没收违法所得，可以并处违法所得三倍罚款；没有违法所得的,处五万元罚款。

第三十七条 违反本条例规定，从事专利促进、保护和管理等相关工作的行政人员有下列行为之一的，依法给予行政处分；构成犯罪的，依法追究刑事责任：

（一）拒不受理专利案件，造成不良社会影响的；

（二）未按规定组织专利技术风险审查或者指导、监督专利权资产评估，导致发生不良后果的；

（三）对无专利服务资质和执业资格的机构和人员从事营利性专利服务不予查处，情节较重的；

（四）有其他玩忽职守、滥用职权、徇私舞弊行为的。

第七章 附则

第三十八条 本条例自2014年3月1日起施行。1998年9月25日辽宁省第九届人民代表大会常务委员会第五次会议通过的《辽宁省专利保护条例》同时废止。

福建省专利促进与保护条例

（2013年11月29日福建省第十二届人民代表大会常务委员会第六次会议通过）

第一章 总则

第一条 为鼓励发明创造，促进专利运用，加强专利保护，提高创新能力和水平，根据《中华人民共和国专利法》等法律、法规，结合本省实际，制定本条例。

第二条 本条例适用于本省行政区域内的专利促进与保护及其相关活动。

第三条 专利促进与保护应当遵循激励创造、有效运用、依法保护和科学管理的原则。

第四条 县级以上地方人民政府应当加强对专利工作的领导和扶持，将专利工作纳入国民经济和社会发展规划，健全技术创新激励机制，发展专利交易市场，促进专利实施与产业化，推动专利事业的发展。

县级以上地方人民政府应当加大专利促进与保护的资金投入，多渠道筹集资金，用于资助专利申请和专利技术开发推广。

第五条 县级以上地方人民政府管理专利工作的部门负责本行政区域内的专利促进与保护工作。

县级以上地方人民政府财政、工商、公安等有关部门应当依照各自职责做好专利促进与保护工作。

第六条 县级以上地方人民政府及其管理专利工作的部门应当加强专利知识的宣传普及工作，提高公众的专利意识，推动形成促进与保护专利的良好社会氛围。

第七条 管理专利工作的部门以及有关行业协会，对在专利申请公布或者公告之前的发明创造内容，应当履行保密义务。

第二章 专利促进

第八条 县级以上地方人民政府应当设立专利发展专项资金，用于专利奖励、专利实施与产业化、专利保护和管理等方面。

第九条 省人民政府设立专利奖，表彰在本省行政区域内产生显著经济社会效益的专利项目专利权人和发明人、设计人。

设区的市、县（市、区）人民政府应当对在本地区产生较好经济社会效益的优秀专利项目或者专利工作成绩突出的单位和个人给予奖励。

第十条 县级以上地方人民政府应当支持企业通过自主研发、购买、兼并、特许经营、许可、联盟等方式，获得企业发展所需的专利。

引导和支持企业实施知识产权管理国家标准，提升企业核心竞争力。

第十一条 县级以上地方人民政府及其有关部门应当加强专利人才队伍建设。鼓励和支持企业、科研机构、高等院校和其他组织培养专利人才，开展专利人才培养的对外合作，引进国内外高层次专利人才。

企业应当加强职工创新意识的培养，鼓励职工立足本职岗位，开展技术创新和发明创造。

第十二条 政府采购及其他使用财政性资金进行采购的，应当在同等条件下优先购买专利产品。

第十三条 鼓励单位和个人依法通过专利申请权转让、专利权转让、专利实施许可或者专利权质押、入股等方式促进专利运用。

专利申请权转让合同、专利权转让合同、专利实施许可合同经依法登记或者备案的，可以依法享受税收优惠。

第十四条 鼓励和支持高等院校、科研机构与企业事业单位开展多渠道、多形式的合作，促进专利的开发与运用。

第十五条 鼓励企业、事业单位增加研究开发专利的投入。企业为开发专利的投入费用和所取得的符合条件的技术转让所得，可以依法享受税收优惠。

第十六条 金融机构应当依照国家有关规定，支持专利实施与产业化，开展专利权质押贷款，为专利实施与产业化项目提供信贷支持。

保险机构应当依照国家有关规定，开展专利保险业务。

第十七条 发明人、设计人的发明创造获得专利授权的，可以作为相关专业技术职务任职资格评定的依据；获得省级以上专利奖的，可以作为破格申报相关专业技术职称的条件之一。

第十八条 被授予专利权的单位应当依照法律、法规的规定给予职务发明创造的发明人、设计人奖金。转让专利权的，应当给予职务发明创造的发明人、设计人报酬。

奖金和报酬可以现金、股份、股权收益或者当事人约定的其他形式给付。给付的数量、时间和方式等，由当事人依法约定。

第十九条 省人民政府管理专利工作的部门应当建立专利信息服务平台，为专利交易和运用提供公共服务，促进专利信息的传播和利用，推动专利交易和运用。

鼓励单位和个人在技术开发和新技术、新产品进出口时进行专利检索。

第二十条 管理专利工作的部门应当加强对企业、高等院校、科研机构等单位专利工作的指导，协助其建立、健全专利管理制度；为社会提供专利信息、专利申请、专利实施、专利权保护等方面的服务。

第二十一条 有下列情形之一的，国有专利资产占有单位应当按照国家有关规定对专利资产进行评估：

（一）转让专利申请权、专利权的；

（二）以专利资产作价出资的；

（三）变更或者终止前需要对专利资产作价的；

（四）与其他企业、经济组织或者个人合资、合作实施专利的；

（五）其他法律、法规规定应当评估的。

第二十二条 县级以上地方人民政府管理专利工作的部门以及行业组织应当加强重点领域的专利预警研究，对国内外专利状况、发展趋势、竞争态势等信息进行收集、分析、发布；引导扶持企业建立专利预警应急机制，提高应对专利纠纷的能力，维护产业安全。

第二十三条 省人民政府管理专利工作的部门可以聘请有关专家组成专利鉴定咨询委员会，依照有关法律法规进行专利鉴定的咨询服务。

第二十四条 有关行业协会应当鼓励会员申请和实施专利，支持会员依法维护自主专利权，督促会员尊重他人专利权。

第二十五条 鼓励发展独立公正、规范运作的专利代理机构。

从事专利代理的机构或者个人应当依照有关法律、法规取得执业资质或者资格。

专利代理机构及其专利代理人应当独立、客观、公正地开展中介服务，不得出具虚假检索、评估报告；不得以不正当手段承揽业务；不得损害当事人和其他社会公众的利益；在专利申请公布或者公告之前，不得泄露被代理人的发明创造内容。

管理专利工作的部门依照职责对专利代理机构实施监督管理。

第二十六条 县级以上地方人民政府应当根据当地实际，采取有效措施促进闽台专利交流与合作，支持台湾地区专利代理机构在本地区设立分支机构，鼓励取得大陆专利代理人资格的台湾地区居民在本地区专利代理机构实习或者执业。

第三章 专利保护

第二十七条 任何单位或者个人不得假冒专利或者非法实施他人专利；不得为假冒专利或者非法实施他人专利提供便利条件。

第二十八条 未经专利权人许可实施其专利，引起侵权纠纷的，当事人可以协商解决；当事人不愿协商或者协商不成的，专利权人或者利害关系人可以请求管理专利工作的部门处理，也可以向人民法院起诉。

第二十九条 请求管理专利工作的部门处理专利侵权纠纷的，应当提交专利侵权纠纷处理请求书和有关证据，并且符合下列条件：

（一）请求人是专利权人或者利害关系人；

（二）有明确的被请求人以及具体的请求事项、事实和理由；

（三）当事人双方均未向人民法院提起诉讼；

（四）属于管理专利工作的部门受理管辖范围。

第三十条 管理专利工作的部门自收到专利侵权纠纷处理请求书之日起五个工作日内，对符合条件的，应当作出受理决定；对不符合条件的，不予受理并书面说明理由。

管理专利工作的部门应当自受理之日起五个工作日内，将请求书副本送达被请求人。被请求人应当自收到请求书副本后十五日内提交答辩书和有关证据。被请求人未提交答辩书和有关证据的，不影响处理程序的进行。

第三十一条 管理专利工作的部门应当自立案之日起四个月内作出处理决定。情况特别复杂，不能在规定的期限内做出处理决定的，经管理专利工作的部门负责人批准，可以适当延长期限，并书面告知请求人和被请求人，但是延长期限不得超过三十日。

被请求人在答辩期内提出宣告专利权无效请求的，可以向管理专利工作的部门提出中止处理的书面申请。是否中止处理，由管理专利工作的部门审查后书面通知当事人。

案件处理过程中的公告、中止、鉴定期间不计算在专利侵权纠纷处理期限内。

当事人不服处理决定的，可以依法申请行政复议或者提起行政诉讼。

第三十二条 管理专利工作的部门在处理专利侵权纠纷或者查处涉嫌假冒专利案件时，可以行使下列职权：

（一）询问当事人和证人；

（二）查阅、复制与案件有关的合同、证照、图纸、账册、档案等资料；

（三）现场检查、摄录与案件有关的产品、专用工具、设备等物品和相关软件；

（四）对有证据证明是假冒专利的产品，可以依法查封或者扣押。

管理专利工作的部门依法行使前款规定的职权时，有关单位和个人应当予以协助、配合，不得拒绝、阻挠。

第三十三条 管理专利工作的部门认定专利侵权成立，作出处理决定的，可以采取下列措施制止侵权行为：

（一）对未经专利权人许可制造其专利产品的，责令停止制造并销毁或者拆解用于制造专利产品的模具、专用设备；责令停止使用已经制造的专利产品，并不得以任何形式将该产品投放市场；

（二）对未经专利权人许可使用其专利方法的，责令停止使用该专利方法或者依照该专利方法直接获得的产品，并不得以任何形式将该产品投放市场；

（三）对未经专利权人许可销售其专利产品或者依照其专利方法直接获得的产品的，责令停止销售，并不得转移尚未出售的专利产品或者依照其专利方法直接获得的产品；

（四）对未经专利权人许可许诺销售其专利产品或者依照其专利方法直接获得的产品的，责令不得进行任何实际销售行为；

（五）对未经专利权人许可进口其专利产品或者依照其专利方法直接获得的产品的，责令停止进口、销售、使用该产品，并不得以任何形式将该产品投放市场。

采取前款措施不足以制止侵权行为的，管理专利工作的部门可以责令侵权人销毁或者拆解侵权产品。侵权人拒不停止侵权行为的，管理专利工作的部门可以依法申请人民法院强制执行。

第三十四条 管理专利工作的部门根据当事人的请求调解专利纠纷时，应当遵循自愿、合法的原则，促成当事人和解或者达成调解协议。达成调解协议的，双方当事人可以依法向有管辖权的人民法院申请司法确认。

第三十五条 管理专利工作的部门应当建立、健全专利维权援助机制，加大维权援助力度，拓宽维权援助渠道，依法开展专利维权服务，为公民、法人和其他组织提供专利维权的信息、法律、技术等帮助。

鼓励专利维权援助机构、专利代理机构、高等院校、科研机构、社会团体为公民、法人和其他组织提供专利维权援助。

第三十六条 任何单位和个人有权向管理专利工作的部门举报涉嫌假冒专利等违法行为。

接受举报的管理专利工作的部门对举报人及举报内容应当保密并及时调查处理，对查证属实的，应当给予举报单位和个人奖励。

第三十七条 广告主发布涉及专利的广告，应当提供该专利权有效证明。

广告发布者应当查验广告主提供的专利权有效证明，对未能提供的，不得发布涉及专利的广告。

第三十八条 展览会、推广会、交易会等会展的举办单位，对标注专利标记和专利号的参展产品或者技术，应当要求参展者提供专利证书或者专利许可合同等有效证明；对不能提供有效证明的，禁止其以专利的名义参展。

管理专利工作的部门负责对展览会、推广会、交易会等会展中涉及专利的监督管理。

第四章 法律责任

第三十九条 认定专利侵权成立的行政处理决定或者民事判决生效后，侵权人就同一专利权再次作出相同类型的侵权行为，专利权人或者利害关系人请求处理的，管理专利工作的部门可以直接作出责令立即停止侵权行为的处理决定，没收违法所得，并处以违法所得一倍以上五倍以下的罚款；没有违法所得的，处以一万元以上五万元以下的罚款。

第四十条 违反本条例第二十五条第二款规定，未依法取得专利代理执业资质或者资格，以营利为目的从事专利代理服务的，由管理专利工作的部门责令改正，没收违法所得，并处以违法所得一倍以上五倍以下的罚款；没有违法所得的，处以一万元以上五万元以下的罚款。

第四十一条 违反本条例第二十五条第三款规定，出具虚假检索、评估报告或者在专利申请公布或者公告之前泄露发明创造内容的，由管理专利工作的部门没收违法所得，并处以五千元以上三万元以下的罚款；情节严重的，责令停业整顿。

第四十二条 违反本条例第二十七条规定，假冒专利的，除依法承担民事责任或者行政责任外，管理专利工作的部门可以将违法事实在新闻媒体上予以公告；为假冒专利或者非法实施他人专利的行为提供便利条件的，由管理专利工作的部门没收违法所得，并责令限期改正；逾期不改的，处以五千元以上三万元以下的罚款；构成犯罪的，依法追究刑事责任。

第四十三条 违反本条例第三十二条规定，有关单位或者个人拒不提供或者隐瞒、转移、销毁与案件有关的合同、证照、图纸、账册、档案等资料或者转移、销毁被查封扣押的物品，由管理专利工作的部门对有关单位或者个人处以五千元以上五万元以下的罚款。

第四十四条 拒绝、阻碍专利行政执法人员依法执行职务，违反《中华人民共和国治安管理处罚法》的，由公安机关给予治安管理处罚；构成犯罪的，依法追究刑事责任。

第四十五条 管理专利工作的部门的工作人员有下列情形之一的，依法给予处分；构成犯罪的，依法追究刑事责任：

（一）利用职务便利，索取、收受他人财物的；

（二）查封扣押不当，给当事人合法权益造成损失的；

（三）包庇、放纵假冒专利的单位或者个人，或者通风报信帮助其逃避查处的；

（四）在专利申请公布或者公告之前泄露发明创造内容的；

（五）其他不依法履行职责的情形。

第五章 附则

第四十六条 本条例自2014年1月1日起施行。2004年6月2日福建省第十届人民代表大会常务委员会第九次会议通过的《福建省专利保护条例》同时废止。

湖南省重点发明专利管理办法

（2013年5月16日湖南省知识产权局湘知发〔2013〕56号发布）

第一章 总则

第一条 为深入实施知识产权战略，增强产业和企业的市场竞争力，加快“创新型湖南”建设和经济发展方式转变，特制定本办法。

第二条 省知识产权局联合相关部门实施湖南省发明专利促进计划，建立湖南省重点发明专利信息库，加大对战略性新兴产业发明专利的扶持力度，提高湖南省自主知识产权拥有量和核心竞争力。

第三条 重点发明专利是指技术方案原创性较强、保护范围合适，对产业发展和品牌建设的支撑能力较强，对本领域的技术进步与创新的促进作用明显的有效发明专利。

第四条 湖南省重点发明专利的管理由省知识产权局负责，遵循公开公正、科学合理的原则，自愿申报，动态管理。

第二章 申报与受理

第五条 申报湖南省重点发明专利的专利权人必须是具有本省户籍、工作居住证的个人，或在湖南省注册的企事业单位、中央在湘直属单位，包括战略性新兴产业中小微企业、科技型企业、大专院校、科研单位等。

第六条 入选湖南省重点发明专利必须具备以下条件：

（一）属于湖南省国民经济和社会发展规划纲要确定的重点行业或重点领域、战略性新兴产业和传统支柱产业领域关键技术；或者湖南省重大项目建设依托的关键技术、科技创新重点突破技术；

（二）该发明专利为有效专利；

（三）该专利目前不存在专利权属纠纷、且不处于专利权无效宣告请求程序中；

（四）该发明专利已在本省范围内实施并取得了显著的经济、社会效益；或者市场需求潜力大、发展前景较好；或者该发明专利对维持专利权人行业地位和市场占有率具有重要作用。

第七条 符合湖南省重点发明专利条件，并符合以下条件之一的可以申报湖南省重大发明专利：

（一）对提升企业核心竞争力、推进产业结构优化升级、促进“两型社会”建设、促进粮食增产、保护生态环境、保障公众健康和生命安全等作用重大，其整体技术水平在国内领先并达到国际先进的高度，属于新型工业化项目建设的主要依托专利；

（二）发明创造涉及国家安全或者重大利益；

（三）围绕该发明专利形成了一定的国内外专利布局，与之对应的主导产品市场占有率高；

（四）该发明对形成国际标准或国家标准发挥了重要作用，并得到普遍应用的。

第八条 申报单位应通过湖南省知识产权局门户网站项目申报系统申报。按属地管理原则，由所在市州知识产权局负责推荐，中央直属在湘单位可直接向省知识产权局申报。

第九条 省知识产权局负责企业专利工作的职能处室承担湖南省重点发明专利和重大发明专利申报受理、评审组织等工作。

第十条 市州知识产权局对收到的申报书面材料汇总，进行形式审查后，出具审查意见并将审查合格的专利推荐到省知识产权局。省知识产权局职能处室负责对中央在湘直属单位申报材料进行形式审查。

第三章 评审与认定

第十一条 省知识产权局职能处室每年定期按照行业分类和技术领域将通过形式审查的专利进行划分，组织专家进行分组初审，提出初审意见。

第十二条 省知识产权局组织相关经济、科技工作主管部门、知识产权领域的专家，组成评审委员会（以下称“评委会”），负责湖南省重点发明专利和重大发明专利的审定工作。

第十三条 评委会对通过初审的专利进行终审，以无记名投票方式产生终审结果，获得与会评委三分之二以上（含三分之二）赞成票的专利通过终审。

第十四条 通过终审的湖南省重点发明专利由省知识产权局批准并公告，有效期三年。如需继续入选，申请人须重新申请认定。

第十五条 对入选湖南省重点、重大发明专利有异议的，应自发布公告之日起10个工作日内以实名书面形式向省知识产权局提出，并提供相应证据。省知识产权局对提出异议的单位或个人进行信息保密。

第十六条 省知识产权局应对被提出异议的专利进行核实，情况属实的，撤销入选资格。

第四章 管理与服务

第十七条 省知识产权局建立湖南省重点发明专利信息库，对其进行专利入库、专利调出、跟踪服务等动态管理。

第十八条 省知识产权局每年将通过终审批准的专利调入湖南省重点发明专利信息库，并对库内专利实施情况、法律状况、转让、许可等信息进行记录。专利权人可对其拥有的专利进行库内信息查询，相关经济科技工作主管部门可以根据工作需要对库内专利进行信息检索。

第十九条 省知识产权局职能处室对于已入库专利出现入库满三年、专利权利届满或终止的、或者专利权人申请出库的、或者因产业和技术发展状况变化该专利不再完全具备重点发明专利特征的，及时汇总情况，提出取消湖南省重点发明专利理由，报省知识产权局批准后将其从库中调出，并通知专利权人。已入库重大发明专利在不再具备相应标准的可视情况转为重点发明专利。

第二十条 省市县知识产权局加强湖南省重点发明专利的保护工作，鼓励各级知识产权维权援助机构为其提供维权指导和援助服务，建立湖南省重点发明专利维权保护绿色通道。

第二十一条 省市县知识产权局积极推动湖南省重点、重大发明专利的专利产业化，推荐其权利人通过专利权质押融资获得银行和金融机构贷款、进行专利权作价入股或投资。

第二十二条 省知识产权局加强重点发明专利产业化项目库建设，积极推荐项目争取省财政性资金支持。

第二十三条 对入选湖南省重点发明专利的专利年费择优给予资金补助，具体办法另行制定。

第五章 附则

第二十四条 本办法由湖南省知识产权局负责解释。

第二十五条 本办法自发布之日起30日后施行。

专利侵权判定指南

（北京市高级人民法院2013年9月4日制定）

一、发明、实用新型专利权保护范围的确定

（一）确定保护范围的解释对象

1. 审理侵犯发明或者实用新型专利权纠纷案件，应当首先确定专利权保护范围。发明或者实用新型专利权保护范围应当以权利要求书记载的技术特征所确定的内容为准，也包括与所记载的技术特征相等同的技术特征所确定的内容。

确定专利权保护范围时，应当对专利权人作为权利依据所主张的相关权利要求进行解释。

2. 专利独立权利要求从整体上反映发明或者实用新型专利的技术方案，记载解决技术问题的必要技术特征，与从属权利要求相比，其保护范围最大。确定专利权保护范围时，通常应当对保护范围最大的专利独立权利要求作出解释。

3. 一项专利中有两个以上的独立权利要求的，应该根据权利人提出的请求，解释其中有关独立权利要求确定的保护范围。

4. 权利人主张以从属权利要求确定保护范围的，应当以该从属权利要求记载的附加技术特征及其直接或间接引用的权利要求记载的技术特征，一并确定专利权保护范围。

5. 技术特征是指在权利要求所限定的技术方案中，能够相对独立地执行一定的技术功能、并能产生相对独立的技术效果的最小技术单元或者单元组合。

（二）解释原则

6. 专利权有效原则。在权利人据以主张的专利权未被宣告无效之前，其权利应予保护，而不得以该专利权不符合专利法相关授权条件、应予无效为由作出裁判。

专利登记簿副本，或者专利证书和当年缴纳专利年费的收据可以作为证明专利权有效的证据。

7. 折衷原则。解释权利要求时，应当以权利要求记载的技术内容为准，根据说明书及附图、现有技术、专利对现有技术所做的贡献等因素合理确定专利权保护范围；既不能将专利权保护范围拘泥于权利要求书的字面含义，也不能将专利权保护范围扩展到所属技术领域的普通技术人员在专利申请日前通过阅读说明书及附图后需要经过创造性劳动才能联想到的内容。

8. 整体（全部技术特征）原则。将权利要求中记载的全部技术特征所表达的技术内容作为一个整体技术方案对待，记载在前序部分的技术特征和记载在特征部分的技术特征，对于限定保护范围具有相同作用。

（三）解释方法

9. 确定专利权保护范围时，应当以国务院专利行政部门公告授权的专利文本或者已经发生法律效力的专利复审请求审查决定、无效宣告请求审查决定及相关的授权、确权行政判决所确定的权利要求为准。权利要求存在多个文本的，以最终有效的文本为准。

10. 解释权利要求应当从所属技术领域的普通技术人员的角度进行。

所属技术领域的普通技术人员，亦可称为本领域的技术人员，是一种假设的“人”，他知晓申请日之前该技术领域所有的普通技术知识，能够获知该领域中所有的现有技术，并且具有运用该申请日之前常规实验手段的能力。

所属技术领域的普通技术人员，不是指具体的某一个人或某一类人，不宜用文化程度、职称、级别等具体标准来参照套用。当事人对所属技术领域的普通技术人员是否知晓某项普通技术知识以及运用某种常规实验手段的能力有争议的，应当举证证明。

11. 对权利要求的解释，包括澄清、弥补和特定情况下的修正三种形式，即当权利要求中的技术特征所表达的技术内容不清楚时，澄清该技术特征的含义；当权利要求中的技术特征在理解上存在缺陷时，弥补该技术特征的不足；当权利要求中的技术特征之间存在矛盾等特定情况时，修正该技术特征的含义。

12. 专利说明书及附图可以用以对权利要求字面所限定的技术方案的保护范围作出合理的解释，即把与权利要求书记载的技术特征等同的特征解释进专利权保护范围，或者依据专利说明书及附图对某些技术特征作出界定。

13. 解释权利要求，可以使用专利说明书及附图、权利要求书中的相关权利要求、专利审查档案以及生效法律文书所记载的内容。

以上述方法仍不能明确权利要求含义的，可以结合工具书、教科书等公知文献及所属技术领域的普通技术人员的通常理解进行解释。

本指南所称专利审查档案，是指专利审查、复审、无效过程中国务院专利行政部门及专利复审委员会发出的审查意见通知书，专利申请人、专利权人做出的书面答复，口审记录表，会晤记录等。

本指南所称生效法律文书，是指已经发生法律效力的专利复审请求审查决定、专利无效宣告请求审查决定及相关的授权、确权行政判决。

14. 权利要求与专利说明书出现不一致或者相互矛盾的，该专利不符合《专利法》第二十六条第四款的规定，告知当事人通过专利无效宣告程序解决。当事人启动专利无效宣告程序的，可以根据具体案情确定是否中止诉讼。

当事人不愿通过专利无效程序解决，或者未在合理期限内提起专利权无效宣告请求的，应当按照专利权有效原则和权利要求优先原则，以权利要求限定的保护范围为准。但是所属领域的技术人员通过阅读权利要求书和说明书及附图，能够对实现要求保护的技术方案得出具体、确定、唯一的解释的，应当根据该解释来澄清或者修正权利要求中的错误表述。

15. 从属权利要求包含了应当记载在独立权利要求中、解决发明技术问题必不可少的必要技术特征（缺少该技术特征，独立权利要求中记载的技术方案不能实现发明目的）的，该专利不符合《专利法实施细则》第二十条第二款的规定，告知当事人通过专利无效宣告程序解决。当事人启动专利无效宣告程序的，可以根据具体案情确定是否中止诉讼。

16. 对于权利要求中以功能或者效果表述的功能性技术特征，应当结合说明书和附图描述的该功能或者效果的具体实施方式及其等同的实施方式，确定该技术特征的内容。

功能性技术特征，是指权利要求中的对产品的部件或部件之间的配合关系或者对方法的步骤采用其在发明创造中所起的作用、功能或者产生的效果来限定的技术特征。

下列情形一般不宜认定为功能性技术特征：

（1）以功能或效果性语言表述且已经成为所属技术领域的普通技术人

员普遍知晓的技术名词一类的技术特征，如导体、散热装置、粘结剂、放大器、变速器、滤波器等；

（2）使用功能性或效果性语言表述，但同时也用相应的结构、材料、步骤等特征进行描述的技术特征。

17. 在确定功能性技术特征的内容时，应当将功能性技术特征限定为说明书中所对应的为实现所述功能、效果所必须的结构、步骤特征。

18. 方法专利权利要求对步骤顺序有明确限定的，步骤本身以及步骤之间的顺序均应对专利权保护范围起到限定作用；方法专利权利要求对步骤顺序没有明确限定的，不应以此为由，不考虑步骤顺序对权利要求的限定作用，而应当结合说明书和附图、权利要求记载的整体技术方案、各个步骤之间的逻辑关系以及专利审查档案，从所属技术领域的普通技术人员的角度出发，确定各步骤是否应当按照特定的顺序实施。

19. 以方法特征限定的产品权利要求，方法特征对于专利权保护范围具有限定作用。

20. 实用新型专利权利要求中包含非形状、非构造技术特征的，该技术特征用于限定专利权的保护范围，并按照该技术特征的字面含义进行解释。

非形状、非构造技术特征，是指实用新型专利权利要求中记载的不属于产品的形状、构造或者其结合等的技术特征，如用途、制造工艺、使用方法、材料成分（组分、配比）等。

21. 产品发明或者实用新型专利权利要求未限定应用领域、用途的，应用领域、用途一般对专利权保护范围不起限定作用。

产品发明或者实用新型专利权利要求限定应用领域、用途的，应用领域、用途应当作为对权利要求的保护范围具有限定作用的技术特征。但是，如果该特征对所要求保护的结构和/或组成本身没有带来影响，也未对该技术方案获得授权产生实质性作用，只是对产品或设备的用途或使用方式进行描述的，则对专利权保护范围不起限定作用。

22. 写入权利要求的使用环境特征属于必要技术特征，对专利权保护范围具有限定作用。

使用环境特征是指权利要求中用来描述发明所使用的背景或者条件的技术特征。

23. 被诉侵权技术方案可以适用于产品权利要求记载的使用环境的，应当认定被诉侵权技术方案具备了权利要求记载的使用环境特征，而不以被诉侵权技术方案实际使用该环境特征为前提。

24. 说明书对技术术语的解释与该技术术语通用含义不同的，以说明书的解释为准。

被诉侵权行为发生时，技术术语已经产生其他含义的，应当采用专利申请日时的含义解释该技术术语。

25. 同一技术术语在权利要求书和说明书中所表达的含义应当一致，不一致时应以权利要求书为准。

26. 当权利要求中引用了附图标记时，不应以附图中附图标记所反映出的具体结构来限定权利要求中的技术特征。

27. 专利权的保护范围不应受说明书中公开的具体实施方式的限制，但下列情况除外：

（1）权利要求实质上即是实施方式所记载的技术方案的；

（2）权利要求包括功能性技术特征的。

28. 摘要的作用是提供技术信息，便于公众进行检索，不能用于确定专利权的保护范围，也不能用于解释权利要求。

29. 当专利文件中的印刷错误影响到专利权保护范围的确定时，可以依据专利审查档案进行修正。

对于明显的语法错误、文字错误等，能从权利要求或说明书的整体及上下文得出唯一理解的，应依据实际情况予以解释。

二、发明、实用新型专利权的侵权判定

（一）技术特征的比对方法

30. 判定被诉侵权技术方案是否落入专利权的保护范围，应当审查权利人主张的权利要求所记载的全部技术特征，并以权利要求中记载的全部技术特征与被诉侵权技术方案所对应的全部技术特征逐一进行比较。

31. 被诉侵权技术方案包含与权利要求记载的全部技术特征相同或者等同的技术特征的，应当认定其落入专利权保护范围；被诉侵权技术方案的技术特征与权利要求记载的全部技术特征相比，缺少权利要求记载的一个或多个技术特征，或者有一个或一个以上技术特征不相同也不等同的，应当认定其没有落入专利权保护范围。

32. 进行侵权判定，不应以专利产品与被诉侵权技术方案直接进行比对，但专利产品可以用以帮助理解有关技术特征与技术方案。

33. 权利人、被诉侵权人均有专利权时，一般不能将双方专利产品或者双方专利的权利要求进行比对。

34. 对产品发明或者实用新型进行专利侵权判定比对，一般不考虑被诉侵权技术方案与专利技术是否为相同技术领域。

（二）相同侵权

35. 相同侵权，即文字含义上的侵权，是指被诉侵权技术方案包含了与权利要求记载的全部技术特征相同的对应技术特征。

36. 当权利要求中记载的技术特征采用上位概念特征，而被诉侵权技术方案的相应技术特征采用的是相应的下位概念特征时，则被诉侵权技术方案落入专利权保护范围。

37. 被诉侵权技术方案在包含了权利要求中的全部技术特征的基础上，又增加了新的技术特征的，仍然落入专利权保护范围。

但是，如果权利要求中的文字表述已将增加的新的技术特征排除在外，则不应当认为被诉侵权技术方案落入该权利要求的保护范围。

38. 对于组合物的封闭式权利要求，被诉侵权技术方案在包含权利要求中的全部技术特征的基础上，又增加了新的技术特征的，则不落入专利权保护范围。但是，被诉侵权技术方案中新增加的技术特征对组合物的性质和技术效果未产生实质性影响或该特征属于不可避免的常规数量杂质的情况除外。

39. 对于包含功能性特征的权利要求，如果被诉侵权技术方案不但实现了与该特征相同的功能，而且实现该功能的结构、步骤与专利说明书中记载的具体实施方式所确定的结构、步骤相同的，则被诉侵权技术方案落入专利权保护范围。

40. 在后获得专利权的发明或实用新型是对在先发明或实用新型专利的改进，在后专利的某项权利要求记载了在先专利某项权利要求中记载的全部技术特征，又增加了另外的技术特征的，在后专利属于从属专利。实施从属专利落入在先专利的保护范围。

下列情形属于从属专利：

（1）在后产品专利权利要求在包含了在先产品专利权利要求的全部技术特征的基础上，增加了新的技术特征；

（2）在原有产品专利权利要求的基础上，发现了原来未曾发现的新的用途；

（3）在原有方法专利权利要求的基础上，增加了新的技术特征。

（三）等同侵权

41. 在专利侵权判定中，在相同侵权不成立的情况下，应当判断是否构成等同侵权。

42. 等同侵权，是指被诉侵权技术方案有一个或者一个以上技术特征与权利要求中的相应技术特征从字面上看不相同，但是属于等同特征，应当认定被诉侵权技术方案落入专利权保护范围。

43. 等同特征，是指与权利要求所记载的技术特征以基本相同的手段，实现基本相同的功能，达到基本相同的效果，并且所属技术领域的普通技术人员无需经过创造性劳动就能够想到的技术特征。

44. 基本相同的手段，一般是指在被诉侵权行为发生日前专利所属技术领域惯常替换的技术特征以及工作原理基本相同的技术特征。

申请日后出现的、工作原理与专利技术特征不同的技术特征，属于被诉侵权行为发生日所属技术领域普通技术人员容易想到的替换特征，可以认定为基本相同的手段。

45. 基本相同的功能，是指被诉侵权技术方案中的替换手段所起的作用与权利要求对应技术特征在专利技术方案中所起的作用基本上是相同的。

46. 基本相同的效果，一般是指被诉侵权技术方案中的替换手段所达到的效果与权利要求对应技术特征的技术效果无实质性差异。

被诉侵权技术方案中的替换手段相对于权利要求对应技术特征在技术效果上不属于明显提高或者降低的，应当认为属于无实质性差异。

47. 无需经过创造性劳动就能够想到，即对所属技术领域的普通技术人员而言，被诉侵权技术方案中替换手段与权利要求对应技术特征相互替换是显而易见的。

48. 对手段、功能、效果以及是否需要创造性劳动应当依次进行判断。

49. 等同特征的替换应当是具体的、对应的技术特征之间的替换，而不是完整技术方案之间的替换。

50. 等同特征，可以是权利要求中的若干技术特征对应于被诉侵权技术方案中的一个技术特征，也可以是权利要求中的一个技术特征对应于被诉侵权技术方案中的若干技术特征的组合。

51. 等同特征替换，既包括对权利要求中区别技术特征的替换，也包括对权利要求前序部分中的技术特征的替换。

52. 判定被诉侵权技术方案的技术特征与权利要求的技术特征是否等同的时间点，应当以被诉侵权行为发生日为界限。

53. 权利要求与被诉侵权技术方案存在多个等同特征的，如果该多个等同特征的叠加导致被诉侵权技术方案形成了与权利要求技术构思不同的技术方案，或者被诉侵权技术方案取得了预料不到的技术效果的，则一般不宜认定构成等同侵权。

54. 对于包含功能性特征的权利要求，如果被诉侵权技术方案相应技术特征不但实现了相同的功能，而且实现该功能的结构、步骤与专利说明书中记载的具体实施方式所确定的结构、步骤等同的，应当认定构成等同特征。

上述等同的判断时间点应当为专利申请日。

55. 对于包含有数值范围的专利技术方案，如果被诉侵权技术方案所使用的数值与权利要求记载的相应数值不同的，不应认定构成等同。

但专利权人能够证明被诉侵权技术方案所使用的数值，在技术效果上与权利要求中记载的数值无实质差异的，应当认定构成等同。

56. 对于仅在说明书或者附图中描述而在权利要求中未概括的技术方案，应视为专利权人放弃了该技术方案。专利权人以等同侵权为由主张专利权保护范围包括该技术方案的，不予支持。

被诉侵权技术方案属于说明书中明确排除的技术方案，专利权人主张构成等同侵权的，不予支持。

57. 对被诉侵权技术方案中的技术特征与权利要求中的技术特征是否等同进行判断时，被诉侵权人可以专利权人对该等同特征已经放弃、应当禁止其反悔为由进行抗辩。

禁止反悔，是指在专利授权或者无效程序中，专利申请人或专利权人通过对权利要求、说明书的修改或者意见陈述的方式，对权利要求的保护范围作了限制或者部分放弃，从而在侵犯专利权诉讼中，在确定是否构成等同侵权时，禁止专利申请人或专利权人将已放弃的内容重新纳入专利权保护范围。

58. 专利申请人或专利权人限制或者部分放弃的保护范围，应当是基于克服缺乏新颖性或创造性、缺少必要技术特征和权利要求得不到说明书的支持以及说明书未充分公开等不能获得授权的实质性缺陷的需要。

专利申请人或专利权人不能说明其修改专利文件原因的，可以推定其修改是为克服获得授权的实质性缺陷。

59. 专利权人对权利要求保护范围所作的部分放弃必须是明示的，而且已经被记录在书面陈述、专利审查档案、生效的法律文书中。

60. 禁止反悔的适用以被诉侵权人提出请求为前提，并由被诉侵权人提供专利申请人或专利权人反悔的相应证据。

在人民法院依法取得记载有专利权人反悔的证据的情况下，可以根据业已查明的事实，通过适用禁止反悔对权利要求的保护范围予以必要的限制，合理确定专利权保护范围。

三、外观设计专利权保护范围的确定

61. 审理侵犯外观设计专利权纠纷案件，应当首先确定专利权保护范围。外观设计专利权保护范围以表示在图片或者照片中的该专利产品的外观设计为准，外观设计的简要说明及其设计要点、专利权人在无效程序及其诉讼程序中的意见陈述、应国务院专利行政部门的要求在专利申请程序中提交的样品或者模型等，可以用于解释外观设计专利权保护范围。

62. 外观设计专利公告授权文本中没有设计要点的，专利权人可以提交书面材料，说明外观设计的独创部位及其设计内容。

63. 当事人提交的用以证明专利产品外观设计发展变化的相关证据，可以在确定保护范围时予以考虑。

64. 在确定外观设计专利权保护范围时，应当区分使用状态参考图与变化状态产品的使用状态视图。

使用状态参考图是国务院专利行政部门在审查过程中对在简要说明中未写明外观设计产品使用方法、用途或功能的新开发的产品，或者在一些使用方法、用途或功能不明确的产品无法进行分类时，为了便于对该产品正确分类而要求专利申请人提供的视图。使用状态参考图不能用于确定外观设计的保护范围，但是可以作为确定产品类别的因素。

变化状态产品的使用状态视图，应当作为确定产品外观设计保护范围的依据。

65. 外观设计专利权请求保护色彩的，应当将请求保护的色彩作为确定外观设计专利权保护范围的要素之一，即在侵权判定中，应当将其所包含的形状、图案、色彩及其组合与被诉侵权产品相应的形状、图案、色彩及其组合进行综合对比。

66. 外观设计专利权请求保护色彩的，专利权人应当提交由国务院专利行政部门出具或认可的相关证据，用以确定外观设计的保护范围。必要时，应当与国务院专利行政部门专利审查档案中的色彩进行核对。

67. 对整体视觉效果不产生影响的产品的大小、材料、内部结构，应当排除在外观设计专利权保护范围之外。

68. 相似外观设计专利权的保护范围由各个独立的外观设计分别确定。基本设计与其他相似设计均可以作为确定外观设计专利权保护范围的依据。

相似外观设计，是指对同一产品的多项相似外观设计提出一件外观设计专利申请并获得授权的外观设计专利。在多项相似外观设计中，应当指定一项作为基本设计。相似基本设计与某一相似外观设计之间具有相同或者相似的设计特征，并且二者之间的区别点在于局部细微变化、该类产品的惯常设计、设计单元重复排列或者仅色彩要素的变化等情形。

69. 成套产品的整体外观设计与组成该成套产品的每一件外观设计均已显示在该外观设计专利文件的图片或者照片中的，其权利保护范围由组成该成套产品的每一件产品的外观设计或者该成套产品的整体外观设计确定。

成套产品设计，是指用于同一类别并且成套出售或使用的产品的两项以上外观设计，作为一件外观设计申请提出并获得授权的外观设计专利。

四、外观设计专利权的侵权判定

70. 在与外观设计产品相同或者相近种类产品上，采用与授权外观设计相同或者相近似外观设计的，应当认定被诉侵权外观设计落入外观设计专利的保护范围。

71. 进行外观设计侵权判定，应当用授权公告中表示该外观设计的图片或者照片与被诉侵权外观设计或者体现被诉侵权外观设计的图片或者照片进行比较，而不应以专利权人提交的外观设计专利产品实物与被诉侵权外观设计进行比较。但是，该专利产品实物与表示在专利公告文件的图片或照片中的外观设计产品完全一致，或者与专利权人应国务院专利行政部门在专利申请程序中为更清楚地了解图片或照片中的内容而要求提交的样品或者模型完全一致，并且各方当事人均无异议的除外。

72. 进行外观设计侵权判定，应当通过一般消费者的视觉进行直接观察对比，不应通过放大镜、显微镜等其他工具进行比较。但是，如果表示在图片或者照片中的产品外观设计在申请专利时是经过放大的，则在侵权比对时也应将被诉侵权产品进行相应放大进行比对。

73. 进行外观设计侵权判定，应当首先审查被诉侵权产品与外观设计产品是否属于相同或者相近种类产品。

74. 应当根据外观设计产品的用途（使用目的、使用状态），认定产品种类是否相同或者相近。

确定产品的用途时，可以按照下列顺序参考相关因素综合确定：外观设计的简要说明、国际外观设计分类表、产品的功能以及产品销售、实际使用的情况等因素。

如果外观设计产品与被诉侵权外观设计产品的用途（使用目的、使用状态）没有共同性，则外观设计产品与被诉侵权产品不属于相同或者相近种类产品。

75. 判定是否侵犯外观设计专利权，应当以是否相同或者相近似为标准，而不以是否构成一般消费者混淆、误认为标准。

76. 应当以外观设计专利产品的一般消费者的知识水平和认知能力，判断外观设计是否相同或者近似，而不应以该外观设计专利所属技术领域的普通设计人员的观察能力为标准。

77. 一般消费者，是一种假设的“人”，对其应当从知识水平和认知能力两方面进行界定。

一般消费者的知识水平是指，他通常对外观设计专利申请日之前相同种类或者相近种类产品的外观设计及其常用设计手法具有常识性的了解。

一般消费者的认知能力是指，他通常对外观设计产品之间在形状、图案以及色彩上的区别具有一定的分辨力，但不会注意到产品的形状、图案以及色彩的微小变化。

对外观设计产品的一般消费者的知识水平和认知能力作出具体界定时，应当针对具体的外观设计产品，并考虑申请日前该外观设计产品的设计发展过程。

78. 判断外观设计是否相同或相近似时，不应以外观设计创作者的主观看法为准，而以一般消费者的视觉效果为准。

79. 判断外观设计是否构成相同或相近似时以整体观察、综合判断为原则，即应当对授权外观设计、被诉侵权设计可视部分的全部设计特征进行观察、对能够影响产品外观设计整体视觉效果的所有因素进行综合考虑后作出判断。

下列情形通常对外观设计的整体视觉效果更具有影响：

（1）产品正常使用时容易被直接观察到的部位相对于其他部位；

（2）外观设计区别于现有设计的设计特征相对于外观设计的其他设计特征。

80. 被诉侵权设计与授权外观设计在整体视觉效果上无差异的，应当认定两者相同；在整体视觉效果上无实质性差异的，应当认定两者构成相近似。具体而言：

（1）如果两者的形状、图案、色彩等整体上的视觉效果无差异，则应当认为两者构成相同；

（2）如果两者的形状、图案、色彩等整体上的视觉效果不完全相同，但是没有明显差异的，则应当认为两者相近似；

（3）如果两者的形状、图案、色彩等整体上的视觉效果不同，且有明显差异的，则应当认为两者不相同且不相近似。

81. 在判断相同或相近似时，由产品功能、技术效果决定的设计特征不予考虑。

由产品功能、技术效果决定的设计特征，是指实现产品功能、技术效果的有限或者唯一的设计。

82. 对于立体产品的外观设计，通常形状对整体视觉效果更具有影响，在进行相同相近似判断时，应以形状为重点；但如果其形状属于惯常设计，则图案、色彩对整体视觉效果更具有影响。

惯常设计，是指现有设计中一般消费者所熟知的、只要提到产品名称就能想到的相应设计。

83. 对于平面产品的外观设计，通常图案、色彩对整体视觉效果更具有影响，在进行相同相近似判断时，应以图案、色彩为重点。

84. 对要求保护色彩的外观设计，应当先确定该外观设计是否属于惯常设计，如果是惯常设计，则应当仅对其图案、色彩作出判定；如果形状、图案、色彩均为新设计，则应当对形状、图案、色彩三者的结合作出判定。

85. 将不透明材料替换为透明材料，或者将透明材料替换为不透明材料，且仅属于材料特征的变换，未导致产品外观设计发生明显变化的，在判断外观设计的相同相近似时，应不予考虑。但是，如果透明材料使得该产品外观设计的美感发生了变化，导致一般消费者对该产品的整体视觉发生变化的，则应当予以考虑。

被诉侵权产品系将不透明材料替换为透明材料，通过透明材料可以观察到产品内部结构，则内部结构应当视为该产品的外观设计的一部分。

86. 专利权人、被诉侵权人的外观设计专利申请均已被授权，且专利权人的外观设计专利的申请日早于被诉侵权人的外观设计专利的申请日，如果被诉侵权人的外观设计与专利权人的外观设计构成相同或相近似的，则可以认定被诉侵权人实施其外观设计专利的行为，侵犯了在先的外观设计专利权。

五、其他专利侵权行为的认定

（一）专利侵权行为

87. 发明和实用新型专利权被授予后，除《专利法》另有规定的以外，任何单位或者个人未经专利权人许可，都不得实施其专利，即不得为生产经营目的制造、使用、许诺销售、销售、进口其专利产品，或者使用其专利方法以及使用、许诺销售、销售、进口依照该专利方法直接获得的产品。

外观设计专利权被授予后，任何单位或者个人未经专利权人许可，都不得实施其专利，即不得为生产经营目的制造、销售、进口其外观设计专利产品。

88. 发明专利公开日以及实用新型、外观设计授权公告日之前的实施行为，不属于侵犯专利权的行为。

在发明专利公开日至授权公告日之间，即发明专利权的临时保护期内，实施该发明的单位或者个人应当向权利人支付适当的使用费。对其实施行为的判定，可以参照适用有关专利侵权的法律规定。

专利申请日时申请人请求保护的范围与专利公告授权时的专利权保护范围不一致，被诉侵权技术方案均落入上述两个保护范围的，应当认定被诉侵权人在临时保护期内实施了该发明。被诉侵权技术方案仅落入其中一个保护范围的，应当认定被诉侵权人在临时保护期内未实施该发明。

89. 制造发明或者实用新型专利产品，是指权利要求中所记载的产品技术方案被实现，产品的数量、质量不影响对制造行为的认定。

以下行为应当认定为制造发明或者实用新型专利产品行为：

（1）以不同制造方法制造产品的行为，但以方法限定的产品权利要求除外；

（2）委托他人制造或者在产品上标明“监制”等类似参与行为；

（3）将部件组装成专利产品的行为。

90. 制造外观设计专利产品，是指专利权人向国务院专利行政部门申请专利时提交的图片或者照片中的该外观专利产品被实现。

91. 使用发明或者实用新型专利产品，是指权利要求所记载的产品技术方案的技术功能得到了应用。

92. 将侵犯发明或者实用新型专利权的产品作为零部件或中间产品，制造另一产品的，应当认定属于对专利产品的使用。

93. 使用专利方法，是指权利要求记载的专利方法技术方案的每一个步骤均被实现，使用该方法的结果不影响对是否构成侵犯专利权的认定。

94. 使用外观设计专利产品，是指该外观设计产品的功能、技术性能得到了应用。

外观设计专利权人的禁止权不包括禁止他人使用其外观设计专利产品的权利。

95. 将侵犯他人专利权的产品用于出租的，应当认定属于对专利产品的使用。

96. 销售专利产品，是指将落入专利权保护范围的被诉侵权产品的所有权、或者依照专利方法直接制得的产品的所有权、或者将含有外观设计专利的产品的所有权从卖方有偿转移到买方。

搭售或以其他方式转让上述产品所有权，变相获取商业利益的，也属于销售该产品。

97. 将侵犯发明或者实用新型专利权的产品作为零部件或中间产品，制造另一产品后，销售该另一产品的，应当认定属于对专利产品的销售。

将侵犯外观设计专利权的产品作为零部件，制造另一产品并销售的，应当认定属于销售外观设计专利产品的行为，但侵犯外观设计专利权的产品在另一产品中仅具有技术功能的除外。

仅具有技术功能，是指该零部件构成最终产品的内部结构，在最终产品的正常使用中不产生视觉效果，只具有技术功能作用。

98. 在销售侵犯他人专利权的产品行为实际发生前，被诉侵权人作出销售侵犯他人专利权产品意思表示的，构成许诺销售。

以做广告、在商店橱窗中陈列、在网络或者在展销会上展出等方式作出销售侵犯他人专利权产品的意思表示的，可以认定为许诺销售。

99. 进口专利产品，是指将落入产品专利权利要求保护范围的产品、依照专利方法直接获得的产品或者含有外观设计专利的产品在空间上从境外越过边界运进境内的行为。

100. 方法专利延及产品，指一项方法发明专利权被授予后，任何单位或个人未经专利权人许可，除了不得为生产经营目的而使用该专利方法外，还不得为生产经营目的而使用、许诺销售、销售、进口依照该专利方法所直接获得的产品。

101. 依照专利方法直接获得的产品，是指将原材料、物品按照方法专利权利要求记载的全部步骤特征进行处理加工，使得原材料、物品在结构上或物理化学特性上产生明显变化后所获得的原始产品。

将上述原始产品进一步加工、处理而获得的后续产品，即以该原始产品作为中间部件或原材料，加工、处理成为其他的后续产品，应当认定属于使用依照该专利方法直接获得的产品。对该后续产品的进一步加工、处理，不属于使用依照该专利方法所直接获得的产品的行为。

102. 《专利法》第六十一条规定的“新产品”，是指在国内外第一次生产出的产品，该产品与专利申请日之前已有的同类产品相比，在产品的组份、结构或者其质量、性能、功能方面有明显区别。

产品或者制造产品的技术方案在专利申请日以前为国内外公众所知的，应当认定该产品不属于专利法规定的新产品。

是否属于新产品，应由专利权人举证证明。专利权人提交证据初步证明该产品属于专利法规定的新产品的，视其尽到举证责任。

103. 同样产品，是指被诉侵权产品与实施新产品制造方法直接得到的原始产品的形状、结构或成份等无实质性差异。

是否属于同样产品，应由权利人举证证明。

104. 对于用途发明专利，权利人应证明被诉侵权人制造、使用、销售、许诺销售、进口被诉侵权产品系用于该专利的特定用途。

（二）共同侵权行为

105. 两人以上共同实施《专利法》第十一条规定的行为，或者两人以上相互分工协作，共同实施《专利法》第十一条规定的行为的，构成共同侵权。

106. 教唆、帮助他人实施《专利法》第十一条规定的行为的，与实施人为共同侵权人。

107. 将侵犯专利权的产品作为零部件，制造另一产品并出售的，如果被诉侵权人存在分工合作，构成共同侵权。

108. 提供、出售或者进口专门用于实施他人产品专利的材料、专用设备或者零部件的，或者提供、出售或者进口专门用于实施他人方法专利的材料、器件或者专用设备的，上述行为人与实施人构成共同侵权。

109. 为他人实施《专利法》第十一条规定的行为提供场所、仓储、运输等便利条件的，与实施人构成共同侵权。

110. 技术转让合同的受让人按照合同的约定受让技术并予以实施，侵犯他人专利权的，由受让人承担侵权责任。

六、专利侵权抗辩

（一）专利权效力抗辩

111. 被诉侵权人以专利权超过保护期、被专利权人放弃、被生效法律文书宣告无效进行抗辩的，应当提供相应的证据。

112. 在侵犯专利权诉讼中，被诉侵权人以专利权不符合专利授权条件、应当被宣告无效进行抗辩的，其无效宣告请求应当向专利复审委员会提出。

（二）滥用专利权抗辩

113. 被诉侵权人以专利权人恶意取得专利权且滥用专利权提起侵权诉讼进行抗辩的，应当提供相应的证据。

在侵犯专利权诉讼中，专利权被宣告无效的，不宜轻易认定为滥用专利权。

114. 恶意取得专利权，是指将明知不应当获得专利保护的发明创造，故意采取规避法律或者不正当手段获得了专利权，其目的在于获得不正当利益或制止他人的正当实施行为。

以下情形可以认定为恶意：

（1）将申请日前已有的国家标准、行业标准等技术标准申请专利并取得专利权的；

（2）将明知为某一地区广为制造或使用的产品申请专利并取得专利权的。

（三）不侵权抗辩

115. 被诉侵权技术方案的技术特征与权利要求记载的全部技术特征相比，缺少权利要求中记载的一项或一项以上技术特征的，不构成侵犯专利权。

116. 被诉侵权技术方案的技术特征与权利要求中对应技术特征相比，有一项或者一项以上的技术特征既不相同也不等同的，不构成侵犯专利权。

本条第一款所称技术特征不相同不等同是指：

（1）该技术特征使被诉侵权技术方案构成了一项新的技术方案；

（2）该技术特征在功能、效果上明显优于权利要求中对应的技术特征，并且所属技术领域的普通技术人员认为这种变化具有实质性的改进，而不是显而易见的。

117. 被诉侵权技术方案省略权利要求中个别技术特征或者以简单或低级的技术特征替换权利要求中相应技术特征，舍弃或显著降低权利要求中与该技术特征对应的性能和效果从而形成变劣技术方案的，不构成侵犯专利权。

118. 任何单位或个人非生产经营目的制造、使用、进口专利产品的，不构成侵犯专利权。

（四）不视为侵权的抗辩

119. 专利产品或者依照专利方法直接获得的产品，由专利权人或者经其许可的单位、个人售出后，使用、许诺销售、销售、进口该产品的，不视为侵犯专利权，包括：

（1）专利权人或者其被许可人在中国境内售出其专利产品或者依照专利方法直接获得的产品后，购买者在中国境内使用、许诺销售、销售该产品；

（2）专利权人或者其被许可人在中国境外售出其专利产品或者依照专利方法直接获得的产品后，购买者将该产品进口到中国境内以及随后在中国境内使用、许诺销售、销售该产品；

（3）专利权人或者其被许可人售出其专利产品的专用部件后，使用、许诺销售、销售该部件或将其组装制造专利产品；

（4）方法专利的专利权人或者其被许可人售出专门用于实施其专利方法的设备后，使用该设备实施该方法专利。

120. 在专利申请日前已经制造相同产品、使用相同方法或者已经做好制造、使用的必要准备，并且仅在原有范围内继续制造、使用的，不视为侵犯专利权。

使用、许诺销售、销售上述情形下制造的专利产品或者依照专利方法直接获得的产品的，也不视为侵犯专利权。

121. 享有先用权的条件是：

（1）做好了制造、使用的必要准备。即已经完成实施发明创造所必需的主要技术图纸或者工艺文件，或者已经制造或者购买实施发明创造所必需的主要设备或者原材料。

（2）仅在原有范围内继续制造、使用。“原有范围”包括：专利申请日前已有的生产规模以及利用已有的生产设备或者根据已有的生产准备可以达到的生产规模。超出原有范围的制造、使用行为，构成侵犯专利权。

（3）在先制造产品或者在先使用的方法或设计，应是先用权人自己独立研究完成或者以合法手段从专利权人或其他独立研究完成者处取得的，而不是在专利申请日前抄袭、窃取或者以其他不正当手段获取的。被诉侵权人以非法获得的技术或者设计主张先用权抗辩的，不应予以支持。

（4）先用权人对于自己在先实施的技术不能转让，除非连同所属企业一并转让。即先用权人在专利申请日后将其已经实施或作好实施必要准备的技术或设计转让或者许可他人实施，被诉侵权人主张该实施行为属于在原有范围内继续实施的，不应予以支持，但该技术或设计与原有企业一并转让或者承继的除外。

122. 临时通过中国领土、领水、领空的外国运输工具，依照其所属国同中国签订的协议，或者共同参加的国际条约，或者依照互惠原则，为运输工具自身需要而在其装置和设备中使用有关专利的，不视为侵犯专利权。

但是临时过境不包括用交通运输工具对专利产品的“转运”，即从一个交通运输工具转到另一个交通运输工具的行为。

123. 专为科学研究和实验而使用有关专利，不视为侵犯专利权。

专为科学研究和实验,是指专门针对专利技术方案本身进行的科学研究和实验。

应当区别对专利技术方案本身进行科学研究、实验和在科学研究、实验中使用专利技术方案：

（1）对专利技术方案本身进行科学研究实验，其目的是研究、验证、改进他人专利技术，在已有专利技术的基础上产生新的技术成果。

（2）在科学研究、实验过程中使用专利技术方案，其目的不是为研究、改进他人专利技术，而是利用专利技术方案作为手段进行其他技术的研究实验，或者是研究实施专利技术方案的商业前景等，其结果与专利技术没有直接关系的行为。该种行为构成侵犯专利权。

本条第一款中的使用有关专利的行为，包括该研究实验者自行制造、使用、进口有关专利产品或使用专利方法的行为，也包括他人为该研究试验者制造、进口有关专利产品的行为。

124. 为提供行政审批所需要的信息，而制造、使用、进口专利药品或者专利医疗器械的，以及专门为其制造、进口专利药品或者专利医疗器械，不视为侵犯专利权。

行政审批所需要的信息，是指《中华人民共和国药品管理法》、《中华人民共和国药品管理法实施条例》以及《药品注册管理办法》等相关药品管理法律法规、部门规章等规定的实验资料、研究报告、科技文献等相关材料。

（五）现有技术抗辩及现有设计抗辩

125. 现有技术抗辩，是指被诉落入专利权保护范围的全部技术特征，与一项现有技术方案中的相应技术特征相同或者等同，或者所属技术领域的普通技术人员认为被诉侵权技术方案是一项现有技术与所属领域公知常识的简单组合的，应当认定被诉侵权人实施的技术属于现有技术，被诉侵权人的行为不构成侵犯专利权。

126. 现有技术，是指专利申请日以前在国内外为公众所知的技术。对于依据2008年修订的《专利法》实施之前的《专利法》规定申请并获得授权的专利权，其现有技术应当依据之前专利法的规定确定。

127. 抵触申请不属于现有技术，不能作为现有技术抗辩的理由。但是，被诉侵权人主张其实施的是属于抵触申请的专利的，可以参照本指南第125条关于现有技术抗辩的规定予以处理。

抵触申请，是指由任何单位或者个人就与专利权人的发明创造同样的发明创造在申请日以前向国务院专利行政部门提出申请并且记载在申请日以后公布的专利申请文件或者公告的专利文件中的专利申请。

128. 现有设计抗辩，是指被诉侵权产品的外观设计与一项现有设计相同或者相近似，或者被诉侵权产品的外观设计是一项现有外观设计与该产品的惯常设计的简单组合，则被诉侵权产品的外观设计构成现有设计，被诉侵权人的行为不构成侵犯外观设计专利权。

129. 现有设计是指申请日以前在国内外为公众所知的设计，包括在国内外以出版物形式公开和以使用等方式公开的设计。但是，对于依据2008年修订的《专利法》实施之前专利法规定申请并获得授权的外观设计专利权，其现有设计应当依据之前《专利法》的规定确定。

130. 被诉侵权人以其实施现有设计进行抗辩的，应当在侵权诉讼中主张，并提供现有设计的相关证据。

131. 被诉侵权人以实施现有设计进行抗辩的，应当判断被诉侵权产品的外观设计是否与现有设计相同或相近似，而不应将专利外观设计与现有设计进行比对。

132. 被诉侵权人主张其实施的是外观设计专利的抵触申请的，应当将被诉侵权外观设计与抵触申请进行比对。被诉侵权外观设计与抵触申请相同或相近似的，被诉侵权人的行为不构成侵犯外观设计专利权。

（六）合理来源抗辩

133. 为生产经营目的，使用、许诺销售或者销售不知道是未经专利权人许可而制造并售出的专利产品或者依照专利方法直接获得的产品的行为，属于侵犯专利权行为。

使用者或者销售者能证明其产品合法来源的，不承担赔偿责任，但是应当承担停止侵害的法律责任。

合法来源是指使用者或者销售者从合法的进货渠道，以合理的价格购买了被诉侵权产品，并提供相关票据。

第二章

专利行政纠纷案件判例

“喷墨打印设备及其墨盒”发明专利无效宣告请求案

一、案件提要

当事人

专利权人：精工爱普生株式会社

无效请求人：广东佛山凯德利办公用品有限公司、郑亚俐、深圳市易彩实业发展有限公司

专利复审委员会的无效宣告请求审查决定

决定号：WX第11291号

合议组成员：陈海平、崔峥、祁轶军

决定日：2008年4月15日

北京市第一中级人民法院的一审判决

案号：（2008）一中行初字第1030号

合议庭成员：任进、邢军、郝建欣

结案日期：2008年12月20日

北京市高级人民法院的二审判决

案号：（2009）高行终字第327号

合议庭成员：刘辉、岑宏宇、焦彦

结案日期：2009年10月13日

最高人民法院的再审裁定

案号：（2010）知行字第53号

合议庭成员：郃中林、朱理、秦元明

结案日期：2011年12月25日

最高人民法院的再审裁定

案号：（2010）知行字第53-1号
合议庭成员：金克胜、朱理、郎贵梅
结案日期：2013年9月23日

涉及的法律规定

《专利法》第三十三条

判决要点

1. 我国《立法法》第八十四条规定："法律、行政法规、地方性法规、自治条例和单行条例、规章不溯及既往，但为了更好地保护公民、法人和其他组织的权利和利益而作的特别规定除外。"该条确定了法律不溯及既往这一基本法治原则。就专利申请文件的修改而言，在提出专利申请时，专利申请人根据申请日时施行的法律对申请文件的修改已经有所预期和信赖，为保障专利申请人对申请提出时施行的法律的正当信赖，判断针对该专利申请文件的修改是否合法，无论在专利授权还是以后的确权程序中，原则上应当适用专利申请日（有优先权的，应为优先权日）时施行的《专利法》及《专利法实施细则》。由于《专利法》和《专利法实施细则》不仅关涉专利权人和专利申请人的利益，还关涉社会公众的利益，更应坚持法不溯及既往原则，对溯及既往的情况应该更加慎重。

2. 由于本专利申请文件的修改是否符合法律规定这一实体法律问题应适用1992年修订的《专利法》及《专利法实施细则》的规定，与此相适应，应适用与1992年修订的《专利法》及《专利法实施细则》相配套的《审查指南》，即1993年3月10日公布的《审查指南1993》。虽然该《审查指南1993》已被国家知识产权局的相关规定所废止，但此种废止的法律意义在于该《审查指南1993》自废止之日起不再继续发生法律效力，对废止之日起发生的行为不再适用，并不意味着其在任何情况下均不应适用，对于该《审查指南1993》施行时的专利申请以及依据该申请授予的专利权仍应适用。

3. 国家知识产权局依法行使对专利申请进行审查的职权，但并不负有也不可能负有保证专利授权正确无误的责任。申请人对其修改行为所造成的一切后果应自负其责。专利权人关于其修改行为在实审程序中已经得到审查员认可，

其基于信赖该审查结论而产生的信赖利益在后续无效程序中应得到保障的主张没有法律依据。

4. 无论在专利授权确权程序还是在专利民事侵权程序中，客观上都需要明确权利要求的含义及其保护范围，因而需要对权利要求进行解释。在上述两个程序中，权利要求的解释方法既存在很强的一致性，又存在一定的差异性。

5. 在同一权利要求中甚至在同一句话中出现两个不同的术语，应认为申请人在修改过程中刻意对该两个术语进行区分，在无其他证据表明该两个术语具有相同含义的情况下，对该两个术语的含义原则上应作不同解释。

6. 原说明书和权利要求书记载的范围应该包括如下内容：一是原说明书及其附图和权利要求书以文字或者图形等明确表达的内容；二是所属领域普通技术人员通过综合原说明书及其附图和权利要求书可以直接、明确推导出的内容。与上述内容相比，如果修改后的专利申请文件未引入新的技术内容，则可认定对该专利申请文件的修改未超出原说明书和权利要求书记载的范围。

二、本案审理过程

本案涉及名称为“喷墨打印设备及其墨盒”的第00131800.4号发明专利，其申请日为1999年5月18日，授权公告日2004年6月23日，专利权人为日本精工爱普生株式会社（下称“专利权人”）。

针对其喷墨打印设备及其墨盒，专利权人首先于1998年5月18日在日本提出了专利申请，随后以该日本案专利申请为基础，于1999年5月18日提交了PCT国际申请，其国际申请号为PCT/JP99/02579。该PCT国际申请进入中国国家阶段后成为第99800780.3号发明专利申请，该申请要求享受在先日本专利申请的优先权，最早的优先权日为1998年5月18日。国家知识产权局于2000年11月1日公布了第99800780.3号发明专利申请，公布的申请文本实际上是PCT国际申请的中文译文。第99800780.3号发明专利申请的权利要求书共有75项权利要求，其中权利要求1～17请求保护的是“一种喷墨打印设备”；权利要求18～75请求保护的是“一种向打印头提供油墨的墨盒”。

专利权人以第99800780.3号发明专利申请为基础，于2000年向国家知识产权局提交了分案申请，其申请号为00131800.4，申请日仍为1999年5月18日。该分案申请的说明书及其附图与第99800780.3号发明专利申请完全相同，所不同的是各项权利要求请求保护的均为“一种用于通过供墨针向一喷墨打印设备的打印头供给油墨的墨盒”。

公告授权的本案专利权利要求1如下：

> 一种装于喷墨打印设备的托架上的墨盒，用于通过一供墨针向喷墨打印设备的打印头供应墨水，该墨盒包括：
>
> 多个外壁；
>
> 一供墨口，用于接纳所述供墨针，形成于多个壁的第一个上；
>
> 一存储装置，由所述墨盒支承，存储关于墨水的信息；
>
> 一电路板，安装在与所述多个壁中的第一壁交叉的所述第二壁上，所述电路板位于所述供墨口的中线上；和
>
> 多个接触点，形成在所述电路板的外露表面上，用于将所述存储装置连接到喷墨打印设备，所述触点形成多个列。

公告授权的本案专利权利要求8如下：

> 一种装于喷墨打印设备的托架上的墨盒，用于通过一供墨针向喷墨打印设备的打印头供应墨水，该墨盒包括：
>
> 多个外壁，
>
> 一供墨口，用于接纳所述供墨针，形成于多个壁的其中一个上；
>
> 一记忆装置，由所述墨盒支承，存储关于墨水的信息；
>
> 多个触点，用于将所述记忆装置连接到喷墨打印设备，所述触点形成多个列，所述列的其中之一比另外的列更靠近所述供墨口，最靠近所述供墨口的触点列比离所述供墨口最远的触点列长。

上述独立权利要求1和8分别包含“存储装置”和“记忆装置”的技术特征，然而其母案第99800780.3号发明专利申请记载的都是“半导体存储装置”。由此可知，“存储装置”和“记忆装置”均由母案记载的“半导体存储装置”修改而来。上述修改是否符合《专利法》第三十三条的规定，成为本案争议的焦点问题。

针对本案专利，广东佛山凯德利办公用品有限公司（下称“第一无效请求人”）于2006年1月17日向专利复审委员会提出了无效宣告请求，其理由是本案专利不符合《专利法》第二十二条第二、第三款的规定，请求宣告本案专利全部无效；郑亚俐（下称“第二无效请求人”）于2007年6月15日向国家知识产权局专利复审委员会提出了无效宣告请求，其理由是本案专利不符合《专利法》

第三十三条和第二十六条第四款的规定，请求宣告本案专利全部无效；深圳市易彩实业发展有限公司（下称“第三无效请求人”）于2007年10月31日以与第一请求人完全相同的理由和证据向国家知识产权局专利复审委员会提出了无效宣告请求。

经审查，专利复审委员会认为本案专利的权利要求1～40均不符合《专利法》第三十三条的规定，于2008年4月15日决定号作出了宣告本案专利全部无效的第11291号无效宣告请求审查决定。

专利权人不服专利复审委员会作出的无效宣告请求审查决定，向北京市第一中级人民法院（下称“一审法院”）提起行政诉讼。

经审理，一审法院认定专利复审委员会作出的本案无效宣告请求审查决定认定事实清楚，适用法律正确，审查程序合法，应予维持，于2008年12月20日作出维持专利复审委员会第11291号无效宣告请求审查决定的（2008）一中行初字第1030号一审判决。

专利权人不服上述一审判决，向北京市高级人民法院（下称“二审法院”）提起上诉。

经审理，二审法院认定一审判决和本案无效宣告请求审查决定部分事实认定错误，适用法律不当，应予撤销；专利权人的上诉主张部分成立。基于上述认定，二审法院2009年10月13日作出了（2009）高行终字第327号终审判决，撤销一审判决和无效宣告请求审查决定，由专利复审委员会重新做出无效宣告请求审查决定。

本案第二无效请求人不服二审判决，向最高人民法院（下称“再审法院”）申请再审，认为二审判决认定事实不清，适用法律错误，请求依法撤销二审判决，维持一审判决。

经审理，再审法院认定虽然二审判决对于“存储装置”含义的认定不妥，申请再审的部分理由成立，但是二审判决关于专利权人对“存储装置”的修改符合《专利法》第三十三条的裁判结果是正确的，应予维持，于2011年12月25日作出了驳回本案第二无效请求人再审申请的（2010）知行字第53号再审裁定。

关于本案专利的具体内容、专利复审委员会的第11291号无效宣告请求审查决定、一审法院作出的（2008）一中行初字第1030号一审判决、二审法院作出的（2009）高行终字第327号终审判决、再审法院作出的（2010）知行字第53号再审裁定，本书第一卷（2013）已经作了详细介绍，读者可以参阅该书，故不再赘述。

下面仅补充介绍最高人民法院2013年9月23日作出的（2010）知行字第53-1号再审裁定。

三、最高人民法院的再审裁定

（一）当事人的主张

专利权人不服二审判决，向最高人民法院（下称“再审法院”）申请再审，请求依法纠正二审判决关于本专利权利要求8、12、29中“记忆装置”的修改违反《专利法》第三十三条规定的结论，并在此基础上维持二审判决。

专利权人申请再审的主要理由为：

（1）《专利法》第三十三条并不禁止专利申请人通过修改专利申请文件而使修改文本在形式上不同于修改前的原始公开文本，所禁止的是专利申请人通过修改行为引入新的技术方案或技术内容。虽然本案利权利要求8、12、29记载的“记忆装置”属于一个在原始公开文本中没有出现过而在实审程序修改中新提出的术语，但该术语所指的技术方案却是在原说明书及附图中已有记载的“电路板及设置在其上的半导体存储装置”。专利权人在实审程序的修改中提出该新术语时，已在答复审查意见通知书的意见陈述书中将“记忆装置”所指代的技术方案明确限定为原始公开文本中已记载的技术方案。在判断对“记忆装置”这个术语的修改是否超出原权利要求书和说明书记载的范围时，不应当简单地以该术语本身是否在原权利要求书和说明书中有过记载作为判断基准，而应当以该术语所指代的技术方案是否超出原权利要求书和说明书所记载的技术方案的范围作为判断基准。权利要求8、12和29中的“记忆装置”虽然是在修改中引入的新术语，但并未通过引入新术语而请求保护一个在原权利要求书和说明书中没有记载过的新的技术方案。

（2）权利要求8、12、29在修改中新增加的“记忆装置”术语的含义，应当按照专利权人在专利审查档案中对该术语所作的限制性解释来理解。就同一项专利权而言，无论在侵权程序还是在无效程序中，对权利要求的解释标准应当是统一的。侵权程序中关于专利审查档案可以用作解释权利要求的依据，这一原则同样应当适用于专利无效程序。“记忆装置”并非本领域现有技术中已经存在的通用术语，本领域技术人员无法从现有技术中直接获知该术语的字面含义。本专利的原权利要求书和说明书均未记载有该术语，本领域技术人员亦不能从本专利说明书中直接得到该术语在本专利中的含义。专利权人在实审程序的修改中引入该术语时，在答复审查员的书面意见陈述中明确限定了“记忆装置”这个新增术语的具体含义，即“电路板及设置在其上的半导体存储装置”。除了上述专利审查档案，客观上并不存在可以用来解释该术语的其他事实依据。如果在本案中排除上述专利审查档案对该术语的解释作用，则会使该术语陷入无从解释且其含义不可知的境地。因此，权利要求8、12、29记载的“记忆装置”系指“电路板及设置在其上的半导体存储装置”。

（3）在将权利要求8、12、29记载的“记忆装置”解释为“电路板及设置在其上的半导体存储装置”的情况下，“记忆装置”这个术语所指代的技术方案已被记载在本专利的原始公开文本中，该项修改特征不存在修改超范围的情形。本领域技术人员能够从原始公开文本的图7（a）至图7（c）、说明书第5页第1段第4行记载的“半导体存储装置61可以安装在电路板31的后面”以及第3段第1行所记载的“在如以上所述安装了半导体存储装置61的电路板31上”等项内容中，毫无疑义地得出“记忆装置”这个术语所指代的是“电路板及设置在其上的半导体存储装置”，因而“记忆装置”这项修改特征实质上已记载在原始公开文本中。原始公开文本既记载了半导体存储装置和电路板这两个独立部件，也记载了将半导体存储装置安装在电路板上进行使用的技术方案。

（4）第11291号无效宣告请求审查决定依据本专利授权公告文本从属专利要求13和14对“记忆装置”所作的附加限定，认定“记忆装置”并非“半导体存储装置”与“电路板”的组合，与事实不符。根据本专利授权公告文本的独立权利要求12对“记忆装置”的有关记载内容，结合其从属权利要求13和14对“记忆装置”所作出的进一步限定，进行基本的逻辑分析之后，恰恰可以印证，独立权利要求12中记载的“记忆装置”，其含义就是指“电路板及设置在其上的半导体存储装置”。第11291号决定用以否定该含义的理由违反权利要求书的解读逻辑。

（5）第11291号无效宣告请求审查决定以及原审判决在没有确定“记忆装置”含义的情况下，仅因该术语在原权利要求书和说明书中未曾出现过就直接认定其存在修改超范围情形，缺乏事实基础和法律依据。第11291号决定及原审判决始终没有指出应当如何理解独立权利要求8、12、29记载的“记忆装置”术语的含义，更没有结合该术语的含义来判断其指代的技术方案是否已被记载在原权利要求书和说明书中。依据第11291号决定和原审判决，“记忆装置”术语的含义是不明确的和未知的。

（6）专利复审委员会在第11291号决定中适用《审查指南2006》作出审查结论，适用依据错误。本案争议的修改行为发生在2002年，应适用《审查指南2001》。《审查指南2006》对《专利法》第三十三条规定了更加严格的审查标准，因此导致第11291号决定的结论与实审程序中审查员的审查结论相互矛盾。专利权人的修改行为在实审程序中已经得到审查员认可，专利权人基于信赖该审查结论而产生的信赖利益在后续无效程序中应得到保障。

专利复审委提交意见认为专利权人的再审申请缺乏事实依据和法律依据，请求再审法院予以驳回，其主要理由为：

（1）再审法院已对第11291号无效宣告请求审查决定的合法性进行了全面审查。针对该决定，本案第二无效请求人在此之前已经向再审法院提出再审申请，再审法院已作出（2010）知行字第53号行政裁定，驳回了第二无效请求人的再审申请。该裁定主要针对第11291号决定关于《专利法》第三十三条的法律适用是否正确作出，根据《行政诉讼法》第五条的规定，再审法院已经对第11291号无效宣告请求审查决定的合法性进行了全面审查，没有涉及的内容应当认为已认可第11291号无效宣告请求审查决定的认定。

（2）本专利权利要求8、12、29记载的“记忆装置”系由实质审查阶段修改而来。在申请日提交的PCT/JP99/02579号国际申请文件和作为母案的第99800780.3号发明专利申请的说明书和权利要求书中均没有涉及“记忆装置”的任何文字记载。“记忆装置”的修改并非基于审查员要求作出的澄清式修改，而是意在调整专利权保护范围的主动修改。

（3）专利权人将“记忆装置”解释为说明书及附图中记载的电路板及设置在其上的半导体存储装置，该种解释不符合权利要求保护范围解释的时机要求，且该解释方法无法律依据和事实依据。

第一，关于权利要求保护范围的解释时机。权利要求保护范围的解释应该严格把握解释时机，以权利要求不清楚或者没有明确的唯一含义为前提。本领域对于“记忆装置”具有通常的理解，其含义明确，因此专利权人对“记忆装置”的解释不符合解释时机的要求。

第二，关于权利要求保护范围的解释方法。对于权利要求中记载的技术术语，一般应当解释为申请日时所属技术领域中通常具有的含义。说明书、附图对该技术术语另有定义或者描述的，应当根据说明书、附图对该技术术语进行解释。同时，在解释权利要求时，不得以说明书、附图中的技术内容实质上修改权利要求。例如，不得以说明书及其附图中没有记载的、当事人在意见陈述中进行陈述的技术内容作为实质上修改权利要求保护范围的依据。本案专利权利要求记载的“记忆装置”在申请日时所属技术领域中具有通常含义，并且说明书、附图对该技术术语没有专门定义或者描述，因此应当按照所属技术领域中的通常含义加以解释。专利权人将“记忆装置”解释为说明书及附图中记载的电路板及设置在其上的半导体存储装置，显然与所属技术领域中“记忆装置”的通常含义不符，并且说明书、附图对该技术术语没有专门定义或者描述，解释实质上修改了权利要求的保护范围，没有法律依据和事实依据。

第三，关于《专利法》第三十三条与权利要求解释之间的法律逻辑。《专利法》第三十三条与权利要求解释法律规则之间存在明确的法律适用界限。对于《专利法》第三十三条的法律适用而言，应当将修改后的权利要求书和说明书作为一个整体，与原始专利申请文件进行比较，判断其修改是否违反先申请原则的立法宗旨，即是否使得专利申请人通过上述修改将修改后的技术方案获得较早的专利申请日。这一点显然与权利要求保护范围的解释具有明确界限。

第四，关于法律依据问题。1993年3月10日公布的《审查指南1993》和2001年10月18日公布的《审查指南2001》均已废止。国家知识产权局《施行修订后审查指南的过渡办法》（2006）规定，2006年7月1日之前提出的专利申请和根据该申请授予的专利权，除另有规定的事项之外，自2006年7月1日起也适用修订后的《审查指南2006》的规定。因此，专利复审委员会在第11291号决定中适用《审查指南2006》正确。

本案第二无效请求人提交意见认为专利权人的再审申请缺乏事实依据和法律依据，请求再审法院予以驳回，其主要理由为：

（1）《专利法》第三十三条的立法目的在于确保授权专利的合理性，防止将申请日后想到的内容增补后申请文件中，其修改的界限是修改内容必须在原申请中存在。

（2）专利权人所谓的修改分为实体修改和形式修改两种类型缺乏依据，在修改中增加一个在原权利要求中没有出现、说明书中也没有予以定义的新名词显然超出了《专利法》第三十三条关于修改范围的限制。

（3）专利申请过程中的意见陈述只起过程记录和提醒作用，不能作为确权程序中解释权利要求术语含义的依据。

（二）再审法院查明的事实

本案专利是第99800780.3号发明专利申请的分案申请，而第99800780.3号发明专利申请是进入中国国家阶段的国际申请（PCT/JP99/02579）。该国际申请的申请日是1999年5月18日，其主张的最早优先权日是1998年5月18日，进入中国国家阶段后的公开日是2000年11月1日。第99800780.3号发明专利申请的申请文件相当于是PCT/JP99/02579号国际申请的中文翻译件。因此，判断本专利的修改是否超出原申请文件记载范围的依据是专利权人原始提交的国际申请文件（PCT/JP99/02579）。该国际专利申请原文为日文，其内容可以参照该国际申请文件的中文译文，即第99800780.3号发明专利申请的申请文件。第99800780.3号发明专利申请公开文本的权利要求书共有75项权利要求，其中没有出现“记忆装置”的用语；在该专利申请公开文本的说明书中，亦未出现“记忆装置”的用语。但在PCT/JP99/02579号国际专利申请文件的权利要求书中出现过“半導体記憶手段”的日文用语，在说明书中则分别出现过“半導体記憶手段”和“記憶手段”的用语，上述用语在第99800780.3号发明专利申请公开文本中分别被翻译为“半导体存储装置”和“存储装置”。

2000年10月30日，专利权人以第99800780.3号发明专利申请为母案，提出了一项分案申请，即本专利申请。本专利申请公开文本的权利要求书共计12项权利要求，其中权利要求6、7和8中出现了“记忆装置安装部分”的用语。权利要求6记载：“如权利要求1所述的墨盒，还包括一形成在所述第一壁外表面上的记忆装置安装部分，所述记忆装置安装部分沿所述第一壁的宽度方向形成在大体中心的位置。”权利要求7记载：“如权利要求6所述的墨盒，其中所述记忆装置安装部分包括一形成在所述第一壁上的凹入部分。”权利要求8记载：“如权利要求6所述的墨盒，其中所述记忆装置安装部分设置在所述悬垂件的下游。”可见专利权人在分案申请时，对本专利申请进行了主动修改。

2000年12月26日，专利权人对本专利申请进行了第二次主动修改。该次修改仅针对说明书，且没有涉及“记忆装置”。

2002年1月28日，专利权人对本专利申请进行了第三次主动修改，该次修改主要针对权利要求书，将原来的12项权利要求修改为66项权利要求。该次修改后的权利要求书中权利要求1、23、31、35、55和66为独立权利要求，均使用了

"记忆装置"的用语，仅从属权利要求10、11、21、22、30、39～47、50、53中未直接出现"记忆装置"的用语；在从属权利要求19、36、37中，还同时出现了"存储装置"的用语。

2002年11月8日，国家知识产权局发出第一次审查意见通知书。2003年5月9日，针对该审查意见通知书，专利权人提交了意见陈述书。在该意见陈述中，专利权人对申请文件进行了第四次修改。本次修改在第三次修改的基础上，删除了原权利要求1～22、24、53以及66，并将剩余的权利要求重新编号为1～41，并对其中部分权利要求进行了修改，同时增加了新权利要求42。在此次修改中，专利权人将权利要求1（即第三次修改后的权利要求23）中的"记忆装置"修改为"存储装置"，对于其他独立权利要求则均保留了"记忆装置"的用语。对于重新编号后的权利要求8中的"记忆装置"，专利权人在上述意见陈述中作出了如下说明："申请人首先希望解释，该权利要求及其后的权利要求中所述的'记忆装置'是指说明书及附图中记载的电路板及设置在其上的半导体存储装置。"

2003年11月27日，国家知识产权局发出第二次审查意见通知书。针对第二次审查意见通知书，专利权人提交了第二次意见陈述书，并对申请文件进行了第五次修改。本次修改主要是将权利要求26～28的主题修改为墨盒；将申请文件中的"油墨"修改为"墨水"。在上述修改完成之后，本专利获得授权。

2006年1月17日，本案第一无效请求人针对本专利提出无效宣告请求。2006年3月1日，专利权人针对该无效宣告请求提出了意见陈述，对授权文本的权利要求进行了修改。主要修改内容是，将授权文本的权利要求17和19删除，并将该两项权利要求的附加技术特征加入到授权文本的权利要求12中。经过上述修改，原来的42项权利要求变为40项权利要求。此后，第二无效请求人和第三无效请求人分别对本专利提出了无效宣告请求。在该两个无效宣告案件中，专利权人均对本专利的权利要求进行了修改，其修改方式与前述修改完全相同。

在本案听证过程中，为说明"记忆装置"的含义，专利权人和专利复审委员会分别提交了有关网络检索材料的网页打印件。专利权人提交的是其于2012年10月23日在"百度百科"中分别输入"记忆装置"和"存储装置"进行词条检索的检索结果网页打印件以及在"互动百科"中输入"记忆装置"所检索到的相应词条的网页打印件，用以证明"记忆装置"一语在我国大陆地区并非通用术语，不具有通常含义。专利复审委员会提交的是其于2012年10月24日通过网络检索到的我国台湾地区出版的《中华百科全书》中“电脑记忆系统”词条解释网页打印件、在“谷歌”搜索引擎的搜索框中输入“记忆装置”进行检索的检索结果打印件以及在“百度文库”中搜索到的日文《计算机日语词汇》相关网页的打印件，用以证明“记忆装置”在计算机领域是通用术语，与“存储装置”具有相同含义。双方当事人对于对方提交的网页打印件的真实性均无异议，但对关联性和证明目的有异议。对于专利权人提交的网页打印材料，专利复审委员会认为，“百度百科”是百度公司自己建立的，其内容以网友上传为主，很多常用词条尚未创建，在“百度百科”中未检索到“记忆装置”词条并不能证明该词条不是所属领域通用术语；而“互动百科”中对“记忆装置”词条的解释恰好可以证明“记忆装置”就是常用的存储器。对于专利复审委员会提交的网页打印件，专利权人认为，上述材料形成时间是2012年10月24日，不能证明“记忆装置”在我国大陆地区的使用情况。

再审法院认为，当事人对于上述证据材料的真实性无异议，且均有助于说明“记忆装置”一词的含义，故予以采信。

结合上述证据材料，再审法院查明如下事实：“百度百科”中目前并未收录“记忆装置”词条，但收录有“存储装置”词条，该词条的解释为：用于存储信息的装置，通常是将信息数字化后再以利用电、磁或者光学等方式的媒体加以存储。常见的存储装置有：（1）利用电能方式存储信息的装置如，各式存储器，如RAM、ROM等；（2）利用磁能方式存储信息的装置如，硬盘、软盘、磁带、磁芯存储器、磁泡存储器、U盘；（3）利用光学方式存储信息的装置如，CD或DVD。“互动百科”中收录有“记忆装置”词条，其解释为：“记忆装置是指固定不可擦的存储器，主要用来存储英文打字机中固化不变的信息。也有使用半导体存储器和磁性存储器的，它的容量大小则和存储内容的多少有关。……英文打字机的记忆体实际上就是我们平时所说的存储器。英文打字机中的存储器根据工作的原理，可以分为两类：固定不可擦的存储器……不固定存储信息，用来进行数据交换的存储器。”我国台湾地区出版的《中华百科全书》（1983年典藏版）收录有“电脑记忆系统”词条，该词条记载了如下内容：“一般电脑系统都用许多不同的装置来储存运作时所需要的指令和数据。这些存储装置和那些用来控制或管理所存资料的法则叫做电脑的记忆系统。一部电脑的记忆装置可分成下面三类：（1）暂存记忆装置……（2）主记忆体……（3）辅助记忆体……。”在“谷歌”搜索引擎的搜索框中键入“记忆装置”进行关键词搜索，得到的搜索结果中既有日文文献，又有中文文献，其中日文文献多为“记忆装置”，中文文献则为“维基百科”对“存储装置”的解释，其内容为：“常见的存储装置有：利用电能方式储存信息的装置如各式记忆体，如各式随机存取存储器（RAM）、只读存储器（ROM）等……。”同时在“百度文库”的日文《计算机日语词汇》一文中，“記憶装置”的相应英文翻译为“storage”或者“memory”，即“存储”或者“记忆”。

我国《专利法》第一次修改时，《全国人大常委会关于修改〈中华人民共和国专利法〉的决定》（1992年9月4日通过）规定：“本决定自1993年1月1日起施行。本决定施行前提出的专利申请和根据该申请授予的专利权，适用修改以前的专利法的规定。但是，专利申请在本决定施行前尚未依照修改以前的专利法第三十九条、第四十条的规定公告的，该专利申请的批准和专利权的撤销、宣告无效的程序适用修改后的专利法第三十九条到第四十四条和第四十八条的规定。”《专利法》第二次修改时，全国人大常委会对于新旧法的衔接适用问题未作明文规定。国家知识产权局于2001年6月25日发布了《施行修改后专利法及其实施细则的过渡办法》（国家知识产权局公告第78号），其中规定：“2001年7月1日之后（含当日，下同）提出的专利申请和根据该申请授予的专利权，适用修改后的专利法及其实施细则的规定；2001年7月1日之前提出的专利申请和根据该申请授予的专利权，除另有规定的以外，自2001年7月1日起也适用修改后的专利法及其实施细则的规定。”2001年10月18日，国家知识产权局发布第12号局长令，其中规定《审查指南2001》自公布之日起施行，1993年3月10日公布的《审查指南1993》及其后发布的《审查指南公报》同时废止。2006年5月24日，国家知识产权局发布了第38号令，其中规定修订后的《审查指南2006》自2006年7月1日起施行，2001年10月18日公布的《审查指南2001》同时废止。国家知识产权局发布的《施行修订后审查指南的过渡办法》（2006）规定，对于2006年7月1日之后（含当日）提出的专利申请和根据该申请授予的专利权，适用修订后的《审查指南2006》的规定；2006年7月1日之前提出的专利申请和根据该申请授予的专利权，除以下规定的事项之外，自2006年7月1日起也适用修订后的《审查指南2006》的规定。

针对北京市高级人民法院作出的（2009）高行终字第327号行政判决，第二无效请求人曾向再审法院提出再审申请，其申请再审的主要理由是本专利权利要求1、40中关于“存储装置”的修改违反了《专利法》第三十三条的规定，二审判决关于“存储装置”的修改符合《专利法》第三十三条的规定的认定错误。经审查，再审法院认为第二无效请求人的申请再审理由不能成立，专利权人关于“存储装置”的修改并未违反《专利法》第三十三条的规定，于2011年11月25日作出（2010）知行字第53号行政裁定，驳回了第二无效请求人的再审申请。

（三）再审裁定的理由

再审法院认为，结合再审申请人的申请再审理由、被申请人的答辩和意见陈述及本案听证情况，本案的争议焦点在于：（1）本案是否因再审法院曾针对第二无效请求人的再审申请作出过行政裁定而构成重复审查；（2）本案被诉决定适用的法律依据是否正确；（3）本案专利申请人是否可基于其修改在专利授权过程中得到审查员认可而享有信赖利益保护；（4）专利授权确权程序中权利要求的解释时机与方法；（5）本专利权利要求8、12、29中“记忆装置”的含义解释；（6）本专利权利要求8、12、29关于“记忆装置”的修改是否违反法律规定。

1. 本案是否因本院曾针对第二无效请求人的再审申请作出过行政裁定而构成重复审查

针对二审判决，第二无效请求人曾向再审法院提出再审申请，其主要理由是本专利权利要求1、40中关于“存储装置”的修改违反相关法律的规定，二审判决关于“存储装置”的修改符合相关法律规定的认定错误。再审法院进行审查后作出（2010）知行字第53号行政裁定，认定第二无效请求人的再审申请理由不能成立，予以驳回。专利复审委员会认为，根据《行政诉讼法》第五条的规定，再审法院已经对本案无效宣告请求审查决定的合法性进行了全面审查，对于没有涉及的内容应认为再审法院认可该无效宣告请求审查决定的认定。

关于行政诉讼中人民法院对当事人申请再审案件的审查范围，我国《行政诉讼法》未作明确规定。根据《最高人民法院关于执行〈行政诉讼法〉若干问题的解释》第九十七条的规定，人民法院审理行政案件，除依照《行政诉讼法》和相关司法解释外，可以参照民事诉讼的有关规定。《最高人民法院关于适用〈民事诉讼法〉审判监督程序若干问题的解释》第九条规定，人民法院对再审申请的审查，应当围绕再审事由是否成立进行。因此，关于行政诉讼中人民法院对当事人申请再审案件的审查范围问题，可以参照《最高人民法院关于适用〈民事诉讼法〉审判监督程序若干问题的解释》第九条的规定，即行政诉讼中人民法院对当事人再审申请的审查亦应围绕其再审事由是否成立进行，对当事人再审事由未涉及的问题，人民法院一般不予审查。在（2010）知行字第53号行政裁定中，本案第二无效请求人的申请再审理由主要是本专利权利要求1、40关于“存储装置”的修改违反了相关法律的规定，二审判决关于“存储装置”的修改符合相关法律规定的认定错误，再审法院围绕这一再审事由是否成立进行审查并作出结论，并未涉及本案关于本案专利的权利要求8、12、29记载的“记忆装置”的修改是否符合相关法律规定的问题，再审法院亦未对上述问题予以审查并作出结论。专利复审委员会关于再审法院已经对无效宣告请求审查决定的合法性进行了全面审查，没有涉及的内容应当认为认可该决定的主张既与人民法院的审查实践不符，又缺乏法律依据，故再审法院不予支持。因此，本案并不因本案第二无效请求人曾提出再审申请而作出了（2010）知行字第53号行政裁定构成重复审查。

2. 本案被诉决定适用的法律依据是否正确

本案被诉无效宣告请求审查决定的法律依据涉及本案所应适用的《专利法》《专利法实施细则》以及相应的《审查指南》。再审法院分析如下：

第一，关于本案实体法律问题应适用的《专利法》及《专利法实施细则》。本案争议的核心是专利权人对专利申请文件的修改行为是否超出了原申请记载的范围这一实体法律问题。我国《立法法》第八十四条规定：“法律、行政法规、地方性法规、自治条例和单行条例、规章不溯及既往，但为了更好地保护公民、法人和其他组织的权利和利益而作的特别规定除外。”该条确定了法律不溯及既往这一基本法治原则。根据这一原则，法律施行后对其生效之前的行为一般不得溯及适用。就专利申请文件的修改而言，在提出专利申请时，专利申请人根据申请日时施行的法律对申请文件的修改已经有所预期和信赖。为保障专利申请人对申请提出时施行的法律的正当信赖，判断针对该专利申请文件的修改是否合法，无论在专利授权程序还是在以后的确权程序中，原则上应适用专利申请日（有优先权的，应为优先权日）时施行的《专利法》及《专利法实施细则》。由于《专利法》和《专利法实施细则》不仅关涉专利权人和专利申请人的利益，还关涉社会公众的利益，更应坚持法不溯及既往原则，对溯及既往的情况应该更加慎重。本专利原国际申请的申请日是1999年5月18日，最早优先权日是1998年5月18日，公开日是2000年11月1日。因此，本专利原申请的优先权日早于2000年修改的《专利法》的施行日（即2001年7月1日），在判断该专利申请文件的修改是否合乎法律规定时，应适用当时施行的1992年修改的《专利法》及《专利法实施细则》的规定。

第二，关于本案所应适用的《审查指南》版本。由于本专利申请文件的修改是否符合法律规定这一实体法律问题应适用1992年修改的《专利法》及《专利权实施细则》的规定，与此相适应，该实体法律问题应适用与1992年修改的《专利法》及《专利法实施细则》相配套的、在本专利申请日时施行的《审查指南》，即1993年3月10日公布的《审查指南1993》。虽然该《审查指南1993》已被国家知识产权局的相关规定废止，但此种废止的法律意义在于该《审查指南1993》自废止之日起不再继续发生法律效力，对废止之日起发生的行为不再适用，并不意味着其在任何情况下均不应适用，对于该《审查指南1993》施行时的专利申请以及依据该申请授予的专利权仍应适用。若适用本案专利申请日时尚不存在的2001年版或者2006年版《审查指南》，则违背法不溯及既往这一基本法治原则，损害专利申请人对生效法律的正当信赖。因此，专利复审委员会关于1993年版和2001年版《审查指南》均已废止因而不应再予适用的主张缺乏法律依据。本案中专利复审委员会援引2006年版《审查指南2006》的规定作出无效宣告请求审查决定，法律适用依据错误。

第三，关于适用《审查指南1993》对本案无效宣告请求审查决定实体结果的影响。对比1993年版、2001年版和2006年版《审查指南》可以发现，由于1992年以来不同时期的《专利法》对第三十三条的规定均未作修改，3部《审查指南》关于专利申请文件的修改是否超出原说明书和权利要求书记载的范围的规定并无本质差异。因此，专利复审委适用2006年版《审查指南》作出本案无效宣告请求审查决定虽有不当，但对该决定的实体结果并无实质影响。此外，考虑到本案专利自无效宣告请求审查程序启动之日起至今已逾7年，尽快明确其效力状态更为重要。鉴此，尽管该无效宣告请求审查决定所适用的《审查指南2006》错误，但因该适用依据错误不影响该决定的实体结果且基于尽快明确本专利效力状态的迫切需要，再审法院将综合其他申请再审事由是否成立以及该无效宣告请求审查决定的实体结果正确与否对本案作出处理，而不单单基于该无效宣告请求审查决定适用的《审查指南》版本错误即决定本案进入再审程序。

3. 本案专利申请人是否可基于其修改在专利授权过程中得到审查员认可而享有信赖利益保护

根据1992年修改的《专利法》第三十三条的规定，申请人有权对发明专利申请文件进行修改，只要其修改不得超出原说明书和权利要求书记载的范围即可。1992年修改的《专利法实施细则》对修改的时机和方式作了规定，根据上述规定，是否对专利申请文件进行修改原则上是申请人的一项权利，只是该项权利的行使方式和范围受到《专利法》及《专利法实施细则》的限制。在主动修改的情况下，只要遵守《专利法》及《专利法实施细则》的相关规定，是否修改专利申请文件以及如何修改很大程度上由申请人自主决定。即使在被动修改情况下，申请人对如何修改仍有自主决定的权利。国家知识产权局依法行使对专利申请进行审查的职权，但并不负有也不可能负有保证专利授权正确无误的责任。申请人对其修改行为所造成的一切后果应自负其责。本案中，专利权人针对记忆装置的修改属于主动修改，并非应审查员的要求进行的被动修改，当然应该对其修改行为的后果自行负责。专利权人关于其修改行为在实审程序中已经得到审查员认可，基于信赖该审查结论而产生的信赖利益在后续无效程序中应得到保障的主张没有法律依据，故不予支持。

4. 关于如何理解专利授权确权程序中权利要求的解释时机与方法

对此问题，再审法院分析如下：

第一，关于权利要求用语含义的解释时机。权利要求由语言文字表达形成，通过记载解决技术问题的必要技术特征的方式来描述和反映发明的技术方案，清楚、简要地表述请求保护的范围。任何语言只有置于特定语境中才能得到理解。同时，基于语言表达的局限性和文字篇幅的限制，权利要求不可能对发明所涉及的全部问题表述无遗，需要通过说明书对要求保护的技术方案的技术领域、背景技术、发明内容、附图及具体实施方式等加以说明。为此，《专利法》明确规定了权利要求书和说明书之间的关系，要求说明书应该充分公开发明的技术方案，使所属技术领域的技术人员能够实现；权利要求书应当以说明书为依据，清楚、简要地限定要求专利保护的范围。在

《专利法》的上述法定要求下，说明书记载的上述内容对于理解权利要求含义更是不可或缺，两者具有法律意义上的密切关联性。说明书的上述内容构成权利要求所处的语境或者上下文，只有结合说明书的记载，才能正确理解权利要求的含义。在这一意义上，说明书乃权利要求之母，不参考说明书及其附图，仅仅通过阅读权利要求书即可正确理解权利要求及其用语的含义在通常情况下是不可能的。权利要求的解释就是理解和确定权利要求含义的过程。在这个过程中，必须结合说明书及其附图才能正确解释权利要求。专利复审委员会关于权利要求的解释应严格把握解释时机，以权利要求不清楚或者没有明确的唯一含义为前提的主张，既违背文本解释的逻辑，又不符合权利要求解释的实践，再审法院无法赞同。

第二，关于专利授权确权程序中权利要求用语含义的解释方法。专利权人主张，无论在专利侵权程序还是在授权确权程序中，对权利要求的解释标准应当是统一的；在专利授权确权程序中，专利审查档案中当事人的意见陈述可以用作解释权利要求的依据。专利复审委员会主张，在授权确权程序中解释权利要求用语的含义时，一般应当解释为申请日时所属技术领域中通常具有的含义；说明书、附图对该技术术语另有定义或者描述的，应当根据说明书、附图对该技术术语进行解释；说明书及其附图中没有定义或者描述的，不应根据当事人的意见陈述进行解释。本案第二无效请求人主张，专利申请过程中的意见陈述只起过程记录和提醒作用，不能作为授权确权程序中解释权利要求术语含义的依据。可见，各方争议的核心在于，在专利授权确权程序中，应当如何解释权利要求用语的含义以及能否利用当事人的意见陈述进行解释。

再审法院对此分析如下：

首先，关于专利授权确权程序与专利民事侵权程序中权利要求解释方法的一致性与差异性。无论在专利授权确权程序还是在专利民事侵权程序中，客观上都需要明确权利要求的含义及其保护范围，因而需要对权利要求进行解释。在上述两个程序中，权利要求的解释方法既存在很强的一致性，又存在一定的差异性。其一致性至少体现在如下两个方面：一是权利要求的解释属于文本解释的一种，无论是专利授权确权程序还是专利民事侵权程序中对权利要求的解释均需遵循文本解释的一般规则；二是无论是专利授权确权程序还是专利民事侵权程序中对权利要求的解释，均应遵循权利要求解释的一般规则，例如均应遵循专利说明书及附图、专利审查档案等内部证据优先、专利申请人自己的解释优先等解释规则。但是，由于专利授权确权程序与专利民事侵权程序中权利要求解释的目的不同，两者在特殊的个别场合又存在一定的差异。在专利授权确权程序中，解释权利要求的目的在于通过明确权利要求的含义及其保护范围，对专利权利要求是否符合专利授权条件或者其效力如何作出判断。基于此目的，在解释权利要求用语的含义时，必须顾及《专利法》关于说明书应该充分公开发明的技术方案、权利要求书应当得到说明书支持、专利申请文件的修改不得超出原说明书和权利要求书记载的范围等法定要求。若说明书对该用语的含义未作特别界定，原则上应采本领域普通技术人员在阅读权利要求书、说明书和附图之后对该术语所能理解的通常含义，尽量避免利用说明书或者审查档案对该术语作不适当的限制，以便对权利要求是否符合授权条件和效力问题作出更清晰的结论，从而促使申请人修改和完善专利申请文件，提高专利授权确权质量。在专利民事侵权程序中，解释权利要求的目的在于通过明确权利要求的含义及其保护范围，对被诉侵权技术方案是否落入专利保护范围作出认定。在这一程序中，如果专利保护范围字面含义界定过宽，出现权利要求得不到说明书支持、将现有技术包含在内或者专利审查档案对该术语的含义作出过限制解释因而可能导致适用禁止反悔原则等情形时，可以利用说明书、审查档案等对保护范围予以限制，从而对被诉侵权技术方案是否落入保护范围作出更客观公正的结论。因此，专利权利要求的解释方法在专利授权确权程序与专利民事侵权程序中既有根本的一致性，又在特殊场合下体现出一定的差异性。当然，这种差异仅仅局限于个别场合，在通常情况下其解释方法和结果是一致的。

其次，关于专利授权确权程序与专利民事侵权程序中权利要求解释方法的具体差异。前述两个程序中权利要求解释方法的差异突出体现在当事人意见陈述的作用上。在专利授权确权程序中，意见陈述书是申请人与专利审查机关进行意见交换的重要形式，是专利审查档案的重要内容之一。尽管如此，在专利授权确权程序中解释权利要求时，意见陈述书的作用在特定的场合下要受到《专利法》明文规定的限制。例如，《专利法》规定了说明书应当对发明作出清楚完整的说明、权利要求书应当得到说明书的支持、专利申请文件的修改不得超出原说明书和权利要求书记载的范围等法定要求。在审查某件专利或者专利申请是否符合上述法定要求时，当然应该以说明书或者原说明书和权利要求书为依据，当事人意见陈述不能也不应该起到决定作用。相反，如果将当事人的意见陈述作为判断某件专利或者专利申请是否符合上述法定要求的决定性依据，则无法促使专利申请人将相关内容尽量写入说明书，《专利法》关于说明书应当对发明作出清楚完整的说明、权利要求书应当得到说明书的支持、专利申请文件的修改不得超出原说明书和权利要求书记载的范围等法定要求也将无法得到实现。因此，在专利授权确权程序中，申请人在审查档案中的意见陈述在通常情况下只能作为理解说明书以及权利要求书含义的参考，而不是决定性依据。在专利民事侵权程序中解释权利要求的保护范围时，只要当事人在专利申请或者授权程序中通过意见陈述放弃了某个技术方案，一般情况下应该根据当事人的意见陈述对专利保护范围进行限缩解释。

最后，关于判断专利申请文件的修改是否超出原说明书和权利要求书记载的范围时当事人意见陈述的作用。根据1992年修订的《专利法》第三十三条的规定，对发明和实用新型专利申请文件的修改不得超出原说明书和权利要求书记载的范围。判断专利申请文件的修改是否符合这一规定，其基本依据是原说明书和权利要求书记载的范围。前已述及，在判断专利申请文件的修改是否超出原说明书和权利要求书记载的范围时，当事人的意见陈述在通常情况下只能作为理解说明书以及权利要求书含义的参考，而不是决定性依据。至于其参考价值的大小，则取决于该意见陈述的具体内容及其与说明书和权利要求书的关系。尤其需要注意的是，如果当事人意见陈述的内容超出了原说明书和权利要求书中记载的范围，则该意见陈述将完全丧失参考作用，不能参考该意见陈述对说明书或者权利要求书进行解释。

5. 关于本专利权利要求8、12、29中“记忆装置”的含义解释

确定本案专利权利要求8、12、29中记载的“记忆装置”的含义，是判断“记忆装置”的修改是否符合1992年修订的《专利法》第三十三条规定的基础和关键。对此分析如下：

第一，“记忆装置”在本专利所属技术领域的通常含义。首先，“记忆装置”在本案专利所属技术领域是否属于通用术语。我国台湾地区出版的《中华百科全书》的出版时间在本案申请日前，其对“电脑记忆系统”的解释对于确定本专利中“记忆装置”的含义具有重要参考价值。根据《中华百科全书》的解释，“记忆装置”与“存储装置”的含义基本相同。此外，虽然解释专利申请文件中术语的含义需要运用外部证据时，原则上只能参考申请日前的工具书、教科书等外部证据，但由于语言含义的形成是社会公众在持续使用中逐渐稳定化的过程，除非时间过于久远或者其他特殊原因，申请日后该术语的含义对于理解申请日前该术语的含义可以起到一定程度的佐证作用。尽管本案中“互动百科”对“记忆装置”词条的解释的形成时间尚未确定且很可能在本专利申请日后，但是一定程度上仍可以验证或者佐证结论的正确性。根据“互动百科”对“记忆装置”词条的解释，“记忆装置”在打印机领域属于通用术语，其含义与“存储装置”基本相同。这进一步佐证了《中华百科全书》的解释具有相当的可信性。其次，“记忆装置”在日文中的通常含义，尽管“百度文库”的日文《计算机日语词汇》的形成时间无法确定是否在本专利申请日前，但基于前述相同理由，该文仍可以起到一定程度的参考作用。加之本专利原申请文件系日文，更应重视日文文献的解释。根据《计算机日语词汇》的记载，日文“記憶装置”的相应英文翻译为“storage”或者“memory”，即“存储”或者“记忆”。可见，在日文中，“记忆装置”的通常含义是“存储装置”。最后，本专利原申请文件关于“记忆装置”的记载。本专利原国际申请文件中出现过“半導体記憶手段”和“記憶手段”的日文用语，在申请公开文本中“記憶手段”被翻译为“存储装置”。可见，申请人在本专利申请日时亦认为“记忆手段”意为“存储装置”。因此可以认为，在本专利所属技术领域，“记忆装置”一词的通常含义应为“存储装置”。

第二，本专利授权文本中对“记忆装置”和“存储装置”用语的使用情况。本专利原申请文件和授权文本的说明书中均无“记忆装置”的记载，但是本专利授权文本的权利要求书既使用了“记忆装置”的用语，又同时使用了“存储装置”的用语。其中，独立权利要求1和40均单独使用了“存储装置”的用语；独立权利要求8和29及该两个独立权利要求的从属权利要求均单独使用了“记忆装置”的用语；独立权利要求12单独使用了“记忆装置”的用语，但是其从属权利要求13、14和15均又使用了“存储装置”的用语；而且，在从属权利要求13和14中，“记忆装置”和“存储装置”在一句话中同时出现。在同一权利要求中甚至在同一句话中出现两个不同的术语，应认为申请人在修改过程中刻意对该两个术语进行区分，在无其他证据表明该两个术语具有相同含义的情况下，对该两个术语的含义原则上应作不同解释。

因此，本专利授权文本中权利要求8、12和29中的“记忆装置”不应解释为与“存储装置”具有同一含义。可见，基于本专利授权文本权利要求的特定情况，对于本专利授权文本权利要求8、12、29中的“记忆装置”，已经不能根据其通常含义进行解释。

第三，专利权人的意见陈述对于确定本专利授权文本中“记忆装置”含义的作用。本案中，专利权人在意见陈述中指出，“记忆装置”是指说明书及附图中记载的电路板及设置在其上的半导体存储装置。关于专利权人在意见陈述中的这一解释对于确定“记忆装置”含义的作用，分析如下：首先，前已述及，申请人的意见陈述在通常情况下可以作为理解说明书以及权利要求书含义的参考，而不是决定性依据，其参考价值的大小则取决于该意见陈述的具体内容及其与说明书和权利要求书的关系。其次，从该意见陈述的内容看，专利权人结合说明书和附图，将“记忆装置”这一抽象概念解释为“电路板及设置在其上的半导体存储装置”这一具体概念。“记忆装置”本身并无“电路板及设置在其上的半导体存储装置”的含义，这一解释在说明书中也找不到有说服力的根据。在这种情况下，不宜将专利权人的意见陈述作为确定“记忆装置”含义的决定性依据。最后，该意见陈述的内容与专利授权文本的权利要求书的记载存在不和谐之处。根据本专利授权文本独立权利要求12的记载，“记忆装置”与“设于所述壳体上的端子”是相互独立的，彼此之间不存在包含关系。而独立权利要求12的从属权利要求13和14中，“记忆装置”则不仅包括基片和存储装置，还包括设于基片上的端子。可见，如果采用专利权人在意见陈述中对“记忆装置”的解释，将记忆装置理解为说明书及附图中记载的电路板及设置在其上的半导体存储装置，该解释虽与独立权利要求12的记载可以相互契合，但与引用独立权利要求12的从属权利要求13和14形成冲突。因此，根据本案具体情况，不宜采用专利权人的意见陈述作为解释本专利授权文本中“记忆装置”含义的依据。

综上，本专利权利要求8、12、29中记载的“记忆装置”既不能解释为存储装置，又不能解释为专利权人在意见陈述中所谓的“电路板及设置在其上的半导体存储装置”，本领域普通技术人员在客观上无法确定其含义。专利权人关于“记忆装置”应该根据其意见陈述对该术语所作的限制性解释来理解的申请再审理由不能成立，再审法院不予支持。

6. 关于本案专利权利要求8、12、29中“记忆装置”的修改是否违反法律规定

1992年修订的《专利法》第三十三条规定：“申请人可以对其专利申请文件进行修改，但是，对发明和实用新型专利申请文件的修改不得超出原说明书和权利要求书记载的范围，对外观设计专利申请文件的修改不得超出原图片或者照片表示的范围。”根据这一规定，再审法院分析如下：

第一，关于“修改不得超出原说明书和权利要求书记载的范围”的理解。“原说明书和权利要求书记载的范围”，应该从所属领域普通技术人员角度出发，以原说明书和权利要求书所公开的技术内容来确定。凡是原说明书和权利要求书已经披露的技术内容，都应理解为属于原说明书和权利要求书记载的范围。既要防止对记载的范围作过宽解释，乃至涵盖了申请人在原说明书和权利要求书中未公开的技术内容，又要防止对记载的范围作过窄解释，对申请人在原说明书和权利要求书中已披露的技术内容置之不顾。从这一角度出发，原说明书和权利要求书记载的范围应该包括如下内容：一是原说明书及其附图和权利要求书以文字或者图形等明确表达的内容；二是所属领域普通技术人员通过综合原说明书及其附图和权利要求书可以直接、明确推导出的内容。与上述内容相比，如果修改后的专利申请文件未引入新的技术内容，则可认定对该专利申请文件的修改未超出原说明书和权利要求书记载的范围。

第二，关于本案“记忆装置”的修改是否违反《专利法》第三十三条的规定的具体判断。1992年修订的《专利法》第三十三条所称的原说明书和权利要求书是指申请日提交的说明书和权利要求书。对于分案申请，根据1992年修订的《专利法实施细则》第四十三条的规定，是指申请日提交的原申请的说明书和权利要求书。对于国际申请，是指原始提交的国际申请的说明书、权利要求书及附图。本专利是第99800780.3号发明专利申请的分案申请，第99800780.3号发明专利申请是进入中国国家阶段的国际申请（PCT/JP99/02579）。因此，判断本案“记忆装置”的修改是否违反1992年修订的《专利法》第三十三条的规定，应以PCT/JP99/02579号国际申请记载的内容为准。PCT/JP99/02579号国际申请及其中文翻译件（第99800780.3号发明专利申请公开说明书）本身并无“记忆装置”的记载，只有半导体存储装置和存储装置的记载。在本专利申请过程中，专利权人在分案申请中通过主动修改的方式引入了“记忆装置”的这一新术语。这一新术语在专利说明书中并未作特别限定，其所指代的技术内容

在原申请文件中无法确定，既不能理解为原申请文件中提及的存储装置，又不能理解为专利权人在意见陈述中所谓的“电路板及设置在其上的半导体存储装置”。可见，授权文本中“记忆装置”的内容既非原申请文件明确表达的内容，又非本领域普通技术人员在阅读原申请文件后通过综合原说明书及其附图和权利要求书可以直接、明确推导出来的内容。因此，关于“记忆装置”的修改违反了1992年修订的《专利法》三十三条的规定。专利权人的相应申请再审理由不能成立，再审法院不予支持。

根据上述理由，再审法院认定专利权人的再审申请不符合《行政诉讼法》第六十三条第二款、《最高人民法院关于执行〈行政诉讼法〉若干问题的解释》第七十二条规定的再审条件，依据《最高人民法院关于执行〈民事诉讼法〉若干问题的解释》第七十四条的规定，裁定驳回专利权人的再审申请。

六、评析

（一）关于本案的审理过程

为了帮助读者理解，有必要首先回顾一下本案的审理过程。

在本案专利的无效宣告请求审查程序中，专利复审委员会认为专利权人在实质审查程序中将原先记载的“半导体存储装置”修改为“存储装置”以及“记忆装置”超出了原说明书和权利要求书记载的范围，不符合《专利法》第三十三条的规定，因而作出了宣告本案专利全部无效的第11291号无效宣告请求审查决定。

本案专利权人不服专利复审委员会作出的无效宣告请求审查决定，向北京市第一中级人民法院提起行政诉讼。经审理，一审法院作出维持专利复审委员会上述无效宣告请求审查决定的（2008）一中行初字第1030号一审判决。

本案专利权人不服上述一审判决，向北京市高级人民法院提起上诉。经审理，二审法院认定本案专利权人将原先记载的“半导体存储装置”修改为“记忆装置”不符合《专利法》第三十三条的规定，但认为本案专利权人将原先记载的“半导体存储装置”修改为“存储装置”符合《专利法》第三十三条的规定，因此作出了撤销本案一审判决和无效宣告请求审查决定，由专利复审委员会重新做出无效宣告请求审查决定的（2009）高行终字第327号终审判决。

本案第二无效请求人不服二审判决，向最高人民法院申请再审，请求依法撤销二审判决，维持一审判决。经审理，最高人民法院认定虽然二审判决对于“存储装置”含义的认定不妥，申请再审的部分理由成立，但是二审判决关于本案专利权人对“存储装置”的修改符合《专利法》第三十三条的裁判结果正确，应予维持，因此作出了驳回本案第二无效请求人再审申请的（2010）知行字第53号再审裁定。

由于本案第二无效请求人的再审请求仅涉及将“半导体存储装置”修改为“存储装置”是否合法的问题，最高人民法院作出的第53号再审裁定也仅仅针对这一问题进行审理，得出了该修改符合《专利法》第三十三条规定的结论。然而在该再审裁定中，最高人民法院并未论证本案专利权人将原先记载的“半导体存储装置”修改为“记忆装置”是否符合《专利法》第三十三条规定的问题。第53号再审裁定驳回第二无效请求人的再审请求，其结果就是维持北京市高级人民法院的（2009）高行终字第327号终审判决，由专利复审委员会重新作出无效宣告请求审查决定。在这种情况下，专利复审委员会势必会继续作出宣告本案专利权全部或者部分无效的审查决定。为了避免出现这样的情况，本案专利权人又向最高人民法院申请再审，请求依法纠正二审判决关于本专利权利要求8、12、29的“记忆装置”的修改违反《专利法》第三十三条规定的结论，并在此基础上维持二审判决。

由此可知，最高人民法院作出的第53号再审裁定和第53–1号再审裁定是彼此关联的裁定。因此，关注本案审理结果的读者需要将两份再审裁定综合起来。

（二）第53-1号再审裁定涉及的问题

最高人民法院作出的第53-1号再审裁定涉及若干重要问题，下面就其中两个问题进行讨论。

1. 在何种情况下需要对权利要求进行解释

关于在何种情况下需要对权利要求进行解释的问题，需要从如下两个方面进行讨论。

第一，是否仅在专利侵权纠纷案件的审理过程中才需要对发明和实用新型专利权的权利要求进行解释，而在授予专利权之前的审查阶段以及在授予专利权之后的无效宣告请求审查阶段不需要对权利要求进行解释？

《专利法》第五十九条第一款规定：

发明或者实用新型专利权的保护范围以其权利要求的内容为准，说明书及附图可以用于解释权利要求的内容。

在2008年修改《专利法》之前，该款规定是“说明书及附图可以用于解释权利要求”。然而，该款没有作出明确说明书及附图可用于解释权利要求的什么，因而导致现实中产生了不同理解。为了解决这一问题，2008年修改《专利法》时将其修改为“说明书及附图可以用于解释权利要求的内容”。如此修改的理由在于：既然该款前半部分规定“发明或者实用新型专利权的保护范围以权利要求的内容为准”，后半部分进一步规定可以对权利要求进行解释也应当是对权利要求内容的解释，这样才能使该款的前后表述彼此呼应，防止在理解上产生歧义。对权利要求的内容作出解释必然会影响该权利要求保护范围的大小，但是需要注意的是所谓“解释”是指“解释权利要求的内容”而不是“解释权利要求的保护范围”，不可将它们混淆起来。这一点在后面的讨论中还会涉及。

由于第五十九条的规定位于《专利法》第七章，即“专利权的保护”，因而可能导致一些人认为只有在专利侵权纠纷案件的审理中才需要用说明书及附图对权利要求的内容进行解释。应当认为这种理解是不正确的。

首先，《专利法》第五十九条第一款的条文并没有表达这样的含义，不能认为该规定排除了在专利授权程序和确权程序中对权利要求内容进行解释的必要性。

其次，《专利法》规定的授予专利权的条件，包括新颖性、创造性、实用性、充分公开等，都是针对权利要求所要保护的技术方案而言，而不是针对说明书披露的发明创造而言。对权利要求的内容作不同理解，对是否具备新颖性、创造性、实用性以及公开是否充分的判断结论就可能随之不同。正确进行专利权授权审查和确权审查的前提条件是正确理解权利要求的内容，为此当然也需要对权利要求的内容进行解释。因此，无论是侵犯专利权纠纷案件的审理，还是授予专利权之前的审查以及对无效宣告请求的审查，都会涉及对权利要求内容的解释问题。

第二，是否仅在权利要求存在不清楚、不明确的问题时，才需要用说明书和附图对权利要求进行解释？

专利复审委员会在本案中提出了“权利要求保护范围的解释时机”的问题，认为：

权利要求保护范围的解释应该严格把握解释时机，以权利要求不清楚或者没

有明确的唯一含义为前提。本领域对于“记忆装置”具有通常的理解，其含义明确，因此专利权人对“记忆装置”的解释不符合解释时机的要求。

针对专利复审委员会的上述观点，最高人民法院的再审裁定指出：

> 权利要求由语言文字表达形成，通过记载解决技术问题的必要技术特征的方式来描述和反映发明的技术方案，清楚、简要地表述请求保护的范围。任何语言只有置于特定语境中才能得到理解。同时，基于语言表达的局限性和文字篇幅的限制，权利要求不可能对发明所涉及的全部问题表述无遗，需要通过说明书对要求保护的技术方案的技术领域、背景技术、发明内容、附图及具体实施方式等加以说明。为此，《专利法》明确规定了权利要求书和说明书之间的关系，要求说明书应该充分公开发明的技术方案，使得所属技术领域的技术人员能够实现；权利要求书应当以说明书为依据，清楚、简要地限定要求专利保护的范围。在《专利法》的上述法定要求下，说明书记载的上述内容对于理解权利要求含义更是不可或缺，两者具有法律意义上的密切关联性。说明书的上述内容构成权利要求所处的语境或者上下文，只有结合说明书的记载，才能正确理解权利要求的含义。在这一意义上，说明书乃权利要求之母，不参考说明书及其附图，仅仅通过阅读权利要求书即可正确理解权利要求及其用语的含义在通常情况下是不可能的。权利要求的解释就是理解和确定权利要求含义的过程。在这个过程中，必须结合说明书及其附图才能正确解释权利要求。专利复审委员会关于权利要求的解释应严格把握解释时机，以权利要求不清楚或者没有明确的唯一含义为前提的主张，既违背文本解释的逻辑，又不符合权利要求解释的实践，最高人民法院无法赞同。

笔者赞成最高人民法院的上述见解。

《专利法》第二十六条第三款规定：

> **说明书应当对发明或者实用新型作出清楚、完整的说明，以所属领域的技术人员能够实现为准。**

《专利法》第二十六条第四款规定：

> **权利要求书应当以说明书为依据，清楚、简要地限定要求专利保护的范围。**

上述两款规定明确了说明书和权利要求书各自的作用以及两者之间的关系。从披露发明创造、传播技术信息的角度来看，说明书及其附图无疑是专利文件中最为重要的部分，因为公众只有通过阅读说明书及其附图才能充分理解申请人的发明创造，在此基础上才能实现该发明创造。权利要求的作用在于限定专利权的保护范围，而不在于披露发明创造，因此现实中鲜有仅仅通过阅读权利要求书就能正确理解发明创造的例子。正如最高人民法院所述，所谓“解释权利要求”的过程实质上就是理解和确定权利要求含义的过程。如果不能正确理解和确定权利要求的含义，就不能保障保证授权和确权审查工作的客观公正；而要正确理解和确定权利要求的含义，仅凭权利要求的简明记载显然不够，必然需要借助于说明书及其附图提供的详细完整的记载。因此，用说明书及其附图对权利要求进行解释应当是一种常态性做法，而不是只有在权利要求存在不清楚不明确之处时才需要用说明书及其附图对其进行解释。现实中，仅仅阅读权利要求书之后对要求保护的技术方案的理解与进一步阅读说明书及其附图之后的理解常常有很大相同。采用后一种做法的人有时会感到好像仅仅凭据权利要求书的内容也能够正确认定所要求保护的技术方案，其实在这种情况下判断者通过阅读说明书及其附图披露的技术信息已经对权利要求所要求保护的技术方案有了更为深入的理解，从而已经在头脑中对权利要求的内容作了解释，只不过感觉不到而已。在无效宣告请求程序中和专利侵权纠纷审理程序中之所以需要对权利要求内容作出解释，是因为双方当事人从各自立场出发，经常会对同一权利要求提出彼此不同的解释方式，需要审判机关进行判断，认定何种解释方式是正确的，而这一判断认定显然不能脱离说明书和附图的记载。

对权利要求的解释是否仅仅旨在克服权利要求不清楚不明确的缺陷？对此问题的回答需要区分不清楚不明确的质疑是在何种阶段产生的。如果是仅仅阅读权利要求之后产生的质疑，则往往是由于还没有真正理解发明创造的缘故，在进一步阅读说明书及其附图之后，这种类型的质疑常常会自然消除或者部分消除；如果在认真阅读整个专利申请文件或者专利文件后还认为权利要求存在不清楚不明确的缺陷，则表明该权利要求存在不符合《专利法》或者《专利法实施细则》有关规定的缺陷，这种缺陷通常难以通过用说明书及其附图进行解释的方式予以克服。因此，对上述问题的回答应当是否定的。

2. 对权利要求的内容进行解释的依据

《专利法》第五十九条第一款规定“说明书及附图可以用于解释权利要求的内容”，对这一规定也存在如何理解的问题，即用于对权利要求的内容进行解释的依据是否仅限于说明书及附图，而不能依据其他内容对权利要求的内容进行解释？2009年颁布的《最高人民法院关于审理侵犯专利权纠纷案件应用法律若干问题的解释》第三条规定：

> **人民法院对于权利要求，可以运用说明书及附图、权利要求书中的相关权利要求、专利审查档案进行解释。说明书对权利要求用语有特别界定的，从其特别规定。**
>
> **以上述方法仍不能明确权利要求含义的，可以结合工具书、教科书等公知文献以及本领域普通技术人员的通常理解进行解释。**

北京市高级人民法院2013年公布的《专利侵权判定指南》第13段指出：

> **解释权利要求，可以使用专利说明书及附图、权利要求书中的相关权利要求、专利审查档案以及生效法律文书所记载的内容。**
>
> **以上述方法仍不能明确权利要求含义的，可以结合工具书、教科书等公知文献及所属技术领域的普通技术人员的通常理解进行解释。**
>
> **本指南所称专利审查档案，是指专利审查、复审、无效过程中国务院专利行政部门及专利复审委员会发出的审查意见通知书，专利申请人、专利权人做出的书面答复，口审记录表，会晤记录等。**
>
> **本指南所称生效法律文书，是指已经发生法律效力的专利复审请求审查决定、专利无效宣告请求审查决定及相关的授权、确权行政判决。**

相比较可以发现，《专利侵权判定指南》规定的可以用于解释权利要求的依据比最高人民法院司法解释的规定有了进一步的扩张。由此可知，我国权威部门认为《专利法》第五十九条第一款规定的“说明书及附图可以用于解释权利要求的内容”仅为例举而非穷举。

人们将最高人民法院上述司法解释第三条第一款提及的解释依据称为解释权利要求的“内部证据”，而将该条第二款提及的解释依据称为解释权利要求的“外部证据”。司法解释第三条规定只有在采用第一款列出的内部证据仍不能明确权利要求含义的情况下才有必要结合外部证据进行解释，这表明了内部证据应当优先于外部证据的适用原则。这种立场无疑是正确的，因为即使针对同一技术术语，不同的工具书、教科书常常也会有不尽相同的解释。一份专利申请或者专利针对的是一种具体的技术方案，其权利要求中采用的技术术语的含义应当与该具体技术方案相适应，因此其含义通常仅仅是工具书、教课书记载的多种含义中的某一种，甚至还有可能与工具书、教课书记载的各种含义均不相同。

本案涉及一个重要问题，即专利申请人或者专利权人的意见陈述是否可以用于解释权利要求的内容？意见陈述无疑属于“专利审查档案”的范围，依据最高人民法院司法解释的上述规定，对这一问题的回答应当是肯定的。不但如此，由于“专利审查档案”属于“内部证据”的类型，还应当优先予以考虑。对此，笔者认为有值得商榷之处。

公布公告后的专利申请文件或者专利文件是具有《专利法》和《专利法实施细则》规定的法律效力并予以公示的文件；意见陈述只是专利申请人或者专利权人在审查过程中补充提交的反映其观点的文件，收入专利审查档案只是为了保存完整的审查记录，并没有正式进入专利申请文件或者专利文件。专利申请人或者专利权人的意见陈述有时能够被国家知识产权局接受，有时不能被国家知识产权局接受。例如在无效宣告请求程序中，专利权人为了争辩其权利要求具备新颖性和创造性，常常会对其权利要求中记载的某个技术特征的含义提出一种新的理解方式。经审查，如果专利复审委员会认定该理解方式与整个专利文件的记载不相一致，就会拒绝接受该意见陈述。在这种情况下，如果还认为该意见陈述具有用于解释权利要求内容的效力，则显然不合情理。因此，尽管不能排除在某些情况下意见陈述对正确理解权利要求的内容有帮助作用，但是意见陈述对权利要求内容的解释效力显然不能与授权公告的专利文件，即其专利说明书和附图相提并论。

本案专利权人在向最高人民法院申请再审时提出了如下争辩意见：

> **权利要求8、12、29在修改中新增加的“记忆装置”术语的含义，应当按照专利权人在专利审查档案中对该术语所作的限制性解释来理解。就同一项专利权而言，无论在侵权程序还是在无效程序中，对权利要求的解释标准应当是统一的。侵权程序中专利审查档案可以用作解释权利要求的依据，这一原则同样应当适用于专利无效程序。**

笔者理解，本案专利权人的上述争辩意见包含了如下含义：《最高人民法院关于审理侵犯专利权纠纷案件应用法律若干问题的解释》第六条规定了禁止反悔原则，专利申请人或者专利权人在专利授权程序或者无效宣告程序中对权利要求、说明书进行修改或者陈述意见的，有可能会导致禁止反悔原则的适用；既然意见陈述在专利侵权纠纷审理程序中会导致禁止反悔原则的适用，为什么在无效宣告请求程序中不能用于对权利要求进行解释？

针对上述争辩意见，最高人民法院对本案的再审裁定首先指出：

> 无论在专利授权确权程序还是在专利民事侵权程序中，客观上都需要明确权利要求的含义及其保护范围，因而需要对权利要求进行解释。在上述两个程序中，权利要求的解释方法既存在很强的一致性，又存在一定的差异性。

接着，最高人民法院论述了专利授权确权程序与专利民事侵权程序中权利要求解释方法的具体差异，指出：

> 前述两个程序中权利要求解释方法的差异突出体现在当事人意见陈述的作用上。在专利授权确权程序中，意见陈述书是申请人与专利审查机关进行意见交换的重要形式，是专利审查档案的重要内容之一。尽管如此，在专利授权确权程序中解释权利要求时，意见陈述书的作用在特定的场合下要受到专利法明文规定的限制。例如，我国《专利法》规定了说明书应当对发明作出清楚完整的说明、权利要求书应当得到说明书的支持、专利申请文件的修改不得超出原说明书和权利要求书记载的范围等法定要求。在审查某项专利或者专利申请是否符合上述法定要求时，当然应该以说明书或者原说明书和权利要求书为依据，当事人意见陈述不能也不应该起到决定作用。相反，如果将当事人的意见陈述作为判断某项专利或者专利申请是否符合上述法定要求的决定性依据，则无法促使专利申请人将相关内容尽量写入说明书，《专利法》关于说明书应当对发明作出清楚完整的说明、权利要求书应当得到说明书的支持、专利申请文件的修改不得超出原说明书和权利要求书记载的范围等法定要求也将无法得到实现。因此，在专利授权确权程序中，申请人在审查档案中的意见陈述在通常情况下只能作为理解说明书以及权利要求书含义的参考，而不是决定性依据。在专利民事侵权程序中解释权利要求的保护范围时，只要当事人在专利申请或者授权程序中通过意见陈述放弃了某个技术方案，一般情况下应该根据当事人的意见陈述对专利保护范围进行限缩解释。

笔者赞同最高人民法院的论述。与此同时，也感到有必要讨论对权利要求内容进行解释与禁止反悔原则之间的关系。

最高人民法院上述司法解释第三条规定专利审查档案可以用于解释权利要求，一些人倾向于在“禁止反悔”的意义上理解这种解释作用。

笔者认为不宜将“对权利要求内容的解释”与“禁止反悔”混为一谈，两者存在如下区别：

首先，两者的性质不同。前者旨在确保正确理解权利要求的含义，如果不用说明书和附图对权利要求的内容作出必要解释就有可能导致对权利要求作出不当解读，进而影响对两种纠纷案件审理结论的正确性，解释的结果既有可能扩大权利要求的字面含义确定的保护范围，也有可能缩小权利要求的字面含义确定的保护范围；后者是从诚实信用和信赖保护原则出发，在经过解释的权利要求所确定的保护范围中排除专利申请人或者专利权人通过修改或者意见陈述已经放弃的技术方案，对专利权保护范围作必要限制，限制专利权人采取出尔反尔的方式谋求不合理的保护范围。

其次，两者的适用场合不同。前者无论在专利权有效性纠纷案件的审理过程中还是在专利侵权纠纷案件的审理过程中都应适用，其解释方式应当基本一致；后者应当仅适用于专利侵权纠纷案件的审理，在授予专利权之前的审查程序中以及授予专利权之后的确权程序中一般都无需考虑禁止反悔的问题。

“后换挡器”发明专利无效宣告请求案

一、案件提要

当事人

专利权人：株式会社岛野

无效请求人：宁波赛冠车业有限公司

专利复审委员会的无效宣告请求审查决定

决定号：WX第15307号

合议组成员：（原文缺合议组组长姓名）、宋鸣镝、姚卫华

决定日：2010年05月13日

北京市第一中级人民法院的一审判决

案号：（2011）一中知行初字第1139号

合议庭成员：饶亚东、陈勇、郭灵东

结案日期：2011年7月30日

北京市高级人民法院的二审判决

案号：（2011）高行终字第1577号

合议庭成员：岑宏宇、刘庆辉、焦彦

结案日期：2012年7月16日

最高人民法院的再审判决

案号：（2013）行提字第21号

合议庭成员：王永昌、李剑、吴蓉

结案日期：2013年12月27日

涉及的法律规定

《专利法》第三十三条

判决要点

1. 该条款的立法目的在于实现先申请制下专利申请人与社会公众之间的利益平衡：一方面，允许专利申请人对其专利申请文件进行修改和补正，以保证确有创造性的发明创造取得专利权；另一方面，将专利申请人的修改权限制在申请日公开的技术信息范围内，以保护社会公众对原专利申请文件的信赖利益。

2. “原说明书和权利要求书记载的范围”应当理解为原说明书和权利要求书所呈现的发明创造的全部信息，是对发明创造的全部信息的固定。这既是先申请制度的基石，也是专利申请进入后续阶段的客观基础。“原说明书和权利要求书记载的范围”具体可以表现为：原说明书及其附图和权利要求书以文字和图形直接记载的内容，以及所属领域普通技术人员根据原说明书及其附图和权利要求书能够确定的内容。

3.《专利法》第三十三条对专利申请文件的修改没有区分“发明点”和“非发明点”而采取不同的标准，但是该条款的立法本意之一是尽可能保证确有创造性的发明创造取得专利权，实现专利申请人所获得的权利与其技术贡献相匹配。如果仅仅因为专利申请文件中“非发明点”的修改超出原说明书和权利要求书记载的范围而无视整个发明创造对现有技术的贡献，最终使得确有创造性的发明创造难以取得专利权，专利申请人获得的利益与其对社会做出的贡献明显不相适应，不仅有违实质公平，也有悖于《专利法》第三十三条的立法本意，不利于创新激励和科技发展。因此，在现行法律框架和制度体系下，在维护《专利法》第三十三条标准的前提下，相关部门应当积极寻求相应的解决和救济渠道，在防止专利申请人获得不正当的先申请利益的同时，积极挽救具有技术创新价值的发明创造。

二、本案专利介绍

本案涉及名称为“后换档器”的第02127848.2号发明专利（下称“本案专利”），其申请日为1994年2月3日，优先权日为1993年2月3日，授权日为2006年8月30日，授权时的专利权人为株式会社岛野（下称“专利权人”）。

本案专利发明涉及自行车后换档器支架。

通常，后换档器通过后换档器支架安装到自行车车架上。1952年前后，出现了首例后换档器直接安装在后叉端的安装换档器的延伸部上的自行车车架结构。从那时到现在，只要自行车车架带有安装换档器的延伸部，那么换档器无论其规格如何都被设计成直接连接到该延伸部上。这样直接连接后换档器一直是一种既定的做法。

然而，某些类型的直接连到后叉端上的后换档器至今仍不太适合自行车架的结构形式，不能获得最佳的连接状态，结果造成换档不顺利。安装换档器时，其导向轮在自行车行进方向上的位置离后面的链轮比较远。为了使链条从一个链轮换到另一个链轮上，导向轮移到一个离链轮较远的旁边的位置上。这种后换档器的换档操作不能获得高效率的链条啮合和脱离，因此，后换档器的换档操作性能降低了。

本案发明的一个目的是以一种确保任何规格的后换档器都有优良的链条换位特性和高换档效率的方式提供一种技术，将后换档器连接到具有供安装换档器的延伸部的车架上，该延伸部上形成一个连接部分。

本发明提供一种适用于自行车车架的后叉端上的后换档器，所述自行车车架具有形成在换档器安装延伸部上的连接结构；所述后换档器包括：一支架件；一用于支撑一具有导向轮和张紧轮的链条导向装置的支撑件；一对用于连接所述支撑件和所述支架件的连接件；以及一由大致L形板构成的支架体，其包含一设在所述支架体一端近旁、用于将所述支架件连接到所述支架体上、可绕第一轴线枢转的第一连接结构；一设在所述支架体另一端近旁、用于将所述支架体连接到所述后叉端的所述连接结构上的第二连接结构；以及一用于与所述换档器安装延伸部接触从而使所述后换档器相对于所述后叉端以一种预定的姿势定位的定位结构；其中，所述支架体的所述第二连接结构的形式是一大致圆形孔，用于将一连接螺栓穿过所述圆形孔并被拧紧，以将所述支架体和所述后换档器安装延伸部互相连接。

在换档器的规格不同，如形状和操作特性不同的情况下，换档器相对于自行车车架的适宜的安装姿势各不相同，以保证良好的换档性能，例如，对链条有效地施加使之换位的力。考虑到这些因素，本发明提供一种支架，当被连接到安装换档器的延伸部上时，该支架为将要安装在自行车车架上的换档器提供一个适当的连接位置，这样，被连接到该支架上的换档器就易于呈现一个适当的安装姿势。

此外，由于定位结构的作用，该支架以预定姿势固定于自行车车架便易于得到保证。

有些后换档器的结构形式使它们在直接与后叉端部的安装换档器的延伸部相连接时不能呈现适当的安装姿势，因此表现出换档性能差。然而，通过使用本发明的支架，这样的换档器也能有适当的安装姿势，从而改善换档的性能。

定位结构使该支架易于被安置成上述预定姿势，这一点从支架的姿势确定这个角度来看是方便了安装作业。

在本发明的最佳实施例中，为了便于支架的制造，支架体做成一个大致呈L形的板，第一连接结构和第二连接结构采取基本上圆的螺栓孔的形状。第二连接结构，即一个圆螺栓孔的连接位置的定位结构的位置最好邻近第二连接结构。

定位结构的形状最好是从形成支架体的板的表面基本上垂直地延伸的一个凸出部分。

本案专利共有5幅附图，其中：图1是通过本发明的后换档器支架与自行车车架相连接的后换档器的侧视图；图2是通过本发明的后换档器支架与自行车车架相连接的后换档器的剖视图；图3是本发明的后换档器支架的正视图；图4是从图3的A-A方向看的后换档器支架的侧视图；图5是表示将后换档器支架连接到自行车车架上的一种方式的示意图。

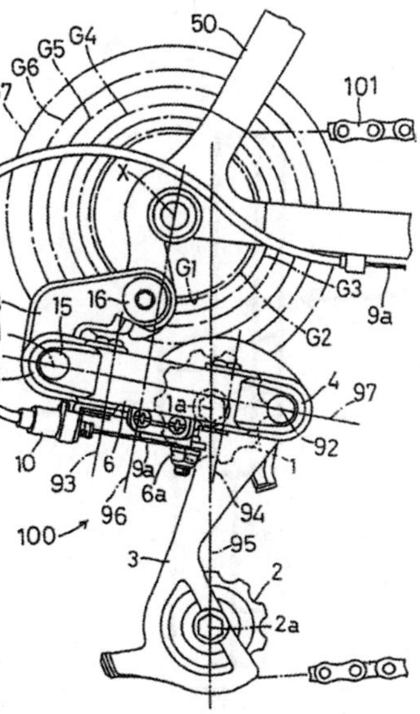

图1

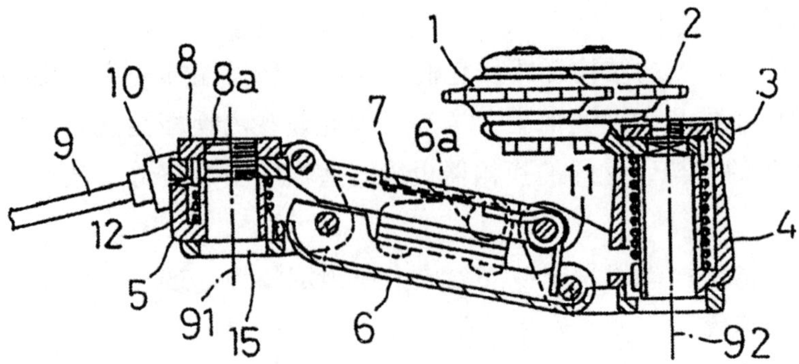

图2

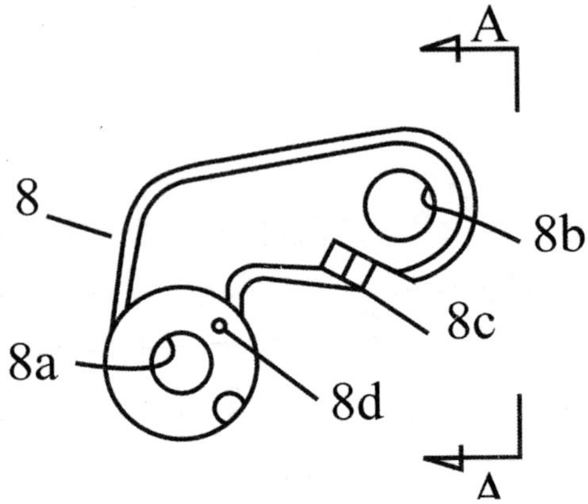

图3

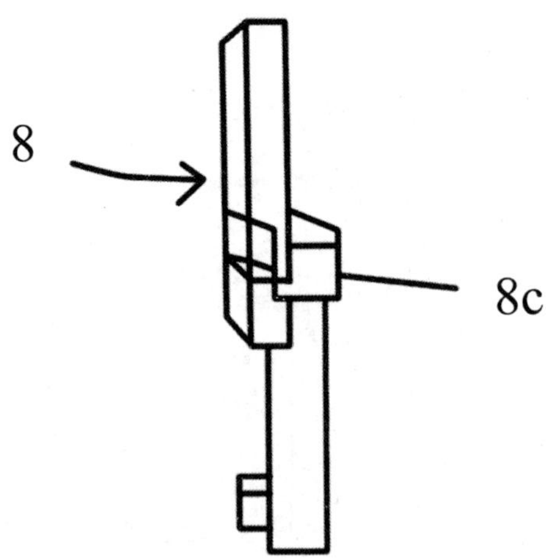

图4

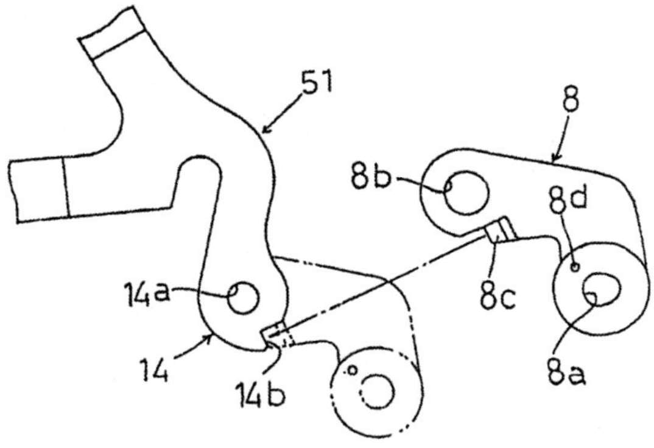

图5

图1所示的是提供七种速度的自行车的后换档装置。如图所示，自行车车架50上有一个后轮毂，它具有七个直径不同的后链轮G1～G7。后换档器100通过支架8安装到自行车车架50上。后换档器100包括一个具有导向轮1和张紧轮2的链条导向装置3、一个用于支撑链条导向装置3的支撑件4、一个支架件5，以及一对用于连接支撑件4和支架件5的左右枢轴连接件6、7。

从换档控制器(未示出)伸出的控制缆绳9连接到一个与支架件5相连的外管夹10和一个与一枢轴连接件6相连的内线夹6a上。当换档控制器拉动内线9a时，内线9a使枢轴连接件6和7相对于支架件5向自行车车架内转动，这时支撑件4也向内移动，于是导向轮1就将链条101从后链轮G1～G7中的较小的链轮向较大的链轮换档。反之，当换档控制器放松内线9a时，枢轴连接件6和7在复位弹簧11的作用下向自行车车架外侧方向转动，如图2所示。同时，支撑件4也向外移动，导向轮1就将链条101从后链轮G1～G7中较大的链轮向较小的链轮换档。

支架件5与支架体8连接，以便可绕第一轴线91转动。这样，支撑件4便可绕轴线91相对于自行车车架作垂直转动。装在支架件5中的第一拉伸弹簧12，如图2所示，使支架件5绕第一轴线91相对于支架体8偏转，于是支撑件4绕第一轴线91偏转，通过导向轮1和张紧轮2向链条101施加一个张紧力。链条导向装置3与支撑件4连接，以便可绕第二轴线92转动。这样，导向轮1和张紧轮2便可绕第二轴线92相对于支撑件4转动。装在支撑件4中的第二拉伸弹簧，如图2所示，使链条导向装置3相对于支撑件4偏转，于是导向轮1和张紧轮2相对于支撑件4偏转，从而对链条101施加一个张紧力。在这种结构中，当导向轮1相对于自行车车架侧移并将链条从一个链轮移到另一个链轮上时，支撑件4绕第一轴线91作垂直转动，而支撑导向轮1的导向装置3上的一部分则绕第二轴线92作垂直转动。结果，导向轮1既向侧边又垂直地移动到一个接近链轮G1～G7的范围内，使链条101高效地移位。无论链条101与链轮G1～G7中的哪一个相啮合，都保持了预定的张紧力。

如图3所示，从前面看，支架体8是大致呈L形的板，它包括一个紧邻该支架体8一端的第一圆形螺栓孔8a和一个紧邻支架体8另一端的第二圆形螺栓孔8b。如图4所示，支架体8还包括一个在它的邻近第二螺栓孔8b的表面上形成的台阶形的凸出部8c，由图4可见，台阶形凸出部8c的自由端形成一个接触面。如图5所示，自行车车架50包括一个与后叉端部51铸成一体的供安装换档器的延伸部14。后换档器100通过支架体8安装到自行车车架50上。

具体地说，第一螺栓孔8a用于将后换档器100的支架件5连接到支架体8上。如图2所示，第一螺栓孔8a中装有固定螺栓15，该螺栓与后换档器100的支架件5相连接。固定螺栓15和支架件5彼此可相对转动地连接，这样，支架体8便通过螺栓15可转动地支撑支架件5，而支架件5连到支架体8上便可绕第一轴线91转动。

第二螺栓孔8b用于将支架体8连接到自行车车架50上。如图1所示，连接螺栓16穿过第二螺栓孔8b和位于安装换档器的延伸部14上的螺栓孔14a，拧紧螺栓16便使支架体8和安装换档器的延伸部14刚性地连接在一起了。

凸台8c用于将支架体8相对于后叉端51设置成预定的姿势，从而使后换档器100相对于自行车车架50保持一个合适的姿势。

如图5所示，支架体8紧固到后叉端51上，支架体8的凸台8c与同安装换档器的延伸部14铸成一体的止动部14b的接触面相接触。在这种状态下，凸台8c自由端上的接触面起着相对于止动部14b定位的作用，使支架体8相对于安装换档器的延伸部14保持预定的姿势不变，如图5所示。一旦支架体8相对于后叉端51按一预定姿势装配，由于支架体8的形状以及螺栓孔8a和8b间的位置关系，后换档器100也就以一个合适的姿势装在了自行车车架50上，如图5所示。

在这种情况下，链条101绕过导向轮1和张紧轮2与有13个齿的后链轮G1啮合。若后链轮组没有13齿的链轮，就临时增加一个专用于确定装配位置的13齿辅助后链轮，使链条101与导向轮1、张紧轮2和有13齿的链轮相啮合。如果自行车车架具有若干前链轮，则链条101与最大的前链轮啮合。将自行车车架的前轮和后轮置于一水平地面，使链条101按以上所述与链轮G1、导向轮1和张紧轮2啮合，再使通过导向轮1的旋转轴线1a和张紧轮2的旋转轴线2a的第一点划线95垂直于水平面。在这个位置，平行于第一旋转轴线93和第二旋转轴线94并且穿过轮毂轴线X的第二点划线96，从轮毂轴线方向看，位于第一旋转轴线93和第二旋转轴线94之间。外枢轴连接件6可绕第一旋转轴线93相对于支架件5转动，并且可绕第二旋转轴线94相对于支撑件4转动。另外，从轮毂轴线方向看，导向轮1的旋转轴线1a位于第三点划线97的下方，该第三点划线97通过第一轴线91和第二轴线92。这个位置与上面提到的合适的姿势是相对应的。在这个适当的姿势中，支撑件4绕第一轴线91的垂直转动和链条导向装置3绕第二轴线92的垂直转动，会使导向轮1沿垂直于链轮G1～G7的方向和轮毂的轴线方向移动而不接触链轮G1～G7。这时，导向轮1以高效的方式沿垂直于链轮G1～G7的方向移动到一个接近链轮G1～G7的范围，随着导向轮1沿轮毂轴向的移动，换档力被有效地施加到链条101上。

当后换档器100处于合适的装配姿势时，导向轮1的旋转轴线1a可能会位于第三点划线97上。这时，当导向轮1相对于链轮G1～G7移动，而链条导向装置3相对于支撑件4绕第二轴线92转动时，导向轮1有一个对应于链条导向装置3的旋转角度的长的垂直行程。支架体8上的凸台8c可以通过例如对支架体8的背面进行压制使形成支架体8的板的一部分凸起而制成。在第一螺栓孔8a旁形成的圆孔8d，用于接纳第一拉簧12的一端，以便将第一拉簧连接到支架体8上。

支架体8上的螺栓孔8a和8b可以用其他各种形式的结构代替。例如支架体8可以有通至端部的开口孔，或者连接固定于其上的螺栓的开口孔。这样，螺栓孔和其他的结构在这里统称第一连接结构8a和第二连接结构8b。安装换档器的延伸部14上的螺栓孔14a则简单地称为连接结构14a。

可以用一个定位螺栓来代替凸台8c。凸台8c可以不是与止动14b接触，而与安装换档器的延伸部14上一个比螺栓孔14a更靠近其末端的部位相接触。这些结构统称为定位结构8c。

本案专利授权时的权利要求书如下：

1. 一种适用于自行车车架（50）的后叉端（51）上的后换档器（100），所述自行车车架具有形成在换档器安装延伸部（14）上的连接结构（14a）；所述后换档器包括：一支架件（5）；一用于支撑一具有导向轮（1）和张紧轮（2）的链条导向装置（3）的支撑件（4）；一对用于连接所述支撑件（4）和所述

支架件（5）的连接件（6，7）；以及一由大致L形板构成的支架体（8），其包含一设在所述支架体（8）一端近旁、用于将所述支架件（5）连接到所述支架体（8）上、可绕第一轴线（91）枢转的第一连接结构（8a）；一设在所述支架体（8）另一端近旁、用于将所述支架体（8）连接到所述后叉端（51）的所述连接结构（14a）上的第二连接结构（8b）；以及一用于与所述换档器安装延伸部（14）接触从而使所述后换档器（100）相对于所述后叉端（51）以一种预定的姿势定位的定位结构（8c）；其特征在于：所述支架体（8）的所述第二连接结构的形式是一大致圆形孔（8b），用于将一连接螺栓（16）穿过所述圆形孔（8b）并被拧紧，以将所述支架体（8）和所述后换档器安装延伸部（14）互相连接。

2. 根据权利要求1所述的后换档器（100），其特征在于，所述定位结构（8c）的位置邻近所述第二连接结构（8b）。

3. 根据权利要求2所述的后换档器，其特征在于，所述的定位结构（8c）是从所述板的表面上延伸的一个凸台。

4. 根据权利要求3所述的自行车后换档器支架，其特征在于，所述定位结构（8c）是通过压制形成的。

5. 根据权利要求1所述的后换档器（100），其特征在于，所述第一连接结构的形式是一大致圆形孔（8a）。

6. 根据权利要求5所述的后换档器（100），其特征在于，所述大致圆形孔（8a）是一圆形螺栓孔（8a）。

7. 根据权利要求6所述的后换档器（100），其特征在于，所述圆形螺栓孔（8a）容纳一固定至所述支架件（5）和所述支架体（8）的固定螺栓（15），将所述支架件（5）通过所述固定螺栓（15）可绕所述第一轴线（91）枢转地支承。

三、专利复审委员会的无效宣告请求审查决定

针对本案专利，宁波赛冠车业有限公司（下称“无效请求人”）于2009年12月11日向专利复审委员会提出了无效宣告请求，请求宣告本专利全部无效。请求宣告无效的理由是本案专利不符合《专利法》第三十三条的规定。

（一）当事人的主张和证据

无效请求人提交了下列证据：

证据1’：公开号为CN1095998A、公开日为1994年12月7日的中国发明专利申请公开说明书复印件，共12页。

证据2’：授权公告号为CN1272216C、授权公告日为2006年8月30日的中国

发明专利说明书复印件，共13页。

无效请求人认为：

本案专利是证据1’表明的原始专利申请的分案申请，相对于该原始申请的说明书和权利要求书记载的范围，专利权人修改的全部权利要求删除了限定应用领域、适用范围的技术特征，使所属技术领域的技术人员看到的信息与原申请记载的信息不同，修改后的说明书具有不允许改变的内容。由于对权利要求书和说明书的修改超出原说明书和权利要求书记载的范围，因此不符合《专利法》第三十三条的规定。

本案专利的权利要求1以及从属权利要求将记载在原说明书中的“第一连接结构、第二连接结构”的“螺栓孔”修改为“圆形孔”，因此对权利要求书的修改超出了原说明书和权利要求书记载的范围，不符合《专利法》第三十三条的规定。

本案专利的权利要求2将记载在原说明书中的“凸台8c通过模压制成”改变成“定位结构8c是通过压制形成的”，因此该修改超出了原说明书和权利要求书记载的范围，不符合《专利法》第三十三条的规定。

专利权人于2010年2月21日提交了意见陈述书以及下列反证：

反证1：中华人民共和国行业标准自行车工业标准（2）复印件，共24页，中华人民共和国轻工业部于1994-01-06发布；

反证2：化学工业出版社于2003年1月印刷的《化学化工大辞典》复印件，共8页；

反证3：中国环境科学出版社出版的《英汉科技词天（下）》复印件，共2页；

反证4：最高人民法院（2008）民监字第197号民事裁定书复印件，共4页。

专利权人结合上述反证认为，本专利权利要求1～6所限定的全部内容均明确地记载在原申请文件的权利要求书、说明书及附图之中，完全符合《专利法》第三十三条的相关规定。其中：

（1）作为一项自行车部件的产品权利要求，这种产品会具有其相应的用途；但是当权利要求对该产品各部件的结构和其彼此的连接关系已经进行了全面限定的情况下，如何对该产品进行应用以及这种产品应用的对象其结构如何并不需要撰写在权利要求之中，这些内容在专利说明书中可以进行介绍。

（2）关于连接件（6、7），由于权利要求1中将这一对连接件给出了明确的附图标记（6、7），根据《专利法》第五十六条规定的“说明书和附图可以用来解释权利要求”，可以明确这一对连接件（6、7）即原说明书第3页和附图2记载的一对左右枢轴连接件6、7。

（3）关于拉伸弹簧（12），本案专利原说明书中描述了装在支架件5中的第一拉伸弹簧12和装在支撑件4中的第二拉伸弹簧。但是根据原说明书的记载，只有第一拉伸弹簧12安装在支架件5中，因此本案专利的权利要求1中限定的“安装在所述支架件（5）上的拉伸弹簧（12）与说明书中所述的第一拉伸弹簧12是一一对应的关系，并未进行任何的概括，不存在修改超范围的情况。

（4）关于“圆形孔”，在本专利的优选实施例中，第一连接结构、第二连接结构均采用了圆形螺栓孔的形式。但是，原说明书明确记载：“支架8上螺栓孔8a和8b可以用其他任何形式的结构代替。例如支架8可以有通至端部的开口孔，或者连接于固定于其上的螺栓的开口孔”。而且附图1、3、5均显示，第一连接结构、第二连接结构均为圆形孔。也就是说，第一连接结构、第二连接结构并不限于螺栓孔这一形式。采用“圆形孔”这一表述并未超出原申请所记载的范围。

（5）关于“延伸的凸台”，附图1、3、5中显示的定位机构8c，以及原申请文件对定位机构8c所作的描述“基本上垂直地延伸的一个凸出部”、“台阶形的凸出部8c”、“凸台8c”等，与本专利权利要求1中的“从所述板的表面延伸的凸台”并无任何区别，并不存在任何修改超范围的问题。

（6）关于权利要求2中的“压制”，根据反证2、3所附的两份技术词典文字，本领域技术人员完全可以理解权利要求2中的“压制”与原说明书中的“模压”具有相同的含义。何况，请求人并未提供任何证据来证明模压与压制所形成定位机构（8c）的具体结构有所不同，其提出这条理由不应得到支持。

（7）关于权利要求6中的“所述大致圆形孔（8b）设置成使一连接螺栓（16）穿过所述圆形孔而放置”。原说明书和附图1明确显示，圆形孔（8b）中可设置有一连接螺栓（16）。在说明书中，对于该连接螺栓（16）的作用方式进行了描述，但是，权利要求6为一项后换档器的技术方案，位于其中的螺栓如何工作并非该技术方案的一部分。

关于“圆形孔”，在本专利的优选实施例中，第一连接结构、第二连接结构均采用了圆形螺栓孔的形式。但是，原说明书明确记载：“支架8上螺栓孔8a

和8b可以用其他任何形式的结构代替。例如支架8可以有通至端部的开口孔，或者连接于固定于其上的螺栓的开口孔”。而且附图1、3、5均显示，第一连接结构、第二连接结构均为圆形孔。也就是说，第一连接结构、第二连接结构并不限于螺栓孔这一形式。采用“圆形孔”这一表述并未超出原申请所记载的范围。

“模压”和“压制”与整体技术方案的解决没有关系，二者的含义都不是很明确，用工业上的手段给压出去，让它凸出，至于形状是怎么样的并不是本案专利所要解决的问题。而且，根据反证2、3所附的两份技术词典文字，本领域技术人员完全可以理解权利要求2中所述的“压制”与原说明书中所述的“模压”具有相同的含义。请求人并未提供任何证据来证明模压与压制所形成定位结构（8c）的具体结构有何不同。

（三）无效宣告请求审查决定的理由

1. 证据认定

反证2、3均为技术词典的复印件，属于公开出版物，合议组经过核实可以认定反证2、3的真实性和公开性。专利权人提交反证2、3的目的是证明对“模压”和“压制”的解释是公知常识，二者含义相同。但是，反证2的印刷日晚于本专利的优先权日，反证3的印刷日不能确定，因此反证2、3均不能作为本案专利的现有技术达到用以证明公知常识的目的。

证据1是本案专利的母案的公开文本，与原始申请文件一致，可以作为判断本专利申请文件的修改是否符合《专利法》第三十三条规定的原说明书和权利要求书。

2. 关于《专利法》第三十三条

《专利法》第三十三条规定：“申请人可以对其专利申请文件进行修改，但是，对发明和实用新型专利申请文件的修改不得超出原说明书和权利要求书记载的范围，对外观设计专利申请文件的修改不得超出原图片或者照片表示的范围。”

《审查指南》第二部分第八章第5.2.3节规定：“如果申请的内容通过增加、改变和/或删除其中的一部分，致使所属技术领域的技术人员看到的信息与原申请记载的信息不同，而且又不能从原申请记载的信息中直接地、毫无疑义地确定，那么，这种修改就是不允许的。”

（1）关于对本专利申请文件所做“圆形孔”修改的问题

本案专利为证据1表明的原始专利申请的分案申请，在证据2即本案专利授权文本的权利要求1、6中，专利权人将原说明书中的第二连接结构修改为“圆形孔”，在权利要求3中将第一连接结构修改为“圆形孔”。

在证据1的说明书中，对第一连接结构8a和第二连接结构8b的记载为圆的螺栓孔的形状；或者记载为圆形螺栓孔8a和圆形螺栓孔8b；多数记载为螺栓孔8a和螺栓孔8b。

“圆形孔”是“圆的螺栓孔”、“圆形螺栓孔”的上位概念，而且和“螺栓孔”的含义有所不同。机械领域中的技术人员可以理解，圆形孔可以是包括圆形螺栓孔、圆形销孔、圆形通孔、圆形盲孔、圆形阶梯孔等的多种具有圆形形状的加工孔。因此，专利权人将“圆的螺栓孔”、“圆形螺栓孔”或“螺栓孔”概括修改为权利要求1、3、6中的“圆形孔”，显然包含了并未记载在原说明书和权利要求书中的内容。所以这种修改使所属技术领域的技术人员看到的信息与原申请记载的信息不同，而且又不能从原申请记载的信息中直接地、毫无疑义地确定。

针对专利权人关于“圆形孔”的观点，合议组认为，尽管证据1的原说明书记载了“螺栓孔8a和8b可以用其他任何形式的结构代替”，但并不能据此认定“其他任何形式的结构”就是“圆形孔”，也不能证明“圆形孔”就可以等同于“圆的螺栓孔”、“圆形螺栓孔”或“螺栓孔”，使所属领域的技术人员看到的信息前后一致。而且，尽管附图1、3、5显示8a、8b为圆形孔，但附图的作用是使人能够直观地、形象化地理解发明的技术方案，对技术方案进行解释，是对“圆的螺栓孔”、“圆形螺栓孔”或“螺栓孔”在图片上的简要形状显示。因此，不能因为附图显示的孔为圆形的就认定“圆形孔”和“圆的螺栓孔”、“圆形螺栓孔”或“螺栓孔”是相同的含义。据此，合议组对专利权人的观点不予支持。

因此，专利权人对权利要求1、3、6的修改均不符合《专利法》第三十三条的规定。

（2）关于对本专利申请文件中“模压”修改为“压制”的问题

本案专利为证据1的分案申请，在证据2即本专利授权文本的权利要求

2和说明书第7页第7行中，专利权人将原说明书中记载的“模压”修改为“压制”。

模压又称压塑，是指塑料或橡胶胶料等可塑性材料在闭合模腔内借助加热、加压而成型为制品的加工方法。压制是指用压的方法制造。显然，压制为模压的上位概念。模压和压制为不同含义的技术术语，对本领域的技术人员来说，原说明书中的“模压”和本专利权利要求2、说明书中“压制”表达的是不同的信息。

反证2第2558页中关于“压塑成型”的条目记载为“又叫压制成型或模压成型”。在反证3中关于mould的词义解释为“模塑，模压，压制”。即便合议组考虑反证2、3，也仅是反证2、3对“压塑成型”和“mould”的词语释义，并不能据此来证明“模压”和“压制”本身具有相同的技术含义，能够表达相同的技术信息。

本案专利将原说明书中的“模压”改变为“压制”，致使所属技术领域的技术人员看到的信息与原申请记载的信息不同，而且又不能从原申请记载的信息中直接地、毫无疑义地确定，因此这种修改是不允许的。因此，专利权人对权利要求2和说明书的修改均不符合《专利法》第三十三条的规定。

鉴于对本案专利的权利要求1～3、6和说明书的修改不符合《专利法》第三十三条的规定，而且其余权利要求也不能完全克服上述缺陷，因此本案专利的权利要求1～6均不符合《专利法》第三十三条的规定。据此，合议组不再对无效请求人提出的其他无效宣告请求理由和证据进行评述。

基于上述理由，专利复审委员会作出了宣告本案发明专利权全部无效的无效宣告请求审查决定。

四、北京市第一中级人民法院的一审判决

专利权人不服专利复审委员会作出的本案无效宣告请求审查决定，向北京市第一中级人民法院（下称“一审法院”）提起行政诉讼。

（一）当事人的主张

专利权人诉称：

（1）本案无效宣告请求审查决定程序不合法。专利复审委员会应当针对人民法院责令其重新作出无效宣告请求审查决定及无效请求人再次提出的无效宣

告请求分别作出无效宣告请求审查决定，而不应仅作出第15307号无效宣告请求审查决定。

（2）关于“圆形孔”的修改。原申请的附图3、5中已清晰显示第一和第二连接结构8a、8b为大致圆形孔，说明书也已提及螺栓孔可以用其他各种形式的结构代替，即8a、8b并不仅限于螺栓孔，权利要求1是从形状角度限定第二连接结构的形状为一大致圆形孔，因此关于“圆形孔”的修改符合《专利法》第三十三条的规定。另外，螺栓孔是指用于螺栓穿过的孔，权利要求4、5、6实质上已经将“圆形孔”限定为“圆形螺栓孔”，因此，对权利要求4、5、6的修改符合《专利法》第三十三条的规定。

（3）关于“压制”的修改。本专利权利要求2中的“压制”系由原申请文件中的“模压”修改而来，对所属领域技术人员而言，两者意义相同，该修改符合《专利法》第三十三条的规定。

基于上述理由，专利权人请求一审法院判决撤销第15307号无效宣告请求审查决定，并责令专利复审委员会重新进行审查。

专利复审委员会坚持其在本案无效宣告请求审查决定中的观点，同时指出衡量对权利要求书和说明书的修改是否超出原始文本记载范围的标准不仅要站在所属领域技术人员的角度，还要求“直接地、毫无疑义地确定”，不满足该标准的修改均属于不允许的修改。专利复审委员会认为本案无效宣告请求审查决定认定事实清楚，适用法律法规正确，审理程序合法，专利权人的诉讼理由不能成立，请求一审法院维持本案无效宣告请求审查决定。

无效请求人述称：

（1）专利权人对专利申请文本的修改内容不能从原申请记载的信息中直接地、毫无疑义地确定，使公众看到的信息与原申请记载的信息不同，由原权利要求书和说明书不能直接得到修改后的技术方案，因此修改的内容不符合《专利法》第三十三条的规定。

（2）专利复审委员会作出第15307号无效宣告请求审查决定的程序合法。

基于上述理由，无效请求人认为专利复审委员会的无效宣告请求审查决定认定事实清楚，审查程序合法，适用法律正确，请求一审法院维持该决定。

（二）一审法院查明的事实

1994年2月3日，专利权人向国家知识产权局提出名称为“后换挡器支架”

的发明专利申请（即原申请），该申请优先权日为1993年2月3日，公开日为1994年12月7日，申请号为94102612.4。

2008年4月10日，无效请求人向专利复审委员会提出无效宣告请求一，请求宣告本专利全部无效，其理由是本案专利不符合《专利法》第三十三条、第二十六条第三、第四款以及《专利法实施细则》第二十一条第二款的规定。并提交了下列证据：

证据1：本案专利说明书复印件共13页；

证据2：本案专利申请公开说明书的首页和权利要求书复印件共3页。

2008年10月28日，专利复审委员会作出第12424号无效宣告请求审查决定，宣告本专利全部无效。

专利权人不服第12424号无效宣告请求审查决定，向北京市中级人民法院提起行政诉讼。2009年5月24日，一审法院作出（2009）一中行初字第359号行政判决，认为在判断本专利是否“修改超范围”时，应当将本案专利的授权文本与本案专利的母案申请日提交的说明书及权利要求书的全部内容进行对比，而不应与本案专利申请的公开文本对比，专利复审委员会在认定本专利修改超范围时所针对的比较对象错误，导致认定事实错误、适用法律错误，故判决撤销专利复审委员会作出的第12424号无效宣告请求审查决定，并判令专利复审委员会重新作出无效宣告请求审查决定。

2009年9月2日，专利复审委员会重新成立合议组，对上述无效宣告请求进行审理。

2009年12月2日，专利复审委员会进行了口头审理。在口头审理过程中，无效请求人放弃以《专利法》第二十六条第三款作为无效理由，明确其无效理由为本专利权利要求书和说明书的修改不符合《专利法》第三十三条的规定，权利要求1～6不符合《专利法》第二十六条第四款和《专利法实施细则》第二十一条第二款的规定。专利复审委员会告知双方当事人：无效请求人在无效宣告请求书中没有以本案专利的母案原始文本作为基础与本案专利的授权文本进行详细对比，即无效请求人没有对作为无效理由的《专利法》第三十三条进行具体陈述，根据《审查指南1993》的相关规定，此次口头审理不接受《专利法》第三十三条作为无效理由。

2009年12月11日，无效请求人向专利复审委员会提出无效宣告请求二，请求宣告本专利全部无效，其理由是本案专利不符合《专利法》第三十三条的规定，并提交了下列证据：

证据1’：公开号为CN1095998A、公开日为1994年12月7日的中国发明专利申请公开说明书复印件共12页。

证据2’：授权公告号为CN1272216C、授权公告日为2006年8月30日的本案专利说明书复印件共13页。

根据上述证据，无效请求人认为，本案专利是证据1’的分案申请，相对证据1’的申请日提交的原说明书和权利要求书记载的范围，专利权人修改的全部权利要求删除了限定应用领域、适用范围的技术特征，使所属技术领域的技术人员看到的信息与原申请记载的信息不同；修改的说明书具有不允许改变的内容。由于对权利要求书和说明书的修改超出原说明书和权利要求书记载的范围，因此不符合《专利法》第三十三条的规定。

2010年2月21日，专利权人提交了意见陈述书以及下列反证：

反证1：中华人民共和国行业标准自行车工业标准（2）复印件，共24页，中华人民共和国轻工业部于1994-01-06发布；

反证2：化学工业出版社于2003年1月印刷的《化学化工大辞典》复印件，共8页；

反证3：中国环境科学出版社出版的《英汉科技词天（下）》复印件，共2页；

反证4：最高人民法院（2008）民监字第197号民事裁定书复印件，共4页。

专利权人结合上述反证认为，本专利权利要求1～6所限定的全部内容，均明确地记载在原申请文件的权利要求书、说明书及附图之中，完全符合《专利法》第三十三条的相关规定。

2010年3月17日，专利复审委员会进行了口头审理。在口头审理过程中，无效请求人明确其无效理由为本专利权利要求书和说明书的修改不符合《专利法》第三十三条的规定。专利权人出示了反证1的原件，并指出反证2～4没有原件，但是均可在网上的电子图书馆下载，真实性应该得到认可；反证4供参考。无效请求人认可反证1的真实性，但是认为反证1的封底记载有“内部资料，不准翻印”的字样，因此反证1不能作为公开出版物，且该反证于1994年公布，晚于本专利的最早优先权日，不能作为本专利的现有技术。无效请求人认为专利权人没有提交反证2～4的原件，因此对反证2～4的真实性不认可。

2010年5月13日，专利复审委员会作出第15307号无效宣告请求审查决定决定。

一审法院另外查明：

在原申请的说明书中，第2页最后1行至第3页第1行记载有："第一连接结构和第二连接结构取基本上圆的螺栓孔的形状"；第4页倒数第1～2行记载有："一个紧邻该支架8一端的第一圆形螺栓孔8a和一个紧邻支架8另一端的第二圆形螺栓孔8b"；第5页第1、6、10、11、21行和第7页第2、5行记载有"螺栓孔8a"或"螺栓孔8b"；第7页第5～7行记载有："支架8上的螺栓孔8a和8b可以用其他各种形式的结构代替。例如支架8可以有通至端部的开口孔，或者连接固定于其上的螺栓的开口孔。"

在原申请的说明书中，第7页第1～2行记载有："支架8上的凸台8c可以通过例如对支架8的背面进行模压使形成支架8的板的一部分凸起而制成。"

在本专利说明书中，第10页第6～7行记载有："支架8上的凸台8c可以通过例如对支架8的背面进行压制使形成支架8的板的一部分凸起而制成。"

本案开庭审理后，专利复审委员会补充提交了以下证据：（1）在线辞海查询；（2）《玻璃钢模压成型工艺》；（3）《模压成型技术》；（4）《辞海》。

上述事实有经庭审质证的本专利授权公告文本、证据1'、证据2'以及当事人陈述等在案佐证。

（三）一审判决的理由

一审法院认为，鉴于本专利属于申请日在2009年10月1日之前的专利，根据《施行修改后的专利法的过渡办法》，本案适用2001年修改的《专利法》。根据当事人争议的内容，一审法院围绕以下问题对第15307号无效宣告请求审查决定的合法性进行审查。

1. 关于行政程序是否违法的问题

专利权人主张专利复审委员会应当就人民法院责令其重新作出的无效宣告请求审查决定以及无效请求人再次提出的无效宣告请求分别作出无效宣告请求审查决定，而不应仅作出第15307号无效宣告请求审查决定。本案中，针对无效请求人第一次提出的无效宣告请求，专利复审委员会作出第12424号无效宣告请求审查决定，该决定后被人民法院撤销并责令专利复审委员会重新作出无效宣告请求审查决定，专利复审委员会为此重新组成合议组，进行了审查；由于无效请求人第二次对本专利提出无效宣告请求，专利复审委员会作出了第15307号无效宣告请求审查决定。无效请求人提出的上述两次无效宣告请求均针对本案专利，并请求专利复审委员会宣告该专利无效。专利复审委员会在查明事实的情况下，从方便当事人角度出发，作出宣告本案专利权全部无效的第15307号无效宣告请求审查决定，并未损害当事人的合法权益，亦未违反相关法律规定，程序不违法。因此，专利权人的该项诉讼主张无事实和法律依据，故不予支持。

2. 关于本专利权利要求1～6和说明书的修改是否符合《专利法》第三十三条规定的问题

《专利法》第三十三条规定："申请人可以对其专利申请文件进行修改，但是，对发明和实用新型专利申请文件的修改不得超出原说明书和权利要求书记载的范围，对外观设计专利申请文件的修改不得超出原图片或者照片表示的范围。"

（1）关于本专利权利要求1、3～6的修改是否符合《专利法》第三十三条的规定

本案中，根据本专利权利要求1的记载，第二连接结构（8b）的形状为一大致圆形孔；根据本专利权利要求3的记载，第一连接结构（8a）的形式是一大致圆形孔。然而，根据原申请的权利要求2的记载，第一连接结构和第二连接结构为基本上圆的螺栓孔；根据一审法院查明的事实，在原申请的说明书中，第一连接结构（8a）和第二连接结构（8b）为基本上圆的螺栓孔的形状，或称圆形螺栓孔8a和圆形螺栓孔8b，或称螺栓孔8a和螺栓孔8b。可见，专利权人将原申请文件中对被称为基本上圆的螺栓孔、圆形螺栓孔或螺栓孔的8a和8b修改为大致圆形孔。

根据各方的陈述以及本案证据，可以认定在机械领域中，通常认为圆形孔包括圆形螺栓孔、圆形销孔、圆形通孔、圆形盲孔、圆形阶梯孔等在内的多种具有圆形形状的加工孔。因此，对所属领域技术人员而言，圆形孔是圆的螺栓孔、圆形螺栓孔的上位概念，且与螺栓孔的含义不同。

专利权人将"圆的螺栓孔"、"圆形螺栓孔"或"螺栓孔"概括修改为"圆形孔"，且各方当事人均认可螺栓孔是指用于螺栓穿过的孔，专利

权人所做的上述修改，删除了原申请文件中始终作为发明的必要技术特征加以描述的“用于螺栓穿过”的技术特征，这种修改致使所属技术领域的技术人员看到的信息与原申请记载的信息不同，上述修改内容又不能从原申请记载的信息中直接地、毫无疑义地确定。因此，专利复审委员会认定本专利权利要求1、3的修改不符合《专利法》第三十三条的规定的结论正确，故予以支持。

本专利权利要求4是权利要求3的从属权利要求，权利要求5是权利要求4的从属权利要求，权利要求6是权利要求1的从属权利要求，均是在将8a和8b界定为圆形孔的基础上进行进一步限定，因此对本案专利权利要求3、4、6的修改亦不符合《专利法》第三十三条的规定。

至于专利权人主张根据原说明书附图及关于“支架8上螺栓孔8a和8b可以用其他任何形式的结构代替”的记载，可以推出采用“圆形孔”这一表述并未超出原申请所记载的范围。本专利的附图是说明书的一个组成部分，附图的作用在于使人能够直观地、形象化地理解发明的技术特征和技术方案。原说明书附图显示8a和8b是圆形的，但应理解为对“圆的螺栓孔”、“圆形螺栓孔”或“螺栓孔”的简要形状显示，而原说明书记载的“支架8上螺栓孔8a和8b可以用其他任何形式的结构代替”，范围宽泛，并不能直接地、毫无疑义地确定8a和8b就是圆形孔，或认为圆形孔与圆的螺栓孔、圆形螺栓孔或螺栓孔具有相同含义。因此，专利权人的该项诉讼主张缺乏事实和法律依据，故不予支持。

（2）关于本专利权利要求2和说明书的修改是否符合《专利法》第三十三条的规定

本案中，根据本案专利权利要求2的记载，定位结构（8c）是通过压制形成的；在本专利说明书中，第10页第6～7行记载有：“支架8上的凸台8c可以通过例如对支架8的背面进行压制使形成支架8的板的一部分凸起而制成。”而在原申请的说明书中，第7页第1～2行记载有：“支架8上的凸台8c可以通过例如对支架8的背面进行模压使形成支架8的板的一部分凸起而制成。”可见，专利权人将原说明书中的“模压”修改为“压制”。

根据各方的陈述以及本案证据，在机械领域中，通常认为模压涉及模具的使用，而压制则主要是改变加工材料的密度、形状等，一般不涉及模具的使用。对所属领域技术人员而言，压制属于模压的上位概念，两者含义不同。专利权人所做的这种修改，致使所属技术领域的技术人员看到的信息与原申请记载的信息不同，而且又不能从原申请记载的信息中直接地、毫无疑义地确定。因此，本专利权利要求2和说明书的修改不符合《专利法》第三十三条的规定。

至于专利权人根据其提供的反证主张“模压”和“压制”具有相同含义的问题，一审法院认为，在反证2中关于“压塑成型”的条目记载为“又叫压制成型或模压成型”，在反证3中关于“mould”的词义解释为“（5）模塑，模压，压制”，上述反证2、3均属于工具书对“压塑成型”和“mould”的释义，并不能当然推定所属领域技术人员视“压制”等同于“模压”，亦不能说明两者表达了相同的信息。因此，专利权人的诉讼理由无事实和法律依据，故不予支持。

综上，专利复审委员会作出的第15307号无效宣告请求审查决定的主要证据充分，适用法律正确，审查程序合法，一审法院依法应予维持。专利权人的诉讼请求缺乏事实与法律依据，一审法院不予支持。

五、北京市高级人民法院的二审判决

专利权人不服一审判决，向北京市高级人民法院（下称“二审法院”）提起上诉，请求撤销一审判决及第15307号无效宣告请求审查决定，判令专利复审委员会重新作出审查决定并承担两审诉讼费。

（一）当事人的主张

专利权人的上述理由为：

（1）关于“圆形孔”的修改。原申请的附图3、5中已清晰显示第一和第二连接结构8a、8b为大致圆形孔，说明书第7页第5～8行中也已提及螺栓孔可以用其他各种形式的结构代替，即8a、8b并不仅限于螺栓孔，权利要求1是从形状角度限定第二连接结构的形状为一大致圆形孔，因此，关于“圆形孔”的修改符合《专利法》第三十三条的规定。另外，螺栓孔是指用于螺栓穿过的孔，权利要求4、5、6实质上已经将圆形孔限定为圆形螺栓孔，因此关于权利要求4、5、6的修改符合《专利法》第三十三条的规定。

（2）关于“压制”的修改。本专利权利要求2中的“压制”系原申请文件中的“模压”修改而来，对所属领域技术人员而言，两者意义相同，上述修改符合《专利法》第三十三条的规定。

专利复审委员会、无效请求人服从一审判决。

（二）二审判决的理由

本案的核心问题在于本案专利的权利要求1～6及说明书的修改是否符合《专利法》第三十三条的规定。

《专利法》第三十三条规定："申请人可以对其专利申请文件进行修改，但是，对发明和实用新型专利申请文件的修改不得超出原说明书和权利要求书记载的范围，对外观设计专利申请文件的修改不得超出原图片或者照片表示的范围。"

本案中，专利权人将原申请文件中对被称为"基本上圆的螺栓孔、圆形螺栓孔或螺栓孔"的8a和8b修改为"大致圆形孔"。在机械领域中，通常认为圆形孔包括圆形螺栓孔、圆形销孔、圆形通孔、圆形盲孔、圆形阶梯孔等在内的多种具有圆形形状的加工孔。因此，对所属领域技术人员而言，圆形孔是圆的螺栓孔、圆形螺栓孔的上位概念，且与螺栓孔的含义不同。专利权人将"圆的螺栓孔"、"圆形螺栓孔"或"螺栓孔"概括修改为"圆形孔"，删除了原申请文件中始终作为发明的必要技术特征加以描述的"用于螺栓穿过"的技术特征，这种修改致使所属技术领域的技术人员看到的信息与原申请记载的信息不同，上述修改内容又不能从原申请记载的信息中直接地、毫无疑义地确定。因此，专利复审委员会及一审法院认定本专利权利要求1、3的修改不符合《专利法》第三十三条的规定的结论正确，二审法院予以支持。

本案专利的权利要求4是权利要求3的从属权利要求，权利要求5是权利要求4的从属权利要求，权利要求6是权利要求1的从属权利要求，均是在将8a和8b界定为圆形孔的基础上进行进一步限定，因此，本案专利权利要求3、4、6的修改亦不符合《专利法》第三十三条的规定。

本专利的附图是说明书的一个组成部分，附图的作用在于使人能够直观地、形象化地理解发明的技术特征和技术方案。原说明书附图显示8a和8b是圆形的，但应理解为对"圆的螺栓孔"、"圆形螺栓孔"或"螺栓孔"的简要形状显示，而原说明书记载的"支架8上螺栓孔8a和8b可以用其他任何形式的结构代替"，范围宽泛，并不能直接地、毫无疑义地确定8a和8b就是圆形孔，或认为圆形孔与圆的螺栓孔、圆形螺栓孔或螺栓孔具有相同含义。专利权人关于根据原说明书附图及关于"支架8上螺栓孔8a和8b可以用其他任何形式的结构代替”的记载，可以推出采用“圆形孔”这一表述并未超出原申请所记载的范围的上诉主张不能成立。

本案中，专利权人将原说明书中的“模压”修改为权利要求2中的“压制”。在机械领域中，通常认为模压涉及模具的使用，而压制则主要是改变加工材料的密度、形状等，一般不涉及模具的使用。对所属领域技术人员而言，压制属于模压的上位概念，两者含义不同。专利权人所做的这种修改，致使所属技术领域的技术人员看到的信息与原申请记载的信息不同，而且又不能从原申请记载的信息中直接地、毫无疑义地确定。因此，专利复审委员会及一审法院认定本专利权利要求2和说明书的修改不符合《专利法》第三十三条的规定正确，二审法院予以支持。

在反证2中关于“压塑成型”的条目记载为“又叫压制成型或模压成型”，在反证3中关于“mould”的词义解释为“模塑，模压，压制”，上述反证2、3均属于工具书对“压塑成型”和“mould”的释义，并不能当然推定所属领域技术人员视“压制”等同于“模压”，亦不能说明两者表达了相同的信息。此外，反证2的印刷日晚于本专利的优先权日，反证3的印刷日不能确定，因此反证2、3均不能作为本专利的现有技术达到用以证明公知常识的目的。因此，专利权人根据其提供的反证主张“模压”和“压制”具有相同含义的问题的上诉主张不能成立。

综上，一审判决及第14965号无效宣告请求审查决定认定事实清楚，适用法律正确，程序合法，故二审法院判决应予维持。

六、最高人民法院的再审判决

专利权人不服二审判决，向最高人民法院（下称“再审法院”）申请再审。再审法院于2013年12月27日作出（2013）行提字第21号行政判决，提审本案。

（一）当事人的主张

专利权人申请再审称其对本案专利的修改符合《专利法》第三十三条的规定，其理由在于：

（1）权利要求6未引用权利要求3，没有限定第一连接结构（8a）的形式为大致圆形孔，其限定第二连接结构8b为连接螺栓（16）穿过的圆形孔，实质上并没有将原申请提及的“圆形螺栓孔”修改为“圆形孔”。

（2）权利要求1是从形状角度限定第二连接结构的形状为一大致圆形孔，原申请的附图3、5中已清晰显示第一和第二连接结构8a、8b为大致圆形孔，说明书第7页第5～8行中也已提及螺栓孔可以用其他各种形式的结构代替，即8a、8b并不仅限于螺栓孔。螺栓孔是指“用于螺栓穿过的孔”，而不是“带有螺纹的孔”，在本案专利中，“圆形孔”和“圆形螺栓孔”在结构和功能上没有任何差异。因此，权利要求1和3关于“圆形孔”的修改符合《专利法》第三十三条的规定。

（3）本专利权利要求2中的“压制”系原申请文件中的“模压”修改而来，反证2和反证3均可证明对所属领域技术人员而言，两者具有相同的技术含义，可以替换使用。在本案专利中，支架8上只需存在凸台8c即可，并不需要使用对形状、尺寸、甚至表面纹理等有严格要求的非常精细的模具。因此，关于“压制”的修改符合《专利法》第三十三条的规定。

基于上述理由，专利权人请求最高院撤销本案一、二审判决，撤销第15307号无效宣告请求审查决定，判令专利复审委员会重新作出审查决定，判令本案一、二审案件受理费由专利复审委员会负担。

专利复审委员会答辩称：

（1）本专利附图是对圆的螺栓孔、圆形螺栓孔等在图片上的简要形状显示，不能据此反向推导出“圆形孔”和“圆的螺栓孔”、“圆形螺栓孔”等具有相同含义。

（2）衡量是否修改超范围的标准不仅仅是站在所属领域技术人员的角度，更要符合《专利法》第三十三条的“直接地、毫无疑义地确定”的实质要件，修改前后要保持信息的一致性。

无效请求人称：

（1）本专利的权利要求1不仅存在将第二连接结构8b超范围修改为圆形孔的问题，同时存在未对第一连接结构8a的形状和结构作任何限定的修改超范围问题。权利要求6引用权利要求1，也没有对第一连接结构8a的形状和结构作任何限定，同样存在修改超范围的问题。

（2）原说明书中没有单独从形状角度对8a、8b进行说明，8a、8b始终与连接固定螺栓的作用和功能联系在一起，不属于可脱离“用于螺栓穿过”“装有固定螺栓”等技术效果而存在的形状孔。

（3）模压和压制是不同的技术手段，模压涉及模具的使用且模压件形状相同，而压制主要是改变压制件的密度且压制件的形状不相同。压制是模压的上位概念，两者表达的是不同的技术信息。

（二）再审判决的理由

本案争议的焦点在于对本案专利的权利要求1、2、3、6的修改是否符合《专利法》第三十三条的规定。

《专利法》第三十三条规定："申请人可以对其专利申请文件进行修改，但是，对发明和实用新型专利申请文件的修改不得超出原说明书和权利要求书记载的范围，对外观设计专利申请文件的修改不得超出原图片或者照片表示的范围。"

该条款的立法目的在于实现先申请制下专利申请人与社会公众之间的利益平衡：一方面，允许专利申请人对其专利申请文件进行修改和补正，以保证确有创造性的发明创造取得专利权；另一方面，将专利申请人的修改权限制在申请日公开的技术信息范围内，以保护社会公众对原专利申请文件的信赖利益。因此，可以将《专利法》第三十三条的含义作如下分解：第一，专利申请人有权对其专利申请文件进行修改，一是可以通过修改补正专利申请文件中的撰写瑕疵；二是可以通过修改对专利申请文件中公开的技术信息以适当的方式进行表述，对要求保护的范围作出调整。第二，基于先申请原则，专利申请人对发明和实用新型专利申请文件的修改不得超出原说明书和权利要求书记载的范围，究其原因，一是为了鼓励专利申请人在申请日充分公开其发明创造；二是为了防止专利申请人将其在申请日未公开的发明创造通过修改纳入申请文件而不正当地获得先申请利益。

实践中，对于《专利法》第三十三条的适用，争议主要集中在什么是"原说明书和权利要求书记载的范围"。从该条款的立法目的出发，最高院认为，"原说明书和权利要求书记载的范围"应当理解为原说明书和权利要求书所呈现的发明创造的全部信息，是对发明创造的全部信息的固定。这既是先申请制度的基石，也是专利申请进入后续阶段的客观基础。"原说明书和权利要求书记载的范围"具体可以表现为：原说明书及其附图和权利要求书以文字和图形直接记载的内容，以及所属领域普通技术人员根据原说明书及其附图和权利要求书能够确定的内容。审查专利申请文件的修改是否超出原说明书和权利要求书记载的范围，应当考虑所属技术领域的技术特点和惯常表达、所属领域普通技术人员的知识水平和认知能力、技术方案本身在技术上的内在必然要求等因素，以正确确定原说明书和权利要求书记载的范围。

就本案而言，本案专利是以原申请为基础提出的分案申请所获得的授权，专利权人在进行分案申请时对原申请文本进行了修改，具体涉及以下修改内容：

1. 从“圆的螺栓孔”到“圆形孔”的修改

本案中，从“圆的螺栓孔”到“圆形孔”的修改体现为对第一连接结构8a和第二连接结构8b的修改。本案专利的权利要求1对8b的记载为“形状为一大致圆形孔”，权利要求3中对8a的记载为“形状是一大致圆形孔”。在原申请的权利要求2中记载第一连接结构8a和第二连接结构8b为“基本上圆的螺栓孔”，在原申请说明书中记载8a和8b为“基本上圆的螺栓孔的形状”、“圆形螺栓孔”以及“螺栓孔”。由此可见，在原申请文本中，8a和8b实质上由两个技术特征共同限定：一是圆形孔；二是供螺栓穿过。专利权人将“圆的螺栓孔”、“圆形螺栓孔”以及“螺栓孔”概括修改为“圆形孔”，删除了“供螺栓穿过”的技术特征，在本案专利授权文本的其他部分也未显示出8a和8b仅能供螺栓穿过的技术信息。实际上，在机械领域，圆形孔也可以供销钉等其他连接部件穿过。对本领域普通技术人员而言，“圆形孔”与“圆的螺栓孔”具有不同的技术含义。专利权人的上述修改并不属于从原申请文本中能够确定的内容，因此，对本案专利的权利要求1、3的修改超出了原说明书和权利要求书记载的范围，不符合《专利法》第三十三条的规定。专利权人主张原说明书附图显示8a、8b为大致圆形孔，说明书中也已提及螺栓孔可以用其他各种形式的结构代替，即8a、8b并不仅限于螺栓孔。对此，再审法院认为，附图的作用是使人能够直观形象地理解发明的技术方案，原说明书附图显示8a、8b是圆形的，应理解为对“圆的螺栓孔”、“圆形螺栓孔”或“螺栓孔”的简要形状显示。原说明书中记载“螺栓孔8a和8b可以用其他任何形式的结构代替”，“其他任何形式的结构”范围宽泛且不确定，不能据此认定其记载了圆形孔，更不能证明“圆形孔”与“圆的螺栓孔”具有相同的技术含义。对于专利权人的上述主张，再审法院不予支持。

本专利权利要求6引用权利要求1，其附加技术特征为：“所述大致圆形孔

8b设置成使一连接螺栓16穿过所述圆形孔而放置。”权利要求1未对8a作出修改，只是将8b修改为“大致圆形孔”，而权利要求6通过附加技术特征明确将8b限定为使连接螺栓穿过的圆形孔。也就是说，权利要求6通过附加技术特征的限定，又将8b从权利要求1的“圆形孔”实质上修改回到了原申请文本记载的“圆的螺栓孔”。权利要求6的这种修改没有导致本领域普通技术人员就8b看到的技术信息与原申请文本公开的技术信息有所不同，因此，权利要求6的修改没有超出原说明书和权利要求书记载的范围，符合《专利法》第三十三条的规定。

一审判决、二审判决和专利复审委员会作出的无效宣告请求审查决定认定本案专利权利要求6的修改不符合《专利法》第三十三条的规定，认定事实不清，适用法律错误，应予纠正。

2. 从“模压”到“压制”的修改

本案中，从“模压”到“压制”的修改体现为对定位结构8c的修改。本专利权利要求2记载8c“是通过压制形成”。在本专利说明书中也记载8c“可以通过例如对支架8的背面进行压制使形成支架8的板的一部分凸起而制成。”在原说明书中记载8c“可以通过例如对支架8的背面进行模压使形成支架8的板的一部分凸起而制成。”专利权人将原说明书中的“模压”修改为本专利权利要求2中的“压制”。在机械领域，模压是指在压力加工过程中，使用模具或者模具类似物进行加工；而压制是指用压的方法进行制造，其并不必然涉及模具的使用，还包括锻压、冲压等技术手段。对本领域普通技术人员而言，压制属于模压的上位概念，两者具有不同的技术含义。专利权人的上述修改并不属于从原申请文本中能够确定的内容，因此，本专利权利要求2的修改超出了原说明书和权利要求书记载的范围，不符合《专利法》第三十三条的规定。专利权人主张反证2和反证3均可证明“模压”和“压制”具有相同的技术含义。对此，再审法院认为，反证2的印刷日晚于本专利的优先权日，反证3的印刷日不能确定，反证2、3均不能作为本专利的现有技术达到用以证明公知常识的目的。另外，反证2、3均为工具书，其对“压塑成型”和“mould”的词语释义并不能证明本领域普通技术人员认为“压制”和“模压”具有相同的技术含义。对于专利权人的上述主张，再审法院不予支持。

至于专利权人在庭审中主张本专利的发明点是通过提供支架8而调整后换挡器100的安装位置，导致本专利被宣告无效的两处修改均与发明点无关，第

15307号无效宣告请求审查决定无视本领域的技术现状和本专利的实际贡献，违背了《专利法》第三十三条的立法本意。对此，再审法院认为，专利制度是对技术方案的评价和肯定，一项技术方案能够被授予独占性的专利权，是因为其对现有技术做出了实质性的贡献。被授予的专利权的保护范围与该技术方案对现有技术的贡献大小相当，这是专利制度的合理性基础。一般而言，一项技术方案包含多个技术特征，其中体现发明创造对现有技术做出贡献的技术特征通常被称为“发明点”，“发明点”使发明创造相对于现有技术具有新颖性和创造性，是发明创造能够被授予专利权的基础和根本原因。在专利授权和确权程序中，确实存在因为“发明点”以外的技术特征的修改超出原说明书和权利要求书记载的范围而使得确有创造性的发明创造不能取得专利权的情形。《专利法》第三十三条对专利申请文件的修改并没有区分“发明点”和“非发明点”而采取不同的标准，但是该条款的立法本意之一是尽可能保证确有创造性的发明创造取得专利权，实现专利申请人所获得的权利与其技术贡献相匹配。如果仅仅因为专利申请文件中“非发明点”的修改超出原说明书和权利要求书记载的范围而无视整个发明创造对现有技术的贡献，最终使得确有创造性的发明创造难以取得专利权，专利申请人获得的利益与其对社会做出的贡献明显不相适应，不仅有违实质公平，也有悖于《专利法》第三十三条的立法本意，不利于创新激励和科技发展。因此，在现行法律框架和制度体系下，在维护《专利法》第三十三条标准的前提下，相关部门应当积极寻求相应的解决和救济渠道，在防止专利申请人获得不正当的先申请利益的同时，积极挽救具有技术创新价值的发明创造。譬如，可以考虑通过在专利授权确权行政审查过程中设置相应的回复程序，允许专利申请人和专利权人放弃不符合《专利法》第三十三条规定的修改内容，将专利申请和授权文本再修改回到申请日提交的原始文本状态等程序性途径予以解决，避免确有创造性的发明创造因为“非发明点”的修改超出原说明书和权利要求书记载的范围而丧失其本应获得的与其对现有技术贡献相适应的专利权，以推动科技进步和创新，最大限度地提升科技支撑引领经济社会发展的能力。

综上，再审法院裁定：第15307号无效宣告请求审查决定认定对本案专利的权利要求6的修改不符合《专利法》第三十三条的规定，认定事实不清，适用法律错误，依法应予撤销；专利复审委员会应当就本专利重新作出无效宣告请求审查决定；一、二审判决错误地维持第15307号无效宣告请求审查决定，应当相应予以撤销。

七、评析

本书第1卷介绍了“后换挡器支架”发明专利侵权诉讼案（下称“侵权案”）。在该侵权案中，最高人民法院经提审作出了（2012）民提字第1号再审判决，认定该案被诉侵权人的行为构成了侵犯该案专利权的行为，责令该案被诉侵权人立即停止侵犯该专利权的行为，并赔偿该案专利权人的损失及其合理开支供30万元。

本卷又介绍了“后换挡器支架”发明专利无效宣告请求案（下称“无效案”）。在该无效案中，最高人民法院经提审作出了（2013）行提字第21号再审判决，撤销了专利复审委员会作出的无效宣告请求审查决定，责成专利复审委员会重新作出无效宣告请求审查决定。

在侵权案中，专利权人提起侵权诉讼的日期为2004年8月27日；在无效案中，最高人民法院作出撤销专利复审委员会无效宣告请求审查决定的日期为2013年12月27日。这意味着从侵权案到无效案，本案专利权人在专利诉讼中度过了近10年时光。本案专利权人应当说还算幸运，因为其专利权没有被推翻，至少在目前来说是保住了；假如结果相反，即专利权被宣告无效，则10年中付出的投入和心血就会付之东流，而这样的结局在现实中并非没有可能出现。在最高人民法院作出本案再审判决之后，专利权人是否从此可以高枕无忧了？未必！按照我国专利制度，无效宣告请求的提出是没有时间终点的，即使一项专利权期满终止之后仍允许针对该专利权提出无效宣告请求。因此，本案专利权目前看保住了不等于该专利权今后永远都能保住。

在我国现行专利制度的框架下，无论属于上述何种结果均被认为属于正常，没有什么值得大惊小怪的，因为申请获得专利本来就有风险，人们将其简单归结为获得专利保护所不得不付出的代价。然而，在这样的制度安排之下，我国专利权人要想获得专利保护真的是太难了。现实中，一项专利如果没有予以实施的价值，授权之后就会无人问津，其有效性自然不会遭遇挑战；但凡一项专利具有经济效益且其权利人提起侵权诉讼的，其有效性就会受到质疑，而且其经济价值越大，予以实施的人越多，专利权人所承受的磨难就越多，甚至可以说无穷无尽。要落实《专利法》的立法宗旨，为专利权人提供确实有效的法律保护，就应当思考如下问题：如何改进上述制度安排，以减少或者避免上述情形的发生。

当然，如何解决上述问题不是一件容易事情，会对我国专利制度带来很大变化。需要指出的是，这一问题并非仅仅存在于我国，在其他国家同样存在，可以说是各国专利制度面临的普遍问题。我国《专利法》已经经历了三次重大修改，现在国家知识产权局正在酝酿对其进行第四次修改，笔者认为如何解决这一问题是此次修改《专利法》值得考虑的重大课题。

“一种防治鼠害的药物组合物”发明专利申请复审案

一、案件提要

当事人

专利申请人：连耀林

专利复审委员会的复审请求审查决定

决定号：FS第15603号
合议组成员：刘静、高胜华、李新芝
决定日：2008年12月15日

北京市第一中级人民法院的一审判决

案号：（2009）一中行初字第937号行政判决
合议庭成员：梁菲、贾志刚、殷悦
结案日期：2009年7月28日

北京市高级人民法院的二审判决

案号：（2009）高行终字第1395号行政判决
合议庭成员：景滔、马军、刘行
结案日期：2009年12月11日

北京市高级人民法院驳回再审申请通知书

案号：（2012）高行监字第431号
结案时间：2012年8月27日

最高人民法院的再审判决

案号：（2013）行提字第20号
合议庭成员：王永昌、李剑、秦元明
结案日期：2013年12月7日

涉及的法律规定

《专利法》第三十三条，《专利法实施细则》第六十二条

判决要点

1. 专利申请人在审查的各个阶段对专利申请文件的修改，不论是对权利要求书的修改还是对说明书和附图的修改都不能超出原权利要求书和说明书记载的范围。如果修改的内容致使所属技术领域的技术人员看到的信息与原申请文本记载的信息不同，而且又不能从原申请文本记载的信息中直接地、毫无疑义地确定，那么这种修改就不符合《专利法》第三十三条的规定。

2. 专利复审委员会以两处新的修改超范围为由驳回专利权人的复审请求，属于引入了驳回决定未提出的理由，应当再次发出复审通知书，给予本案申请人再次修改或者陈述理由的机会。据此，专利复审委员会未再次发出复审通知即径行驳回，违反法定程序，应当予以纠正。

二、本案专利申请介绍

本案涉及名称为“一种防治鼠害的药物组合物”的第03123169.1号发明专利申请（下称“专利申请”），申请日为2003年4月24日，公开日为2004年2月4日，申请人为连耀林（下称“专利申请人”）。

本案专利申请涉及一种药物组合物，更具体地说涉及一种防治鼠害的药物组合物。

鼠类不仅对农业、畜牧业、工业等均造成巨大损失，还传染许多疾病，危害人类健康。目前，人类对鼠害一般采用药物毒杀的方法，最常用的是抗凝血灭鼠药，这种急性出血灭鼠剂不仅污染生态环境，极易发生二次中毒，危害人类生命健康，而且由于鼠类具有较灵敏的嗅觉、味觉和一定的辩伪能力，部分鼠类出血抽搐的死亡情况常常引起鼠群的惊疑与拒食，因此这种灭鼠剂实际灭鼠效果极差，甚至造成鼠害更为严重。

本案发明的目的在于提供一种防治鼠害的药物组合物，该组合物通过凝血灭鼠的方法，结合减少鼠类繁殖率的综合防治手段，既使鼠类在不知不觉中安乐死亡，不至于使其他鼠类惊疑惧食，也不会产生污染环境和二次中毒危害；在进食量不足时，可使公鼠的生殖系统受损，精子减少，使母鼠抗着床、减少交配次数，降低鼠类的繁殖率，从而达到长期有效的防治鼠害的效果。

本发明的技术方案是这样实现的：防治鼠害的药物组合物，其特征在于，所述药物组合物含有诱饵剂、避孕剂、凝血剂和辅料，诱饵剂含有占辅料重量百分比为0.0001～0.0002%的麝香，0.010～0.015%的香精，0.004～0.007%的冰片，0.007～0.012%的虫茶素，0.002～0.025%的花生油；避孕剂含有占辅料重量百分比为0.06～0.12%的棉酚，0.06～0.40%的柠檬汁，0.018～0.060%的种皮醇浸膏，0.036～0.180%的木瓜酶；凝血剂含有占辅料重量百分比为0.06～0.20%的蛋白毒凝集素，0.03～0.18%的鞣质浸膏，0.12～0.40%的仙鹤草素，0.018～0.090%的异鼠李黄素，0.06～0.20%的戎盐，0.06～0.18%的紫革醌，0.018～0.090%的合欢甙。

诱饵剂中还可含有蛋黄素、动物油脂、香油、黄酒、醋等常用芳香诱饵物；避孕剂中还可含有紫草根浆液、相思子淄醇等中草药避孕药；凝血剂中还可含花蕊石、箭毒木强心甙、槐连豆黄酮类、白及根挥发油、侧柏叶炭化物、野芝麻粘液质以增加药效。

防治鼠害的药物组合物，其辅料是小麦、玉米等谷类粮食的粉状物。

本发明与现有技术比较有下列优点：

（1）本发明中的凝血死亡灭鼠原理与传统的抗凝血死亡的灭鼠原理相比，凝血死亡是灭鼠的新机制，能有效防止出血抽搐死亡的鼠类对鼠群的惊吓；

（2）本发明中凝血剂能使鼠类血管的通透性降低，加速红细胞的凝集，使血小板骤增，增加血中钙离子浓度，引起呼吸及血管运动中枢麻痹衰竭，小血管栓塞，血液凝固，心脑及下肢发生变性反应，以致坏死，从而达到灭鼠效果；并有抑制中枢神经、镇静安神，促使鼠类平安死亡，有效防止同类鼠群惊疑拒食的作用。其中蛋白毒凝集素能加速红细胞凝集，小血管栓塞，引起呼吸及血管运动中枢麻痹衰竭；鞣质浸膏使血管通透性降低，变细变窄血黏度增高，诱发血液凝固；仙鹤草素能激活血浆凝血活酶，使血小板骤增，心脑发生变性反应；异鼠李黄素促生深部凝血酶，使鼠下肢麻痹，尾部缺血，坏死和规律性死亡；戎盐增加血中钙离子浓度，形成动脉硬化，导致心脑梗塞；紫草醌被粘膜唾液水解，打通靶细胞渗透窗，使生物效应累积血液；合欢甙抑制中枢，镇静安神，使活动减少，可使老鼠安乐死。

（3）本发明中的避孕剂，开辟了“生态灭鼠”的新途径，从公、母老鼠两个方面，使食药量不足的老鼠生殖能力下降，从而使鼠类这一高繁殖率种群的繁殖率降低，起到了长期的灭鼠效果。棉酚可致曲精管萎缩，阻止精子的形成，丧失繁殖能力；柠檬汁具有特异省亲和力，可将精子凝固杀死，有效预防传染病；种皮醇浸膏对母鼠能抗着床，抗垂体促性腺激素及抗绒毛膜促性腺激素的作用；木瓜酶能很快吸收进入血液，减少孕激素的含量，抑制动情，控制生育率。

（4）本发明中的诱饵剂诱杀力很强，对鼠类具有远程及近程引诱功效。

（5）经试验在鼠类高密度区，施药后半小时内开始见效，可持续1～2夜。在低密度区，也能在半天内见效。用双盲法在实验室，笼养10对公母成熟小家鼠，喂饲“诱饵剂+避孕剂+辅料”，3个月内比正常饲养的对照组，少繁殖老鼠746只，绿色生态灭鼠可达98%以上；在农村现场下该药物组合物30多户，自20分钟开始见鼠，18小时内共捕鼠90余只。而同一村在4个月前曾用抗凝血型杀鼠剂，才见8只鼠。该药物组合物的药效明显超出抗凝血灭鼠药。

（6）本发明中的各有效灭鼠药物的剂量都在0.4%以下，无二次中毒的可能，也不污染环境，成本费用也低，是理想的绿色生态灭鼠剂。

具体实施方式：本发明为一种防治鼠害的药物组合物，其特征在于，所述药物组合物含有诱饵剂、避孕剂、凝血剂和辅料，诱饵剂含有占辅料重量百分比为0.0001～0.0002%的麝香，0.010～0.015%的香精，0.004～0.007%的冰片，0.007～0.012%的虫茶素，0.002～0.025%的花生油；避孕剂含有占辅料重量百分比为0.06～0.12%的棉酚，0.06～0.40%的柠檬汁，0.018～0.060%的种皮醇浸膏，0.036～0.180%的木瓜酶；凝血剂含有占辅料重量百分比为0.06～0.20%的蛋白毒凝集素，0.03～0.18%的鞣质浸膏，0.12～0.40%的仙鹤草素，0.018～0.090%的异鼠李黄素，0.06～0.20%的戎盐，0.06～0.18%的紫草醌，0.018～0.090%的合欢甙。辅料是小麦、玉米等谷类粮食的粉状物。

实施例1：

（1）将虫茶素6g、黄酒17g、醋15g加水50g，溶解过滤去不溶性杂质，再加入冰片3.5g，香精5g，麝香0.1g，封装备用；

（2）取花生油12g，加水约1.5kg，拌面粉50kg；

（3）加入棉酚30g、柠檬汁30g、种皮浸膏9g、木瓜酶18g、蛋白毒凝集素30g、鞣质浸膏15g、仙鹤草素30g、异鼠李黄素9g、戎盐30g、紫草醌30g、合欢甙9g，搅拌收干，制片或粒，备用。

实施例2：

（1）将虫茶素6g、黄酒17g、醋15g加水50g，溶解过滤去不溶性杂质，再加入冰片3.5g，香精5g，麝香0.1g，封装备用；

（2）取花生油12g，加水约1.5kg，拌面粉50kg；

（3）加入棉酚45g、柠檬汁115g、种皮浸膏19.5g、木瓜酶54g、蛋白毒凝集素62g、鞣质浸膏52.5g、仙鹤草素65g、异鼠李黄素27g、戎盐65g、紫草醌60g、合欢甙27g，搅拌收干，制片或粒，备用。

实施例3：

（1）将虫茶素6g、黄酒17g、醋15g加水50g，溶解过滤去不溶性杂质，再加入冰片3.5g，香精5g，麝香0.1g，封装备用；

（2）取花生油12g，加水约1.5kg，拌面粉50kg；

（3）加入棉酚60g、柠檬汁200g、种皮浸膏30g、木瓜酶90g、蛋白毒凝集素94g、鞣质浸膏90g、仙鹤草素100g、异鼠李黄素45g、戎盐100g、紫草醌90g、合欢甙45g，搅拌收干，制片或粒，备用。

本案专利申请人在申请时提交的权利要求书如下：

> 1.一种防治鼠害的药物组合物，其特征在于，含有诱饵剂、避孕剂、凝血剂和辅料，诱饵剂含有占辅料重量百分比为0.0001～0.0002%的麝香，0.010～0.015%的香精，0.004～0.007%的冰片，0.007～0.012%的虫茶素，0.002～0.025%的花生油；避孕剂含有占辅料重量百分比为0.06～0.12%的棉酚，0.06～0.40%的柠檬汁，0.018～0.060%的种皮醇浸膏，0.036～0.180%的木瓜酶；凝血剂含有占辅料重量百分比为0.06～0.20%的蛋白毒凝集素，0.03～0.18%的鞣质浸膏，0.12～0.40%的仙鹤草素，0.018～0.090%的异鼠李黄素，0.06～0.20%的戎盐，0.06～0.18%的紫草醌，0.018～0.090%的合欢甙。
>
> 2. 如权利要求1所述的防治鼠害的药物组合物，其特征在于，所述辅料是谷类粮食的粉状物。

本案专利申请人于2005年7月16日向国家知识产权局提交了实质审查请求书，同时以“申请日前与本发明有关的参考资料”的形式提交了以下附件：

附件1：题目为“柠檬汁杀毒又避孕”的文章剪报，作者陈爽，《健康报》，中华人民共和国卫生部主办，2002年11月11日出版的第6747期，复印件1页；

附件2：“(+)，(-)和(±)棉酚在雌大鼠抗早孕作用的研究”，关慕真、王乃功，《药学学报》，第31卷第1期，第10~12页，1996年，复印件3页；

附件3：分别涉及“马蔺子、番木瓜、土大黄、仙鹤草、蒲黄、花蕊石、紫草、合欢花、芫花”条目的书籍散页，申请人声称出自中国哈尔滨出版社于1998年10月1日出版的《中华药海》，复印件19页；

附件4：涉及”相思子”条目的书籍散页，申请人声称出自中国上海人民出版社于1977年7月出版的江苏新医学院著《中药大辞典》，复印件2页；

附件5：题目为“化腐朽为神奇—虫茶”的文章剪报，作者曹刚，《健康文摘报》，健康报社主办，2002年12月15日出版的第586期，复印件1页。

针对申请人于2006年4月24日提交的权利要求第1～2项和说明书第1～4页，国家知识产权局于2006年10月13日作出了驳回决定，以权利要求1和说明书的修改不符合《专利法》第三十三条的规定为由，驳回了本案专利申请，驳回决定针对的权利要求书如下：

> **1.一种防治鼠害的药物组合物，其特征在于，含有诱饵剂、避孕剂、凝血剂和辅料，诱饵剂含有占辅料重量百分比为0.0001～0.0002%的麝香，0.010～0.015%的香精，0.004～0.007%的冰片，0.007～0.012%的虫茶素，0.002～0.025%的花生油；避孕剂含有占辅料重量百分比为0.06～0.12%的棉酚，0.06～0.40%的柠檬汁，0.018～0.060%的马蔺子种皮醇浸膏，0.036～0.180%的木瓜酶；凝血剂含有占辅料重量百分比为0.06～0.20%的蓖麻蛋白毒凝集素，0.03～0.18%的土大黄鞣质浸膏，0.12～0.40%的仙鹤草素，0.018～0.090%的异鼠李黄素，0.06～0.20%的戎盐，0.06～0.18%的紫草醌，0.018～0.090%的合欢甙。**
>
> **2. 如权利要求1所述的防治鼠害的药物组合物，其特征在于，所述辅料是谷类粮食的粉状物。**

驳回决定认为：本申请说明书中分别记载了防治鼠害的药物组合物中所含种皮醇浸膏、蛋白毒凝集素和鞣质浸膏的作用，但并未具体公开它们究竟是何种物质。虽然申请人提交的《中华药海》中记载了马蔺子种皮醇浸膏、蓖麻蛋白毒凝集素和土大黄煎剂分别具有本申请说明中所述的作用，但其并没有明确指出这三种具体制剂唯一对应于具有上述作用的制剂。因此，被驳回文本中的下述内容：防治鼠害的药物组合物中含有“马蔺子种皮醇浸膏”、“蓖麻蛋白毒凝集素”、“土大黄鞣质浸膏”（见权利要求1，说明书第1页第20、21和34行，第2页第1和10行，第3页第30和31行以及实施例1～3）以及说明书发明内容部分关于本发明与现有技术比较所具有的优点中第7点涉及的实验室试验的有关数据（见说明书第2页第22行至第3页第25行）既未明确地记载在原说明书和权利要求书中，也不能由原说明书和权利要求书所记载的内容直接导出，因此超出了原说明书和权利要求书记载的范围，不符合《专利法》第三十三条的规定。

三、专利复审委员会的复审请求审查决定

（一）复审请求的审查过程

本案专利申请人不服国家知识产权局的驳回决定，于2007年1月5日向专利复审委员会提出复审请求，同时提交了经过修改的权利要求书和说明书。修改后的权利要求书与国家知识产权局驳回决定所针对的权利要求书内容相同。

专利申请人认为：判断“马蔺子种皮醇浸膏”、“蓖麻蛋白毒凝集素”和“土大黄煎剂”是否具有唯一性不在于本领域技术人员能否知悉和直接推导出来，而在于本领域一般技术人员对本领域公知技术是否熟悉。作为防治鼠害领域的技术人员，根据所掌握的本领域常识，能够根据本案专利申请说明书中记载的种皮醇浸膏、蛋白毒凝集素和鞣质浸膏的理化性能，能够直接知晓其分别是指马蔺子种皮醇浸膏、蓖麻蛋白毒凝集素和土大黄煎剂，在有关防治鼠害领域中没有其他物质有此作用，相关的现有公开技术资料和文献也多有记载和报道，例如《中华药海》，本领域技术人员无需通过创造性劳动，根据说明书的记载就能实现本申请。因此，对本申请的修改符合《专利法》第三十三条的规定，并且本专利申请说明书的公开也是充分的。

经形式审查合格，专利复审委员会于受理了该复审请求，于2007年2月13日向专利申请人发出了《复审请求受理通知书》，同时将复审请求转送至国家知识产权局原审查部门进行前置审查。

在《前置审查意见书》中，国家知识产权局原审查部门认为，修改后的申请文件记载防治鼠害的药物组合物含有“马蔺子种皮醇浸膏”、“蓖麻蛋白毒凝集素”、“土大黄鞣质浸膏”以及“野外实验”超出了原说明书和权利要求书记载的范围，不符合《专利法》第三十三条的规定，因此仍坚持原驳回决定。

专利复审委员会依法组成合议组，对本复审请求案进行了审理。

2008年4月16日，专利复审委员会向专利申请人发出《复审通知书》，指出：新提交的申请文件中的下述修改内容，即：防治鼠害的药物组合物中含有“马蔺子种皮醇浸膏”、“蓖麻蛋白毒凝集素”和“土大黄鞣质浸膏”超出了原说明书和权利要求书记载的范围，因此本专利申请不符合《专利法》第三十三条的规定。

2008年5月14日，本案专利申请人针对《复审通知书》提交了意见陈述书，同时提交了经修改的权利要求书和说明书的全文替换页。修改后的权利要求书如下：

1．一种防治鼠害的药物组合物，其特征在于，含有诱饵剂、避孕剂、凝血剂和辅料，诱饵剂含有占辅料重量百分比为0.0001～0.0002%麝香，0.010～0.015%香精，0.004～0.007%冰片，0.007～0.012%虫茶素，0.002～0.025%花生油；避孕剂含有占辅料重量百分比为0.06～0.12%棉酚，0.060～0.40%柠檬汁，0.018～0.06%具有抗着床作用的种皮醇浸膏，0.036～0.18%木瓜酶；凝血剂含有占辅料重量百分比为0.06～0.20%能加速红细胞凝集的蛋白毒凝集素，0.03～0.18%能诱发血液凝固的鞣质浸膏，0.12～0.4%仙鹤草素，0.018～0.09%异鼠李黄素，0.06～0.2%戎盐，0.06～0.18%紫草醌，0.018～0.09%合欢甙。

2．如权利要求1所述的防治鼠害的药物组合物，其特征在于，所述辅料是谷类粮食的粉状物。

经过上述审查程序，专利复审委员会合议组认为本案事实已经清楚，可以依法作出复审决定。

（二）复审决定的理由

复审决定所依据的申请文本是请求人2008年5月14日提交的权利要求第1～2项和说明书第1～3页以及2003年4月24日提交的说明书摘要。

《专利法》第三十三条规定，申请人可以对其专利申请文件进行修改，但是对发明和实用新型专利申请文件的修改不得超出原说明书和权利要求书记载的范围。

如果申请的内容通过增加、改变和/或删除其中的一部分，致使所属技术领域的技术人员看到的信息与原申请记载的信息不同，而且又不能从原申请记载的信息中直接地、毫无疑义地确定，那么这种修改就是不允许的。

本案专利申请人2008年5月14日答复《复审通知书》时提交的文本对申请文件作了如下修改：

（1）将《复审通知书》指出的修改超范围的“马蔺子种皮醇浸膏”、“蓖麻蛋白毒凝集素”和“土大黄鞣质浸膏”分别修改为“具有抗着床作用的种皮醇浸膏”、“能加速红细胞凝集的蛋白毒凝集素”和“能诱发血液凝固的鞣质浸膏”；

（2）将说明书第2页第20行中灭鼠药物的剂量修改为“0.3%以下”；

（3）在说明书第1页背景技术部分增加了“国家知识产权局于2002年11月6日公开了公开号为CN1377585的发明专利申请，虽然公开了一种雄性不育的灭鼠剂，但须经常性服食才有效果，仍不能很好的解决防治和灭杀的结合问题，也不能从根本上解决鼠害这一全世界面临的重大难题”，在说明书第3页最后一行增加了“后一种方法更适合工业化生产”的描述。

对于上述修改，合议组认为：

（1）根据原申请文件说明书第1页最后1行至第2页第2行以及第2页第10~11行的记载，蛋白毒凝集素能加速红细胞凝集，小血管栓塞，引起呼吸及血管运动中枢麻痹衰竭；鞣质浸膏使血管通透性降低，变细变窄血黏度增高，诱发血液凝固；种皮醇浸膏对母鼠能抗着床，抗垂体促性腺激素及抗绒毛膜促性腺激素的作用。因此，修改后的“具有抗着床作用的种皮醇浸膏”、“能加速红细胞凝集的蛋白毒凝集素”和“能诱发血液凝固的鞣质浸膏”与原申请文件记载的信息一致，《复审通知书》指出的修改超范围的缺陷已经被克服。

（2）根据原申请文件说明书第2页第20行的记载，本发明中的各有效灭鼠药物的剂量都在0.4%以下，因此专利申请人将所述剂量修改为“0.3%以下”显然与原申请文件的记载不一致，也不能从原申请文件记载的信息中直接地、毫无疑义地确定。

（3）原申请文件中并未明确记载3个实施例中哪一个更适合工业化生产，因此专利申请人在说明书最后一行增加的“后一种方法更适合工业化生产”显然在原申请文件中没有记载，也不能从原申请记载的信息中直接地、毫无疑义地确定，因此，专利申请人在答复《复审通知书》时对本案专利申请说明书的修改不符合《专利法》第三十三条的规定。

基于之上理由，专利复审委员会认为本案专利申请人2008年5月14日提交的专利申请文本仍然存在修改超范围的问题，不符合《专利法》第三十三条的规定，因此作出了复审请求审查决定，维持国家知识产权局于2006年10月13日对本案专利申请作出的驳回决定。

四、北京市第一中级人民法院的一审判决

专利申请人不服专利复审委员会作出的复审请求审查决定，向北京市第一中级人民法院（下称“一审法院”）提起行政诉讼。

（一）当事人的主张和证据

专利申请人诉称：《审查指南2001》第四部分第二章第6.2规定：“根据《专利法实施细则》第六十二条的规定，有下列情形之一的，合议组应当发出复审通知书（包括复审请求口头审理通知书）或者进行口头审理。”其中（2）为“需要复审请求人依照《专利法》《专利法实施细则》和《审查指南》有关规定修改申请文件，才有可能撤销驳回决定”；（4）为“需要引入驳回决定未提出的理由或者证据”。按照上述规定，专利复审委员会应当发出《复审通知书》通知本案专利申请人，给予其陈述意见和修改的机会，但专利复审委员会未能按法定的程序通知原告，直接引入驳回决定未提出的证据作出维持原驳回决定的复审请求审查决定，严重违反了相应的法定程序。该复审请求审查决定书提及的两处缺陷明显是两处笔误，完全可以通过修改予以纠正，但专利复审委员会竟不告知当事人，直接作出维持驳回的复审请求审查决定，故违反法定程序，显失公正，请求法院依法予以撤销，责令专利复审委员会重新作出复审请求审查决定，并判令专利复审委员会承担本案诉讼费用。

本案专利申请人向一审法院提交了如下证据的复印件，用于证明复审请求审查决定所述修改超范围的问题系笔误所致，其证据包括：

（1）2008年5月7日在复审程序中提交的意见陈述书，用于证明本案专利申请人无意就审查员指出问题之外的地方作出修改，其不一致之处纯属笔误；

（2）本案专利申请人于2003年4月15日在电脑中留存的申请文件（权利要求书和说明书）底稿；

（3）对第一次审查意见通知书的意见陈述书；

（4）对第二次审查意见通知书的意见陈述书。

专利复审委辩称：鉴于驳回决定已指出本案专利申请不符合《专利法》第三十三条之规定的理由，且专利复审委员会合议组也发出复审通知书将《专利

法》第三十三条的规定以及不符合该条规定的情形告知专利申请人，并给予其陈述意见和修改申请文件的机会，因此不存在专利申请人所称“专利复审委员会未能按法定的程序通知原告”之情形。对于本案专利申请人所称“复审请求审查决定所提及的两处缺陷明显是两处笔误”，由于没有事实或证据证明，故不予认可。综上所述，专利复审委员会认为其复审请求审查决定认定事实清楚，适用法律正确，审理程序合法，专利申请人的诉讼理由不能成立，请求法院依法驳回其诉讼请求，维持专利复审委员会作出的复审请求审查决定。

专利复审委员会于答辩期内向一审法院提交了作出被诉具体行政行为证据材料的复印件，用于证明被诉决定认定事实清楚、适用法律正确、作出程序合法，其证据包括：

（1）原告2008年5月14日提交的权利要求书和说明书；

（2）本案专利申请的公开说明书；

（3）复审通知书。

（二）一审法院查明的事实

经庭审质证，专利申请人对专利复审委员会所提供证据的关联性、合法性、真实性无异议，但对证明作用有异议；专利复审委员会对专利申请人证据1、3、4的关联性、合法性、真实性无异议，但不同意其证明作用，对证据2的真实性和关联性不予认可。

一审法院认为：专利复审委员会提交的证据及本案专利申请人提交的证据1、3、4与本案具有关联性，且合法、真实，能够作为认定本案事实的依据，故予以确认；本案专利申请人提交的证据2与本案无关联，故不予采纳。

（三）一审判决的理由

一审判决指出，本案审查的重点问题是专利复审委员会作出其复审请求审查决定的程序是否合法，以及本案专利申请的说明书是否符合《专利法》第三十三条的规定。

《专利法实施细则》第六十二条规定：“专利复审委员会进行复审后，认为复审请求不符合专利法和本细则有关规定的，应当通知复审请求人，要求其在指定期限内陈述意见。期满未答复的，该复审请求视为撤回；经陈述意见或者进行修改后，专利复审委员会认为仍不符合专利法和本细则有关规定的，应当作出维持原驳回决定的复审决定。”

本案中，专利复审委员会在受理复审申请后，于2008年4月16日向专利申请人发出《复审通知书》，指出其新提交的申请文件中的下述修改内容：防治鼠害的药物组合物中含有“马蔺子种皮醇浸膏”、“蓖麻蛋白毒凝集素”和“土大黄鞣质浸膏”超出了原说明书和权利要求书记载的范围，因而不符合《专利法》第三十三条的规定，并通知其在指定期限内陈述意见。故专利复审委员会已经履行了相应的程序，并无违法之处，本案专利申请人认为复审请求审查决定违反法定程序的诉讼主张缺乏事实及法律依据，故不予支持。

原告在指定期限内进行了修改，提交了新的申请文本，但是新的申请文本所述“各有效灭鼠药物的剂量都在0.3%以下”及“后一种方法更适合工业化生产”的技术内容在原申请文件中没有记载，也不能从原申请记载的信息中直接地、毫无疑义地确定，故专利申请人修改后的文本仍然存在修改超范围的问题，不符合《专利法》第三十三条的规定，故专利复审委员会维持原驳回决定的行为符合法律相关规定。

综上，本案复审请求审查决定认定事实清楚，适用法律正确，行政程序合法，应予维持；专利申请人的诉讼主张缺乏事实和法律依据，故不予支持。据此，依照《行政诉讼法》第五十四条第（一）项之规定，判决维持专利复审委员会作出的复审请求审查决定。

五、北京市高级人民法院的二审判决

专利申请人不服一审判决，向北京市高级人民法院提出上诉。

（一）当事人的主张

专利申请人上诉称：

（1）一审判决对于两处所谓“修改缺陷”，应当认定属于作出复审请求审查决定所依据的新证据，而不是原驳回决定所依据的证据，一审法院没有作出正确的认定，属于认定事实错误。

（2）一审判决简单适用《专利法实施细则》第六十二条第一款的规定是错误的，应当适用第六十二条第二款的规定。

（3）复审请求审查决定违反法定程序，专利复审委员会应当再次发出复审通知书，给予专利申请人陈述意见和修改的机会。

（4）一审判决回避了复审请求审查决定的合理性问题。

基于上述理由，专利申请人请求法院依法撤销一审判决。

专利复审委员会答辩称，鉴于驳回决定已指出本案专利申请不符合《专利法》第三十三条规定的理由，且专利复审委员会合议组也发出《复审通知书》将不符合《专利法》第三十三条规定的情形告知，并给予专利申请人陈述意见和修改申请文件的机会，因此不存在其所称“专利复审委员会未能按法定的程序通知专利申请人”之情形。对于专利申请人所称“复审请求审查决定书所提及的两处缺陷明显是两处笔误”，由于没有事实或证据证明，故不予认可。综上所述，本案复审请求审查决定认定事实清楚，适用法律正确，审理程序合法，专利申请人的上诉理由不能成立，故请求法院依法驳回上诉，维持一审判决。

（二）二审判决的理由

二审法院认为，《专利法实施细则》第六十二条规定：“专利复审委员会进行复审后，认为复审请求不符合专利法和本细则有关规定的，应当通知复审请求人，要求其在指定期限内陈述意见。期满未答复的，该复审请求视为撤回；经陈述意见或者进行修改后，专利复审委员会认为仍不符合专利法和本细则有关规定的，应当作出维持原驳回决定的复审决定。”

本案中，专利复审委员会在受理复审申请后，已于2008年4月16日向专利申请人发出《复审通知书》，指出其新提交的申请文件中的下述修改内容：防治鼠害的药物组合物中含有“马蔺子种皮醇浸膏”、“蓖麻蛋白毒凝集素”和“土大黄鞣质浸膏”超出了原说明书和权利要求书记载的范围，因而不符合《专利法》第三十三条的规定，并通知其在指定期限内陈述意见。由此可知，专利复审委员会已经履行了相应程序，并无违法之处。

如果申请的内容通过增加、改变和/或删除其中的一部分，致使所属技术领域的技术人员看到的信息与原申请记载的信息不同，而且又不能从原申请记载的信息中直接地、毫无疑义地确定，那么这种修改就是不允许的。连耀林在指定期限内对其申请文件进行了修改，提交了新的文本，但是新文本中记载的“各有效灭鼠药物的剂量都在0.3%以下”及“后一种方法更适合工业化生产”的技术内容在原申请文件中没有记载，也不能从原申请记载的信息中直接地、毫无疑义地确定，故专利申请人修改后的文本仍然存在修改超范围的问题，不符合《专利法》第三十三条的规定，故专利复审委员会维持原驳回决定的行为符合法律相关规定。

综上，二审法院认为专利复审委员会作出的本案复审请求审查决定合法，一审法院判决予以维持正确，应当予以维持；本案专利申请人的上诉请求缺乏事实和法律依据，故不予支持。依据《行政诉讼法》第六十一条第（一）项的规定，判决驳回上诉，维持一审判决。

六、北京市高级人民法院的驳回再审申请通知书

本案专利申请人不服二审判决，向北京市高级人民法院提出再审申请。

北京市高级人人民法院再审认为，专利复审委员会在受理本案专利申请人的复审申请后，于2008年4月16日发出了《复审通知书》，指出专利申请人同时提出的申请文件的修改，即防治鼠害的药物组合物中含有“马蔺子种皮醇浸膏”、“蓖麻蛋白毒凝集素”和“土大黄鞣质浸膏”超出了原说明书和权利要求书记载的范围，因而不符合《专利法》第三十三条的规定，并通知专利申请人在指定期限内陈述意见。2008年5月14日，专利申请人针对上述《复审通知书》提交了意见陈述书，同时提交了再次修改的权利要求书和说明书的全文替换页。因此，二审法院认定专利复审委员会履行了相应的程序并无不当。由于新修改的申请文本记载的“各有效灭鼠药物的剂量都在0.3%以下”及“后一种方法更适合工业化生产”的技术内容在原申请文件中没有记载，也不能从原申请记载的信息中直接地、毫无疑义地确定，仍然存在修改超范围的问题，不符合《专利法》第三十三条的规定，因此专利复审委员会作出维持原驳回决定的复审请求审查决定，以及二审法院维持专利复审委员会作出的复审请求审查决定的行为合法并无不当。

综上，专利申请人的再审申请不符合法律规定的再审条件，根据《最高人民法院关于执行〈行政诉讼法〉若干问题的解释》第七十四条的规定，驳回本案专利申请人的再审申请。

七、最高人民法院的再审判决

专利申请人不服北京市高级人民法院作出的（2009）高行终字第1395号行政判决和（2012）高行监字第431号驳回再审申请通知，向最高人民法院（下称“再审法院”）申请再审。再审法院于2013年5月14日依法作出（2013）知行字

第13号行政裁定，提审本案。

（一）当事人的主张

专利申请人申请再审称：一、二审判决认定事实、适用法律均存在错误，程序违法，故请求撤销一、二审判决以及被诉复审请求审查决定；判令专利复审委员会另行组成合议组，按照法定程序重新发出复审通知书并重新作出决定；专利复审委员会承担本案诉讼费。其主要理由是：

一、二审判决认定事实错误。将说明书第2页第20行灭鼠药物的剂量被修改为“0.3%以下”是一处笔误；在说明书最后一行增加“后一种方法更适合工业化生产”也是一处笔误，上述修改均属于文字错误，不涉及专利文件的保护范围，本案申请保护范围并未因此而扩大，并未超出原说明书和权利要求书记载的范围。

专利权人提交的修改文本已经克服了驳回决定指出的缺陷，二审法院适用《专利法实施细则》第六十二条第一款属于适用法律错误，应当适用《专利法实施细则》第六十二条第二款的规定，依法撤销驳回决定。

《最高人民法院关于执行〈行政诉讼法〉若干问题的解释》第三十一条第二款规定：“复议机关在复议过程中收集和补充的证据，不能作为人民法院维持原具体行政行为的根据”。上述两处缺陷是在复审程序中新出现的，属于新收集的证据，不能作为人民法院维持原具体行政行为的根据。

一、二审判决对被诉决定违反法定程序的行为不予认定，严重损害了专利权人的合法权利。根据《专利审查指南》第四部分第二章第4.3的规定，专利复审委员会在需要引入驳回决定未提出的理由或者证据时，应当再次发出“复审通知书”通知专利申请人，给予专利申请人陈述意见和修改的机会。然而，专利复审委员会未按法定的程序通知专利申请人，而是直接引入驳回决定未提出的证据，作出维持原驳回决定的复审请求审查决定，违反了法定程序。

专利复审委员会答辩称：

（1）本案专利申请人对专利说明书的两处修改不符合《专利法》第三十三条的规定，专利权人混淆了证据和事实的概念，其主张对说明书的两处修改属于笔误缺乏事实和法律依据。

（2）国家知识产权局的驳回决定已经指出本案专利申请不符合《专利法》第三十三条的规定，专利复审委员会在《复审通知书》中也已经将《专利法》

第三十三条的规定以及不符合该规定的具体情形告知了专利申请人，并给予了其陈述意见和修改的机会。

（3）本案专利申请经过最后一次修改后，虽然克服了此前的缺陷，但是仍然存在公开不充分的缺陷，不具有授权前景，同时专利权人对说明书的修改又产生了新的修改超范围缺陷，为了提高审查效率，专利复审委员会以说明书修改超范围为由驳回专利申请人的复审请求具有合理性。

基于上述理由，专利复审委员会认为本案复审请求审查决定认定事实清楚，适用法律正确，审理程序合法，故请求法院驳回专利申请人的再审申请。

（二）再审判决的理由

再审法院认为，本案的争议焦点是：

（1）专利权人对说明书的两处修改是否符合《专利法》第三十三条规定；

（2）专利复审委员会在复审中就上述两处修改没有再次发出复审通知书而径行驳回是否违反法定程序；

（3）本案申请的授权前景应当如何考虑。

1. 关于专利权人对说明书的两处修改是否符合专利法第三十三条规定的问题

《专利法》第三十三条规定，对申请文件的修改不能超出原权利要求书和说明书记载的范围。专利申请人在审查的各个阶段对专利申请文件的修改，不论是对权利要求书的修改还是对说明书和附图的修改都不能超出原权利要求书和说明书记载的范围。如果修改的内容致使所属技术领域的技术人员看到的信息与原申请文本记载的信息不同，而且又不能从原申请文本记载的信息中直接地、毫无疑义地确定，那么这种修改就不符合《专利法》第三十三条的规定。

专利申请人在复审阶段对其申请文件的说明书进行了修改，虽然克服了此前存在的修改超范围的缺陷，但其新修改的内容，即“各有效灭鼠药物的剂量都在0.3%以下”和“后一种方法更适合工业化生产”的技术内容在原申请文本中没有记载，也不能从原申请文本记载的信息中直接地、毫无疑义地确定，超出了原权利要求书和说明书记载的专利权保护范围，不符合《专利法》第三十三条的规定，专利复审委员会认定其修改超范围并无不当。专利申请人关于本案应当适用《专利法实施细则》第六十二条第二款的规定以及其两处修改属于笔误和新证据的主张不能成立，故不予支持。

2. 关于专利复审委员会在复审中未就上述两处修改再次发出复审通知书而径行驳回是否违反法定程序的问题

听证原则是专利复审程序中的基本原则，虽然《专利法》、《专利法实施细则》和《专利审查指南》均未对审查员在复审过程中应当发出几次复审通知书作出具体的硬性规定，但是2006年修改的《审查指南2006》第四部分第二章4.3明确规定了在复审阶段应当发出复审通知的情形；第二部分第八章6.1.1规定了实质审查阶段应当发出审查意见通知书的情形。可见是否发出复审通知书以及发出几次复审通知书属于审查员自由裁量的范围，应当由审查员依据相关法律法规并根据具体情形决定。

2006年修改的《审查指南2006》第四部分第二章4.3明确规定："针对一项复审请求，合议组可以采取书面审理、口头审理或者书面审理与口头审理相结合的方式进行审查。根据专利法实施细则第六十二条的规定，有下列情形之一的，合议组应当发出复审通知书（包括复审请求口头审理通知书）或者进行口头审理：

（1）复审决定将维持驳回决定；

（2）需要复审请求人依照《专利法》及《专利法实施细则》和《审查指南》有关规定修改申请文件，才有可能撤销驳回决定；

（3）需要复审请求人进一步提供证据或者对有关问题予以说明；

（4）需要引入驳回决定未提出的理由或者证据。"

根据上述规定的第（4）种情形，专利复审委员会以两处新的修改超范围为由驳回专利权人的复审请求，属于引入了驳回决定未提出的理由，应当再次发出复审通知书，给予本案再次修改或者陈述理由的机会。据此，专利复审委员会未再次发出复审通知书即径行驳回，违反法定程序，应当予以纠正。

3. 关于涉案申请的授权前景应当如何考虑的问题

不管涉案申请是否具有授权前景，专利复审委员会如果引入新的不同理由驳回申请人的复审申请，就应该再给予申请人至少一次陈述意见或者修改的机会，否则就与复审阶段的听证原则相违背，有失公平。如上所述，本案即属于此类情形。因此，本案专利申请是否具有授权前景不能作为专利复审委员会径行驳回复审请求的理由和依据。

综上，专利复审委员会作出的复审请求审查决定违反法定程序，依照《行政诉讼法》第五十四条第（二）项、第六十一条第（三）项和《最高人民法院关于执行〈行政诉讼法〉若干问题的解释》第七十六条第一款、第七十八条的规定，判决：

（1）撤销二审判决和一审判决；

（2）撤销专利复审委员会作出的复审请求审查决定；

（3）专利复审委员会针专利申请人的复审请求重新作出决定。

八、评析

最高人民法院对本案的再审判决认定专利复审委员会作出复审请求审查决定的行为违反了法定程序，因而撤销了该复审请求审查决定以及一审和二审判决，责令专利复审委员会重新作出决定。

复审的“法定程序”主要由如下法律法规予以规定：

2010年修改《专利法实施细则》第六十三条第一款（对应于2001年修改的《专利法实施细则》第六十二条第一款）规定：

> **专利复审委员会进行复审后，认为复审请求不符合专利法和本细则有关规定的，应当通知复审请求人，要求其在指定期限内陈述意见。期满未答复的，该复审请求视为撤回；经陈述意见或者进行修改后，专利复审委员会认为仍不符合专利法和本细则有关规定的，应当作出维持原驳回决定的复审决定。**

上述规定表明，专利复审委员会作出维持原驳回决定的复审请求审查决定的，即使其理由部分完全重复原驳回决定的内容，也必须首先发出复审通知书，给予专利申请人陈述意见或者进行修改的机会，不能径直作出维持原驳回决定的复审请求审查决定。

执行上述规定需要进一步探讨两个问题：第一，专利复审委员会在作出维持原驳回决定的复审请求审查决定之前，是否在任何情况下都只需要发出一次复审通知书？对此问题的回答显然应当是否定的，视具体案情需要，专利复审委员会有可能还需要第二次或者更多次发出复审通知书；第二，专利复审委员会在作出维持原驳回决定的复审请求审查决定之前，是否在任何情况下都必须多次发出复审通知书？对此问题的回答也应当是否定的，现行《专利法实施细则》第六十三条第一款的条文表明至少在某些情况下，专利复审委员会发出一次复审通知书之后就可以作出维持原驳回决定的复审请求审查决定。在何种情况下专利复审委员会需要再次发出复审通知书？《专利法实施细则》本身没有作出规定。

《专利审查指南2010》第四部分的标题是“复审和无效请求的审查”，其第一章的标题是“总则”，其2.5的标题为“听证原则”，其第一段的规定是：

> **在作出审查决定之前，应当给予审查决定对其不利的当事人针对审查决定所依据的理由、证据和认定的事实陈述意见的机会，即审查决定对其不利的当事人已经通过通知书、转送文件或者口头审理被告知过审查决定所依据的理由、证据和认定的事实，并且具有陈述意见的机会。**

应当明确，就复审程序而言，上述规定中提及的“审查决定”应当是指“复审请求审查决定”，而不是指国家知识产权局作出的原驳回决定。

《专利审查指南2010》第四部分第二章的标题是“复审请求的审查”，其4.3的标题是“审查方式”，其第一段和第二段的规定是：

> **针对一项复审请求，合议组可以采取书面审理、口头审理或者书面审理与口头审理相结合的方式进行审查。**
>
> **根据专利法实施细则第六十三条第一款的规定，有下列情形之一的，合议组应当发出复审通知书（包括复审请求口头审理通知书）或者进行口头审理：**
>
> **（1）复审决定将维持驳回决定。**
>
> **（2）需要复审请求人依照专利法及其实施细则和审查指南有关规定修改申请文件，才有可能撤销驳回决定。**
>
> **（3）需要复审请求人进一步提供证据或者对有关问题予以说明。**
>
> **（4）需要引入驳回决定未提出的理由或者证据。**

《专利法实施细则》和《专利审查指南2010》的上述规定具有共同的立法宗旨，这就是明确复审请求人享有陈述意见（包括修改专利申请文件）的权利，确保专利复审委员会作出的维持原驳回决定的复审请求审查决定不至于包含复审请求人闻所未闻的法律依据、证据而使其感到意外，从而保障复审程序的公平和公正。

专利复审委员会打算作出维持原驳回决定的复审请求审查决定的，需要事先让复审请求人知晓哪些事项？对这一问题的回答直接关系到判断专利复审委员会是否作出了程序违法行为。依照《专利审查指南2010》第四部分第一章2.5的规定，需要让复审请求人事先知晓的事项是“理由、证据和认定的事实”，

第四部分第二章4.3提到是“理由或者证据”，两者至少在表述上不尽一致。

笔者理解，遵循《专利审查指南2010》所规定的“听证原则”，需要确保复审请求人事先知晓如下事项：

第一，专利申请不符合《专利法》或者《专利法实施细则》哪一条款或者哪些条款的规定，换言之作出维持原驳回决定的复审请求审查决定的法律依据是什么。笔者认为，“法律依据”与“理由”的含义不尽相同。例如，可以认为“权利要求1不具备《专利法》第二十二条第三款规定的创造性”的结论也属于“理由”，但是“理由”显然并不仅仅限于法律依据，论证权利要求1与现有技术相比为什么不具备创造性的具体分析说理也应当被称为“理由”。

第二，证明专利申请不符合《专利法》或者《专利法实施细则》有关规定的必要证据。关于证据，需要强调的是专利申请中存在的缺陷不同，证明专利申请存在该缺陷的举证方式也会不同。要认定专利申请所要求保护的技术方案存在不具备新颖性或者创造性的缺陷，在审查阶段需要国家知识产权局实质审查部门的审查员举证通过检索所获得的对比文件，在无效宣告请求阶段需要无效请求人举证其获知的对比文件，不能要求专利申请人或者专利权人自己提供这样的证据，只能由专利申请人或者专利权人之外的他人举证；要认定专利申请存在说明书未充分公开、权利要求书不清楚、权利要求未得到说明书支持、修改超出原说明书和权利要求记载的范围等缺陷则不同，专利申请人提交的原始申请文件或者经专利申请人修改的申请文件本身就是证据，这些证据都存在于申请案卷之中，无需另行举证。

第三，在指明法律依据，必要时提供证据的基础上，进一步告知专利申请不符合《专利法》或者《专利法实施细则》有关规定的具体理由。无论是国家知识产权局作出的“审查意见通知书”“驳回决定”，还是专利复审委员会作出的“复审通知书”“复审请求审查决定”，都不允许仅仅给出“与对比文件1相比，权利要求1不具备《专利法》第二十二条第三款规定的创造性”的结论，而是必须给出为什么得出这一结论的具体理由。

本案涉及的最为核心的问题在于：要做到程序合法，专利复审委员会在发出第一次《复审通知书》之后，在哪些情况下可以作出维持原驳回决定的复审请求审查决定，在哪些情况下应当继续发出复审通知书。

《专利审查指南2010》第四部分第二章4.3（1）所述的情况实际上就是《专利法实施细则》第六十三条第一款所针对的情形，在这种情况下需要发出的是第一次复审通知书，而不是指随后继续发出的复审通知书，因此与这里所要讨论的问题无关。在发出第一次复审通知书之后，如果存在《专利审查指南2010》第四部分第二章4.3（2）（3）规定的情况，还应当继续发出复审通知书。对（2）而言，在这种情况下专利复审委员会实际上认为涉案专利申请存在的缺陷可以通过修改予以克服，涉案专利申请具有被授予专利权的前景，专利复审委员会存在帮助申请人克服缺陷以获得专利权的意愿，自然需要通过继续发出复审通知书为申请人进一步提供克服其专利申请所存在缺陷的机会；对（3）而言，在这种情况下专利复审委员会实际上认为有些问题还没有搞清楚，需要申请人进一步提供有关证据或者澄清性说明，不宜仓促作出维持原驳回决定的复审请求审查决定，自然也应当继续发出复审通知书。对在上述两种情况需要继续发出复审通知书不存在什么分歧意见。

关于《专利审查指南2010》第四部分第二章4.3（4）的规定，则需要区分不同情况作不同分析。

第一种情况：专利复审委员会准备作出维持原驳回决定的复审请求审查决定，但感到有必要改变原驳回决定或者在前复审通知书指明的法律依据，例如原驳回决定认定专利申请要求保护的主题属于智力活动的规则方法，而专利复审委员会认定该专利申请要求保护的主题不具备实用性，需要将驳回专利申请的法律依据由《专利法》第二十五条改为《专利法》第二十二条第四款。在这种情况下，即使专利复审委员会先前已经发出一次复审通知书，如果该复审通知书没有指明这一点，则无疑还需要继续发出复审通知书，将这一新的法律依据告知专利申请人。

第二种情况：专利复审委员会准备作出维持原驳回决定的复审请求审查决定，但感到有必要改变原驳回决定或者复审通知书所依据的证据，例如改为采用另外的对比文件认定专利申请所要保护的发明创造不具备创造性。在这种情况下，即使专利复审委员会先前已经发出一次复审通知书，无疑还需要继续发出复审通知书，将拟采用的新的对比文件告知专利申请人，让其获得就该对比文件重新陈述意见的机会。

关于在何种情况下允许专利复审委员会在复审程序中自行引入新的法律依据或者证据的问题还存在不同意见，这里暂且不讨论该问题。

第三种情况：专利复审委员会准备作出维持原驳回决定的复审请求审查决定，既不打算改变所基于的法律依据，也不打算改变所采用的证据，只是需要根据申请人答复复审通知书时所陈述的意见对原驳回决定写明的驳回理由作适当调整，这是否应当视为“引入驳回决定未提出的理由”，因而需要继续发出复审通知书？例如，原驳回决定的理由是专利申请所要保护的发明创造不具备创造性；申请人不服该驳回决定，提出复审请求并陈述了理由；专利复审委员会发出复审通知书指出申请人陈述的理由不充分，仍然认为不具备创造性；申请人答复复审通知书，进一步补充了其争辩意见。此时，专利复审委员会应当怎样做？如果做出维持原驳回决定的复审请求审查决定，则必然需要对申请人新陈述的争辩意见有所回应，不能置之不理，然而这么一来申请人就有可能以“引入驳回决定未提出的理由”为由，认为专利复审委员会程序违法；如果专利复审委员会因惧怕被指责为程序违法而继续发出复审通知书，对申请人提出的新争辩意见进行反驳，则申请人在答复该复审通知书时一般还会再次提出另外的争辩意见，于是专利复审委员会是否仍然需要继续发出复审通知书？如此下去何时才能到头？

最后，结合本案进行讨论。归纳起来，本案的案情是：本案申请人在实质审查阶段对其专利申请的权利要求书和说明书进行了修改，国家知识产权局审查部门认定该修改超出了原说明书和权利要求记载的范围，不符合《专利法》第三十三条的规定，因而作出了驳回决定；专利申请人不服国家知识产权局的驳回决定，向专利复审委员会请求复审，并坚持被驳回的申请文本；专利复审委员会向专利申请人发出复审通知书，指出其复审请求陈述的理由不足以克服原驳回决定指出的缺陷；专利申请人在答复复审通知书时再次对其申请文本进行了修改，克服了原驳回决定所指出的修改超范围缺陷，然而其对说明书所作修改又导致了新的修改超范围问题；在这种情况下，专利复审委员会作出了维持原驳回决定的复审请求审查决定。

就本案而言，专利复审委员会作出复审请求审查决定的法律依据没有改变，仍然是《专利法》第三十三条；申请人在复审阶段对申请文件的修改克服了原先的修改超范围问题，却又带来了新的修改超范围的问题，但认定修改超范围的证据是原申请文件和申请人提交的修改文本，应当认为属于申请人自己提供的新证据，而不是专利复审委员会引入的新证据。既然复审通知书已经指出存在修改超范围的缺陷，专利申请人为克服这一缺陷而重新提交修改文本时理应认真核对，防止再次产生修改超范围的问题。专利申请人将其再次修改超范围的原因归结为“笔误”“不小心”，其中，修改之一是将数字“0.4”修改为“0.3”，这在以往采用手写或重新以传统打字方式生成文件的年代或许可以归咎于“不小心”，但在如今广泛采用电脑的年代，总是在原电子文件基础上对需要修改之处进行修改，除非有意所为，很难相信该数字会无缘无故地产生变化；修改之二是在说明书中增加“后一种方法更适合工业化生产”的文字，这绝不可能是“笔误”所致，故本案一审、二审、再审法院对本案专利申请人的主张均不予采信。在这种情况下，如果认为专利复审委员会还是只能继续发出复审通知书，那么假如申请人在答复该复审通知书时再次产生新的修改超范围问题，专利复审委员会是否仍然需要继续发出复审通知书？这同样导致如此下去何时到头的问题。

将上面以不具备创造性作为驳回理由的例子以及以修改超范围作为驳回理由的例子综合起来，笔者的观点在于：由于复审请求人答复复审通知书时总会提出新的争辩理由或者提出新的修改修改方案，因此“听证原则”不能意味着专利复审委员会只有等到复审请求人无话可说、无修改可做，专利复审委员会只需简单重复先前发出的复审通知书的内容时，才能做出维持原驳回决定的复审请求审查决定。我们既要保证复审程序的公平公正，也要保证复审程序的必要效率，两者应当达到一种合理平衡，不可偏废。

需要指出的是，从上面的讨论来看，《专利审查指南2010》第四部分第二章4.3（4）所述的“需要引入驳回决定未提出的理由或者证据”存在不够严谨的问题。事实上，维持原驳回决定的复审请求审查决定一般都不会也不应当仅仅重复原驳回决定或者某次复审通知书的内容，总是需要针对复审请求人在复审程序中最后一次提交的意见陈述或者修改文本作进一步论证。如果《专利审查指南2010》上述规定中提及的“理由”被理解为不仅包括法律依据，也包括对专利申请不符合《专利法》或者《专利法实施细则》有关规定的分析说理，则绝大多数维持原驳回决定的复审请求审查决定都“需要引入驳回决定未提出的理由”。

“作业车的履带行走装置”发明专利无效案

一、案件提要

当事人

专利权人：株式会社久保田

无效请求人：泰州现代锋陵农业装备有限公司

专利复审委员会的无效宣告请求审查决定

决定号：WX第13733号

合议组成员：陈海平、郭晓立、张娅

决定日：2011年01月24日

北京市第一中级人民法院的一审判决

案号：（2009）一中知行初字第2684号

合议庭成员：彭文毅、蒋利玮、王晫

结案日期：2009年10月18日

北京市高级人民法院的二审判决

案号：（2010）高行终字第383号

合议庭成员：刘辉、岑宏宇、石必胜

结案日期：2010年10月20日

最高人民法院的再审裁定

案号：（2013）知行字第110号

合议庭成员：周翔、周云川、罗霞

结案日期：2013年12月18日

涉及的法律规定

《专利法》第二十二条第二款

判决要点

二审判决关于“从本专利权利要求书、说明书及附图中均得不出上从动轮下侧也包括与环形履带接触的情形”的认定正确。这种认定并非将仅反映在说明书及附图中的技术特征读入到权利要求中，用于限制专利权的保护范围，或者直接以仅在说明书附图中所反映的具体结构来限定权利要求中相应技术特征的含义，而是结合说明书和附图来解释权利要求的内容，符合法律规定。

二、涉案专利介绍

本案涉及名称为“作业车的履带行走装置”的第99110929.5号发明专利（下称“本案专利”），其申请日为1999年6月30日，优先权日为1998年9月22日，授权日为2002年12月25日，授权时的专利权人为株式会社久保田（下称“专利权人”）。

本案专利涉及作业车的履带行走装置，所说的行走装置包括安装在作业车支架上的与环形履带上侧接触的并能限制该环形履带下沉的上从动轮以及与环形履带接地侧接触的数个接地从动轮，所说的环形履带延伸卷绕在上述从动轮上。更具体地讲，本发明与改进上述履带行走装置有关，所说的改进能实现作业车稳定地越过行走路面上的突起部分。

上述履带行走装置已在日本实开昭60-51193号公报中公开。在该现有技术中，在履带行走装置的数个接地从动轮的间隔的一个位置上，沿前后方向的中央位置设置了能防止环形履带偏移的偏移防止件。该偏移防止件的下面能向上侧移位，当越过行走路面上的突出物时，该偏移防止件的部位允许向环形履带上方变形。可是，由于在该现有技术中设置了偏移防止件，不仅增加了零件数使结构变得复杂，也使组装工作费时。因此，有必要对上述现有技术中的履带行走装置进行改进。

本发明的目的在于提供一种结构简便的作业车履带行走装置，能使作业车稳定地越过行走路面上的突起部分。

为了实现上述的目的，在本发明的作业车行走装置中，将上述数个接地从动轮之间的间隔除1处外按设定间隔配置，而在所述的1处，使其间隔比上述设定间隔宽，并将上述的上从动轮配置在能进入该宽的间隔之间。从侧面看，上述的上从动轮的直径被设定成其外圆周的下侧是伸出滚轮架的下面的。

由于将接地从动轮各间隔中的1处设定成比其他部位的接地从动轮的间隔宽，当越过行走路面上的突起部分时，由突起部分顶起的环形履带能顺利地进入上述设定宽间隔的接地从动轮之间的空间，从而使顶起车体的量变小，这样就能维持本体在重心底的状态下稳定行驶，同时能使被顶起的环形履带与上从动轮的下侧接触，从而能圆滑地移送环形履带。

在最佳实施例中，将接地从动轮之间被设定成宽间隔的区域布置在车体重心的下方，这样当越过行走路面上的突起部分时，能更稳定地行走。此外在最佳的实施例中，将数个接地从动轮可旋转地支承在从滚轮架向车体外方伸出的支轴上，这样不仅使接地从动轮的支承结构简单，而且也使组装工作变得容易。

在本案专利说明书的附图中：图1是采用本发明的履带行走装置的联合收割机的整车侧面图；图2是按照本发明的履带行走装置的侧面图；图3是接地从动轮的纵剖视图；图4是上从动轮的纵剖视图；图5是越过田埂时履带行走装置的侧面图。

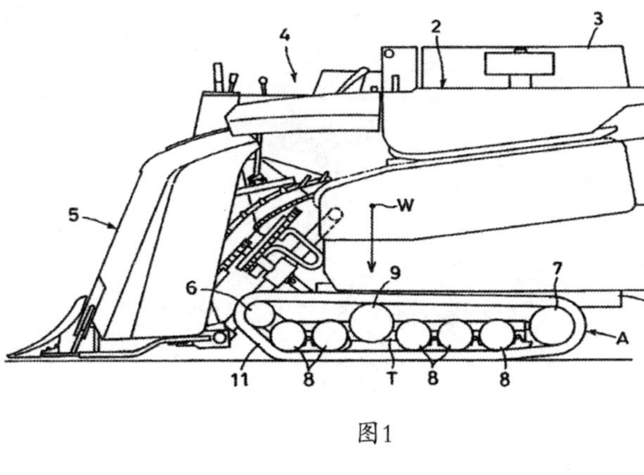

图1

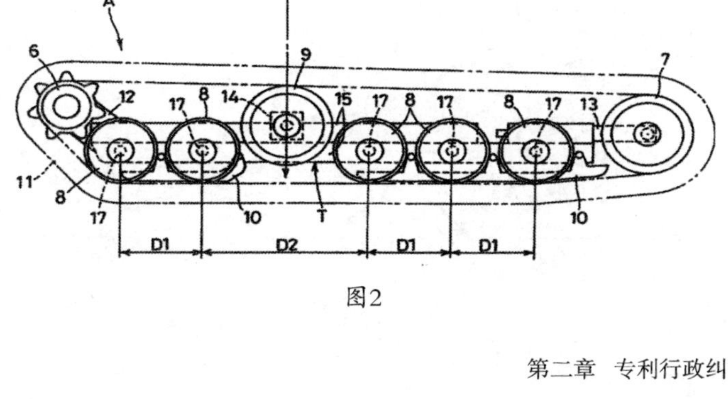

图2

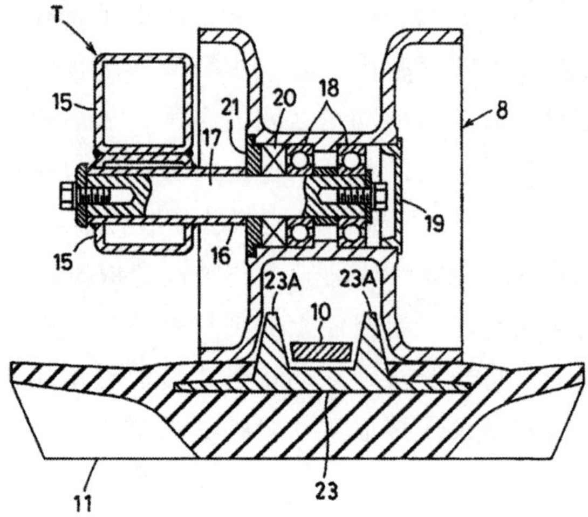
T
15
21
20
18
8
17
19
15
16
23A
23A
10
11
23

图3

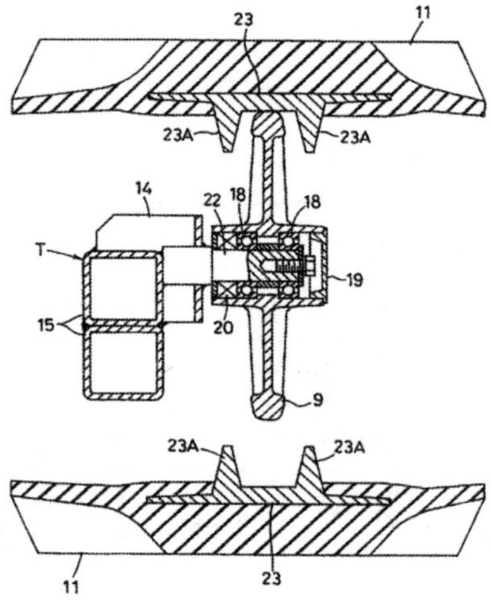
23
11
23A
23A
14
22
18
18
T
19
15
20
9
23A
23A
11
23

图4

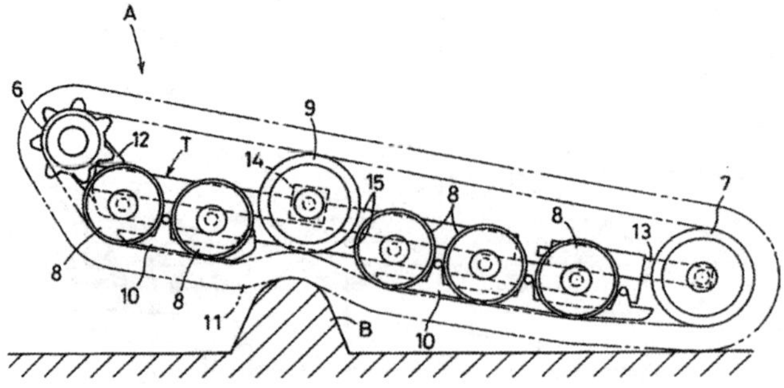
A
6
12
T
9
14
15
8
7
8
13
8
10
8
11
B
10

图5

如图1所示，联合收割机具有左右并列设置在利用左右的履带行走装置A行走的车体架1上的脱谷装置2和谷物斗仓3。并且，在该车体架1的前部位置设置驾驶台4，还在该车体架1的前端位置设置与驾驶台4左右并列的能自动升降的收割前处理装置5。

如图1、图2所示，上述履带行走装置A包括设置在前部的驱动链轮6、设置在后部的张紧轮7、配置上述两者之间的5个接地从动轮8、1个上从动轮9和前后一对的履带导轨10。驱动链轮6被支承在滚轮架T的前端支架12上。张紧轮7被可旋转地支承在能相对滚轮架T沿前后自由调整位置的调节架13上。上从动轮9被可旋转地支承在固定在滚轮架T的支架14上，接地从动轮8被支承在滚轮架T上，履带导轨10被固定连接在滚轮架T上。

如图3所示，滚轮架T是用2个直线状的断面为方形的钢管15、15上下重叠焊接在一起制成的，并将断面为圆形的管状筒轴16向车体外侧突出地贯穿构成该滚轮架T的下侧方形钢管15那样地焊接在该滚轮架T上。再将支轴17内嵌入该筒轴16中，并通过一对轴承18可旋转地将上述接地从动轮8支承在该支轴17上。在该接地从动轮8的外侧安装着覆盖轴承18部位的轴承盖19，在内侧安装着法兰盘21和限制向轴芯方向压缩的油封20，由于该法兰盘21和筒轴16靠接，因此能限制接地从动轮8向内侧移动。

如图4所示，上述上从动轮9和上述张紧轮7是采用了相同的直径的，从侧面看，上述从动轮9的下侧是伸出滚轮架T的下端面的。而且，上述上从动轮9伸出滚轮架T的下端面的突出量(将在后面给与说明)是对着环形履带11的突起23A、23A的、并小于上述上从动轮9的高度。该上从动轮9是通过一对轴承18可旋转地支承在被焊接在上述支架14上的支轴22上，而上述支架14是被焊接在滚轮架T上的，在该上从动轮9的外侧安装着覆盖轴承18部位的轴承盖19，在内侧安装着油封20，由于该油封20和支轴22的轴肩靠接，因此能限制上述上从动轮9向内侧多动。

如图3和图4所示，在环形履带11内按规定间隔沿周方向埋入芯铁23，从该芯铁23形成一对芯铁突起23A、23A伸向环形履带11的内侧，上述接地从动轮8的外形被制成骑跨着上述一对芯铁突起23A、23A的外转轮型。而且，上述张紧轮7和上从动轮9被制成能嵌入一对芯铁突起23A、23A之间的内转轮型，履带导轨10被配置在一对芯铁突起23A、23A之间。

如图2所示，将5个接地从动轮8中的前部2个接地从动轮8、8的支轴

17、17的轴心位置之间的间隔D_1设定成与后部3个接地从动轮8，8，8的支轴17，17，17的轴心位置之间的间隔D_1相等。而且，将这些接地从动轮8中央的2个接地从动轮8，8的支轴17，17的轴心位置之间的间隔D_2设定成比上述D_1宽。最好将D_2设定成D_1的1.3～2.3倍。在图2所示的例子中，设定成：$D_2 \approx 2 \cdot D_1$。在该间隔D_2的区域间配置上述上从动轮9，再将该间隔D_2的前后方向的中央位置设定在联合收割机车体重心W的正下方。当车体重心W的下方的接地从动轮之间的间隔进入行走路面的突起部分时，突起部分将环形履带11顶起来，这时上述环形履带11的内周面与上从动轮9的下侧接触，正是在这状态下设定环形履带11的张力和履带长度。

如图5所示，当越过田埂B时，田埂B进入车体重心W的下方的接地从动轮8，8之间的间隔中，这时被田埂B顶起的环形履带11与上从动轮9接触，从而能抑制由于车体向上使车体不稳定的现象，当越过田埂B时，能抑制从车体前部向上倾斜的状态向车体前部向下倾斜变换时产生的车体震动，同时由于环形履带11的内周面与上从动轮9接触，从而能避免环形履带11受到过大的张力作用，也能避免环形履带11受到损伤，另外，因为上从动轮9是旋转的，所以能圆滑地移送环形履带11。

本案专利授权时的权利要求书如下：

1. 作业车的履带行走装置，包括配置在作业车左侧和右侧的滚轮架（T）、分别设置在上述左则和右侧滚轮架（T）上的与环形履带（11）的接地侧接触的数个接地从动轮（8）、分别设置在上述左侧和右侧滚轮架（T）上的与环形履带（11）的上侧接触能限制环形履带（11）下沉的上从动轮（9），其特征在于，将上述数个接地从动轮（8），除所选择的1处外，按设定间隔（D_1）配置，而使所选择的1处的间隔（D_2）比上述设定间隔（D_1）宽，并按宽间隔（D_2）配置；上述上从动轮（9）嵌入配置在该轮宽的间隔（D_2）内；而且设定上述上从动轮（9）的直径，使得当从侧面看时，该上从动轮（9）的外周缘的下侧比滚轮架（T）的下面更向下张出。

2. 根据权利要求1所述的作业车的履带行走装置，其特征在于，上述所选择的1处位于上述作业车车体重心位置（W）的下方位置。

3. 根据权利要求1所述的作业车的履带行走装置，其特征在于，上述接地从动轮（8）是被可旋转地支承在从上述滚轮架（T）的侧面向上述作业车车外侧突伸的支轴上的；

4. 根据权利要求1至3中任意一项所述的作业车的履带行走装置，其特征在于，上述宽间隔（D_2）是上述设定间隔（D_1）的1.3～2.3倍。

5. 根据权利要求1至3中任意一项的所述作业车的履带行走装置，其特征在于，上述各滚轮架（T）是用沿上述车体前后延伸的上下重合配置的一对断面呈方形的钢管制成的，上述上从动轮（9）是安装上述一对断面呈方形的钢管中上侧的管件上的，上述接地从动轮（8）是安装在位于下侧的方形管件上的。

三、专利复审委员会的无效宣告请求审查决定

针对本案专利，泰州现代锋陵农业装备有限公司（下称“无效请求人”）于2008年12月30日向专利复审委员会提出了无效宣告请求，请求宣告本专利全部无效。请求宣告无效的理由是本案专利的权利要求1～5不具备《专利法》第二十二条第二款规定的新颖性和《专利法》第二十二条第三款规定的创造性。

（一）关于证据的认定

请求人共提交了7份证据，其中证据1～4是日本专利文件复印件，证据5～7是书籍复印件。专利权人对证据1～4的真实性及其中文译文的准确性没有异议，对证据5～7的真实性没有异议。

据此，专利复审委员会合议组对证据1～7的真实性以及证据1～4的中文译文的准确性予以认可。

（二）关于《专利法》第二十二条第二款

《专利法》第二十二条第二款规定：“新颖性，是指在申请日以前没有同样的发明或者实用新型在国内外出版物上公开发表过、在国内公开使用过或者以其他方式为公众所知，也没有同样的发明或者实用新型由他人向国务院专利行政部门提出过申请并且记载在申请日以后公布的专利申请文件中。”

1. 权利要求1不具备《专利法》第二十二条第二款规定的新颖性

本案专利的权利要求1请求保护一种“作业车的履带行走装置”。证据1公开了一种移动作业机车的履带行驶装置，包括配置在作业车左右两侧的可动履带支架6（对应于本专利中的滚轮架）、分别设置在左右两侧可动履带支架6上的多个接地用滚轮7（对应于本专利中的接地从动轮）和分别借助于支撑悬臂11设置在左右侧可动履带支架6上的大径引导轮10（对应于本专利中

的上从动轮），大径引导轮10与环形履带的上侧接触能限制环形履带下沉，并且大径引导轮10的外周缘下侧突出于可动履带支架6的下侧，上述数个接地用滚轮7以一定的间隔配置，在其中两个接地用滚轮7之间嵌入配置大径引导轮10，嵌入大径引导轮10的这两个接地用滚轮7之间的间距大于其他两两相邻的接地用滚轮7之间的间距。当作业机车越过地面突起时，突起进入大径引导轮10下方，使大径引导轮10围绕横轴12在支撑悬臂11的引导下向上抬起，从而降低车体被地面突起顶起的量。

本案专利的权利要求1所要求保护的技术方案已经被证据1公开，两者同属于作业车履带行走装置技术领域，所要解决的都是作业车遇到地面突起时重心升高导致运行不稳定的技术问题，并且能达到相同的技术效果。因此，本专利权利要求1相对于证据1公开的内容不具备《专利法》第二十二条第二款规定的新颖性。

专利权人在意见陈述书中强调，权利要求1中限定了“上从动轮（9）嵌入配置在该宽的间隔内”，“嵌入”即“凹入”，隐含了使上从动轮的下边缘相对于接地轮更远离下侧履带的意思。合议组认为，首先，专利权人的上述解释在说明书中并无任何依据；其次，对本领域技术人员而言，本案专利中“嵌入”一词仅表示上从动轮9布置在两个接地从动轮8之间，其并未限定上从动轮9的下侧与接地从动轮8的下侧之间的位置关系。从另一方面考虑，如果按照专利权人的解释，认为“嵌入”即为“凹入”，那么上从动轮9的上侧也应当低于接地从动轮8的上侧，而本案专利却并非如此，因此专利权人的这一解释不能成立。

专利权人还强调，权利要求1中限定的“接地从动轮”是指所有当履带行走装置在通常的路面上行驶时与履带接地侧接触的从动轮，因此证据1中的大径引导轮10是接地轮而不是上从动轮。对此合议组认为，首先，专利权人对“接地从动轮”的这种解释在说明书中并无任何依据；其次，本案专利的接地从动轮不仅与下履带接触并且还具有承重的功能。证据1中的大径引导轮10虽然与下履带接触，但是在通常的路面上行驶时并不承重，这与证据1中的接地用滚轮7具有实质性区别。证据1中对轮10的命名为“大径引导轮”，而对轮7的命名为“接地用滚轮”，从部件名称上也可以看出两者所起的作用不同，不是同一种轮。因此，证据1中的接地轮应当就是接地用滚轮7，而不包括大径引导轮10。

专利权人还强调，证据1的技术方案与本案专利相比结构复杂、增加了零件数量，遇到地面突起时履带承受更大张力，并且需要车体设置得相对较高。但专利权人的这些主张是将证据1的技术方案与本专利的实施例相比较得出的。《专利法》第五十六条第一款规定，发明或者实用新型专利权的保护范围以其权利要求的内容为准，说明书及附图可以用于解释权利要求。本案专利在说明书公开内容的基础上进行概括从而得到权利要求1的技术方案，概括后的技术方案保护范围较宽，已经囊括了现有技术，因此权利要求1不具备新颖性。

请求人认为，本专利权利要求1中的“将上述数个接地从动轮（8），除所选择的1处外，按设定间隔（D_1）配置”含有除所选择的1处外，其余接地从动轮8之间的间隔都相等的意思，因此认定接地从动轮之间间隔相等是本专利与证据1之间的区别技术特征。然而，合议组经过分析后认为，“设定间隔”并不意味着这些设定的间隔一定相等，并且专利权人在口头审理过程中也强调，权利要求1中对于间隔的限定重要的是所选择的1处间隔D_2大于其他各处的间隔D_1。由此，合议组认定，“设定间隔”可以相等也可以不相等，该特征不构成本专利与证据1的区别技术特征。

2. 权利要求3不具备《专利法》第二十二条第二款规定的新颖性

从属权利要求3引用权利要求1，其附加技术特征为：“上述接地从动轮（8）是被可旋转地支承在从上述滚轮架（T）的侧面向上述作业车车外侧突伸的支轴上的。”

证据1的附图3中显示，接地用滚轮7支撑在从可动履带支架6的侧面向车外侧突伸的支轴上，尽管从附图中无法看出接地用滚轮7的支承方式，然而由于接地用滚轮7在作业车行走过程中会随着履带前进而转动，因此其必然是被可旋转地支承。由此可知，从属权利要求3的附加技术特征也已经被证据1直接或隐含公开，在其引用的权利要求1不具备新颖性的基础上，本专利权利要求3也不具备《专利法》第二十二条第二款规定的新颖性。

（三）关于《专利法》第二十二条第三款

《专利法》第二十二条第三款规定：“创造性，是指同申请日以前已有的技术相比，该发明有突出的实质性特点和显著的进步，该实用新型有实质性特点和进步。”

1. 权利要求2不具备创造性

从属权利要求2引用权利要求1，其附加技术特征为：“上述所选择的1处位于上述作业车车体重心位置（W）的下方位置。”

证据2公开了一种作业机车的行驶装置，包括履带7、多个导轮6（对应于本专利中的接地从动轮）和位于导轮6之间的中间导轮10，中间导轮10支撑在悬臂31的前端，悬臂31的基部用轴32转动自如地支撑在行驶车架5（对应于本专利中的滚轮架）上，中间导轮10设置在基体重心下方的位置上（参见证据2的中文译文第[0010]段）。证据2的附图3示出作业车过田埂时的状态，从图中可以看出，将中间导轮10设置在基体重心下方位置客观上可以使作业车以较低的重心位置越过田埂，提高作业车的行驶稳定性。证据1中的大径引导轮10与证据2中的中间导轮10的安装方式相同，都是通过悬臂安装在滚轮架上，遇到地面突起时，两个导轮都可以向上抬起。证据2已经给出明确的技术启示，如果将导轮10设置在基体重心下方，则当遇到地面突起时作业车的抬起量较小。本领域技术人员在证据1公开内容的基础上结合证据2的教导得到本专利权利要求2所要求保护的技术方案是显而易见的。因此权利要求2不具备《专利法》第二十二条第三款规定的创造性。

专利权人认为，证据2中将中间导轮10设置在中间位置优选设置在重心位置处的目的和作用与本专利不同，证据2中是为了更好地感知履带超过规定范围的向上运动以触发传感器，而本专利中则是为了容纳地面上的突起部分以便更平稳地越过地面突起，因此证据2没有给出本专利权利要求2的附加技术特征的启示和教导。对此合议组认为，证据2中将中间导轮10设置在重心位置处的优点是显而易见的，中间导轮10遇到地面突起将抬起，将中间导轮10设置在作业车重心位置处可以使得遇到突起时，中间导轮的抬起动作与车辆的仰俯姿态转换同步进行，一方面可以更好地感知履带的向上运动，另一方面可以提高作业车经过突起的稳定性，这两种作用同时客观存在、不可割裂。因此，证据2中给出了将中间导轮设置在重心位置处从而使车辆平稳越过突起的技术启示。

2. 权利要求4不具备创造性

从属权利要求4引用权利要求1至3中任意一项，其附加技术特征为：“上述宽间隔（D_2）是上述设定间隔（D_1）的1.3～2.3倍。”

宽间隔与设定间隔之间的尺寸比例关系，是本领域技术人员的常规选择。如果宽间隔与设定间隔之间的比值太小，则不能在宽间隔处嵌入大小适当的导轮；而如果这个比值太大，当作业车在平坦路面上行走时，由于嵌入接地轮之间的导轮不承重，则必然会使得作业车的支承不均匀。宽间隔与设定间隔之间的比例受到上述因素的制约，必然只能在一定范围内选取，本专利中所述的“1.3～2.3倍”只是本领域中一种常规的设计范围，并且说明书中也未记载这样的范围能够带来何种预料不到的技术效果。因此，在所引用的权利要求1～3不具备新颖性和/或创造性的基础上，本专利权利要求4也不具备《专利法》第二十二条第三款规定的创造性。

3. 权利要求5不具备创造性

从属权利要求5引用权利要求1至3中任意一项，其附加技术特征为：“上述各滚轮架（T）是用沿上述车体前后延伸的上下重合配置的一对断面呈方形的钢管制成的，上述上从动轮（9）是安装于上述一对断面呈方形的钢管中上侧的管件上的，上述接地从动轮（8）是安装在位于下侧的方形管件上的。”

上述附加技术特征是对滚轮架结构的进一步限定，滚轮架的作用在于安装履带中的各种轮子，本领域技术人员可以根据实际安装轮子的情况对其进行具体设计。本专利中采用上下重合配置的一对端面成方形的钢管制成滚轮架，这种结构只是本领域中的常规设计，专利权人认为这样的设计相较于单一方形管形成的滚轮架具有强度大、节省材料等优点，然而这些优点是本领域技术人员可以预见的。从属权利要求5对滚轮架结构的进一步限定并无助于确立本专利的创造性。因此，在所引用的权利要求1～3不具备新颖性和/或创造性的基础上，本案专利的权利要求5也不具备《专利法》第二十二条第三款规定的创造性。

基于上述理由，专利复审委员会作出了宣告本案专利全部无效的无效宣告请求审查决定。

四、北京市第一中级人民法院的一审判决

专利权人不服专利评审委员会作出的第13733号无效宣告请求审查决定，向北京市第一中级人民法院（下称“一审法院”）提起行政诉讼。

（一）当事人的主张

专利权人主张：

（1）专利复审委员会认定证据1破坏权利要求1的新颖性是错误的。权利要求1记载的“上从动轮（9）嵌入配置在该轮宽的间隔（D_2）内”应解释为“上从动轮的下边缘离开下侧履带”，从而“由突起部分顶起的环形履带能顺利地进入上述设定宽间隔的接地从动轮之间的空间（简称‘容纳空间’）”。如果按照专利复审委员会所理解的权利要求1将在平坦的行驶路面上行驶时从动轮也接触下侧履带的实施例也囊括其中的话，由于没有形成“容纳空间”，该技术方案根本不能实现发明目的，更不能“使顶起车体的量变小，这样就能维持本体在重心低的状态下稳定行使”。因此，根据上从动轮的词汇含义、发明的课题、说明书记载的关于作用的内容，可以明确权利要求1要求保护的技术方案中在上从动轮的外周下缘和履带之间存在空间。

专利复审委员会认定证据1大径引导轮10对应于本案专利的上从动轮是错误的。证据1的技术方案是大径引导轮即使在一般的平坦路面行驶也会负重按压履带的技术。其负重是基于使大径引导轮向下降方向摇动施力的弹簧13的力和履带上端部位对大径引导轮的外周上缘从上方进行按压的力产生的。因此“大径引导轮”应该被认定为“接地用滚轮”。本案专利的发明点是，通过在越过路面的突起部时抬起的履带嵌入形成于接地从动轮（8）间的宽间隔（D_2）间的“容纳空间”，使车体的上升量变小，维持较低的行驶车体重心，从而能够使行驶稳定的技术；而与此相对，证据1技术方案的要点是，通过阻挡突起部嵌入接地从动轮之间这一动作来缓和冲击，因此两者的解决手段完全不同。

本专利的“上从动轮”在一般路面行驶时不接地、不负重，证据1的“大径引导轮”即使是在一般路面行驶时也接地、负重，且“大径引导轮”并不是在其外周上缘“与环形履带（11）的上侧接触能限制环形履带（11）下沉”这样的被动轮，而是寻求“从下方向上方顶压环形履带且增加环形履带的张力”的这种相对履带具有主动功能的主动轮。

（2）专利复审委员会认定权利要求2不具有创造性是错误的。证据2中将中间导轮10优选设置在重心位置处是为了感知履带超过规定范围的向上运动以触发传感器30（进而再通过相应液压缸降低车高），而权利要求2中将所选择的宽间隔设置在重心位置下方则是为了容纳地面上的突起部分（直接降低车高）以便更平稳地越过地面突起，两者所起的作用完全不同、彼此独立。证据2和权利要求2中对于履带行走装置的重心位置的考虑是出于不同的目的、起到不同的作用，因此证据2也不可能给出结合的启示。

（3）当权利要求1具有新颖性和创造性时，权利要求3和权利要求4也具有新颖性和创造性。权利要求4中的“1.3～2.3倍”是经过设计计算及反复试验优选得出的范围，并非显而易见。专利复审委员会如果认定其为常规设计，应该举证证明。

（4）专利复审委员会认定权利要求5采用上下重合配置的一对断面成方形的钢管制成滚轮架是本领域常规设计属于主观臆断，没有事实根据。上述附加技术特征是为了在适当的位置嵌入配置上从动轮9以更好地实现权利要求1的方案特别设计的。而且，由上下重合配置一对方形的钢管增加了滚轮架T整体的强度以及上从动轮9的安装强度。因此，权利要求5具有创造性。

基于上述理由，专利权人请求法院判令撤销本案无效宣告请求审查决定决定。

专利复审委员会辩称：

（1）权利要求1中只记载了“设定上述上从动轮（9）的直径，使得当从侧面看时，该上从动轮（9）的外周缘的下侧比滚轮架（T）的下面更向下张出”，并未对上从动轮与下侧履带的位置关系进行限定。就“上从动轮”而言，权利要求1限定了“与环形履带（11）的上侧接触能限制环形履带（11）下沉的上从动轮（9）”，该描述并不必然将那些上下侧均与履带接触的从动轮排除在外。在权利要求1已经对“上从动轮”作出清楚限定的情况下，无需再用说明书实施例中公开的内容对该特征进行进一步解释。

（2）无论是本专利中的“接地从动轮8”还是证据1中的“接地用滚轮7”，它们都与下侧履带接触并承载作业车的重量，而证据1中的“大径引导轮10”可以上下摇动，该特点决定了其在平坦路面行驶时不可能起到支承作业车的作用。虽然弹簧13对大径引导轮10施加向下的力，使得大径引导轮10与下侧履带进而与地面之间存在相互作用力，但该作用力只是为了抵消弹簧力，而并不能支承作业车车体。并且，从证据1中可以得知，“接地用滚轮7”与“大径引导轮10”的安装方式、尺寸、所起的作用等都明显不同，因此将“大径引导轮”认定为“接地用滚轮”并无依据。事实上，当证据1的作业机车越过地面突起时，突起进入大径引导轮10下方，使大径引导轮10向上抬起，从而降低了车体被地面突起顶起的量。大径引导轮10既起到支承上侧履带的作用，上下摇动特性又为地面突起提供了容纳空间，其作用与本专利中的上从动轮9相同。

（3）关于从属权利要求2～5，坚持无效宣告请求审查决定的意见。

基于上述理由，专利复审委员会认为本案无效宣告请求审查决定认定事实清楚、适用法律正确，审理程序合法，请求法院予以维持。

（二）一审法院查明的事实

2008年12月30日，无效请求人向专利复审委员会提出了无效宣告请求，理由是本专利权利要求1～5不具备新颖性和创造性，同时提交证据1的外文部分，但未提交中文译文。2009年1月23日，无效请求人补充提交了意见陈述书和证据1～4，认为：

（1）本专利权利要求1相对于证据1或证据3不具备新颖性；

（2）本专利权利要求1相对于证据1与惯用技术手段的结合或证据3与惯用技术手段的结合均不具备创造性；

（3）本专利权利要求1相对于证据1与证据4的结合或证据3与证据4的结合均不具备创造性；

（4）本专利权利要求1相对于证据2与惯用技术手段的结合或证据2与证据4的结合不具备创造性；

（5）本专利从属权利要求2的附加技术特征是本领域技术人员的惯用技术手段，并且该附加技术特征也已经被证据2公开，因此从属权利要求2不具备创造性；

（6）本专利从属权利要求3的附加技术特征已经被证据1、证据2和证据3分别公开，因此在其引用的权利要求1不具备新颖性、创造性的基础上，从属权利要求3也不具备新颖性、创造性；

（7）从属权利要求4和5的附加技术特征是本领域技术人员的常规选择，因此不具备创造性。

证据1公开了一种移动作业机车的履带行驶装置，包括配置在作业车左右两侧的可动履带支架6、分别设置在左右两侧可动履带支架6上的多个接地用滚轮7和分别借助于支撑旋臂11设置在左右侧可动履带支架6上的大径引导轮10，大径引导轮10与环形履带的上侧接触能限制环形履带下沉，并且大径引导轮10的外周缘下侧突出于可动履带支架6的下侧，上述数个接地用滚轮7以一定的间隔配置，在其中两个接地用滚轮7之间嵌入配置大径引导轮10，嵌入大径引导轮10的这两个接地用滚轮7之间的间距大于其他两两相邻的接地用滚轮7之间的间距。当作业机车越过地面突起时，突起进入大径引导轮10下方，使大径引导轮10围绕横轴12在支撑旋臂11的引导下向上抬起，从而降低车体被地面突起顶起的量。证据1的大径引导轮10相对于可动履带支架6，借助于支撑旋臂11，在横轴12周围可上下自如地摇动，且通过弹簧13摇动靠在下降侧。证据1的附图3中显示，接地用滚轮7支承在从可动履带支架6的侧面向车外侧突伸的支轴上，尽管从附图中无法看出接地用滚轮7的支承方式，然而由于接地用滚轮7在作业车行走过程中会随着履带前进而转动，因此其必然是被可旋转地支承。

证据2公开了一种作业机车的行驶装置，包括履带7、多个导轮6和位于导轮6之间的中间导轮10，中间导轮10支撑在旋臂31的前端，旋臂31的基部用轴32转动自如地支撑在行驶车架5上，中间导轮10设置在机体重心下方的位置上。证据2的附图3示出作业车过田埂时的状态，从图中可以看出，将中间导轮10设置在机体重心下方位置客观上可以使作业车以较低的重心位置越过田埂，提高作业车的行驶稳定性。

2009年2月16日，专利权人向专利复审委员会提交了意见陈述书。同年3月19日，专利复审委员会举行了口头审理，无效请求人当庭补充了证据5～7作为公知常识证据。同年4月3日，专利权人补充提交了意见陈述。2009年5月27日，专利复审委员会作出本案无效宣告请求审查决定。

上述事实有本案专利授权公告文本，第13733号无效宣告请求审查决定，证据1、证据2、口审记录表以及庭审笔录等证据佐证。

（三）一审判决的理由

1. 关于权利要求1的新颖性

证据1中的可动履带支架6对应于权利要求1中的滚轮架，接地用滚轮7对应于权利要求1中的接地从动轮，大径引导轮10对应于权利要求1中的上从动轮，大径引导轮10与环形履带的上侧接触能限制环形履带下沉，并且大径引导轮10的外周缘下侧突出于可动履带支架6的下侧，上述数个接地用滚轮7以一定的间隔配置，在其中两个接地用滚轮7之间嵌入配置大径引导轮10，嵌入大径引导轮10的这两个接地用滚轮7之间的间距大于其他两两相邻的接地用滚轮7之间的间距。当作业机车越过地面突起时，突起进入大径引导轮10下方，使大径引导轮10围绕横轴12在支撑旋臂11的引导下向上抬起，从而降低车体被地面突起顶起的量。本专利权利要求1所要求保护的技术方案已经被证据1公开，两者同属于作业车履带行走装置技术领域，所要解决的都是作业车遇到地面突起时重心升高导致运行不稳定的技术问题，并且能达到相同的技术效果。因此，专利复审委员会关于本专利权利要求1相对于证据1不具备新颖性的认定结论正确，应予维持。

专利权人主张权利要求1中“上从动轮（9）嵌入配置在该轮宽的间隔（D_2）内”应当解释为上从动轮的下边缘离开下侧履带，从而在设定间隔（D_2）的接地从动轮之间形成容纳空间。一审法院认为：发明专利权的保护范围以其权利要求的内容为准，说明书及附图可以用于解释权利要求的内容，但是不能限定权利要求书的保护范围。上从动轮的文字含义仅能表明其圆心高于接地从动轮的圆心。本专利权利要求1未涉及容纳空间，亦未涉及上从动轮与下侧履带的位置关系，对上从动轮（9）的限定为“与环形履带（11）的上侧接触能限制环形履带（11）下沉”、“嵌入配置在该轮宽的间隔（D_2）内”以及“外周缘的下侧比滚轮架（T）的下面更向下张出”。上述限定均不能排除上从动轮的下侧与履带相接触的情形，即本案专利保护范围包括上从动轮下侧与履带相接触之情形。

专利权人主张证据1中的大径引导轮应为接地用滚轮，即使在平坦路面行驶也会负重按压履带；当遇到地面突起时，大径引导轮无法向上抬起，不存在突起进入大径引导轮下方的情形。一审法院认为：证据1中文译文第2页第8段记载，大径引导轮10相对于可动履带支架6，借助于支撑旋臂11，在横轴12周围可上下自如地摇动，且通过弹簧13摇动靠在下降侧。上述记载说明，大径引导轮在平坦路面行驶时无法起到支承作业车的作用，否则其既无法上下自如地摇动，亦无需通过弹簧13摇动才能靠在下降侧；当作业车遇到地面突起时，突起进入大径引导轮下方，大径引导轮受力并借助于支撑旋臂向上摇动抬起，从而降低车体被地面突起顶起的量。证据1中的大径引导轮在支承上侧履带的同时，又为地面突起提供了容纳空间，其作用与本案专利的上从动轮相同。

专利权人的上述主张均无事实依据，故一审法院不予支持。

2. 关于权利要求3的新颖性

从属权利要求3引用权利要求1，其附加技术特征为：“上述接地从动轮（8）是被可旋转地支承在从上述滚轮架（T）的侧面向上述作业车车外侧突伸的支轴上的。”证据1中的接地用滚轮7支承在从可动履带支架6的侧面向车外侧突伸的支轴上，且由于接地用滚轮7在作业车行走过程中会随着履带前进而转动，其必然是被可旋转地支承。因此，从属权利要求3的附加技术特征已经被证据1公开，在其引用的权利要求1不具备新颖性的基础上，专利复审委员会关于本专利权利要求3也不具备新颖性的认定结论正确，应予维持。

3. 关于权利要求2的创造性

权利要求2引用权利要求1，其附加技术特征为：“上述所选择的1处位于上述作业车车体重心位置（W）的下方位置。”证据2的中文译文第[0010]段记载，中间导轮10设置在机体重心下方的位置上。证据2的附图3可以看出，将中间导轮10设置在机体重心下方位置客观上可以使作业车以较低的重心位置越过田埂，提高作业车的行驶稳定性。证据1中的大径引导轮10与证据2中的中间导轮10的安装方式相同，都是通过旋臂安装在滚轮架上，遇到地面突起时，两个导轮都可以向上抬起。证据2已经给出明确的技术启示，如果将导轮10设置在机体重心下方，则当遇到地面突起时作业车的抬起量较小。因此，在权利要求1不具有新颖性的基础上，专利复审委员会关于权利要求2相对于证据1与证据2的结合不具有创造性的认定结论正确，应予维持。

4. 关于权利要求4的创造性

权利要求4引用权利要求1至3中任意一项，其附加技术特征为：“上述宽间隔（D_2）是上述设定间隔（D_1）的1.3～2.3倍。”宽间隔与设定间隔之间的比值如果太小，则不能在宽间隔处嵌入大小适当的导轮；如果这个比值太大，当作业车在平坦路面上行走时，由于嵌入接地轮之间的导轮不承重，则必然会使得作业车的支承不均匀。受到上述因素的制约，宽间隔与设定间隔之间的比例关系必然只能在一定范围内选取，权利要求4的附加技术特征中的“1.3～2.3倍”只是本领域中一种常规的设计范围，本专利说明书中亦未记载这样的范围能够带来何种预料不到的技术效果。因此，在权利要求1～3不具备新颖性和/或创造性的基础上，专利复审委员会关于本专利权利要求4不具备创造性的认定结论正确，应予维持。

5. 关于权利要求5的创造性

权利要求5引用权利要求1至3中任意一项，其附加技术特征为："上述各滚轮架（T）是用沿上述车体前后延伸的上下重合配置的一对断面呈方形的钢管制成的，上述上从动轮（9）是安装于上述一对断面呈方形的钢管中上侧的管件上的，上述接地从动轮（8）是安装在位于下侧的方形管件上的。"滚轮架的作用在于安装履带中的各种轮子，本领域技术人员可以根据实际安装轮子的情况对其进行具体设计。专利权人主张采用上下重合配置一对钢管制成滚轮架的设计相较于单一管形成的滚轮架具有强度大、节省材料等优点，然而这些优点是本领域技术人员可以预见的。因此，在权利要求1～3不具备新颖性和/或创造性的基础上，专利复审委员会关于本专利权利要求5不具备创造性的认定结论正确，应予维持。

基于上述理由，一审法院判决维持专利复审委员会作出的无效宣告请求审查决定。

五、北京市高级人民法院的二审判决

专利权人不服一审判决，向北京市高级人民法院（下称"二审法院"）提起上诉，请求法院撤销一审判决及无效宣告请求审查决定。

（一）当事人的主张

专利权人的上诉理由为：一审判决以及无效宣告请求审查决定对本专利权利要求1不具有新颖性的认定没有事实依据，本专利权利要求1中的"上从动轮"与证据1中的"大径引导轮"结构不同，作用不同，技术效果也不同。因此，与证据1相比，权利要求1具有新颖性。

专利复审委员会和无效请求人服从一审判决。

（二）二审判决的理由

根据2000年修正的《专利法》第二十二条第二款的规定，发明的新颖性是指在申请日以前没有同样的发明在国内外出版物上公开发布过、在国内公开使用过或者以其他方式为公众所知，也没有同样的发明由他人向中华人民共和国国务院专利行政部门提出过申请并且记载在申请日以后公布的专利申请文件中。

对比文件证据1公开了一种移动作业机车的履带行驶装置，专利复审委员会在第13733号决定中认为，证据1中的大径引导轮10对应于本专利中的上从动轮；专利权人则主张二者结构、作用、效果均不同。对此，二审法院认为，从证据1说明书中的记载得知，大径引导轮10为主动旋转轮，其借助于支撑旋臂11可上下摇动，作用是过田埂等物的时候，可上下摇动的大径引导轮会吸收车体所承受的冲击，技术效果是可上下摇动支撑的大径引导轮可有效地发挥作用，吸收车体承受的冲击，达到促进缓冲的目的。而本专利“上从动轮”的含义是与“接地从动轮”相对应的，本专利说明书记载：当越过行走路面上的突起部分时，由突起部分顶起的环形履带能顺利地进入上述设定宽间隔的接地从动轮之间的空间，从而使顶起车体的量变小，这样就能维持本体在重心低的状态下稳定行驶，同时能使被顶起的环形履带与上从动轮的下侧接触，从而圆滑地移送环形履带。从以上记载的上从动轮设置的目的及技术效果可以看出，上从动轮在没有遇到路面突出物时，下侧是不与环形履带接触的，只是在遇到突起时才与环形履带接触，作用也不是为了承受地面突出物的冲击，而是提供容纳空间，并圆滑移送环形履带。因此，从本专利权利要求书、说明书及附图中均得不出“上从动轮”下侧也包括与环形履带接触的情形。另外，本专利上从动轮不是主动旋转轮，而证据1中的大径引导轮10是主动旋转的。因此，本专利权利要求1中的上从动轮与证据1中的大径引导轮10在结构、作用、技术效果上均有所不同，构成区别技术特征，专利复审委员会关于证据1中的大径引导轮10对应于本专利中的上从动轮的认定是错误的，应当予以纠正。由于本专利权利要求1与证据1相比，至少存在一个区别技术特征，因此与现有技术相比，具有新颖性，符合2000年修改的《专利法》第二十二条第二款的规定。本专利权利要求3是权利要求1的从属权利要求，在独立权利要求具有新颖性的基础上，权利要求3同样具有新颖性。

本案无效宣告请求审查决定及一审判决对权利要求1是否具有新颖性的认定有误，均应予以撤销。由于无效请求人还针对本专利权利要求1提出了不具备创造性的无效理由，因此专利复审委员会应当在本专利权利要求1具有新颖性的基础上，继续对无效请求人的无效理由作出决定，同时对从属权利要求的创造性一并重新进行认定。

基于上述理由，二审法院判决：专利权人关于撤销一审判决和无效宣告请求审查决定的上诉请求有事实和法律依据，理由充分，应予支持；本案无效宣告请求审查决定以及一审判决认定事实错误，应予撤销；专利复审委员会应当重新就无效请求人针对本案专利提出的无效宣告请求作出审查决定。

六、最高人民法院的再审裁定

无效请求人不服二审判决，向最高人民法院（下称“再审法院”）申请再审。

（一）当事人的主张

无效请求人申请再审称：

（1）本专利权利要求1未限定上从动轮“下侧是不与环形履带接触的”，而按照权利要求书关于“上从动轮的外周缘的下侧比滚轮架的下面更向下张出”的内容，其下侧可能向下张出直至与下侧履带接触。二审判决将仅反映在说明书及附图中的技术特征读入到权利要求中，用于限制专利权的保护范围，或者直接以仅在说明书附图中所反映的具体结构来限定权利要求中相应技术特征的含义，认定本专利的上从动轮“下侧是不与环形履带接触的”是错误的。

（2）二审判决认定证据1中的大径引导轮是主动旋转的也是错误的。该大径引导轮是被引导旋转，不是也不可能主动旋转。当时的译文存在错误，翻译公司已经出具了更正说明。

（3）本专利和证据1同属于作业车履带行走装置技术领域，所解决的都是作业车遇到地面突起时稳定地通过突起物的技术问题，取得的技术效果也是相同的，二审判决认定本专利与证据1中的大径引导轮10在结构、作用、技术效果上均有所不同构成区别特征是错误的。

专利权人称：二审判决综合考虑权利要求和说明书得出本专利上从动轮的下侧不与履带接触是正确的，不存在事实认定和法律适用错误的问题。

专利复审委员会称：本专利权利要求1限定“与环形履带的上侧接触限制环形履带下沉的上从动轮”，并不必然将那些上下侧均与履带接触的从动轮排除在外。说明书也未对“上从动轮”给出明确定义。二审判决的认定已经超越了权利要求书记载的内容，引入了说明书文字部分记载和附图中显示的更为具体的技术特征。

在再审法院询问时，专利复审委员会表示部分认可二审判决。

（二）再审裁定的理由

发明或者实用新型专利权的保护范围以其权利要求的内容为准，说明书及附图可以用于解释权利要求的内容。

对于本专利的上从动轮，权利要求1限定为“分别设置在上述左侧和右侧滚轮架（T）上的与环形履带（11）的上侧接触能限制环形履带（11）下沉的上从动轮（9）”、“上述上从动轮（9）嵌入配置在该轮宽的间隔（D_2）内”、“而且设定上述上从动轮（9）的直径，使得当从侧面看时，该上从动轮（9）的外周缘的下侧比滚轮架（T）的下面更向下张出”。

对于上从动轮的下侧是否与环形履带接触，权利要求书中没有明确，只是要求“下侧要比滚轮架（T）的下面更向下张出”，逻辑上包括向下张出直至与环形履带接触的情形。但是本专利说明书记载：当越过行走路面上的突起部分时，由突起部分顶起的环形履带能顺利地进入上述设定宽间隔的接地从动轮之间的空间，从而使顶起车体的量变小，这样就能维持本体在重心低的状态下稳定行驶，同时能使被顶起的环形履带与上从动轮的下侧接触，从而圆滑地移送环形履带。从以上记载的上从动轮设置的目的及技术效果可以看出，上从动轮在没有遇到路面突出物时，下侧是不与环形履带接触的。假设在没有遇到路面突出物时，上从动轮的下侧也同时与履带接触，由于本案专利的权利要求书明确限定上从动轮的上侧与履带接触限制环形履带下沉，上下侧同时接触的方案显然不存在遇到突起物时供突起物进入的容纳空间，显然不符合本专利的发明目的，无法解决本专利所要解决的技术问题，难以取得本专利所欲取得的技术效果。因此，二审判决关于“从本专利权利要求书、说明书及附图中均得不出上从动轮下侧也包括与环形履带接触的情形”的认定正确。这种认定并非将仅反映在说明书及附图中的技术特征读入到权利要求中，用于限制专利权的保护范围，或者直接以仅在说明书附图中所反映的具体结构来限定权利要求中相应技术特征的含义，而是结合说明书和附图来解释权利要求的内容，符合法律规定。

证据1中的大径引导轮10通过弹簧13摇动靠在下降侧，即下端是与履带接触的，过田埂等突起物时，大径引导轮10借助支撑悬臂11可上下摇动，可上下摇动的大径引导轮会吸收车体所承受的冲击，达到促进缓冲的目的。将证据1中的大径引导轮与本专利权利要求1中的上从动轮相比，证据1中的大径引导轮的下侧始终与履带接触，其通过上下摇动吸收车体通过突起物时所承受的冲击；而本专利中的上从动轮的下侧只是在遇到突起时，因突起物将环形履带顶起才与环形履带接触，作用也不是为了承受地面突出物的冲击，而是提供容纳空间，并圆滑移送环形履带。可见，证据1中的大径引导轮与本专利权利要求1中的上从动轮在与其他部件的相互关系以及在整个技术方案中所起的作用和技术效果等方面存在差异，构成区别特征，因此也使得权利要求1的技术方案与证据1明显不同，二审判决关于权利要求1相对于证据1具有新颖性的认定正确。

至于二审判决关于证据1中大径引导轮10是主动旋转的认定源于无效请求人当时提交的译文，虽然翻译公司事后提交了更正说明，且从证据1中得不出大径引导轮10是主动旋转的结论，但这并不影响权利要求1与证据1相比存在前述区别特征，因此具有新颖性的结论。

基于上述理由，再审法院裁定驳回无效请求人的再审申请。

“脉冲超细干粉自动灭火装置”发明专利无效案

一、案件提要

当事人

专利权人：北京世纪联保消防新技术有限公司
无效请求人：山西中远消防设备有限公司

专利复审委员会的无效宣告请求审查决定

决定号：WX第14523号
合议组成员：汪送来、孙丽芳、张家祥
决定日： 2010年3月2日

北京市第一中级人民法院的一审判决

案号：（2010）一中知行初字第1729号
合议庭成员：侯占恒、王晫、韩涛
结案日期：2010年11月8日

北京市高级人民法院的二审判决

案号：（2011）高行终字第76号
合议庭成员：李燕蓉、马军、焦彦
结案日期：2011年3月18日

最高人民法院的再审判决

案号：（2012）行提字第20号
合议庭成员：金克胜、郎贵梅、罗霞
结案日期：2013年2月26日

涉及的法律规定

《专利法》第二十二条

判决要点

1. 如果发明的技术方案相对于最接近的现有技术所存在的区别技术特征在现有的证据中存在启示或者是本领域的公知常识，则发明的技术方案相对于现有技术是显而易见的，不具有创造性。

2. 根据《现代汉语词典（第5版）》的解释，“包括”是指包含（或列举各部分，或着重指出某一部分）。本案专利的权利要求1采用的“含有”、“包括”措词的本身含义就应当理解为没有排除未指出的结构组成部分。

二、涉案专利介绍

本案涉及名称为“脉冲超细干粉自动灭火装置”的第02123866.9号发明专利（下称“本案专利”），其申请日为2002年7月5日，授权日为2008年1月9日，授权时的专利权人为北京世纪联保消防新技术有限公司（下称“专利权人”）。

本案专利的说明书指出，目前的超声波气溶胶灭火装置是机械启动，常规压缩空气连续喷射的，包括壳体、储气瓶和干粉灭火剂，使用时在储气钢瓶内压缩气体的压力作用下连续喷洒出干粉进行灭火。其存在的缺点是：灭火器本身就是一个压力容器，容易发生爆炸伤人事故；容易漏气，需定期检查，维修麻烦；灭火所需时间长，效率低。

发明内容：本发明的目的是提供一种高效快速、结构简单、安全且使用方便的脉冲超细干粉自动灭火装。

在本案专利说明书附图中：图1为圆筒形灭火器，图2为碗形灭火器，图3为启动器。

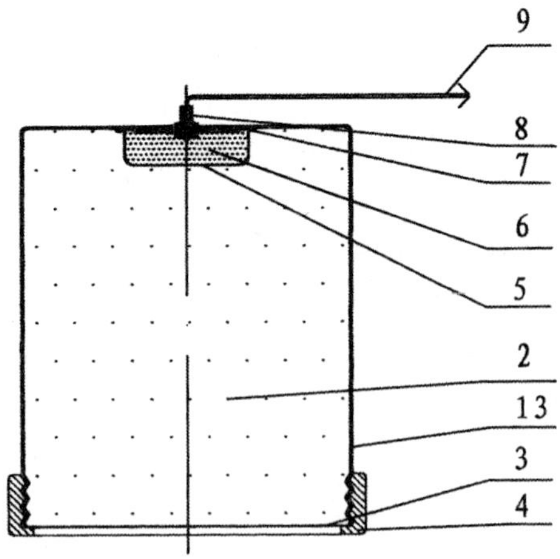

图1

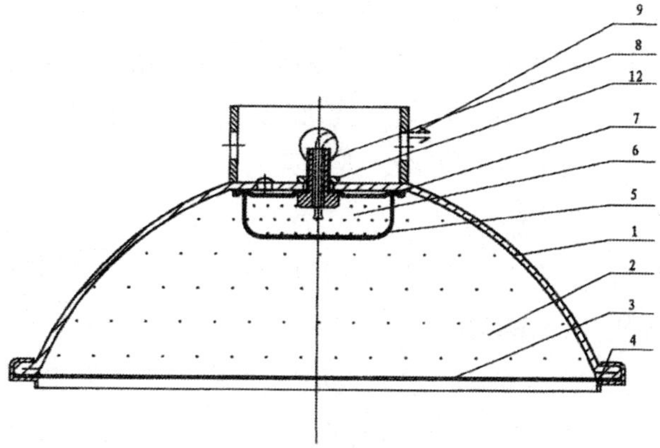

图2

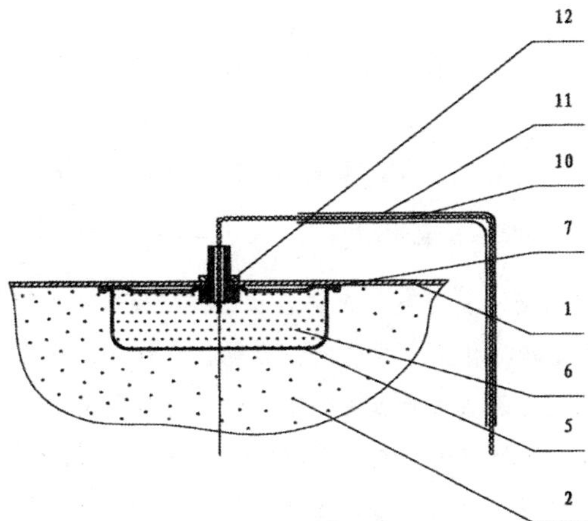

图3

本案发明的具体实施方式请见图2和图3。其中，附图标记1是铝制外壳；3是钢圈；4是固定在外壳1上的铝膜，它们共同组成壳体；2是粒度为20μm以下的磷酸铵盐超细干粉；7是用螺母12和穿孔螺栓8共同扣压在外壳1内侧的铝板；6是产气剂，用粒度为83μm的硝酸钠和镁粉组成，5是用于包住产气剂6而被铝板7扣压住的赛璐珞薄膜，它们共同组成了产气组件；9是穿过穿孔螺栓8而插入产气剂6中的启动组件，启动组件9由氯酸钾和蔗糖渍过的棉线10和套在棉线10外的玻璃丝套管11组成，棉线10的燃点为135℃，传导速度为0.5米/秒；上述产气组件和启动组件9共同组成启动器。

本发明不是靠高压储气瓶中的气体压力喷洒超细干粉灭火剂灭火，而是采用安全、可靠、无毒无污染的烟火剂作为产气剂。使用时将其置于保护对象的上方或侧面，当发生火灾灾情时直接感受火焰，化学启动组件点燃并迅速传递，使启动器中的产气剂立即发生化学反应，产生大量气体，使外壳1上的铝膜3破裂，脉冲喷射超细干粉灭火剂，扑灭火焰。

本装置具有以下优点：

（1）安全可靠。它的动力源采用烟火剂，不含炸药等爆炸物和有毒物质，保证了生产、使用和运输时绝对安全。

（2）采用化学启动方式，在无人值守情况下，它直接感受火焰和温度，自发无源启动，不需要火灾探测报警设备和电源，避免误动作。

（3）不需要管网和高压储气罐，不存在耐压和气体泄露问题，工程造价低，便于维护。

（4）实现脉冲高效灭火，集中导向式喷射，冲击力强，保护面积大，满足重、特大空间火灾扑救需要。

（5）无毒无腐蚀，不破坏大气臭氧层，符合环保要求。

本案专利授权时的权利要求书如下：

1. 脉冲超细干粉自动灭火装置，含有启动器和内装超细干粉灭火剂（冷气溶胶灭火剂）的壳体，其特征在于，它含有：壳体，它包括：外壳、装在外壳内的粒度在30μm以下的超细干粉灭火剂及壳体喷口密封用的铝膜；传导速度大于0.5米/秒的启动器，它包括：由燃点大于或等于135℃、并对火焰或温度敏感的热敏线和套在热敏线外的套管组成的启动组件，由靠螺母和贯穿着热敏线的穿孔螺栓紧压在壳体内侧的铝板、与热敏线接触的产气剂和扣压在铝板上用以包住产气剂的非金属薄膜共同组成的产气组件。

2. 根据权利要求1所述的脉冲超细干粉自动灭火装置，其特征在于：所述的壳体是碗形、圆筒形、半球形、双球形、锥形或葫芦形中的任何一种。

3. 根据权利要求1所述的脉冲超细干粉自动灭火装置，其特征在于：所述的超细干粉灭火剂的粒度在20μm以下。

4. 根据权利要求1所述的脉冲超细干粉自动灭火装置，其特征在于：所述的产气剂粒度小于或等于83μm。

5. 根据权利要求1所述的脉冲超细干粉自动灭火装置，其特征在于：所述的启动组件传导速度大于0.5米/秒，且制备过程安全。

三、专利复审委员会的无效宣告请求审查决定

（一）无效宣告请求的审查过程

针对本案专利权，山西中远消防设备有限公司（下称“无效请求人”）于2009年6月16日向专利复审委员会提出无效宣告请求，并提交了附件1～13作为证据。

无效请求人认为：

（1）本案专利的权利要求1不具备创造性，不符合《专利法》第二十二条第三款的规定。

附件1公开了一种“可分离式启动器的超跨音灭火器”，权利要求1与附件1技术方案的区别在于：启动组件中的“燃点大于或等于135℃、并对火焰或温度敏感的热敏线”、“套在热敏线外的套管”、“传导速度大于0.5米/秒的启动器”和“装在外壳内的粒度在30μm以下的超细干粉灭火剂”这四个技术特征。权利要求1中所述的“封闭用的铝膜”与附件1中公开的“封闭挡板6”是等同替换。附件2公开了一种“超细粉体高效灭火剂及其制备方法”，其说明书公开了权利要求1中的“装在外壳内的粒度在30μm以下的超细干粉灭火剂”的技术特征。附件3公开了一种“安全自动爆干粉灭火弹”，其说明书公开了权利要求1中的“对火焰或温度敏感的热敏线和套在热敏线外的套管”。附件5公开了速燃导火线套管。附件6也公开了速燃引线。附件9公开了棉花的自燃点150℃、棉絮的自燃点360～367℃。附件10第55页表1公开了棉花的自燃点150℃、棉花的燃点210℃。本专利中的热敏线是棉线，棉线是由棉花加工而成的，所以燃点大于或等于135℃的热敏线的技术特征已被附件9或10公开。附件11公开了尼龙的自燃点为420℃；附件12公开了麻绒的自燃点为150℃；麻袋的燃点为150℃，自燃点为200℃。附件13公开了赛璐璐的自燃点为180℃。由附件11～13可知燃点大于或等于135℃的热敏线的技术特征多次被公开。权利要求1的全部技术特征被以上所述附件全部公开，本领域技术人员可不经创造性劳动推导出权利要求1的技术方案，故权利要求1不具备创造性。

另外，启动器的传导速度大于0.5米/秒、热敏线的燃点大于或等于135℃、超细干粉灭火剂的粒度在30μm以下并不是对现有技术作出贡献的技术特征，且也没有带来新的技术效果、解决新的技术问题。对于本领域技术人员来说是公知常识。本领域技术人员也可以根据附件1结合附件3和公知常识推导出权利要

求1的技术方案，权利要求1不具备创造性。

壳体形状的限定并没有解决新的技术问题，也没有产生新的技术效果，故从属权利要求2也不具备创造性。附件2已经公开了权利要求3的附加技术特征，故从属权利要求3也不具备创造性。附件4已经公开了权利要求4的附加技术特征，故从属权利要求4也不具备创造性。

（2）权利要求1记载的“传导速度大于0.5米/秒的启动器”和权利要求5记载的“启动器组件传导速率大于0.5米/秒”和“制备过程安全”不清楚，不符合《专利法实施细则》第二十条第一款的规定。

（3）权利要求1记载的“非金属薄膜”得不到说明书的支持，同时权利要求5中的“且制备过程安全”为功能性限定，得不到说明书的支持，不符合《专利法》第二十六条第四款的规定。

（4）说明书不清楚完整，不符合《专利法》第二十六条第三款的规定。根据附件7，审查员于2007年3月9日发出的《第二次审查意见通知书》指出说明书没有公开如何实现脉冲喷射干粉灭火剂，而专利权人于2007年4月4日答复（即附件8）认为，脉冲不属于要求保护的对象，要求保护的是装置的结构。专利权人的这一答复仍没有清楚说明如何实现脉冲喷射灭火剂的结构特征。

经形式审查合格，专利复审委员会受理了上述请求，于2009年7月9日向双方当事人发出了无效宣告请求受理通知书，并将专利权无效宣告请求书及其附件清单中所列文件的副本转送给专利权人，要求其在指定的期限内答复，同时成立合议组对该无效请求案进行审理。

2009年7月16日，无效请求人再次提交了无效宣告请求书和上述附件1～13，并补充提交了附件14～16。

无效请求人进一步指出：

（1）权利要求1中的技术特征“壳体喷口封闭用的铝膜”不清楚，不符合《专利法实施细则》第二十条第一款的规定。

（2）本专利说明书附图中标注的铝膜是一个环状物体，环状物体如何实现封闭干粉灭火剂不清楚，因此说明书不符合《专利法》第二十六条第三款的规定。

（3）权利要求5是对权利要求1中的启动组件进行了制备过程安全的功能限定，本专利既没有公开其制备手段，也没有公开启动组件传导速度大于0.5米/秒与制备过程安全的关系，因此在权利要求1不具备创造性的基础上，权利要求5

也不具备创造性。

（4）本领域技术人员都知道烟火剂是由氧化剂与还原剂等组成的混合物，燃烧时能产生声、气、光、色、烟等效果，铝镁合金是一种常用的烟火材料，附件14中记载了雾化粉末中约80%的粉末其粒度均在43μm以下，即公开了权利要求4中所述的产气剂的粒度在83μm以下的技术特征，故权利要求4不具备创造性。

（5）附件15和附件16均公开了粉体灭火剂粒度越小、灭火效果越好的特征，干粉灭火剂的这些特征对本领域技术人员来说都是公知常识。

2009年8月4日，专利复审委员会本案合议组向双方当事人发出《无效宣告请求口头审理通知书》，定于2009年9月8日对本专利权的无效宣告请求举行口头审理。

2009年8月14日，专利权人提交了意见陈述书和反证1，即专利复审委员会于2009年4月30日作出的第13327号无效宣告请求审查决定书，复印件共9页。

专利权人认为：

（1）反证1的附件1和3～6分别对应上述附件1和3～6，反证1认定附件1与权利要求1的区别有6处：

a. 本案专利的权利要求1明确了超细干粉灭火剂的粒度在30μm以下，而附件1中没有记载该特征；

b. 本案专利的权利要求1明确热敏线的传导速度大于0.5米/秒，而附件1没有记载该特征；

c. 本案专利的权利要求1明确热敏线的燃点大于或等于135℃，而附件1没有记载该特征；

d. 附件1的灭火装置有多孔件，而本案专利的权利要求1没有该部件；

e. 本案专利的权利要求1记载的是热敏线和套在热敏线外的套管，而附件1相应地是有一个凹槽（17）和装在该凹槽中的两根导线（18）；

f. 本案专利的权利要求1中用于密封壳体喷口的材料是铝膜，而附件1相应部件是挡板，没有公开其所使用的材质。

另外，铝膜在附件1中根本没有出现，附件1中挡板部分的对应部分为钢圈，铝膜是用来将钢圈封闭在铝制外壳上的。专利技术方案是个整体，不能因为附件2、3、5、6、9、10分别公开的部分技术特征（超细粒度、热敏线、传导速度）破坏其创造性，不符合其中任何一个条件，本发明的目的就不能实现。

附件9～11均公布的是具体数值，而数值范围的选择是本专利中实现发明目的作出贡献的技术特征，因此附件9～11没有给出将所述技术特征应用到附件1的技术启示。本专利没有产气室，与附件1的带有产气室的超跨音速灭火器在结构和各个技术特征的数值范围限定上具有本质区别，附件1～11的结合不能否定本专利的创造性。

（2）反证1已经认定"传导速率大于0.5米/秒的启动器"和"制备过程安全"是清楚的；"非金属薄膜"得到了说明书的支持。

（3）"制备过程安全"可以得到说明书支持，该特征是对启动器组件的限定，本领域技术人员能够想到使用现有的保证制备过程安全的方式来制备启动器组件。

（4）本专利说明书清楚完整，符合《专利法》第二十六条第三款的规定，由于对比文件中均具有产气室，而本专利不具有产气室，同时由于其内部结构的特点使得能够实现本发明的目的。

2009年9月8日，口头审理如期举行。双方当事人的代理人均参加了口头审理。合议组当庭向无效请求人转送了专利权人于2009年8月14日提交的意见陈述书和反证1，并向专利权人转送了无效请求人于2009年7月16日补充提交的无效宣告请求书和证据14～16的复印件。

在口头审理中，合议组记录了以下事项：

（1）无效请求人放弃使用附件5、14～16。

（2）由于"传导速度大于0.5米/秒的启动器"、"壳体喷口密封用的铝膜"和"制备过程安全"不清楚的问题以及权利要求1中"非金属薄膜"得不到说明书支持的问题在反证1中已涉及，因此，无效请求人放弃权利要求1、5不符合《专利法实施细则》第二十条第一款的规定，权利要求1中记载的"非金属薄膜"导致权利要求1不符合《专利法》第二十六条第四款的规定的无效理由，确定无效宣告理由为本专利说明书公开的内容不符合《专利法》第二十六条第三款的规定、权利要求5中"且制备过程安全"不符合《专利法》第二十六条第四款的规定以及权利要求1～5不符合《专利法》第二十二条第三款的规定。

（3）专利权人对附件1～13的真实性、公开性和关联性没有异议。

（4）无效请求人对反证1的真实性没有异议。

（5）针对合议组当庭转送的文件，无效请求人同意当庭陈述意见，并在口审结束后一周内提交附件10、12和13的出版信息；专利权人同意就铝膜是环状物导致说明书不符合《专利法》第二十六条第三款规定的问题，在口头审理结束后一周内进一步书面陈述意见，逾期不提交的，将不予考虑。

（6）无效请求人确认以附件1～3、6、9～13结合评价权利要求1～3和5的创造性，使用附件1～4、6、9～13评价权利要求4的创造性。

2009年9月10日，专利权人提交了意见陈述书，认为参考说明书第4页第2段的描述“产生大量气体，使外壳1上的铝膜3破裂，脉冲喷射超细干粉灭火剂，扑灭火焰”以及附图1和2，可知铝膜是通过钢圈固定在喷口上的，因此图中标示的3为铝膜，4是固定铝膜的钢圈，因此本专利说明书附图是清楚的。

2009年9月12日，无效请求人提交了意见陈述书，提供了由山西省图书馆信息咨询部签章的证明文件，证明附件10、12和13能从山西省图书馆数字阅览室以及中国知网下载获得，其中附件10来源于2001年出版的《劳动保护科学技术》第2期，附件12来源于1986年出版的期刊《消防科学与技术》第4期，附件13来源于1994年出版的《山东消防》第10期。

2009年10月21日，专利权人再次提交了意见陈述书，针对在后无效宣告请求书中提出的权利要求5不具备创造性陈述了意见，认为，权利要求5引用权利要求1，由于权利要求1具备创造性，因而，权利要求5整体的技术方案也具备创造性。

至此，合议组认为本案的事实已经调查清楚，可以依法作出审查决定。

（二）无效宣告请求审查决定的理由

1. 关于无效理由和证据

在2009年9月8日举行的口头审理中，无效请求人放弃了反证1中已经审查过的“传导速度大于0.5米/秒的启动器”、“喷口密封用的铝膜”和“制备过程安全”不清楚导致权利要求1和5不符合《专利法实施细则》第二十条第一款规定的无效理由，以及“非金属薄膜”得不到说明书支持导致权利要求1不符合《专利法》第二十六条第四款规定的无效理由，同时放弃附件了5、14～16，因此无效请求人针对本案专利所提出的全部无效理由和范围为：权利要求1～5不具备《专利法》第二十二条第三款规定的创造性，说明书中涉及“脉冲喷射干粉灭火剂”的内容不符合《专利法》第二十六条第三款的规定，权利要求5中“且制备过程安全”不符合《专利法》第二十六条第四款的规定。其中，创造性评价时证据使用方式为附件1～3、6、9～13相结合用于评价权利要求1～3和5的创造性；附件1～4、6、9～13相结合用于评价权利要求4的创造性。

专利权人对附件1～13的真实性、公开性和关联性没有异议，合议组对附件1～13的真实性、公开性和关联性予以认可；无效请求人对反证1的真实性没有异议，合议组对反证1的真实性予以认可。

2. 关于《专利法》第二十二条第三款

《专利法》第二十二条第三款规定，创造性，是指同申请日以前已有的技术相比，该发明有突出的实质性特点和显著的进步。如果发明的技术方案相对于最接近的现有技术所存在的区别技术特征在无效请求人所提供的证据中存在启示或者是本领域的公知常识，则发明的技术方案相对于现有技术是显而易见的，不具备创造性。

（1）独立权利要求的创造性

就本案而言，无效请求人认为权利要求1相对于附件1～3、6、9～13的结合不具备创造性，不符合《专利法》第二十二条第三款的规定。

本案专利的权利要求1请求保护一种脉冲超细干粉自动灭火装置，含有启动器和内装超细干粉灭火剂（冷气溶胶灭火剂）的壳体，其特征在于，它含有：壳体，它包括：外壳、装在外壳内的粒度在30μm以下的超细干粉灭火剂及壳体喷口密封用的铝膜；传导速度大于0.5米/秒的启动器，它包括：由燃点大于或等于135℃、并对火焰或温度敏感的热敏线和套在热敏线外的套管组成的启动组件，由靠螺母和贯穿着热敏线的穿孔螺栓紧压在壳体内侧的铝板、与热敏线接触的产气剂和扣压在铝板上用以包住产气剂的非金属薄膜共同组成的产气组件。

附件1公开了一种可分离式启动器的超跨音速灭火器，其特征在于顶盖（2）是圆盘形，中央位置有一螺纹孔（7），孔中装入一个可分离式的启动器（1），顶盖（2）底部有环形凸端（8），多孔件（3）是一外凸圆弧曲面形状，其上端与环形凸端（8）配合，壳体（5）是弧形圆锥体，上端与顶盖（2）和多孔件（3）配合，下端由挡板（6）封闭接合，壳体（5）内充填以灭火剂（4）。其中启动器上部是六角形体（13），下部连有一圆柱体（14），且有阳螺纹（15），下端又连有一圆柱体（16），上部六角形体（13）有一凹槽（17），槽中装有2根导线（18）通向圆柱体（16）内，圆柱体（16）内充填以燃气剂（19），装盛在圆柱形赛璐璐壳体内。

将本专利权利要求1与附件1的上述技术方案进行对比可知，两者均是灭火器，主要包括启动器、灭火剂和壳体三个部分，两者的区别在于：

a. 权利要求1中使用的是粒度为30μm以下的超细干粉灭火剂（冷气溶胶灭火剂），而附件1公开的是上位的灭火剂；

b. 权利要求1中使用铝膜密封壳体喷口，而附件1公开的是挡板；

c. 权利要求1的启动器中采用由燃点大于或等于135℃、并对火焰或温度敏感的热敏线和套在热敏线外的套管组成的启动组件，其传导速度大于0.5米/秒，并且采用扣压在铝板上用以包住产气剂的非金属薄膜，而附件1中公开的是经凹槽17的带有双股导线的点火头，并且没有公开圆柱体16（赛璐璐）的具体固定方式。

首先，在口头审理时，专利权人认可权利要求1中所述的“冷气溶胶灭火剂”与附件2中的“超细粉体干粉灭火剂”相同，而附件2中同时公开了粒度小于10μm以下的超细粉体灭火剂，并指出粒度小于10μm以下的灭火剂比表面积大、流动性好、不易吸潮结块、灭火效果好等优点，本领域技术人员在附件1的基础上寻找高效灭火剂的过程中，容易由同样涉及灭火剂领域的附件2中获得粒度越小、比表面积越大、灭火效果越好的启示。

其次，权利要求1中采用了铝膜密封壳体，而采用铝膜材料代替相同功能的挡板是本领域技术人员容易想到的，亦未带来任何意料不到的技术效果。

再次，附件3公开了一种名称为安全自爆干粉灭火弹的装置，其中露在弹体外的微型安全引线9为火敏元件，可以安全地自动引爆。附件9公开了易燃的棉线自燃点150℃，附件10中表1公开了棉花自燃点150℃、燃点210℃。通常可用作引线的可燃物，如尼龙、麻绒、麻袋和赛璐璐的自燃点和燃点在附件11～13中公开，数据显示均大于135℃，由此可见，热敏线的燃点大于或等于135℃这一技术特征已在现有技术中多次公开使用，本领域惯常使用的热敏线均符合上述特征。另外，在无效请求人提交的附件6中公开了如下内容：棉线在敞开条件下可以数厘米每秒的速度平稳燃烧，但在引线管内，由于沟槽效应，几乎瞬间燃烧；另外还具体公开了棉线引线在密闭状态下燃速可达0.3～1m/s。可见，附件6公开了传导速度为0.5米/秒的热敏线，并可直接地、毫无疑义地推知，热敏线装在套管内可以极大地提高燃烧速度。也就是说，根据附件3、6、9～13公开的内容，本领域技术人员容易想到将惯常使用的燃点大于或等于135℃的热敏线或火敏线置于密闭空间中提高其传导速度，从而用于自动灭火器。此外，尽管附件1中没有公开采用扣压在铝板上固定非金属薄膜的方式，但是这种固定方式是一种常见的固定方式，本身并没有给发明带来任何意料不到的技术效果。

另外，附件1的灭火器中还装有多孔件3，本专利权利要求1中没有限定该部件。根据附件1说明书的记载，多孔件的喷孔，可产生超音速气流或跨音速气流，扩大了灭火器气动力应用范围。合议组认为，权利要求1中没有多孔件3，相应地也就不具有附件1说明书中所述的上述功能。如此缺失多孔件3，并不能使权利要求1的技术方案具备创造性。

综上所述，本领域技术人员在附件1的基础上结合附件2、3、6、9～13中公开的常识性内容获得本案专利的权利要求1的技术方案是显而易见的，因此权利要求1不具备突出的实质性特点和显著的进步，不具备创造性。

（2）从属权利要求的创造性

从属权利要求2的附加技术特征进一步限定了灭火装置的壳体是碗形、圆筒形、半球形、双球形、锥形或葫芦形中的任何一种。

无效请求人认为，壳体形状的限定没有解决新的技术问题，也没有产生新的技术效果，故从属权利要求2也不具备创造性；专利权人认为，上述形状是经试验研究出来的结果，比如倒三角形状就不好。

合议组认为，本领域技术人员基于其掌握的普通知识，可以根据需要来选择灭火器装置的形状，并且，根据说明书的描述，本领域技术人员也看不出权利要求2限定的这些壳体形状可以带来任何意料不到的技术效果，因此，在权利要求1不具备创造性的基础上，权利要求2同样不具备创造性。

从属权利要求3的附加技术特征是所述超细干粉灭火剂的粒度中20μm以下。附件2已经公开了粒度小于10μm以下的超细粉体灭火剂，并且给出了灭火剂粒度越小、比表面积越大、灭火效果越好的技术启示，因此，在权利要求1不具备创造性的基础上，权利要求3相对于附件1、2、6和9～13的结合同样不具备创造性。

从属权利要求4的附加技术特征是所述产气剂粒度小于或等于83μm，而附件4公开了通常需要将炸药超细化到5μm以下。本领域技术人员人员在制备产气剂时容易由附件4获得技术启示，将产气剂的粒度细化以增强其灵敏性，在引用的权利要求1不具备创造性的基础上，从属权利要求4相对于附件1、2、4、6和9～13的结合同样也不具备创造性。

从属权利要求5是对权利要求1中的启动组件进行了制备过程安全的限定，然而本专利说明书既没有公开其制备手段，也没有证据显示其制备过程相对于例如附件1是安全的，因此，在权利要求1不具备创造性的基础上，权利要求5也没有创造性。

专利权人认为专利技术方案是个整体，不能因为附件2、3、5、6、9、10分别公开的部分技术特征破坏其创造性的观点。合议组认为，本领域技术人员虽然不具备创造能力，但其具有对现有技术的检索能力以及应用申请日之前常规实验手段的能力，如果要解决的技术问题能够促使本领域技术人员在其他技术领域寻找技术手段，本领域技术人员也应具有从其他领域中获知申请日前的相关现有技术、普通技术知识和常规实验手段的能力。因此，在附件1的基础上，本领域技术人员不仅会将其关注重点放在灭火器结构上，还会考虑灭火器中灭火剂的粒度，以及寻找具有合适传导速度的热敏线等问题，采用相关领域中现有技术的教导去解决上述技术问题。因此，对于专利权人的上述观点，合议组不予支持。

专利权人还认为，本专利没有产气室，与附件1的带有产气室的超跨音速灭火器在结构和各个技术特征的数值范围限定上具有本质区别。对此，合议组认为，根据附件1说明书的记载，专利权人所述的产气室意指由灭火器中的多孔件3与顶盖2之间的腔室。如上所述，该多孔件3用于产生超音速气流或跨音速气流，扩大了灭火器气动力应用范围，本专利不使用多孔件3，自然相应地不具备上述功能，减少灭火器装置中的功能并不能使权利要求1的技术方案具备创造性。因此，合议组不支持专利权人的上述观点。

另外，专利权人还使用反证1说明本专利具备创造性。对此，合议组认为，反证1在创造性评价中所使用的证据与本决定中使用的证据并不完全相同，并且本决定与其也不冲突。

综上所述，本案专利的权利要求1～5均不符合《专利法》第二十二条第三款的规定。

鉴于已经得出权利要求1～5不符合《专利法》第二十二条第款规定的结论，合议组对于无效请求人提出的其他无效理由和证据不再予以评述。

基于上述事实和理由，专利复审委员会作出了宣告本案专利全部无效的无效宣告请求审查决定。

四、北京市第一中级人民法院的一审判决

专利权人不服专利复审委员会作出的无效宣告请求审查决定，向北京市第一中级人民法院（下称“一审法院”）提起行政诉讼。

（一）当事人的主张

1. 专利权人的主张

（1）权利要求1符合《专利法》第二十二条第三款的规定

（1）专利复审委员会遗漏了区别技术特征（4）和区别技术特征（5），前者在于附件1的灭火装置有多孔件，而本专利中没有该部件；后者在于本案专利的权利要求1记载的是热敏线和套在热敏线外的套管，而附件1相应地有一个凹槽（17）和装在该凹槽中的两根导线（18）。

（2）区别（4）是体现两个技术方案不同之处的关键点之一，因为本专利中没有多孔件，因此使用铝膜密封才是可能的；本专利由于没有多孔件，因此体积可以大大缩小，而且由于气流不用达到超音速和跨音速速度就可以冲破铝膜，因此启动到喷射超细干粉灭火剂几乎没有时间间隔；同时本专利由于没有多孔件因此成本降低。

（3）本专利中铝膜根本不等同于附件1中的挡板，原因是挡板冲破需要比较大的冲击力，因此需要搭配多孔件封闭产生的大量的气体至一定量后气体由多孔件的孔冲出，产生的是超音速气流或者是跨音速气流，因此其力度比较大才能冲破挡板；而本专利中的气流根本不是超音速气流。

（4）本专利的技术方案是一个整体，该方案中各数据是有其本身的选择条件的，如果不符合其中的任何一个条件，本专利的发明目的就不能够实现；而且附件9至11均为公布本专利权利要求1的具体数值，而数值范围的选择是在本专利中实现发明目的作出贡献的技术特征，极大地影响本专利能否实现其发明目的，解决其需要解决的技术问题，因此附件9至11根本就没有给出将该特征应用到对比文件1中的技术启示。

（5）无效宣告请求审查决定使用如此多的对比文件来否定本专利的创造性，从另一方面说明了本专利需要跨的技术领域比较多，在如此多的对比文件中竟然还没有完全公开本发明的技术特征，从另一方面说明了本专利需要创造性劳动才能做出。

（6）本领域技术人员既然没有创造能力，那么其根本不可能将多孔件去掉，同时用铝膜封闭外壳。

综上所述，专利权人认为本案专利的权利要求1相对于对比文件而言具有突出的实质性特点和显著的进步，具备创造性。

（2）权利要求2～5符合《专利法》第二十二条第三款的规定

（1）壳体形状决定灭火剂喷射轨迹及灭火效果，权利要求2中的几个壳体形状具有好的灭火效果，而且权利要求2引用权利要求1，因此在权利要求1具有创造性前提下，权利要求2也具有创造性。

（2）本领域技术人员都知道超细干粉灭火剂粒度值不是一个恒定数值，而是一个范围。权利要求3所述超细干粉灭火剂粒度在20μm以下，表示粉体粒度在0～20μm之间分布。附件2公开的是粒度在10μm以下的超细干粉灭火剂，那么附件2粉体粒度应该在0～10μm之间分布，也就是说附件2没有包括11～20μm之内的超细干粉。现实中火焰燃烧时会产生气浪，火焰越大气浪越大，灭火剂要有一定质量，如果太细，达不到灭火的效果。所有的粒度都在10μm以下，灭火效果就会很差，而且权利要求3引用权利要求1，因此在权利要求1具有创造性前提下，权利要求3也具有创造性。

（3）附件4中明确的是将炸药超细化到5μm以下，而本专利中直接明确了不含炸药等爆炸物和有毒物质。因此作为炸药的超细化到5μm以下根本不能应用到附件1中，附件4没有对权利要求4的附加技术特征给出技术启示，而且权利要求4引用权利要求1，因此在权利要求1具有创造性前提下，权利要求4也具有创造性。

（4）权利要求5引用权利要求1，在权利要求1具有创造性的前提下，权利要求5也具有创造性。

基于上述理由，专利权人认为专利复审委员会作出的本案无效宣告请求审查决定认定事实有误，适用法律不当，请求法院依法予以撤销。

2. 专利复审委员会的主张

（1）关于区别技术特征

区别技术特征（4）已在第14523号决定正文第7页第2段进行阐明，而区别技术特征（5）包含在区别技术特征（3）中，故本案无效宣告请求审查决定认定事实无误。

根据附件1的记载，多孔件的喷孔可产生超音速气流或跨音速气流，扩大了灭火器动力应用范围；本案专利的权利要求1中没有多孔件，相应地就不具有附件1所述的上述功能，但其作为灭火器的功能仍然存在，二者的比较基准仍然存在，如此缺失多孔件并不能使权利要求1的技术方案具有创造性。

根据本专利说明书的解释，铝膜的作用是在产气剂发生化学作用产生大量气体时发生破裂。附件1中的挡板与本专利中的铝膜在灭火器装置中位于相同的位置，起相同的功能，本领域技术人员没有理由相信将铝膜用作附件1中的挡板不能起到相同的灭火作用。

（2）关于附件9～11是否给出了技术启示

本领域技术人员虽然不具备创造能力，但其具有对现有技术的检索能力以及应用申请日之前常规实验手段的能力，如果要解决的技术问题能够促使本领域技术人员在其他技术领域寻找技术手段，本领域技术人员也应具有从其他领域中获知申请日前的相关现有技术、普通技术知识和常规实验手段的能力。因此，在附件1的基础上，本领域技术人员不仅会将关注重点放在灭火器结构上，还会考虑灭火器中灭火剂的粒度，以及寻找具有合适传导速度的热敏线等问题，采用相关领域中现有技术的教导去解决上述技术问题。

本专利中的技术特征“燃点大于或等于135℃、并对火焰或温度敏感的热敏线”实质上是对热敏线特征的限定，附件9～11均涉及可作为引线使用的可燃物，如棉线、尼龙、麻绒、麻袋和赛璐珞，它们的燃点和自燃点均大于135℃，即附件9～11均印证了本领域惯常使用的热敏线均符合上述特征。该技术特征不能使得本专利的技术方案具有突出的实质性特点和显著的进步。

基于上述理由，专利复审委员会认为本案无效宣告请求审查决定认定事实清楚、适用法律正确、审理程序合法，审查结论正确，专利权人的诉讼理由不能成立，故请求法院驳回其诉讼请求，维持本案无效宣告请求审查决定。

3. 无效请求人的主张

无效请求人认为专利复审委员会作出的无效宣告请求审查决定认定事实清楚、适用法律正确，请求法院驳回专利权人的诉讼请求，维持无效宣告请求审查决定。

（二）一审判决的理由

1. 法律适用问题

2008年12月27日修改的《专利法》已于2009年10月1日起施行，因此本案审理涉及2000年修改的《专利法》与2008年修改的《专利法》之间的选择适用问题。

《立法法》第八十四条规定，法律、行政法规、地方性法规、自治条例和单行条例、规章不溯及既往，但为了更好地保护公民、法人和其他组织的权利和利益而作的特别规定除外。

国家知识产权局据此制定了《施行修改后的〈专利法〉的过渡办法》，并于2009年10月1日起施行。对于专利权是否有效的审查，根据该过渡办法，申请日在2009年10月1日前的专利申请以及根据该专利申请授予的专利权适用2000年修改的《专利法》的规定；申请日在2009年10月1日以后（含该日）的专利申请以及根据该专利申请授予的专利权适用2008年修改的《专利法》的规定。

本案属于专利确权行政纠纷，本专利的申请日在2009年10月1日前，因此依据《立法法》第八十四条之规定，并参照上述过渡办法的相关规定，本案应适用2000年修改《专利法》进行审理。

2. 权利要求1～5是否符合《专利法》第二十二条第三款的规定

《专利法》第二十二条第三款规定，发明的创造性，是指同申请日以前已有的技术相比，该发明具有突出的实质性特点和显著的进步。

如果发明的技术方案相对于最接近的现有技术所存在的区别技术特征在现有的证据中存在启示或者是本领域的公知常识，则发明的技术方案相对于现有技术是显而易见的，不具有创造性。

（1）权利要求1是否符合《专利法》第二十二条第三款的规定

本案无效宣告请求审查决定认定本案专利的权利要求1与附件1存在如下区别技术特征：（1）权利要求1中使用的是粒度为30μm以下的超细干粉灭火剂（冷气溶胶灭火剂），而附件1公开的是上位的灭火剂；（2）权利要求1中使用铝膜密封壳体喷口，而附件1公开的是挡板；（3）权利要求1的启动器中采用由燃点大于或等于135℃、并对火焰或温度敏感的热敏线和套在热敏线外的套管组成的启动组件，其传导速度大于0.5米/秒，并且，采用扣压在铝板上用以包住产气剂的非金属薄膜，而附件1中公开的是经凹槽17的带有双股导线的点火头，并且没有公开圆柱体16（赛璐珞）的具体固定方式。对此一审法院予以确认。

专利权人认为专利复审委员会遗漏了区别技术特征（4）与（5），前者为：附件1的灭火装置有多孔件，而本专利中没有该部件；后者为：本专利权利要求1是热敏线和套在热敏线外的套管，而附件1相应地有一个凹槽（17）和装在该凹槽中的两根导线（18）。

对此，一审法院认为，专利权人认为被遗漏的区别技术特征（5）已经包含在无效宣告请求审查决定认定的区别技术特征（3）中；关于专利权人认为被遗漏的区别技术特征（4），虽然附件1的灭火器中还装有多孔件3，本案专利的权利要求1中没有限定该部件，但是权利要求1是开放式的权利要求，并没有排除还可能包含除了其中明确限定的部件以外的部件，因此“多孔件”并不能构成权利要求1与附件1的区别技术特征，而且事实上无效宣告请求审查决定指出，即使考虑权利要求1中没有“多孔件”这一部件也不能使权利要求1具有创造性。

专利权人认为区别特征（4）是体现两个技术方案不同之处的关键点之一。对此，一审法院认为，首先，如上所述“多孔件”并不能构成权利要求1与附件1的区别技术特征，并不能体现两个技术方案的不同之处；其次，即使考虑权利要求1中没有“多孔件”这一部件，此时属于要素省略的发明，要素省略发明具备创造性依赖于省略该要素后，依然保持原有的全部功能或者带来预料不到的技术效果，但是由附件1可知，启动器接受外界信号以后产生的气流（动力源）通过多孔件的喷孔，可产生超音速气流或者跨音速气流，扩大了灭火器气动力应用范围，权利要求1中没有多孔件，相应地也就不具有附件1所述的扩大了灭火器气动力应用范围的功能。专利权人认为因为本案发明没有采用多孔件，因此使用铝膜密封才是可能的，灭火器体积可以大大缩小、从启动到喷射超细干粉灭火剂的时间间隔几乎没有、成本降低。对此一审法院认为，省略一个部件，很显然能够缩小体积和降低成本；其次，“多孔件”和“挡板”、“铝膜”之间并不存在因果关系，专利权人并没有提出令人信服的证据或者理由表明灭火器存在多孔件就不能使用铝膜作为挡板；再者，对于省略多孔件的灭火器，虽然气流不用达到超音速和跨音速速度就可以冲破铝膜，其从启动到喷射的时间间隔几乎没有，但是其喷射出的灭火剂的速度相对较小，而对于存在多孔件的灭火器，虽然从启动到喷射有时间间隔，但是其喷射出的灭火剂的速度相对更大，因此很难说那种灭火器更能快速的灭火。综上，专利权人并没有表明省略多孔件这一要素带来了预料不到的技术效果。

对于区别技术特征（1），附件2公开了粒度小于10μm以下的超细粉体灭火剂，并且描述了粒度小于10μm以下的灭火剂具有比表面积大、流动性能好、不易吸潮结块、漂浮性好、灭火效果好、能全淹没灭火的优点，本领域技术人员在附件1的基础上寻找高效灭火剂的过程中，容易由同样涉及灭火剂领域的附件2中获得粒度越小、比表面积越大、灭火效果越好的启示，容易想到选择粒度小的干粉灭火剂。

对于区别技术特征（2），专利权人认为本专利中铝膜根本不能等同于附件1中的挡板，原因是挡板冲破需要比较大的冲击力，因此需要搭配多孔件封闭产生的大量的气体至一定量后，气体才能由多孔件的孔冲出，产生的是超音速气流或者是跨音速气流，因此其力度比较大才能冲破挡板；而本案专利中的气流根本不是超音速或跨音速气流。对此一审法院认为，附件1由于有多孔件的存在，因此产生的是超音速气流或者是跨音速气流，但是由此并不能得出附件1中挡板冲破需要更大的冲击力。另外，"挡板"相对于"铝膜"是更上位的概念，本领域技术人员可以根据实际需要选择具体的挡板。

对于区别技术特征（3），附件3公开了引线为火敏元件，附件9公开了易燃的棉线自燃点150℃，附件10公开了棉花自燃点150℃、燃点210℃，另外通常可用于引线的可燃物，如尼龙、麻袋和赛璐珞的自燃点和燃点在附件11～13中公开，数据显示均大于135℃。由此可见，热敏线的燃点大于或等于135℃这一技术特征已在诸多现有技术中公开，本领域惯常使用的热敏线均符合上述特征。另外，附件6中公开了如下内容：棉线在敞开条件下可以数厘米每秒的速度平稳燃烧，但在引线管内，由于沟槽效应，几乎瞬间燃烧，而且，还具体公开了棉线引线在密闭状态下燃速可达0.3～lm/s，可见，附件6公开了传导速度为0.5米/秒的热敏线，并可直接地、毫无疑义地推知热敏线装在套管内可以极大得提高燃烧速度。也就是说，根据附件3、6、9～13公开的内容，本领域技术人员容易想到将惯常使用的燃点大于或等于135℃的热敏线或火敏线置于密闭空间中提高其传导速度，而用于自动灭火器。此外，尽管附件1中没有公开采用扣压在铝板上固定非金属薄膜的方式，但是这种固定方式是一种常见的固定方式，本身并没有给发明带来任何预料不到的技术效果。

专利权人认为本案专利的技术方案是一个整体，该方案中各数据是有其本身的选择条件的，如果不符合其中的任何一个条件，本专利的发明目的就不能够实现。而且，附件9至11均为公布本专利权利要求1的具体数值，而数值范围的选择是在本专利中实现发明目的作出贡献的技术特征，其极大地影响本专利能否实现其发明目的，解决其需要解决的技术问题，因此附件9至11根本就没有给出将该特征应用到对比文件1中的技术启示。对此一审法院认为，在现有技术方案基础上的改进往往是多角度、多方面的，在附件1的基础上，本领域技术人员不仅会将关注重点放在灭火器结构上，还会考虑灭火器中灭火剂的粒度，以及寻找具有合适传导速度的热敏线等问题，虽然不同的问题可能会在不同的现有技术中寻找到解决的技术手段，也就是说需要结合多篇现有技术，但是由此并不能认为没有作为一个完整的技术方案来看待，而是割裂为单个的技术特征来考虑。另外，本专利中的技术特征“燃点大于或等于135℃、并对火焰或温度敏感的热敏线”实质上是对热敏线特征的限定，附件9～11均涉及可作为引线使用的可燃物，如棉线、尼龙、麻袋和赛璐珞，它们的燃点和自燃点均大于135℃，即，附件9～11均印证了本领域惯常使用的热敏线均符合上述特征。虽然附件9～11中公布的是具体数值，而权利要求1中限定的是一数值范围，但是附件9～11公布的具体数值落入权利要求1的数值范围之内，下位概念披露了上位概念，因此限定为权利要求1中的数值范围并不能给本专利带来非显而易见性。

专利权人认为本案无效宣告请求审查决定使用了如此之多的对比文件来否定本专利的创造性，从另一方面说明了本专利需要跨的技术领域比较多，在如此多的对比文件中竟然还没有完全公开本发明的技术特征，从另一方面说明了本专利需要创造性劳动才能做出。一审法院认为，本领域技术人员虽然不具备创造能力，但是其具有对现有技术的检索能力以及应用申请日之前常规实验手段的能力，如果要解决的技术问题能够促使本领域技术人员在其他技术领域寻找技术手段，本领域技术人员也应具有从其他领域中获知申请日前的相关现有技术、普通技术知识和常规实验手段的能力。因此，得到本专利需要跨较多的技术领域需要结合多篇对比文件，此外还需要结合一些惯常的技术手段，并不能表明本专利需要创造性的劳动才能做出。

专利权人认为本领域技术人员既然没有创造能力，就根本不可能将多孔件去掉，同时用铝膜封闭外壳。对此一审法院认为，要素更变、下位的具体方式的选择均是本领域技术人员惯常采用的技术手段，不需要创造性的劳动。

综上所述，一审法院认为本领域技术人员在附件1的基础上结合附件2、3、6、9～13中公开的常识性内容获得本专利权利要求1的技术方案是显而易见的，权利要求1不具备突出的实质性特点和显著的进步，不符合《专利法》第二十二条第三款的规定。

（2）权利要求2是否符合《专利法》第二十二条第三款的规定

从属权利要求2进一步限定了灭火装置的壳体是碗形、圆筒形、半球形、双球形、锥形或葫芦形中的任何一种。专利权人认为，壳体形状决定灭火剂喷射轨迹及灭火效果，权利要求2中的几个壳体形状具有好的灭火效果。对此一审法院认为，本领域技术人员基于其掌握的普通知识，可以根据需要来选择灭火器装置的形状，并且，根据说明书的描述，也看不出权利要求2限定的这些壳体形状带来了任何预料不到的技术效果，因此在权利要求1不具备创造性的基础上，权利要求2同样不具备创造性，不符合《专利法》第二十二条第三款的规定。

（3）权利要求3是否符合《专利法》第二十二条第三款的规定

从属权利要求3进一步限定所述超细干粉灭火剂的粒度在20μm以下。附件2已经公开了粒度小于10μm以下的超细粉体灭火剂，并且给出了灭火剂粒度越小、比表面积越大、灭火效果越好的技术启示。专利权人认为，本领域技术人员都知道超细干粉灭火剂粒度值不是一个恒定数值，而是一个范围；权利要求3所述超细干粉灭火剂粒度在20μm以下，表示粉体粒度在0～20μm之间分布；附件2公开的是粒度在10μm以下的超细干粉灭火剂，那么附件2粉体粒度应该在0～10μm之间分布，也就是说附件2没有包括11～20μm之内的超细干粉；现实中火焰燃烧时会产生气浪，火焰越大气浪越大，灭火剂要有一定质量，如果太细，达不到灭火的效果。对此一审法院认为，虽然本专利权利要求3中限定的超细干粉灭火剂的粒度为20μm以下，粒度的上限值与附件2有所不同，但是“粒度为20μm以下”包括了“全部粒度10μm以下”的情况，下位概念披露了上位概念，因此限定“粒度为20μm以下”并不能给本专利带来非显而易见性。因此，一审法院认为在权利要求1不具备创造性的基础上，权利要求3同样不具备创造性，不符合《专利法》第二十二条第三款的规定。

（4）权利要求4是否符合《专利法》第二十二条第三款的规定

从属权利要求4进一步限定所述产气剂粒度小于或等于83μm。附件4公开了通常需要将炸药超细化到5μm以下。本领域技术人员人员在制备产气剂时容易由附件4获得技术启示，将产气剂的粒度细化以增强其灵敏性。专利权人认为，附件4中明确的是将炸药超细化到5μm以下，而本专利中直接明确了不含炸药等爆炸物和有毒物质，因此作为炸药超细化到5μm以下根本不能应用到附件1中，附件4没有对权利要求4的附加技术特征给出技术启示。对此一审法院认为，烟火剂和炸药属于相近领域，由炸药细化以增强其灵敏性，本领域技术人员容易想到将作为产气剂的烟火剂细化以增强其灵敏性。因此，一审法院认为在权利要求1不具备创造性的基础上，权利要求4同样不具备创造性，不符合《专利法》第二十二条第三款的规定。

（5）权利要求5是否符合《专利法》第二十二条第三款的规定

从属权利要求5进一步限定启动组件的制备过程安全，然而本专利说明书既没有公开其制备手段，也没有证据显示其制备过程相对于例如附件1是安全的。因此，一审法院认为在权利要求1不具备创造性的基础上，权利要求5同样不具备创造性，不符合《专利法》第二十二条第三款的规定。

综上所述，一审法院认为本案专利的权利要求1～5不具备创造性，不符合《专利法》第二十二条第三款的规定，专利权人主张权利要求1～5符合《专利法》第二十二条第三款的规定，缺乏事实和法律依据，一审法院不予支持；本案无效宣告请求审查决定认定事实清楚、适用法律正确、审理程序合法、审查结论正确，故应予维持。据此，一审法院作出了维持专利复审委员会作出的本案无效宣告请求审查决定的一审判决。

五、北京市高级人民法院的二审判决

专利权人不服一审判决，向北京市高级人民法院（下称“二审法院”）提起上诉。

（一）当事人的主张

专利权人认为本案专利符合《专利法》第二十二条第三款的规定，一审判决认定事实不清，请求撤销一审判决和无效宣告请求审查决定，其具体理由为：

（1）本案一审判决无效宣告请求审查决定均遗漏了另外两个区别技术特征（4）和（5），前者为：附件1的灭火装置有多孔件，而本案专利中没有该部件；后者为：权利要求1是热敏线和套在热敏线外的套管，而附件1相应地有一个凹槽和装在该凹槽中的两根导线。

（2）附件1中公开的灭火装置包括多孔件，而本案专利中没有这一技术特征，属于要素省略发明。

（3）本案专利中的技术特征“燃点大于或等于135℃”是对热敏线的限定，不是本案专利的发明点，而是对可实现本专利目的的热敏线的选择性限定，说明本案专利的热敏线的概念明确。

（4）区别技术特征（5）可以看出本案专利与附件1具有不同的组成要素和结构特征。

（5）本案专利公开了超细干粉灭火剂的粒度值，而附件1只是记载了“灭火剂”，属于上位概念。

专利复审委员会、无效请求人服从原审判决。

（二）二审判决的理由

本案的核心问题是本案专利的权利要求1是否符合《专利法》关于创造性的规定。发明的创造性，是指同申请日以前已有的技术相比，该发明具有突出的实质性特点和显著的进步。如果发明的技术方案相对于最接近的现有技术所存在的区别技术特征在现有的证据中存在启示或者是本领域的公知常识，则发明的技术方案相对于现有技术是显而易见的，不具有创造性。

本案中，权利要求1与附件1存在如下区别技术特征：

（1）权利要求1中使用的是粒度为30μm以下的超细干粉灭火剂（冷气溶胶灭火剂），而附件1公开的是上位的灭火剂；

（2）权利要求1中使用铝膜密封壳体喷口，而附件1公开的是挡板；

（3）权利要求1的启动器中采用由燃点大于或等于135℃、并对火焰或温度敏感的热敏线和套在热敏线外的套管组成的启动组件，其传导速度大于0.5米/秒，并且采用扣压在铝板上用以包住产气剂的非金属薄膜，而附件1中公开的是经凹槽的带有双股导线的点火头，并且没有公开圆柱体的具体固定方式。

就区别技术特征（1）而言，本专利权利要求1中所述的“冷气溶胶灭火剂”与附件2中的“超细粉体干粉灭火剂”相同，专利权人对此也予以认可。附件2中同时公开了粒度小于10μm以下的超细粉体灭火剂，并且教导了粒度小于10μm以下的灭火剂比表面积大、流动性好、不易吸潮结块、灭火效果好等优点，本领域技术人员在附件1的基础上，为寻找高效灭火剂，容易从同样涉及灭火剂领域的附件2中获得粒度越小、比表面积越大、灭火效果越好的启示。

就区别技术特征（2）而言，权利要求1中采用了铝膜密封壳体，而采用具体的铝膜材料代替相同功能的挡板是本领域技术人员容易想到的，亦未带来任何预料不到的技术效果。附件1由于有多孔件的存在，因此产生的是超音速气流或者是跨音速气流，但是由此并不能得出冲破附件1中挡板需要更大的冲击力。另外，“挡板”是一个相对于“铝膜”更上位的概念，本领域技术人员可以根据实际需要选择具体的挡板。

就区别技术特征（3）而言，附件3公开了一种名称为安全自爆干粉灭火弹的装置，其中露在弹体外的微型安全引线为火敏元件，可以安全地自动引爆。附件9中公开了易燃的棉线自燃点150℃，附件10中表1公开了棉花自燃点150℃、燃点210℃，另外，通常可用于引线的可燃物，如尼龙、麻绒、麻袋和赛璐珞的自燃点和燃点在附件11～13中公开，数据显示均大于135℃，由此可见热敏线的燃点大于135℃这一技术特征在现有技术中已多次公开，而热敏线的燃点等于135℃也未使本专利权利要求1带来任何预料不到的技术效果。附件6公开了传导速度为0.5米／秒的热敏线，并可直接地、毫无疑义地推知，热敏线装在套管内可以极大地提高燃烧速度。也就是说，根据附件3、6、9～13公开的内容，本领域技术人员容易想到将惯常使用的燃点大于或等于135℃的热敏线或火敏线置于密闭空间中，提高其传导速度，用于自动灭火器。此外，尽管附件1中没有公开采用扣压在铝板上固定非金属薄膜的方式，但是这种固定方式是一种常见的固定方式，本身并没有给发明带来任何预料不到的技术效果。

综上所述，二审法院认为本领域技术人员在附件1的基础上结合附件2、3、6、9～13中公开的常识性内容获得本专利权利要求1的技术方案是显而易见的，权利要求1不具备突出的实质性特点和显著的进步，不具备创造性。专利权人关于权利要求1具备创造性的上诉主张不能成立。

专利权人认为本案无效宣告请求审查决定遗漏了区别技术特征（4）和（5）。就区别技术特征（5）而言，在本案无效宣告请求审查决定认定的区别技术特征（3）中已经提及并加以阐述；就区别技术特征（4）而言，虽然附件1的灭火器中还装有多孔件，本专利权利要求1中没有限定该部件，但是本专利权利要求1是一开放式的权利要求，其并没有排除还可能包含除了其中明确限定的部件以外的部件，因此“多孔件”并不能构成本专利权利要求1与附件1的区别技术特征，而且事实上本案无效宣告请求审查决定指出即使考虑权利要求1中没有“多孔件”这一部件，其也不能使权利要求1具有创造性。二审法院认为，由于权利要求1中没有多孔件，相应地也就不具有附件1说明书中所述的功能，因此本专利不属于要素省略发明，如此缺失多孔件并不能使权利要求1的技术方案具备创造性。专利权人关于本专利权利要求1与附件1相比还有两个区别特征以及本案专利属于要素省略发明的上诉主张不能成立，故二审法院不予支持。

鉴于专利权人未就本专利权利要求2至5的创造性评述提出上诉，本案一审判决及无效宣告请求审查决定关于本案专利的权利要求2至5的创造性评述并无不妥，二审法院予以认可。

基于上述理由，二审判决认定一审判决及无效宣告请求审查决定认定事实清楚、适用法律正确、审理程序合法，应予维持。

六、最高人民法院的再审判决

专利权人不服二审判决，向最高人民法院（下称“再审法院”）申请再审。再审法院于2011年12月9日作出（2011）知行字第97号行政裁定，提审本案。

（一）当事人的主张

专利权人申请再审的理由是：

（1）本案二审判决和无效宣告请求审查决定对本案专利的权利要求1与附件1的区别技术特征认定错误。二审判决和无效宣告请求审查决定均认定权利要求1与附件1具有三项区别技术特征。二审判决认定权利要求1是一开放式的权利要求，多孔件并不能构成本专利权利要求1与附件1的区别技术特征。二审判决和无效宣告请求审查决定没有认定权利要求1与附件1相比有如下区别技术特征，即权利要求1没有附件1中的多孔件，也就没有附件1中由多孔件上端与顶盖底部环形凸端配合形成的产气室。本专利的发明点就在于无产气室的内部结构。二审判决和无效宣告请求审查决定对于区别技术特征的认定存在错误，直接导致创造性认定错误。

（2）二审判决和无效宣告请求审查决定在错误认定区别技术特征的基础上，使用多达7篇对比文件针对每个区别技术特征进行创造性判断，没有从要求保护的发明整体对本领域技术人员是否显而易见和具有显著进步进行整体判断，不符合创造性评价的基本原则。权利要求1的技术方案具有以下有益效果：a.本专利权利要求1使用传导速度大于0.5米/秒、燃点大于或等于135℃、并对火焰或温度敏感的热敏线增加了在周围温度大于或等于135℃时自燃的启动功能，对灾害的反应更灵敏；而现有技术中的自动灭火装置使用火敏启动，对灾害的反应迟缓。b.本专利权利要求1采用无产气室的内部结构，与有产气室的灭火器相比，在灭火剂相等的情况下体积变小，解决了小空间灭火设备匮乏问题；而附件1由于有多孔件，体积大，无法满足在狭小空间使用小型灭火器的需求。c.权利要求1采用粒度在30μm以下的超细干粉灭火剂，自重较轻，提高灭火速度，保证灭火效果。d.权利要求1为无产气室的灭火器，通过脉冲喷射超细干粉灭火剂、使用铝膜等技术手段可以更快地实现立即喷射；多一个产气室，灭火设备的启动时间就要慢6～8秒，附件1中的挡板有协助产气室憋气产生加速气流的作用，为必要部件，延长了灭火剂喷出时间，造成灭火时间延迟。

（3）现有技术并未提供技术启示将附件2、3、6、9～13公开的技术与附件1相结合得到本专利权利要求1的技术方案。

（4）在本专利权利要求1具有创造性的情形下，从属权利要求2～5具有创造性。

（5）本专利具有的上述优点使本专利产品取得了商业成功。

基于上述理由，专利权人主张请求撤销一、二审判决和专利复审委员会的无效宣告请求审查决定。

专利复审委员会辩称：

（1）本专利权利要求1为开放式权利要求，未限定排除多孔件的使用；本专利使用产气剂冲破挡板将溶胶灭火剂喷洒出，同样存在气体压力累积，形成一个相对大的产气室；附件1使用多孔件扩大了灭火器动力应用范围，本专利权利要求1省略该部件的使用，自然不存在该项功能，并不能因此使其技术方案具备创造性。

（2）多孔件是附件1具有而本专利权利要求1不具有的技术特征，不应当作为区别技术特征，第14523号决定第8页第2段对本专利权利要求1不具备多孔件对其创造性的影响进行了评述。

（3）专利权人过分强调技术特征的整体性，忽视了本领域技术人员可以掌握的基本技能。如果发明的技术方案相对于最接近的现有技术所存在的区别技术特征在请求人所提供的证据中存在启示或者属于本领域的公知常识，应当认为发明的技术方案相对于现有技术是显而易见的，不具备创造性。对比文件的数量并不是判断权利要求是否具备创造性的条件。

无效请求人答辩称：

（1）专利权人的观点缺乏证据支持。世纪联保公司关于其申请保护的就是无产气室的内部结构，多一个产气室、灭火设备的启动时间就要慢6～8秒，挡板的存在延长了灭火剂喷出时间等观点无事实依据。附件3就是无产气室的灭火装置。灭火弹等通过爆炸产气做功的产品，其产气速度是以毫秒计算的，没有理由说启动时间要延后6～8秒。铝膜是挡板的一种，没有理由说挡板的存在延长了灭火剂的时间。

（2）专利权人称本专利解决了在狭小空间内使用灭火装置的技术问题，但本专利说明书并没有该说明。相反，本专利说明书称其优点是满足重、特大空间火灾扑救需要。

（3）本专利权利要求书公布的技术参数和结构均已被证明是已有技术。

（二）再审判决的理由

再审法院认为本案的争议焦点在于：（1）本专利权利要求1是否属于开放式权利要求；（2）无效宣告请求审查决定和二审判决对本案专利与附件1在多孔件和产气室方面的区别技术特征的认定是否存在错误；（3）本案专利相对于对比文件是否具有创造性以及无效宣告请求审查决定和二审判决对于本案专利创造性的评价是否正确。

1. 本案专利的权利要求1是否属于开放式权利要求

《审查指南2001》仅在第二部分第十章“关于化学领域发明专利申请审查的若干规定”中第3.2.1节规定了开放式、封闭式及半开放式三种权利要求表达方式。开放式表示组合物中并不排除权利要求中未指出的组分，封闭式则表示组合物中仅包括所指出的组分而排除所有其他的组分，半开放式介于两者之间。这三种表达方式的保护范围不同。其中，“含有”、“包括”为开放式表达方式的常用措词。鉴于开放式和封闭式权利要求在其他领域也有普遍适用性，且半开放式权利要求保护范围的判断方法与开放式权利要求的判断方法在实际操作中相同，《审查指南2006》第二部分第十章“关于化学领域发明专利申请审查的若干规定”删除了半开放式权利要求的相关规定，并将原来的半开放式权利要求的几种表达方式归入开放式权利要求中，同时在权利要求的通用章节即第二部分第二章第3.3节“权利要求的撰写规定”中，增加了开放式权利要求和封闭式权利要求的规定，即开放式的权利要求宜采用“包含”、“包括”、“主要由……组成”的表达方式，其解释为还可以含有该权利要求中没有述及的结构组成部分或方法步骤；封闭式的权利要求宜采用“由……组成”的表达方式，其一般解释为不含有该权利要求所述以外的结构组成部分或方法步骤。

本专利申请日为2002年7月5日，授权公告日为2008年1月9日。因此，本专利的审查应当适用《审查指南2001》。根据《审查指南2001》，开放式与封闭式、半开放式权利要求的表达方式仅适用于化学领域发明专利。但是，开放式、封闭式权利要求的常用措词本身是对专利申请审查实践中不同类型权利要求常用措词的总结，应当考虑到措词本身的含义。根据《现代汉语词典（第5版）》的解释，“包括”是指包含（或列举各部分，或着重指出某一部分）。本专利权利要求1使用的“含有”、“包括”措词的本身含义就应当理解为没有排除未指出的结构组成部分。在此情况下，二审判决关于“本专利权利要求1是一开放式的权利要求，其并没有排除还可能包含除了其中明确限定的部件以外的部件”的认定并无不妥。

2. 无效宣告请求审查决定和二审判决对本案专利与附件1在多孔件和产气室方面的区别技术特征的认定是否存在错误

专利权人主张，其申请保护的灭火装置就是无产气室的内部结构，其权利要求1与附件1的区别在于权利要求1没有附件1中由多孔件上端与顶盖底部环形凸端配合形成的产气室，无效宣告请求审查决定和二审判决均没有认定该区别技术特征，认定事实错误。

专利复审委员会根据本案专利的权利要求1采用的“含有”、“包括”措词的本身含义以及本案专利没有将多孔件排除在保护范围之外的限定内容，在多孔件是附件1记载的技术特征而不是本案专利的权利要求1记载的技术特征的情况下，未将“多孔件”作为权利要求1与附件1的区别技术特征，符合机械领域专利审查实践的常规做法，并无不妥。二审法院基于同样理由认定本案专利的权利要求1是一开放式的权利要求，其并没有排除还可能包含除了其中明确限定的部件以外的部件，因此多孔件并不能构成权利要求1与附件1的区别技术特征。二审法院的相关认定并不存在错误。

专利权人所述的产气室是指由附件1灭火器中的多孔件与顶盖底部环形凸端配合形成的腔室，本身并不是一个独立的部件；没有多孔件，就不会形成所谓的产气室。在多孔件不属于本案专利的权利要求1与附件1的区别技术特征的情况下，依附于多孔件而存在的所谓产气室自然也不属于本案专利的权利要求1与附件1的区别技术特征。二审法院未将产气室作为权利要求1和附件1的区别技术特征并无不妥。需要指出的是，虽然未将产气室作为本专利权利要求1与附件1的区别技术特征，但并不意味着权利要求1没有产气的功能，其通过包括产气剂在内的产气组件实现产气的功能。

3. 本案专利相对于对比文件是否具有创造性

二审判决和无效宣告请求审查决定认定本专利权利要求1与附件1存在如下区别技术特征：

（1）权利要求1中使用的是粒度为30μm以下的超细干粉灭火剂（冷气溶胶灭火剂），而附件1公开的是上位的灭火剂；

（2）权利要求1中使用铝膜密封壳体喷口，而附件1公开的是挡板；

（3）权利要求1的启动器中采用由燃点大于或等于135℃、并对火焰或温度敏感的热敏线和套在热敏线外的套管组成的启动组件，其传导速度大于0.5米/秒，并且采用扣压在铝板上用以包住产气剂的非金属薄膜，而附件1公开的是经凹槽的带有双股导线的点火头，并且没有公开圆柱体（赛璐珞）的具体固定方式，多孔件和产气室并不构成本专利权利要求1与附件1的区别技术特征。

二审判决和无效宣告请求审查决定对区别技术特征的上述认定并无不妥，再审法院予以认可。

就区别技术特征（1）而言，本专利权利要求1中所述的“冷气溶胶灭火剂”与附件2中的“超细粉体干粉灭火剂”相同，专利权人对此也予以认可。附件2中公开了如下内容，“常用干粉平均粒度为40μm左右，这些普通干粉灭火剂粒度大、比表面积低、易吸潮，粒度不易做得很小，灭火效果虽然不错，但因其粒度大、易吸潮结块、弥散性差、灭火能力有限”，“粒度小于10μm以下的超细粉体灭火剂“比表面积大、流动性好、不易吸潮结块、灭火效果好”。本领域技术人员在附件1的基础上，为寻找高效灭火剂，容易从同样涉及灭火剂领域的附件2中获得粒度越小、比表面积越大、灭火效果越好的启示。

就区别技术特征（2）而言，权利要求1中采用了铝膜密封壳体，而采用具体的铝膜材料代替相同功能的挡板是本领域技术人员容易想到的，亦未带来预料不到的技术效果。附件1由于有多孔件的存在，因此产生的是超音速或者跨音速气流，但是由此并不能得出附件1中冲破挡板需要更大的冲击力的结论。另外，“挡板”是相对于“铝膜”更为上位的概念，本领域技术人员可以根据实际需要选择具体的挡板。

就区别技术特征（3）而言，附件3公开了一种名称为安全自爆干粉灭火弹的装置，其中露在弹体外的微型安全引线为火敏元件，可以安全地自动引爆。附件9公开了易燃的棉线自燃点150℃，附件10表1公开了棉花自燃点150℃、燃点210℃，另外，通常可用于引线的可燃物，如尼龙、麻绒、麻袋和赛璐珞的自燃点和燃点在附件11～13中公开，数据显示均大于135℃，由此可见，热敏线的燃点大于135℃这一技术特征在现有技术中已多次公开，而热敏线的燃点大于等于135℃也未使权利要求1带来任何预料不到的技术效果。附件6公开了传导速度为0.5米／秒的热敏线，并可直接地、毫无疑义地推知，热敏线装在套管内可以极大地提高燃烧速度。也就是说，根据附件3、6、9～13公开的内容，本领域技术人员容易想到将惯常使用的燃点大于或等于135℃的热敏线或火敏线置于密闭空间中，提高其传导速度，用于自动灭火器。此外，尽管附件1没有公开采用扣压在铝板上固定非金属薄膜的方式，但是这种固定方式是一种常见的固定方式，本身并没有给发明带来任何预料不到的技术效果。

《审查指南2001》第二部分第四章第3.3.4节对“辅助性审查基准”之一的“发明在商业上获得成功”作出如下规定：“当发明的产品在商业上获得成功时，如果这种成功是由于发明的技术特征直接导致的，则一方面反映了发明具有有益效果，同时也说明了发明是非显而易见的，因而这类发明具有突出的实质性特点和显著的进步，具备创造性。但是，如果商业上的成功是由于其他原因所致，例如由于销售技术的改进或者广告宣传造成的，则不能作为判断创造性的依据。”《审查指南2006》沿用了这一规定。专利权人提供的关于商业成功的证据仅能证明本专利产品在商业上获得了成功，但不能证明这种成功是由于发明的技术特征直接导致的，其相应申请再审理由不能成立。

综上所述，再审法院认为本领域技术人员在附件1的基础上结合附件2、3、6、9～13中公开的内容获得本专利权利要求1的技术方案是显而易见的，权利要求1不具备突出的实质性特点和显著的进步，不具备创造性。

专利权人主张，无效宣告请求审查决定和二审判决遗漏了多孔件和产气室的区别技术特征。如前所述，本案无效宣告请求审查决定和二审判决在区别技术特征的认定方面并不存在错误。专利权人关于本案专利的权利要求1因相对附件1没有产气室而具备对灾害的反应更灵敏、可以满足在狭小空间使用小型灭火器的需求等有益效果的主张，不仅没有相应证据证明，而且在本专利原始说明书中没有记载；相反的是，本案专利的说明书明确记载本专利具有“满足重、特大空间火灾扑救需要”的优点。因此，再审法院对专利权人的上述主张不予支持。

虽然多孔件和产气室并不构成本专利权利要求1与附件1的区别技术特征，但对于多孔件和产气室能否使本专利权利要求1相对于附件1具备创造性，无效宣告请求审查决定分别在第8页第2段和第9页第2段进行了评价。二审判决在第14页对此予以评述。再审法院认为，本案专利的权利要求1明确使用了“含有”、“包括”的措词，根据上述措词的本身含义，本专利权利要求1属于开放式权利要求，还可以含有该权利要求中没有指出的结构组成部分；专利权人主张权利要求1相对于附件1省略了多孔件，该主张与权利要求1本身的字面含义相背，本案专利的原始权利要求书和说明书也没有关于本专利权利要求1相对于现有技术省略了多孔件的记载；即使将本案专利的权利要求1认定为其相对于附件1省略了多孔件，但本专利同时失去了多孔件本身具备的功能，且未带来预料不到的技术效果，故本案专利的权利要求1并不因此而具备创造性。

根据《审查指南2001》关于创造性审查原则的相关规定，在评价发明是否具有创造性时，不仅要考虑发明技术解决方案本身，而且还要考虑发明要解决的技术问题和所产生的技术效果，将其作为一个整体看待；与新颖性“单独对比”的审查原则不同，审查创造性时，将一份或者多份对比文件中的不同的技术内容组合在一起进行评定。无效宣告请求审查决定和二审判决在审查和判断本案专利的权利要求1的创造性时，将技术领域相同，所要解决的技术问题、技术效果或者用途最接近的附件1确定为最接近的现有技术，进而确定了本专利权利要求1与附件1的区别技术特征，在上述区别技术特征在附件2、3、6、9～13存在技术启示或者是本领域公知常识的情况下，认定本专利权利要求1不具备创造性，是将发明作为一个整体来看待，且遵循了创造性的审查原则和判断方法。专利权人关于本案无效宣告请求审查决定和二审判决对创造性的判断不符合创造性评价的基本原则的申请再审理由不能成立。

在认定本案专利的权利要求1不具备创造性的基础上，对权利要求2～5的创造性，本案无效宣告请求审查决定和二审判决的认定并无不妥，故再审法院予以认可。

基于上述理由，再审判决认定本案专利的权利要求1～5均不具备创造性，本案无效宣告请求审查决定和二审判决认定事实清楚、适用法律正确、审理程序合法，应予维持；专利权人的申请再审理由不能成立，不予支持。

七、评析

按照《专利法实施细则》第六十五条的规定，请求宣告专利权无效的理由有十来种之多。在专利复审委员会作出的宣告发明或者实用新型专利全部或者部分无效的无效宣告请求审查决定中，以发明或者实用新型不具备创造性为理由的可能超过半数。由此可知，是否具备创造性是无效宣告请求程序中最为经常遇到的争议。

判断新颖性和创造性的共同之处在于都是将权利要求所要保护的技术方案与现有技术披露的技术方案进行比较；不同之处主要在于新颖性的判断只能将权利要求所要求保护的技术方案与单独一份现有技术进行比较，而创造性的判断允许将两份以上现有技术组合起来与权利要求所要求保护的技术方案进行比较。

一般说来，要得出不具备新颖性的判断结论，所引用的单独一份现有技术应当披露了权利要求中记载的所有技术特征，因此其判断较为客观，较少依赖判断者的主观判断。然而，正因为新颖性的判断标准比较严格刻板，除非申请人照抄一份现有技术，要找到一份披露了权利要求中记载的全部技术特征的现有技术的可能性较小，因此得出不具备新颖性的判断结论的情况并不多见。

相比之下，创造性的判断灵活得多，因此认定不具备创造性的案例远多于认定不具备新颖性的案例。然而，正因为创造性的判断比较灵活，因而不可避免地依赖判断者的主观判断，针对同样的现有技术，不同的判断者往往会得出不同的判断结论，要评判谁对谁错不是一件容易事情。

为了减少创造性判断的随意性，使公众对创造性的判断结论有一种合理的预期，世界各国都努力为创造性的判断建立必要的判断基准。国家知识产权局制定的《专利审查指南》第二部分第四章3的标题是“发明创造的判断”，3.2的标题是“审查基准”，3.2.1.的标题是“突出的实质性特点的判断”，3.2.1.1的标题是“判断方法”，其中规定判断要求保护的发明相对于现有技术是否显而易见，通常可按照以下三个步骤进行：

（1）确定最接近的现有技术。最接近的现有技术，是指现有技术中与要求保护的发明最密切相关的一项技术方案，它是判断发明是否具有突出的实质性特点的基础。最接近的现有技术可以是与要求保护的发明技术领域相同，所要解决的技术问题、技术效果或者用途最接近，公开了发明的技术特征最多的现有技术。

（2）确定发明的区别特征和发明实际解决的技术问题。在该步骤中，首先应当分析要求保护的发明与最接近的现有技术相比有哪些区别特征，然后根据该区别特征使要求保护的技术方案所能达到的技术效果客观地确定发明实际解决的技术问题。

（3）判断要求保护的发明对本领域的技术人员来说是否显而易见。在该步骤中，要从最接近的现有技术以及发明实际解决的技术问题出发，判断要求保护的发明对本领域的技术人员来说是否显而易见。判断过程中，要确定的是现有技术整体上是否存在某种技术启示，即现有技术中是否给出将上述区别特征应用到该最接近的现有技术以解决其存在的技术问题（即发明实际解决的技术问题）的启示，这种启示会使本领域的技术人员在面对所述技术问题时，有动机改进该最接近的现有技术并获得要求保护的发明。如果现有技术存在这种技术启示，则发明是显而易见的，不具突出的实质性特点。

上述判断方法的基本思路在于：即使涉案专利的权利要求所要求保护的技术方案与一份最接近现有技术相比仍然存在区别，但如果存在其他现有技术披露了所述区别，将最接近现有技术与上述其他现有技术相结合即可覆盖权利要求记载的全部技术特征，而且这些现有技术存在有关启示或者教导，使所属领域的技术人员有理由有动机将上述现有技术结合起来形成权利要求所要求保护的技术方案，则该技术方案不具备创造性。

评价创造性的判断结论合理还是不合理，一个重要的因素在于判断者予以组合的现有技术的份数。世界各国都不允许将份数过多的现有技术组合起来对创造性进行评判，其理由在于：如果允许采取这种“马赛克”式的现有技术拼凑方式，对允许予以组合的现有技术份数不作任何限制，只要拼凑在一起能够覆盖权利要求记载的全部技术特征，就可以得出该权利要求所要保护的技术方案不具备创造性的结论，则恐怕世上没有几份专利申请能够被认定具备创造性。从世界各国的审查实践来看，允许组合的现有技术一般都不超过3份。假如只有将诸如5份、6份现有技术结合起来才能覆盖一项权利要求记载的全部技术特征，这一事实本身就是所属领域的技术人员不容易想到将它们组合起来形成权利要求所要求保护的技术方案的有力佐证。

如何才能减少予以组合的现有技术份数？笔者认为关键在于最接近现有技术的选取。如果所认定的最接近现有技术与权利要求所要保护的技术方案相比已经相差无几，在此基础上只需再补充一份或者两份其他现有技术就能够弥补所要求保护的技术方案与最接近现有技术之间的区别，就比较容易认定所属领域的技术人员有理由、有动机将它们组合起来形成所要求保护的技术方案，进而得出不具备创造性的判断结论就比较顺理成章，容易令人信服；反之，如果能够找出的最接近现有技术与权利要求所要保护的技术方案相比存在较多区别，在其基础上势必需要结合更多份数的其他现有技术才能覆盖权利要求记载的全部技术特征，在这种情况下仍然坚持得出不具备创造性的判断结论就比较难以令人信服。

本案专利要求保护的是一种自启动式干粉灭火器。如本案专利的说明书所述："在无人值守情况下，它直接感受火焰和温度，自发无源启动，不需要火灾探测报警设备和电源，避免误动作。"该灭火器的工作方式是："使用时将其置于保护对象的上方或侧面，当发生火灾灾情时直接感受火焰，化学启动组件点燃并迅速传递，使启动器中的产气剂立即发生化学反应，产生大量气体，使外壳上的铝膜破裂，脉冲喷射超细干粉灭火剂，扑灭火焰。"

本案无效请求人提供的附件1是名称为"一种可分离式启动器的超跨音速灭火器"第00200992.7号实用新型专利，其附图1与附图4如下：

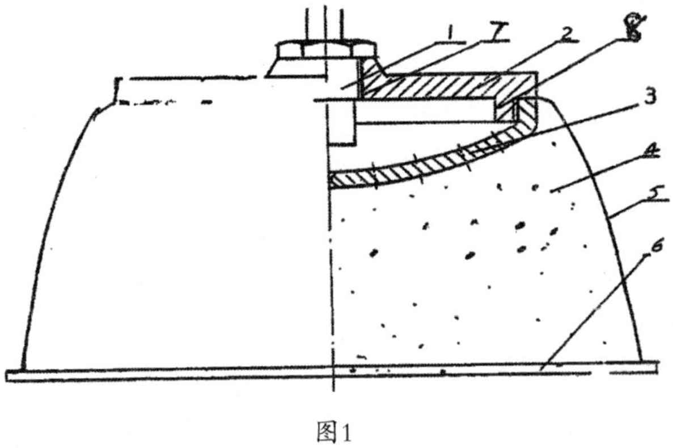

图1

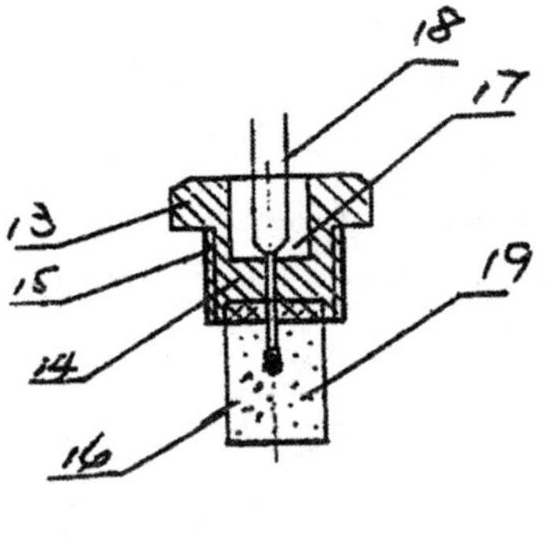

图4

如附件1的说明书所述："启动器（1）的上部是六角形体（13），下部连有一圆柱体（14），且具有阳螺纹（15），可与顶盖（2）的螺纹孔（7）相配合，下端又连有一直径稍小的圆柱体（16），上部六角形体（13）有一凹槽（17），槽中装有2根导线（18），往下通到圆柱体（16）内，圆柱体（16）内充填以燃气剂，装盛在圆柱形赛璐珞壳体内，在电信号作用下产生大量燃气，当导线（18）传输电信号后，产气剂（19）就产生燃气，启动器（1）的产气剂药包（19）具有可燃且产气量大等特点。"

由此可知，本案专利要求保护的是一种自启动式灭火器，能够自动感应周围温度，采用点火棉线作为感应元件和启动元件，当环境温度过高时该点火棉线就会自燃，从而使灭火器工作；附件1披露的灭火器不是自启动灭火器，在发生火情时需要依赖其他传感器发出的电信号点燃启动器，进而使灭火器工作。因此，两者相比存在较大不同，名曰"最接近的现有技术"，实际上与本案专利要求保护的技术方案相差较远。

本案无效宣告请求审查决定认为权利要求1与附件1相比存在如下3项差别：

> （1）权利要求1中使用的是粒度为30μm以下的超细干粉灭火剂（冷气溶胶灭火剂），而附件1公开的是上位的灭火剂；
>
> （2）权利要求1中使用铝膜密封壳体喷口，而附件1公开的是挡板；
>
> （3）权利要求1的启动器中采用由燃点大于或等于135℃、并对火焰或温度敏感的热敏线和套在热敏线外的套管组成的启动组件，其传导速度大于0.5米/秒，并且采用扣压在铝板上用以包住产气剂的非金属薄膜，而附件1中公开的是经凹槽17的带有双股导线的点火头，并且没有公开圆柱体16（赛璐璐）的具体固定方式。

其中第（3）项差别实际上包含了权利要求1记载的启动器与附件1相比的所有差别，若逐项而论可以分解为好几个差别。在这种情况下，本案无效宣告请求审查决定就不得不结合多份现有技术以覆盖上述差别。该无效宣告请求审查决定得出的结论是：

> 本领域技术人员在附件1的基础上结合附件2、3、6、9～13中公开的常识性内容获得本案专利的权利要求1的技术方案是显而易见的，因此权利要求1不具备突出的实质性特点和显著的进步，不具备创造性。

至少从字面表述上看，本案无效宣告请求审查决定认为需要将附件1、2、

3、6、9、10、11、12、13披露的现有技术组合起来，才能覆盖权利要求1记载的全部技术特征，这有违于创造性判断的常规做法。究其缘故，笔者认为主要是因为被认作“最接近现有技术”的附件1实际上与权利要求1相差较大所致。

本案专利权人向最高人民法院申请再审的理由包括：

> **二审判决和无效宣告请求审查决定在错误认定区别技术特征的基础上，使用多达7篇对比文件针对每个区别技术特征进行创造性判断，没有从要求保护的发明整体对本领域技术人员是否显而易见和具有显著进步进行整体判断，不符合创造性评价的基本原则。**

笔者认为该争辩理由值得予以考虑。

“一种整体的无线电气连接器和热敏控制器组件”发明专利无效案

一、案件提要

当事人

专利权人：施特里克斯有限公司
无效请求人：浙江家泰电器制造有限公司

专利复审委员会的无效宣告请求审查决定

决定号：WX第16325号
合议组成员：詹靖康、刘微、范胜祥
决定日：2011年01月24日

北京市第一中级人民法院的一审判决

案号：（2011）一中知行初字第2028号行政判决
合议庭成员：侯占恒、刁云芸、王梅
结案日期：2012年3月6日

北京市高级人民法院的二审判决

案号：（2012）高行终字第1215号
合议庭成员：李燕蓉、马军、孔庆兵
结案日期：2013年3月26日

涉及的法律规定

《专利法》第二十二条

判决要点

如果一项权利要求与最接近的现有技术存在区别技术特征，但现有技术整体上给出了将该区别技术特征应用到该最接近的现有技术以解决其存在的技术问题的启示，且该权利要求要求保护的技术方案也不具有意料不到的技术效果，则该权利要求不具备创造性。

二、涉案专利介绍

本案涉及名称为“用于煮沸水器皿的整体无线电气连接器和热敏控制器组件”的第95194418.5号发明专利（下称“本案专利”），其申请日为1995年6月9日，优先权日为1994年6月9日和1994年10月7日，授权日为2001年5月2日，授权时的专利权人为施特里克斯公司（下称“专利权人”）。

本发明涉及一种具有电气加热元件的液体加热器皿，特别是涉及具有液体盛装容器与一电气加热元件的液体加热容器，所述盛装容器的底部与所述加热元件保存良好的热接触。

这种类型的加热容器被普遍用于做茶与咖啡之热饮的沸水。一般而言，上述液体盛装容器具有一底部，由诸如不锈钢之类的抗腐蚀金属制成，使该器皿具有吸引人的外观并易于清洁。该器皿之其余部分也可以采用此金属制成，但也可以采用诸如适于连结到其底部的塑料制成。该容器一般具有由如铝之类的高热传导金属的外部底板，所述加热元件被固定在该底板上，热由此传递到所述容器内。

这种器皿上普遍装有热敏过热保护装置，它与所述容器的加热元件呈热接触，在该器皿煮干或在无任何液体的过热情况下会中断或减少送至所述加热元件的电能。这种过热保护装置一般包括一个热敏开关，被安装在该器皿的底板上，会操作以打开向加热元件供电的一组接点。该开关可以是一个双金属致动器，且可在该容器冷却时自动地复位。某些器皿也可能提供有一个单击装置，例如配置在该底部下面的热熔线，感知该器皿之危险的过热，在其操作后必须被更换。

现有控制器存在的问题在于：所述容器底部之温度仅在该底部的单一位置被感知。因此，例如若该器皿被不经意地置于某一工作表面上致使其底部倾斜，就可能因该容器底部的一部分仍有水盖住，但另外的部分未被水盖住而使该器皿煮干。因此，底部的该部分首先会过热，且若所述过热保护装置被配置在器皿底部仍有水盖住的部分，加热元件就可能使局部发生严重过热，带来潜在危险。

因此，本案发明致力于提供一种改进的上述类型的器皿。本发明提供一种液体加热器皿，包含：一液体盛装容器；一电气加热元件，被设置在该容器之底部或与之呈热接触；一个热敏感过热控制器，使在电气加热元件过热时中断或减少送到该元件的电能供应；所述热敏感过热控制器包含至少二个热响应传感器，被配置成与该容器之底部或加热元件呈良好的热接触，且位于其上之相隔位置，所述传感器可分别产生动作以在该元件过热时中断或降低送至该元件之电能供应。

依照本发明，至少二个热响应传感器被设置成与所述器皿容器的底部呈紧密的热接触，使得所述底部与加热元件的温度至少在二个相隔的位置上被精确地探测，当所述底部或加热元件局部过热时，至少有一个传感器会迅速地感知并工作，以中断或减少送至加热元件之电能供应，例如经由适当的致动装置打开远离所述感应器的一组电气接点。

为了实现所述控制器的一致操作，所述传感器以选择具有基本相同的作业温度特征者为较佳。然而，此并非是必须的，即一个传感器可在比另一个较高的温度下工作。不过，由于随着传感器的位置不同，所述器皿的过热在某些状况下可能会发生，所以，此并非较佳者。

为了获得由该容器底部至传感器的最佳热传递，最好将传感器直接安装在所述容器底部或加热元件上。同时，为了获得良好响应，所述传感器必须被彼此隔开相当的距离。

这种设计的优点是可允许该底部室之深度减到最小，降低该器皿的整体高度，有助于该器皿的稳定性及改善其外观。

上面所用的术语中，传感器意在被广义地解释且可包括很多不同的构造，例如包括电气或电子温度传感器，但采用热机械致动器作为传感器较佳，最好为双金属致动器。这类致动器在本领域中广为人知，且在达到预定温度时产生致动动作。

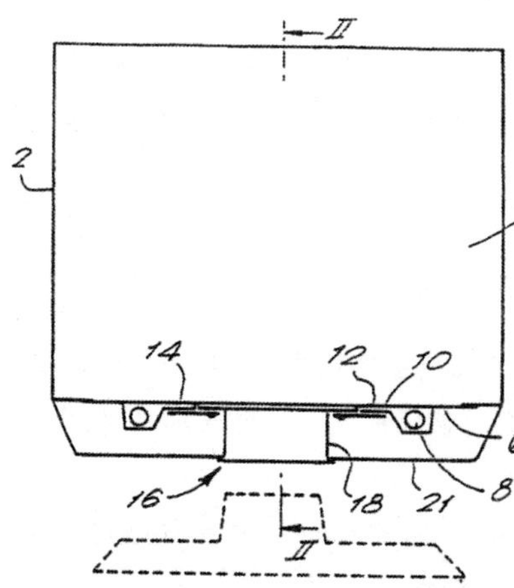

图1：本发明液体加热器皿的示意图

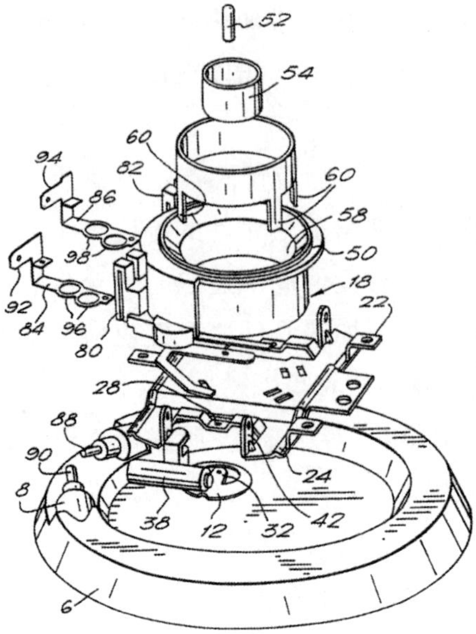

图5：本发明控制器分组件与无线连接器的零件分解图

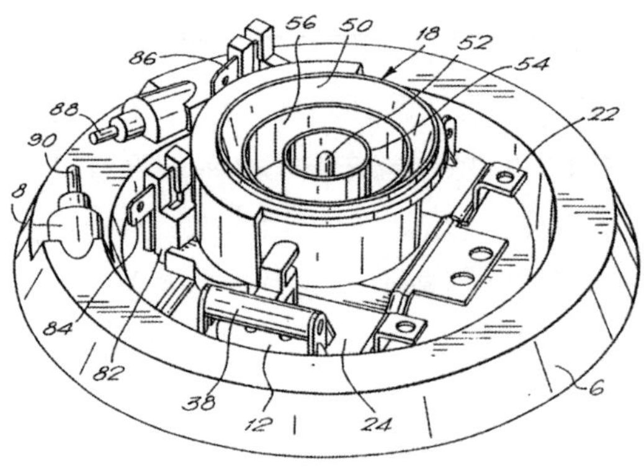

图7：从下面看的安装于所述器皿底板上的分组件

本案专利授权时的权利要求1和权利要求18如下：

1．一种整体的无线电气连接器和热敏控制器组件，用于安装在一个煮沸水器皿的盛水容器的底部下方，该底部设有一电气加热元件，所述整体的连接器和控制器组件包括有：

一个无线电气连接器，其类型为一种可与相应的连接器零件接合的连接器，而不论它们相互的角度方向；

一对热敏双金属致动器，安装在控制器面上横向离开连接器中央轴线的相隔开位置处，

所述致动器安装或与盛水容器底部或电加热元件有良好的热接触，从而使用时的温度能被盛水容器底部或电加热元件上相隔开位置的各致动器感测到；

与每个致动器相联系并用偶连装置与其可运作地偶连的电气开关接点，所述电气开关接点及其相联系的偶连装置安装在无线电气连接器的一侧，使得两个致动器当因盛水容器无水而加热或烧干水而产生过热时能相互独立地运作以打开相连系的接点而切断电源，但在容器正常烧水时则不会运作。

18.一种液体加热器皿，它包括一个盛水容器，其底部设有一个安装在其下侧的套装加热元件或一个设于底部上的印刷加热元件，和一个如权利要求1所述的整体的无线电气连接器和热敏控制器组件，所述组件安装成与所述底部或元件热接触，从而所述组件的双金属致动器安排成与在所述底部或元件上的相隔开的位置有良好的热接触。

三、专利复审委员会的无效宣告请求审查决定

针对上述发明专利，浙江家泰电器制造有限公司（下称“无效请求人”）于2010年8月12日向专利复审委员会提出了无效宣告请求，其无效理由是本案发明专利的权利要求1和18不具备《专利法》第二十二条第三款所规定的创造性，请求宣告本案专利的权利要求1和18无效。

（一）当事人的主张以及审查过程

无效请求人提交了如下证据：

附件1：WO 94/06185复印件及其部分中文译文，公开日为1994年03月17日（下称“对比文件1”）；

附件2：GB 2194099A复印件及其部分中文译文，公开日为1988年2月24日；

附件3：US 4539468复印件及其部分中文译文，公开日为1985年9月（下称“对比文件2”）；

附件4：WO 90/09672复印件及其部分中文译文，公开日为1990年8月23日（下称“对比文件3”）；

附件5：GB 2269980A复印件及其部分中文译文，公开日1994年3月2日（下称“对比文件4”）；

附件6：CN 2053066U复印件，公告日为1990年2月21日（下称“对比文

件5”）。

无效请求人认为，本案专利的权利要求1相对于对比文件1、2和公知常识不具有创造性，权利要求1相对于对比文件1、2、4不具有创造性，权利要求1相对于对比文件1、3和公知常识不具有创造性，权利要求1相对于对比文件1、2、5和公知常识不具有创造性，权利要求1相对于对比文件1、3、5不具有创造性。在对比文件上述组合方式的基础上，加上对比文件4，权利要求18不具有创造性。

经形式审查合格，专利复审委员会于2010年08月12日受理了上述无效宣告请求并将无效宣告请求书及证据副本转给专利权人，同时成立合议组对本案进行审查。

专利权人针对上述无效宣告请求于2010年9月10日提交了意见陈述书，认为本案专利具备创造性。

无效请求人于2010年9月12日寄交了补充证据及意见陈述书，补充了权利要求1相对于对比文件1、2、3不具有创造性，以及在对比文件各种组合方式基础上结合公知常识，权利要求18不具有创造性的无效理由。

无效请求人补充的证据如下：

附件7：WO 94/06185（即对比文件1）的补充附图；

附件8：声称为《家用电器》1993年第7期的封面页、目录页以及第16页的复印件2；

附件9：北京高院（2006）高民终字第615号判决复印件。

专利复审委员会于2010年10月15日向双方当事人发出了口头审理通知书，定于2010年11月12日举行口头审理。

口头审理如期举行，双方当事人均出席了本次口头审理，双方当事人对合议组变更无异议，对合议组成员无回避请求。

在口头审理过程中，无效请求人明确无效宣告请求的理由是权利要求1和18不具备《专利法》第二十二条第三款规定的创造性，针对权利要求1的创造性的评述方式为：对比文件1、2结合公知常识评述权利要求1不具有创造性，对比文件1、2、4评述权利要求1不具有创造性，对比文件1、3结合公知常识评述权利要求1不具有创造性，对比文件1、2、5结合公知常识评述权利要求1不具有创造性，对比文件1、3、5结合评述权利要求1不具有创造性，对比文件1、2、3结合评述权利要求1不具有创造性。

针对权利要求18的评述方式为：在评述权利要求1的各种对比文件组合方式的基础上，加上对比文件4评述权利要求18不具有创造性，以及在评述权利要求1的各种对比文件组合方式的基础上结合公知常识评述权利要求18不具有创造性。

专利权人对对比文件1～5的真实性、合法性、关联性没有异议，对对比文件1～4中文译文的准确性没有异议。对附件7的真实性没有异议，但认为附件7与本案没有关联性，不能作为对比文件使用，对附件8真实性无异议，但认为附件8还有后续程序，该判决事实上已失效。

专利复审委员会合议组当庭将请求人于2010年9月12提交的补充意见陈述当庭转给专利权人，并告知专利权人可以在口头审理之日起一个月内提交补充意见陈述并对请求人提交的补充证据提交反证，逾期不提交视为无异议。

专利权人于2010年11月15日向专利复审委员会提交了补充反证1和2：

反证1：最高人民法院民事裁定书（2007）民三监字第4-1号复印件；

反证2：最高人民法院民事调解书（2008）民提字第2号复印。

至此，合议组认为本案事实已经清楚，可以作出审查决定。

（二）无效宣告请求审查决定的理由

本无效宣告请求审查决定所针对的文本为第13372号生效决定维持有效的权利要求书，即授权公告的权利要求第1～34项。

对比文件1～5均为专利文献，它们的公开日均早于本专利的申请日，且专利权人对其真实性、合法性、关联性没有异议，对其中文译文的准确性没也有异议，因此对比文件1～5可以用作评价本案专利创造性的现有技术文献。

《专利法》第二十二条第三款规定，创造性是指同申请日以前已有的技术相比，该发明有突出的实质性特点和显著的进步。如果权利要求的技术方案与最接近的现有技术相比存在的区别技术特征被其他的现有技术文献公开，且上述区别技术特征在现有技术文献中所起的作用与其在权利要求中所起的作用相同，或者区别技术特征为本领域的公知常识，则该权利要求相对于上述现有技术和公知常识的结合不具备创造性。

本专利权利要求1要求保护一种整体的无线电气连接器和热敏控制器组件，包含以下技术特征：

（a）安装在一个煮沸水器皿的盛水容器的底部下方，该底部设有一电气加热元件；

（b）一个无线电气连接器，其类型为一种可与相应的连接器零件接合的连接器，而不论它们相互的角度方向；

（c）一对热敏双金属致动器，安装在控制器面上横向离开连接器中央轴线的相隔开位置处，所述致动器安装或与盛水容器底部或电加热元件有良好的热接触，从而使用时的温度能被盛水容器底部或电加热元件上相隔开位置的各致动器感测到；

（d）与每个致动器相联系并用偶连装置与其可运作地偶连的电气开关接点，所述电气开关接点及其相联系的偶连装置安装在无线电气连接器的一侧，使得两个致动器当因盛水容器无水而加热或烧干水而产生过热时能相互独立地运作以打开相连系的接点而切断电源，但在容器正常烧水时则不会运作。

对比文件1公开了一种无绳设备的供电单元，无绳设备可以是电茶壶、热水水壶，具体公开了以下内容：图8B中所示的过温断开装置是一个GB-A-2194099中描述的设备的改进装置，虽然没有在图8A中显示，参考GB-A-2194099，弹簧163、164和终端接点161、162之间的连接点是必然存在的，以便能够通过过温断开装置（相当于本专利权利要求1中的热敏控制器组件）向包含电阻加热元件本体（相当于权利要求1中的电气加热元件）和元件顶板的电子加热元件供电，加热元件的顶板在图8B中以166示出，部件165位于顶板166之上，如果是过热条件，部件165由于温度在弹簧163和164的作用下变形，因而断开弹簧163、164和终端接点161、162之间的连接并断开加热元件的供电，部件165能够用来支撑一个与元件顶板166紧密热力连接的双金属元件（相对于本专利权利要求1中的双金属致动器），双金属元件在过温条件时打开向加热元件供电的线路的一组接点，因此，部件165由于受热而断裂进而可以在由双金属提供的初始保护功能与其相关接点组不能操作时作为第二或备用保护功能（相对于本专利权利要求1中的致动器用偶连装置与其可运作地偶连的电气开关接点，使得两个致动器当因盛水容器无水而加热或烧干水而产生过热时能相互独立地运作以打开相连系的接点而切断电源，但在容器正常烧水时则不会运作），采用插头和插座连接器(相当于本专利权利要求1中的电器连接器)，插头与设备本体连接而插座与底部连接，当插头插进插座时此元件转动分开，允许插头插进插座部时插头相对于插座能够相对旋转360°（相当于本专利权利要求1中的特征：一个无线电气连接器，其类型为一种可与相应的连接器零件接合的连接器，而不论它们相互的角度方向）。因此，对比文件1公开了本专利权利要求1的特征（b）以及特征（a）、（c）和（d）中的大部分相关技术特征。对比文件1并未公开的特征为：区别特征1，即无线电气连接器和热敏控制器组件安装在一个煮沸水器皿的盛水容器的底部下方；区别特征2，即采用一对热敏双金属致动器，以及上述两个双金属元件横向离开连接器中央轴线的相隔开位置。上述特征为权利要求1与对比文件1相比的区别技术特征。

针对区别技术特征1，权利要求1所要解决的技术问题是如何设置组件的安装位置以便在电水壶中应用。将无线电气连接器和热敏控制器组件安装在容器内的底部上方或者底部下方是本领域的常规选择，属于本领域的公知常识，选择将无线电气连接器和热敏控制器组件安装在一个煮沸水器皿的盛水容器的底部下方对本领域技术人员来说是容易想到的。

针对区别技术特征2，权利要求1所解决的技术问题是防止电水壶因倾斜放置而导致局部干烧的技术问题。对比文件3涉及一种浸入式加热器，并公开了以下技术内容：使用两个性能大致相同的双金属致动器66，在对比文件3的附图6中公开了两个双金属致动器安装在控制器中央线的相隔开位置处，加热元件60端部是高导热性的冷却销64，温敏双金属致动器安装于冷却销的第二部分，即双金属致动器所述致动器安装或与盛水容器底部或电加热元件有良好的热接触，从而使用时的温度能被盛水容器底部或电加热元件上相隔开位置的各致动器感测到，在正常工作过程中，可动和固定触点68、69被关闭，但是当冷却销和致动器之一的温度上升到一给定值，所述致动器将操作而快速打开触点。可见对比文件3中公开了上述区别技术特征2，且该特征在对比文件3中的作用也是防止加热器过热，且对比文件3中的设置也是在相隔开位置处，因此在水壶因倾斜放置而导致局部干烧的情况下，会被其中的一个双金属致动器感测到，并及时断开加热元件防止烧坏水壶。可见，该特征在对比文件3中的作用与其在权利要求1中的作用相同。因此，对比文件3中给出了将该特征应用到对比文件1中以解决该技术问题的技术启示，本领域的技术人员在对比文件1的基础上结合对比文件3和本领域的公知常识获得权利要求1所要求保护的技术方案是显而易见的，因此权利要求1不具备突出的实质性特点和显著的技术进步，不具备《专利法》第二十二条第三款规定的创造性。

专利权人认为：（1）本案专利的权利要求1中的特征“整体”的无线电气连接器和热敏控制器组件没有被对比文件1公开，本案专利的权利要求1中整体的含义是指通过安装板把温控器和电连接器构成在一起形成整体的部件，对比文件1的图8B中不能得出二者是整体的结论；（2）连接器组件设置在盛水容器底部下方没有被对比文件1公开；（3）对比文件3是浸入式加热器，对热的感测是通过冷却销传递的，与本专利的不同，本专利的双金属直接与过热部分相接触。

对于专利权人的上述观点（1），合议组认为，本发明的权利要求1中未对“整体”的含义进行说明，且权利要求1中也没有提到安装板，而是在权利要求3的附加技术特征中进一步限定的，因此将整体的含义用权利要求3的附加技术特征来解释超出权利要求1所记载的范围，合议组不能予以认可，对比文件1的图8中连接器和过温断开装置是连接在一起的，因此也是符合整体的一般含义。

对于专利权人的上述观点（2），合议组认为，连接器组件设置在盛水容器底部下方是本申请与对比文件1相比的区别技术特征，但该特征并不能给本专利的权利要求1带来创造性，具体理由参见合议组对权利要求1的区别技术特征（1）的评述部分。

对于专利权人的上述观点（3），合议组认为，对比文件3中虽然采用的是浸入式加热器，这仅仅是加热方式的不同，但是浸入式加热器同样存在由于水壶倾斜加热器干烧而过热的技术问题，在对比文件3中采用了在中央轴线两边相对的位置上各设置一个温敏双金属致动器，且温敏双金属致动器安装在冷却销（即加热元件的端部）上，因此温敏双金属致动器可以直接地感测到加热器过热的情况，对于过热控制而言，对比文件3与本案专利是相同的。

本案专利的权利要求18要求保护一种液体加热器皿，包括以下技术特征：

（e）它包括一个盛水容器，其底部设有一个安装在其下侧的套装加热元件或一个设于底部上的印刷加热元件，

（f）一个如权利要求1所述的整体的无线电气连接器和热敏控制器组件，所述组件安装成与所述底部或元件热接触，从而所述组件的双金属致动器安排成与在所述底部或元件上的相隔开的位置有良好的热接触。

对于特征（c），对比文件4涉及一种液体加热装置，并公开了以下内容：图2所示是根据本发明的装置。该装置具有一水壶1状容器，其壳体2用塑料制成。水壶1具有的底座3包括一个钢板基底部4，其围边与塑料壳体2连接。水壶所带有的热绝缘与电绝缘层覆盖其底座，以使底座与放置水壶（处于工作中）的工作表面绝缘。底座3具有图1中所示的底面5，该底面覆盖有绝缘层6。绝缘

层6上印有用电阻材料制成的蛇形弯曲的加热元件7。底座3的上表面26构成水壶1的内表面的液体加热部分。可见，对比文件4公开了权利要求18中的上述特征（e），且该特征在对比文件4中所起的作用与其在权利要求18中所起的作用相同，都是用于盛水的容器，且容器底部都具有给水加热的印刷加热元件，因此对比文件4给出了将其中公开的上述技术特征结合到对比文件1中以解决提供合适的盛水及加热元件的技术启示。

对于特征（f），该特征是引用权利要求1中的特征，对于该特征的具体公开，参见对权利要求1的评述。

综上所述，在对比文件1的基础上结合对比文件3、4和本领域的常用技术手段获得权利要求18的技术方案对于本领域的技术人员来说是显而易见的，无需付出创造性的劳动，因此权利要求18的技术方案不具备突出的实质性特点和显著的技术进步，不具备《专利法》第二十二条第三款规定的创造性。

鉴于专利复审委员会已得出权利要求1和18不具备《专利法》第二十二条第三款规定之创造性的结论，针对权利要求1和18的其他无效理由不再予以评述。

基于上述理由，专利复审委员会作出了宣告本案专利的权利要求1和18无效，在权利要求2～17、19～34的基础上继续维持该专利有效的无效宣告请求审查决定。

四、北京市第一中级人民法院的一审判决

专利权人不服专利复审委员会作出的无效宣告请求审查决定，向北京市第一中级人民法院（下称“一审法院”）提起行政诉讼。

（一）当事人的主张

专利权人诉称：

（1）第16325号无效宣告请求审查决定（下称“第16325号决定”）与在先作出的第13372号无效宣告请求审查决定（下称“第13372号决定”）均系针对本案专利作出，上述决定中均使用了本案的对比文件1，且针对本专利划分的技术特征也相同，但两决定得出的结论截然相反。其原因在于第16325号决定将GB-A-2042269号专利的内容引入了对比文件1，作为该对比文件的技术方案，然而GB-A-2042269号专利并非本次无效请求中提交的对比文件。专利复审委员会的上述做法是错误的。

（2）本专利权利要求1中的特征“整体”的无线电气连接器和热敏控制器组件没有被对比文件1公开，本案专利的权利要求1中整体的含义是指通过安装板把温控器和电连接器构成在一起形成整体的部件，对比文件1的图8B中不能得出二者是整体的结论。

（3）连接器组件设置在盛水容器底部下方没有被对比文件1公开。

（4）对比文件3是浸入式加热器，对热的感测是通过冷却销传递的，与本专利的不同，本专利的双金属直接与过热部分相接触。

综上，专利权人请求法院依法撤销专利复审委员会作出的第16325号无效宣告请求审查决定，维持本专利权全部有效。

专利复审委员会辩称：

（1）第16325号决定与在先作出的第13372号决定中均采用了对比文件1，但第13372号决定中结合的其他对比文件与本案不同。

（2）关于本专利权利要求1和18是否具有创造性的理由，坚持在第16325号无效宣告请求审查决定中表述的意见。

据此，专利复审委员会请求法院驳回专利权人诉讼请求，维持专利复审委员会作出的第16325号无效宣告请求审查决定。

无效请求人述称同意专利复审委员会的意见，请求维持第16325号无效宣告请求审查决定。

（二）一审判决的理由

1. 如何认定本案专利与GB-A-2194099号专利的关系

基于查明的事实，根据本专利说明书的记载，GB-A-2194099号专利系本案专利所述器皿之一，第16325号决定引述该专利附图部分系进行相应的说明，并不存在将其他技术方案与本案专利组合为一个技术方案的问题。且过热断开装置的弹簧和终端接点之间的连接点是必然存在的，这也是公知常识。第16325号决定与第13372号决定在评判本专利的创造性时作组合使用的对比文件并不完全相同，因此并不存在结论矛盾的问题。

2. 本案专利是否具有创造性

《专利法》第二十二条第三款规定，创造性是指同申请日以前的已有技术相比，该发明有突出的实质性特点和显著的进步。

《审查指南》第二部分第3.2.1和3.2.2节中指出，在判断是否具有突出的实质性特点时，一般要先确定最接近的现有技术，其后确定发明的区别特征和其实际解决的技术问题，最后判断要求保护的发明对本领域的技术人员来说是否显而易见。在判断发明是否具有显著的进步时，主要应当考虑发明是否具有有益的技术效果。

一审法院认为，如果一项权利要求与最接近的现有技术存在区别技术特征，但现有技术整体上给出了将该区别技术特征应用到该最接近的现有技术以解决其存在的技术问题的启示，且该权利要求要求保护的技术方案也不具有意料不到的技术效果，则该权利要求不具备创造性。

（1）关于本专利权利要求1的创造性

对比文件1中所示的过温断开装置是一个GB-A-2194099中描述的设备的改进装置，虽然没有在图8A中显示，但参考GB-A-2194099，弹簧163、164和终端接点161、162之间的连接点是存在的，以便能够通过过温断开装置向包含电阻加热元件本体和元件顶板的电子加热元件供电。其中，过温断开装置相当于本专利权利要求1中的热敏控制器组件，电阻加热元件本体相当于权利要求1中的电气加热元件。对比文件1的图8B中以166示出加热元件的顶板在部件165位于顶板166之上，如果是过热条件，部件165由于温度在弹簧163和164的作用下变形，因而断开弹簧163、164和终端接点161、162之间的连接并断开加热元件的供电，部件165能够用来支撑一个与元件顶板166紧密热力连接的双金属元件（相当于本专利权利要求l中的双金属致动器)，双金属元件在过温条件时打开向加热元件供电的线路的一组接点，因此，部件165由于受热而断裂进而可以在由双金属提供的初始保护功能与其相关接点组不能操作时作为第二或备用保护功能（相当于本专利权利要求l中的致动器用偶连装置与其可运作地偶连的电气开关接点，使得两个致动器当因盛水容器无水而加热或烧干水而产生过热时能相互独立地运作以打开相连系的接点而切断电源，但在容器正常烧水时则不会运作)，采用插头和插座连接器(相当于本专利权利要求1中的电器连接器)，插头与设备本体连接而插座与底部连接，当插头插进插座时此元件转动分开，允许插头插进插座底部时插头相对于插座能够相对旋转360°（相当于本专利权利要求l中的特征：一个无线电气连接器，其类型为一种可与相应的连接器零件接合的连接器，而不论它们相互的角度方向)。因此对比文件l未公开的特征为：区别特征（1），即无线电气连接器和热敏控制器组件安装在一个煮沸水器皿的盛水容器的底部下方；区别特征（2），即采用一对热敏双金属致动器，以及上述两个双金属元件横向离开连接器中央轴线的相隔开位置。

对于区别技术特征（1），权利要求1所要解决的技术问题是如何设置组件的安装位置以便在电水壶中应用。将无线电气连接器和热敏控制器组件安装在容器内的底部上方，或者设置在容器底部下方是本领域的常规选择，属于本领域的公知常识，选择将无线电气连接器和热敏控制器组件安装在一个煮沸水器皿的盛水容器的底部下方对本领域技术人员来说是容易想到的。对于区别技术特征（2），权利要求1所解决的技术问题是防止电水壶因倾斜放置而导致局部干烧的技术问题。而对比文件3中公开了上述区别技术特征（2），且该特征在对比文件3中的作用也是防止加热器过热，且对比文件3中的设置也是在相隔开位置处，因此在水壶因倾斜放置而导致局部干烧的情况下，会被其中的一个双金属致动器感测到，并及时断开加热元件防止烧坏水壶。可见，该特征在对比文件3中的作用与其在权利要求1中的作用相同。因此对比文件3中给出了将该特征应用到对比文件1中的以解决该技术问题技术启示，本领域的技术人员在对比文件1的基础上结合对比文件3和本领域的公知常识获得权利要求1所要求保护的技术方案是显而易见的。

对于专利权人在本案诉讼中提出的诉讼主张2，一审法院认为，本专利权利要求1中未对“整体”的含义进行说明，且权利要求1中也没有提到安装板，而是在权利要求3的附加技术特征中进一步限定的，因此，不能将整体的含义用权利要求3的附加技术特征来解释超出权利要求1所记载的范围，而对比文件1的图8中连接器和过温断开装置是连接在一起的，因此也是符合整体的一般含义的。

对于专利权人在本案诉讼中提出的诉讼主张3，一审法院认为，连接器组件设置在盛水容器底部下方是本专利与对比文件1相比的区别技术特征，但该特征并不能给本专利的权利要求1带来创造性，具体理由本判决在前已经进行了论述，在此不再赘述。

对于专利权人在本案诉讼中提出的诉讼主张4，一审法院认为，对比文件3中虽然采用的是浸入式加热器，这仅仅是加热方式的不同，但是浸入式加热器同样存在由于水壶倾斜加热器干烧而过热的技术问题，在对比文件3中采用了在中央轴线两边相对的位置上各设置一个热敏双金属致动器，且热敏双金属致动器安装在冷却销上，因此热敏双金属致动器可以直接地感测到加热器过热的情况，对于过热控制而言，对比文件3与本专利是相同的。

综上，权利要求1不具备突出的实质性特点和显著进步，不具备《专利法》第二十二条第三款规定的创造性。

（2）关于本专利权利要求18的创造性

本案专利的权利要求18要求保护一种液体加热器皿，包括以下技术特征:（e）它包括一个盛水容器，其底部设有一个安装在其下侧的套装加热元件或一个设于底部上的印刷加热元件。（f）一个如权利要求1所述的整体的无线电气连接器和热敏控制器组件，所述组件安装成与所述底部或元件热接触，从而所述组件的双金属致动器安排成与在所述底部或元件上的相隔开的位置有良好的热接触。

对于特征（e），对比文件4公开了权利要求18中的上述特征，且该特征在对比文件4中所起的作用与其在权利要求18中所起的作用相同，都是用于盛水的容器，且容器底部都具有给水加热的印刷加热元件，因此对比文件4给出了将其中公开的上述技术特征结合到对比文件1中以解决提供合适的盛水及加热元件的技术启示。对于特征（f），该特征是引用权利要求1中的特征，对于该特征的具体公开，参见对权利要求1的评述。综上所述，在对比文件1的基础上结合对比文件3、4和本领域的常用技术手段获得权利要求18的技术方案对于本领域的技术人员来说是显而易见的，无需付出创造性的劳动，权利要求18的技术方案不具备突出的实质性特点和显著的技术进步，不具备《专利法》第二十二条第三款规定的创造性。

基于上述理由，一审法院认定专利复审委员会作出的本案无效宣告请求审查决定认定事实清楚，适用法律正确，程序合法，应予维持；专利权人的诉讼请求不能成立，不应支持，故判决维持专利复审委员会作出的本案无效宣告请求审查决定。

五、北京市高级人民法院的二审判决

（一）当事人的主张

专利权人不服一审判决，向北京市高级人民法院（下称“二审法院”）提起上诉，请求撤销一审判决和第16325号无效宣告请求审查决定，其理由为:

（1）第16325号决定与在先作出的第13372号决定的结论明显矛盾。

（2）原审判决认定事实与适用法律错误。

专利复审委员会、无效请求人服从原审判决。

（二）二审判决的理由

《专利法》第二十二条第三款规定，创造性是指同申请日以前的已有技术相比，该发明有突出的实质性特点和显著的进步。

本案专利权利要求1要求保护的是一种整体的无线电气连接器和热敏控制器组件，包含以下技术特征：（a）用于安装在一个煮沸水器皿的盛水容器的底部下方，该底部设有一电气加热元件；（b）一个无线电气连接器，其类型为一种可与相应的连接器零件接合的连接器，而不论它们相互的角度方向；（c）一对热敏双金属致动器，安装在控制器面上横向离开连接器中央轴线的相隔开位置处，所述致动器安装成与盛水容器底部或电加热元件有良好的热接触，从而使用时的温度能被盛水容器底部或电加热元件上相隔开位置的各致动器感测到；（d）与每个致动器相联系并用偶连装置与其可运作地偶连的电气开关接点，所述电气开关接点及其相联系的偶连装置安装在无线电气连接器的一侧，其安装要使得两个致动器当因盛水容器无水而加热或烧干水而产生过热时能相互独立地运作以打开相连系的接点而切断电源，但在容器正常烧水时则不会运作。

对比文件1公开了一种无绳设备的供电单元，将本专利权利要求1与对比文件1相比较，其区别技术特征是：（1）无线电气连接器和热敏控制器组件安装在一个煮沸水器皿的盛水容器的底部下方；（2）采用一对热敏双金属致动器，以及上述两个双金属元件横向离开连接器中央轴线的相隔开位置。对此，各方当事人均无异议，故二审法院予以确认。

对于区别技术特征（1），其所起的作用是如何设置组件的安装位置，将无线电气连接器和热敏控制器组件安装在容器内的底部上方，或者设置在容器底部下方是本领域的常规选择，对本领域技术人员来说是容易想到的。对于区别技术特征（2），其所起的作用是防止电水壶因倾斜放置而导致局部干烧的技术问题，该特征在对比文件3中的作用也是防止加热器过热，且双金属元件也是设置在相隔开位置处，在水壶因倾斜放置而导致局部干烧的情况下，会被其中的一个双金属致动器感测到，并及时断开加热元件防止烧坏水壶。因此，该区别技术特征在对比文件3中的作用与其在本专利权利要求1中的作用相同，对比文件3公开了该区别技术特征（2），给出了将该特征应用到对比文件1中的技术启示。因此，本领域的技术人员在对比文件1的基础上结合对比文件3和本领域的公知常识获得权利要求1所要求保护的技术方案是显而易见的，一审法院及专利复审委员会认定权利要求1不具备突出的实质性特点和显著进步，不具备《专利法》第二十二条第三款规定的创造性正确。

本案专利的权利要求18要求保护一种液体加热器皿，包括以下技术特征：（e）它包括一个盛水容器，其底部设有一个安装在其下侧的套装加热元件或一个设于底部上的印刷加热元件；（f）一个如权利要求1所述的整体的无线电气连接器和热敏控制器组件，所述组件安装成与所述底部或元件热接触，从而所述组件的双金属致动器安排成与在所述底部或元件上的相隔开的位置有良好的热接触。

对于技术特征（e），对比文件4公开了该特征，且该特征在对比文件4中所起的作用与其在权利要求18中所起的作用相同，都是用于盛水的容器，且容器底部都具有给水加热的印刷加热元件，因此对比文件4给出了将其中公开的上述技术特征结合到对比文件1中以解决提供合适的盛水及加热元件的技术启示。对于技术特征（f），该特征是引用权利要求1中的特征，对于该特征的具体公开，同对权利要求1的评述。故，在对比文件1的基础上结合对比文件3、4和本领域的常用技术手段获得权利要求18的技术方案对于本领域的技术人员来说是显而易见的，权利要求18的技术方案不具备突出的实质性特点和显著的进步，原审法院及专利复审委员会认定权利要求18不具备《专利法》第二十二条第三款规定的创造性正确。

另外，根据本案专利说明书的记载，GB-A-2194099号专利系本专利所述器皿之一，第16325号决定引述该专利附图部分系进行相应的说明，并不存在将其他技术方案与本专利组合为一个技术方案的问题，并且过热断开装置的弹簧和终端接点之间的连接点，对本领域技术人员来说也是公知常识。同时，第16325号决定与第13372号决定在评判本专利的创造性时所组合使用的对比文件并不完全相同，因此并不存在结论相互矛盾的问题。

基于上述理由，二审法院认定一审判决认定事实清楚、适用法律正确、程序合法，应予维持；专利权人的上诉请求缺乏事实和法律依据，二审法院不予支持，故判决驳回上诉，维持原判。

第三章

专利民事纠纷案件判例

“剪刀”外观设计专利侵权案

一、案件提要

当事人

专利权人：马培德公司（MAPED）
第一被诉侵权人：阳江市邦立贸易有限公司
第二被诉侵权人：阳江市伊利达刀剪有限公司

广州市中级人民法院的一审判决

案号：（2010）穗中法民三初字第165号
合议庭成员：梁小琳、谢平、龚麒天
结案日期：2010年12月*

广东省高级人民法院的二审判决

案号：（2011）粤高法民三终字第164号
合议庭成员：潘奇志、肖少杨、郑颖
结案日期：2011年6月17日

最高人民法院的再审裁定

案号：（2013）民申字第29号
合议庭成员：周翔、杜微科、罗霞
结案日期：2013年9月22日

涉及的法律规定

《专利法》第五十六条第二款（2000年修正）、《专利法》第五十九条第二款（2008年修正）、《专利法实施细则》第二十八条第二款（2002年修订）

---

*原判决书未标明日期。

判决要点

1. 对于本案外观设计专利而言，刀片、铆钉的设计均为剪刀类产品中的常规设计，其设计特点主要体现于手柄之上，创新高度相对有限。虽然被诉侵权产品采用了与其基本相同的手柄设计，但由于二者铆钉的形状、大小差异明显，并且铆钉设置于产品中部，区别特征容易被一般消费者观察到，足以导致二者的整体视觉效果产生明显差异。

2. 被诉侵权产品在采用与外观设计专利相同或者相近似的外观设计之余，还附加有其他图案、色彩设计要素的，如果这些附加的设计要素属于额外增加的设计要素，则对侵权判断一般不具有实质性影响。否则，他人即可通过在外观设计专利上简单增加图案、色彩等方式，轻易规避专利侵权。这无疑有悖于专利法鼓励发明创造，促进科技进步和创新的立法本意。

二、本案专利介绍

本案涉及名称为“剪刀”的第200430002915.3号外观设计专利（下称“本案专利”），其申请日为2004年2月6日，优先权日为2003年9月22日，授权日为2004年9月1日，授权时的专利权人为马培德公司（下称“专利权人”）。

本案专利视图如下图：

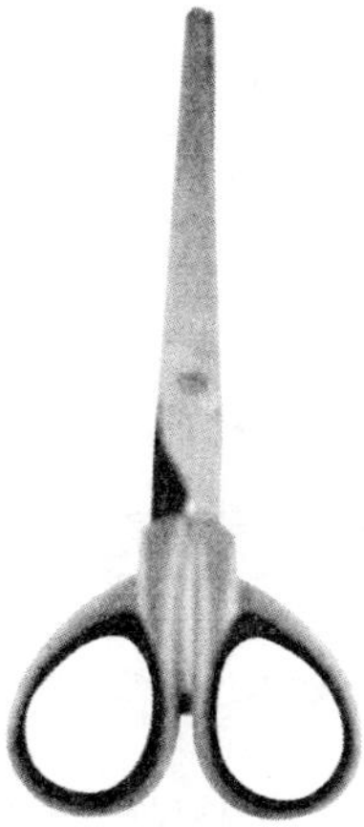

图1：本案专利后视图

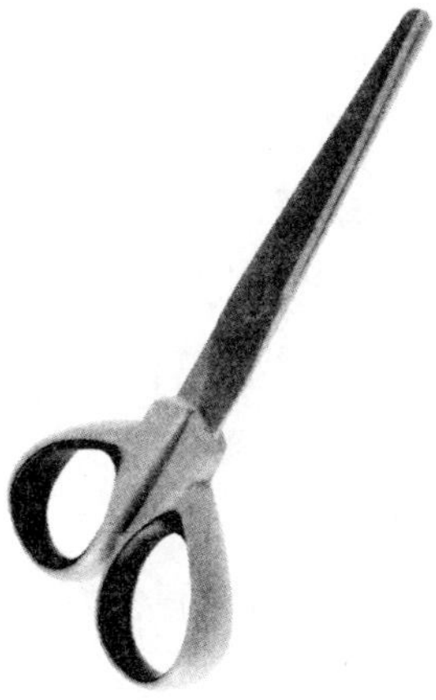

图2：本案专利立体图

图3：本案专利右视图

三、广州市中级人民法院的一审判决

专利权人于2010年4月29日向广州市中级人民法院（下称“一审法院”）提

起诉讼，指控阳江市邦立贸易有限公司（下称“第一被诉侵权人”）和阳江市伊利达刀剪有限公司（下称“第二被诉侵权人”）侵犯了本案专利。

（一）当事人的主张

专利权人诉称：其为名称为“剪刀”的本案专利的专利权人，该专利迄今有效。2010年3月9日，专利权人在第一被诉侵权人处公证购买到涉嫌侵犯本案专利的剪刀18把（型号为SC0306），并了解到该涉嫌侵权产品由第二被诉侵权人生产。

专利权人认为第一和第二被诉侵权人未经专利权人许可制造、销售涉嫌侵权产品侵犯了其专利权，特诉至法院，请求法院判令：

（1）二被诉侵权人立即停止侵权行为，销毁侵权产品及其生产模具；

（2）二被诉侵权人共同赔偿专利权人人民币10万元（其中包括专利权人为调查、制止侵权行为所支付的合理费用）；

（3）本案诉讼费用由二被诉侵权人承担。

二被诉侵权人共同答辩称：

（1）第二被诉侵权人实际上没有参与本案的任何行为，也没有生产被诉侵权产品。

（2）被诉侵权产品与本案外观设计专利的图片、照片所示专利产品相比有很大区别，两者既不相同也不近似。

（3）第一被诉侵权人作为一个贸易公司并不生产、加工相关产品，只是销售了涉嫌侵权产品，其销售的涉嫌侵权产品有合法来源。另外，第一被诉侵权人不知道被诉侵权产品是否获得专利保护。

（4）因第二被诉侵权人没有生产涉嫌侵权产品，故专利权人要求销毁侵权产品及其生产模具的主张不能成立，专利权人在调查取证过程中已经将第一被诉侵权人销售的全部样品拿走了。

综上，二被诉侵权人请求法院驳回专利权人的全部诉讼请求。

（二）一审法院查明的事实

一审法院查明，2010年3月9日，专利权人的委托代理人黄炳雄会同广东省广州市广州公证处公证员林光源以及工作人员何智毅来到广东省阳江市江城区东风三路168号新乐苑E幢七楼的第一被诉侵权人处，黄炳雄在该处购买了型号分别为SCM0555、SCM0556、SC0305、SC0306等的剪刀多把，并取得了第二被诉侵权人出具的出仓单2张、名片1张、购货清单1张等。上述购买行为记载在广东省广广州公证处出具的（2010）粤穗广证内经字第28495号公证书中。名片上记载的主要内容是："YANGJIANG EWIN KNIFE & SCISSORS CO.，LTD 柯裏榮（Koser Ke） Sales Manager Add：Gangqiao Industrial District，Yangjiang City，Guangdong，China. 厂址：广东省阳江市岗侨工业区"。出仓单及购货清单上均为口盖"阳江市伊利达刀剪有限公司合同专用章"。

本案被诉侵权产品的型号是SC0306，其外观如下：

图4：被诉侵权产品主视图

将被诉侵权产品与本案专利产品的图片相比较，两者的主要区别在于：

（1）被诉侵权产品的整个刀片上有彩色图案，而专利产品没有；

（2）连接两个刀片的铆钉虽都为圆形，但被诉侵权产品的铆钉比专利产品的大，且铆钉上面还有凸起的弧形线条。

两者的其余部分均相同。

二被诉侵权人认为被诉侵权产品与专利权人专利相比既不相同也不相似，并申请由专业机构对被诉侵权产品与专利权人专利是否相同、相似进行鉴定。

在诉讼中，专利权人指控第一、第二被诉侵权人共同生产、销售被诉侵权产品；第一被诉侵权人在庭审中确认被诉侵权产品由其销售，但否认由其生产；第二被诉侵权人否认生产、销售被诉侵权产品。

另查明，第一被诉侵权人产品宣传册的封面上记载的主要内容是："Bonly® SCISSORS"、"2008 Yangjiang Bonly Industries LTD Professional Scissors Factory"。在页内"About Us"中记载："Yangjiang Bonly Industries LTD. is a manufacturer and exporter special in making stainless steel scissors. Our products are mainly sold to foreign market, especially to American and European market."等。在该宣传册内页有各种型号的剪刀的照片，其中包括"SC0306"型号，在页内还有生产场景的图片。该册封底有该公司的地址、电话、电子邮箱和网址。另外，第一被诉侵权人正在申请"BONLY"文字注册商标。

第一被诉侵权人的经营范围为：货物进出口、技术进出口（法律、行政法规禁止的项目除外，法律、行政法规限制的项目须取得许可后方可经营）；一般商品国内贸易（国家专营专控商品除外）。注册资本为人民币100万元，投资者为郑洪、黄昌西。第二被诉侵权人的经营范围为：生产、销售：刀具、剪刀、五金制品、塑料制品、文体制品、工艺品（不含金、银制品）、家庭用品；废旧塑料加工。注册资本为人民币100万元，投资者为郑洪、黄昌西。

（三）一审判决的理由

一审法院认为：专利权人是名称为"剪刀"的第20043002915.3号外观设计专利的专利权人，其享有的外观设计专利权应受法律保护。

关于被诉侵权产品与涉案专利是否相同、相近似的问题，《专利法》第五十九条第二款规定："外观设计专利权的保护范围以表示在图片或者照片中的该产品的外观设计为准。"

《最高人民法院关于审理侵犯专利权纠纷案件应用法律若干问题的解释》第十条规定：人民法院应当以外观设计专利产品的一般消费者的知识水平和认知能力，判断外观设计是否相同或者近似。第十一条规定：人民法院认定外观设计是否相同或者近似时，应当根据授权外观设计、被诉侵权设计的设计特征，以外观设计的整体视觉效果进行综合判断；对于主要由技术功能决定的设计特征以及对整体视觉效果不产生影响的产品的材料、内部结构等特征，应当不予考虑。被诉侵权设计与授权外观设计在整体视觉效果上无差异的，人民法院应当认定两者相同；在整体视觉效果上无实质性差异的，应当认定两者近似。

将本案被诉侵权产品与专利权人表示在专利公报上的专利产品图片比对，被诉侵权设计具有与授权外观设计不同的设计特征，即整个刀片上有彩色图案，连接两个刀片的圆形铆钉比专利产品的大，且铆钉上面还有凸起的弧形线条的特征。剪刀普遍由刀片和握柄两大部分组成，且刀片所占的比例通常比较大，故刀片上设计有彩色图案可成为该剪刀的主要设计特征，吸引一般消费者的注意力。因此，在本案中以一般消费者的知识水平及认知能力来判断，被诉侵权产品的不同设计特征已经达到使被诉侵权设计与授权外观设计在整体视觉效果上产生实质性差异的程度，故两者既不相同也不近似。第一、第二被诉侵权人认为被诉侵权产品与专本案专利既不相同也不相近似的抗辩，一审法院予以采纳，但对其申请鉴定的请求不予采纳。

一审法院认为本案被诉侵权产品的外观与专利权人的专利既不相同也不近似，专利权人起诉第一、第二被诉侵权人侵犯其专利权缺乏事实根据，不能成立，依法应予驳回。由于专利权人指控第一、第二被诉侵权人侵权不成立，故对第一、第二被诉侵权人是否共同生产、销售被诉侵权产品等问题不再审查。

综上所述，依照《民法诉讼法》第六十四条第一款及《最高人民法院关于民事证据的若干规定》第二条的规定，一审法院判决驳回专利权人的全部诉讼请求。

四、广东省高级人民法院的二审判决

专利权人不服一审判决，向广东省高级人民法院提起上诉。

（一）当事人的主张

专利权人主张：

1. 一审法院错误认定被诉侵权产品与专利权人外观设计专利不相同且不近似，属于认定事实不清，适用法律错误

（1）一审法院将比对重点局限于刀片的色彩及图案设计要素，采取了错误的对比方法，导致认定事实不清

根据《专利法》和最高人民法院司法解释的规定，法院判断外观设计是否相同或者近似时应当根据授权外观设计、被诉侵权设计的设计特征，以外观设计的整体视觉效果进行综合判断。本案专利产品由剪刀把和剪刀片两部分组成。从各个部分与专利整体的关系来看，剪刀把占据整个专利表面积的三分之二左右，剪刀片占据整个专利的三分之一左右。不论从对整体设计的影响还是从占有整个专利产品的表面积比例角度来看，剪刀把的设计都是本案专利的重要部分。一审法院完全忽视被诉侵权设计抄袭、剽窃占据本案专利产品主要部分的剪刀把的事实，径行做出被诉侵权设计与本案专利不相同且不近似的结论，认定事实不清。

（2）根据整体观察、综合判断的原则，本案专利与被诉侵权设计属于实质性相同的设计

1）根据整体观察、综合判断进行的比较及其结论。本案专利产品具有以下设计特征：首先，剪刀把底端由两个相等大小的椭圆形环手指孔组成。手指环由外环、内环两部分组成，其中内环呈深色，外环呈浅色。两个椭圆形手指孔相切于中心部位，并形成一个接点。其次，手指环向上延伸形成两个竖直形状套柄，两个套柄包裹住两个剪刀片向下的延伸部分。再次，两个刀片露处的部分呈三角形，相交于中轴部分。根据司法解释确定的整体观察、综合判断的方法，将本案专利和被诉侵权设计进行比对可以发现，被诉侵权设计除了在剪刀片上增加了一些花纹，以及将固定铆钉的尺寸略微加大以外，对于剪刀柄、手指环的形状特点完全抄袭了专利设计。刀片的形状，曲线弯度设计也是全部复制，毫无差异。至于刀片花纹和铆钉的变化，均属于局部的细微变化，无法构成实质性差异。由此可见，被诉侵权设计完全抄袭了授权外观设计，特别是其对于整体具有显著影响且体现创新性的剪刀柄和指环部分。

2）对产品设计整体具有显著性影响的部分的比较。在剪刀类产品中，刀片用于裁剪，且一般由金属类材料制成，其功能性较强。从办公用品类剪刀产品的角度看，刀片部分一般由两片尖头状金属组成，其可变化性很小。相比之下，刀把部分留给剪刀厂家的设计创新空间较大，为一般的剪刀生产厂家所重视。从上述关于设计特征的说明中可以看出，本案专利刀把部分由手指环和套柄组成，其在消费者购买、选择和使用中均非常容易被看到，且其在整个设计中所占面积较大，对于设计的整体视觉效果具有显著的影响，应当在相似性判定中给予充分重视。围绕本案专利的设计要点特征，即从被诉侵权物从手指环的椭圆形外缘，到内外两个环的构成及相切于一个中心接点，再到竖直形状套柄的上下宽度变化，可以看出被诉外观设计完全彻底地抄袭了专利权人的设计。

（3）剪刀片部分的图案、色彩变化属于细微、局部的差异，一审法院认定本案专利与被诉设计不近似，属于认定事实不清，证据不足

1）本案专利是单纯形状的外观设计专利。此类专利的一个共同特点就是其设计要素只有形状，而不包含图案和色彩或者上述各个要素的组合。根据《专利法》的规定，形状类外观设计的保护范围应当包含所有外形与其图片或者照片相同或者近似的外观设计，而不论其上面是否添加了图案或色彩。因此，不论被诉侵权设计在本案专利基础上添加了何种图案或者色彩，只要其使用了与本案专利相同或者近似的外形，都毫无疑问地落入了本案专利的保护范围。本案被诉侵权设计除了在中心的铆钉的大小问题上，做了轻微的调整以外，其外形与本案专利并无二致。

2）一审法院对于在本案专利上添加图案或者色彩认定不侵权，违背了专利法的立法主旨，不合法且不合理。我国《专利法》的立法目的一是保护专利权人的合法权益，二是鼓励创新。据此，如果对于形状类外观设计基础上的简单添加图案色彩的行为不予以制止，将从根本上架空专利法对于形状类外观设计的保护，完全违背《专利法》的立法意图。

3）第一、第二被诉侵权人使用与本案专利设计作为零部件进行生产、销售侵权产品的行为，侵犯了专利权人的外观设计专利权。退一步讲，即使由于被诉侵权设计与本案专利的设计要素数量不同，其与本案专利不能直接构成近似，在被诉侵权物中，除去图案色彩等表面装饰部分的剪刀本体部分无疑应当视为制造被诉侵权产品的一个零部件。这个部分与本案专利无疑是实质相同设计。根据司法解释，将侵犯外观设计专利权的产品作为零部件，制造另一产品并销售的，人民法院应当认定属于《专利法》第十一条规定的销售行为。因此第一、第二被诉侵权人制造、销售侵权产品的行为仍然构成销售行为，侵犯专利权人的外观设计专利权。

2. 一审法院完全忽视了公证书中所体现的侵权产品的形态，导致认定事实错误

第一、第二被诉侵权人印刷、发行的《2008年度阳江邦立产品手册Yang Jiang Bonly Industries LTD PROFESSIONAL SCISSORS FACTORY》第36页其产品SC0306剪刀的彩色照片上显示其剪刀的刀片部分为无色金属。此产品手册的照片标明，第一、第二被诉侵权人还大量生产、销售了不带有图案和色彩的无色金属刀片剪刀。该剪刀产品与本案专利完全相同。一审法院忽视了上述事实，仅仅根据购买侵权产品的样品就判定第一、第二被诉侵权人不构成侵权，属于认定事实不清，证据不足。

3. 第一、第二被诉侵权人在侵权行为中有明确的分工并且相互配合，共同实施了侵权行为，应当共同承担停止侵权、赔偿损失的法律责任

首先，第一被诉侵权人长期从事侵权产品SC0306型剪刀产品的生产和销售。根据公证书的记载，专利权人从第一被诉侵权人的经营场所内购买了涉案侵权产品SC0306剪刀。该公证书所包含的产品宣传册显示“阳江邦立是一家不锈钢剪刀的生产、销售及出口厂商。其产品出口到海外市场，特别是欧美市场”。其宣传册第36页展示了被诉侵权产品SC0306型剪刀。此外，该宣传册上还使用了注册商标“BONLY”。公证书中的订货单也显示“邦立贸易”与“伊利达刀剪”同为侵权产品SC0306型剪刀的生产厂商。同时，根据国家工商行政管理总局中国商标网的信息，第5663034号“BONLY”商标的注册人正是第一被诉侵权人。该商标广泛且明确地使用于侵权产品SC0306型剪刀的包装袋、包装盒、产品手册等处，充分说明了第一被诉侵权人直接参与侵权行为的事实。

其次，第二被诉侵权人与第一被诉侵权人相互配合，共同从事侵权产品的生产销售。根据公证书的记载，专利权人从第一被诉侵权人的经营场所内获得了印有第二被诉侵权人柯里荣的名片。该名片正面用中文标明“阳江市伊利达刀剪有限公司”Sales Manager（销售经理），背面则用英文标明Yang Jiang Bonly Industries Ltd，即“阳江邦立”。两者标示的人员姓名，手机号码均为一致。前述供货单上面标示的厂商名称也同时显示了第一和第二被诉侵权人。而且，有关的出仓单上则加盖了第二被诉侵权人的公章。更为明确的是，第一和第二被诉侵权人的法定代表人同为黄昌西。上述证据足以表明，第一和第二被诉侵权人在侵权产品的生产、销售中互相配合，既有分工合作又有业务上的重叠，两者在侵权行为中有充分的意思联络，共同从事了侵权产品的生产、销售及许诺销售，应当共同承担民事责任。

4. 第一、第二被诉侵权人应当承担赔偿损失的法律责任

（1）第一、第二被诉侵权人长期从事侵权产品的生产和销售，生产规模大，获利不菲

第一、第二被诉侵权人的产品手册在公司介绍部分显示，其产品的出口地包括欧洲、美国和澳大利亚，月度生产能力140万件，现在的月度产量也达到100万件，年度收入总额达到550万美元。

（2）专利权人为制止侵权所支付的合理支出应当由第一、第二被诉侵权人负担

按照《专利法》的规定，赔偿数额还应当包括权利人为制止侵权行为所支付的合理开支。专利权人为制止第一、第二被诉侵权人的侵权行为花费了大量经济支出，包括但不限于律师费、公证费、调查费等共计164 980元。其中，公证费费用为人民币1 900元，专利检索费用为人民币3 080元， 律师费为人民币16万元。

基于上述理由，专利权人请求二审法院：

（1）撤销原判，并依法改判；

（2）判令一、二审诉讼费用由第一、第二被诉侵权人承担。

第一、第二被诉侵权人答辩称不同意专利权人的上诉请求，请求驳回上诉，维持原判。

（二）二审法院查明的事实

二审法院经审理查明，一审查明的事实基本属实，二审法院予以确认。

另查明，在专利权人提供的第一被诉侵权人产品宣传册第36页中有一款型号为SC0306的剪刀。该款产品的刀片部分没有颜色和图案，刀把部分与专利权人公证购买的型号为SC0306的被诉侵权剪刀的刀把部分完全相同。

（三）二审判决的理由

二审法院认为，本案为侵犯外观设计专利权纠纷。本案的争议焦点是：

（1）一审法院查明事实是否存在遗漏；

（2）被诉侵权设计是否落入本案外观设计专利权的保护范围；

（3）第一、第二被诉侵权人应承担何种民事责任。

1. 关于一审法院查明事实是否存在遗漏

专利权人上诉认为，第一、第二被诉侵权人在生产、销售带有图案、色彩的产品的同时，还生产、销售、许诺销售不带有图案、色彩但与本案专利完全一致的SC0306型侵权产品。一审法院仅仅根据公证购买的侵权产品就判定第

一、第二被诉侵权人不构成侵权，属于认定事实不清。

二审法院认为，因专利权人在民事起诉状中仅提及公证购买的型号为SC0306的剪刀，并未明确该型号的产品有带有图案和不带图案两种类型；且专利权人在诉讼中明确其指控的是第一、第二被诉侵权人共同制造、销售被诉侵权产品的行为，并未包括许诺销售行为，因此综合分析专利权人的上述意思表示，可以认定该当事人在一审诉讼中仅对公证购买的被诉侵权产品提出诉讼请求，并未对第一被诉侵权人产品宣传册中的产品提出诉讼请求。专利权人在第二审程序中请求二审法院判定第一被诉侵权人产品宣传册中的产品落入本案外观设计专利权的保护范围，属于增加独立的诉讼请求。在二审法院调解不成的情况下，专利权人可以另行起诉。因此，专利权人关于一审法院查明事实不清的上诉主张不成立，二审法院予以驳回。

2. 关于被诉侵权设计是否落入本案外观设计专利权的保护范围

《最高人民法院关于审理侵犯专利权纠纷案件应用法律若干问题的解释》第十条规定："人民法院应当以外观设计专利产品的一般消费者的知识水平和认知能力，判断外观设计是否相同或者近似。"第十一条规定："人民法院认定外观设计是否相同或者近似时，应当根据授权外观设计、被诉侵权设计的设计特征，以外观设计的整体视觉效果进行综合判断；对于主要由技术功能决定的设计特征以及对整体视觉效果不产生影响的产品的材料、内部结构等特征，应当不予考虑。下列情形，通常对外观设计的整体视觉效果更具有影响：（一）产品正常使用时容易被直接观察到的部位相对于其他部位；（二）授权外观设计区别于现有设计的设计特征相对于授权外观设计的其他设计特征。被诉侵权设计与授权外观设计在整体视觉效果上无差异的，人民法院应当认定两者相同；在整体视觉效果上无实质性差异的，应当认定两者近似。

按照上述外观设计侵权判定的标准，将被诉侵权设计与授权外观设计进行比对，两者的相同之处在于：由剪刀把和剪刀片两部分组成；剪刀把底端由两个相等大小的椭圆形环手指孔组成，手指环由外环、内环两部分组成，其中内环呈深色，外环呈浅色，两个椭圆形手指孔相切于中心部位，并形成一个接点；手指环向上延伸形成两个竖直形状套柄，两个套柄包裹住两个剪刀片向下的延伸部分；两个剪刀片露处的部分呈三角形，相交于中轴部分。两者的不同之处在于：被诉侵权设计的整个剪刀片上有彩色图案，连接两个剪刀片的圆形铆钉比专利产品的大，且铆钉上面还有凸起的弧形线条。

由于剪刀一般是由剪刀把和剪刀片两部分组成，剪刀片所占的比例通常都相对较大，属于产品正常使用时容易被直接观察到的部分，因此在剪刀片上设计有彩色图案，通常对外观设计的整体视觉效果更具有影响。以一般消费者的知识水平和认知能力来判断，侵权外观设计与授权外观设计在剪刀片上的上述差异已经构成整体视觉效果的实质性差异，故两者既不相同也不近似。专利权人关于被诉侵权设计与授权外观设计实质相同的上诉主张不成立，二审法院不予支持。

专利权人上诉还认为，除去彩色图案等表面装饰部分的剪刀本体应当视为制造被诉侵权产品的一个零部件，第一、第二被诉侵权人将侵犯外观设计专利权的产品作为零部件，制造另一产品并销售的行为，属于专利法第十一条规定的销售行为。

二审法院认为，本案被诉侵权产品是带有彩色图案的剪刀。这是一个不可分割的整体。彩色图案是附着在剪刀本体之上的，不能脱离后者单独存在。因此，剪刀本体与彩色图案之间的关系并非零部件与零部件之间的关系。有鉴于此，第一、第二被诉侵权人的行为并不属于将侵犯外观设计专利权的产品作为零部件，制造另一产品并销售的行为。专利权人该上诉理由不成立，二审法院予以驳回。

由于被诉侵权设计与授权外观设计既不相同也不近似，故二审法院对第一、第二被诉侵权人是否共同制造、销售被诉侵权产品以及应否承担民事责任等问题不再评判。

综上所述，二审法院认为一审判决认定事实清楚，适用法律正确，依法应予维持。专利权人的上诉理由和上诉请求均不成立，二审法院予以驳回。依照《民事诉讼法》第一百五十三条第一款第（一）项之规定，判决驳回上诉，维持原判，二审案件受理费2 300元由专利权人负担。

五、最高人民法院的再审裁定

（一）当事人的主张

专利权人不服二审法院的终审判决，向最高人民法院（下称“再审法院”）申请再审。专利权人主张：

1. 单纯形状类型的外观设计专利权应当得到充分有效的法律保护

（1）二审判决认定“在剪刀片上设计有彩色图案，通常对外观设计的整体视觉效果更具有影响。以一般消费者的知识水平和认知能力来判断，侵权外观设计与授权外观设计在剪刀片上的上述差异已经构成整体视觉效果的实质性差异，故两者既不相同也不近似”，认定事实错误，适用法律不当。

（2）在确定单纯形状类型的外观设计专利权的保护范围，判断被诉侵权产品是否侵权时，应当参照适用《专利审查指南》第四部分第五章5.2.3的规定，无需考虑图案、色彩要素。被诉侵权产品外表上增添的图案、色彩要素应当不予考虑。

（3）本案专利权属于单纯形状类型的外观设计，是对产品外观的基础性创新，创新难度更大，应获得更宽的保护范围，得到更为充分的法律保护。因此，只要被诉侵权产品采用了与本案专利相同或者近似的产品外形，即应当认定其落入本案专利权的保护范围。

（4）被诉侵权产品在抄袭本案专利的产品形状的同时，有意在产品外表上添加了图案，既利用本案专利权人的创新成果，又逃避侵权责任。

2. 被诉侵权产品与本案专利构成相同或近似的设计，落入本案专利权的保护范围

（1）被诉侵权产品除了铆钉尺寸略大以外，其他形状要素与本案专利相同。按照整体观察，综合判断的方法，铆钉尺寸的变化属于局部细微变化，本案专利与被诉侵权产品属于相同或近似设计。

（2）从产品正常使用时容易观察到的部位分析，被诉侵权产品落入本案专利保护范围。

3. 被申请人在生产、销售带有图案、色彩的被诉侵权产品的同时，还生产、销售、许诺销售未带有图案、色彩，与本案专利完全一致的SC0306型号产品

第一被诉侵权人印刷、发行的《2008年度阳江邦立产品手册 Yangjiang Bonly Industries LTD Professional Scissors Factory》第36页记载，SC0306剪刀的剪刀刀片部分为无色金属。专利权人在一、二审中指控的被诉侵权产品包括无图案、色彩的产品。一审法院对此未予审查和认定，认定事实错误。

4. 第一、第二被诉侵权人共同实施侵权行为，应当共同承担停止侵权、赔偿损失的法律责任

专利权人为制止侵权行为所支付的合理支出，应当由第二被诉侵权人负担。

综上，专利权人根据《民事诉讼法》（2007年修正）第一百七十九条第一款第（二）、（六）项的规定，向再审法院申请再审，请求再审法院：

（1）撤销一、二审判决。

（2）判令第一、第二被诉侵权人停止侵犯本案专利权的行为，赔偿经济损失10万元。

（3）一、二审及再审案件诉讼费用由第一、第二被诉侵权人承担。

第一、第二被诉侵权人未提交答辩意见。

（二）再审裁定的理由

再审法院认为，本案焦点在于：

（1）一审法院是否遗漏无图案、色彩的被诉侵权产品。

（2）被诉侵权产品是否落入本案外观设计专利权的保护范围。

1. 关于一审法院是否遗漏无图案、色彩的被诉侵权产品

再审法院审查查明，专利权人在一审中并未主张第一、第二被诉侵权人生产、销售刀片上未带有花纹、图案的被诉侵权产品。根据一审庭审笔录以及专利权人提交的书面意见，专利权人在进行侵权比对时明确主张"两者不同点仅有铆钉的大小不同以及被诉侵权产品刀片上印有图案、颜色……被诉侵权产品与本案专利构成相近似"。因此，专利权人有关一审法院遗漏被诉侵权产品的主张，缺乏事实依据，再审法院不予支持。

2. 关于被诉侵权产品是否落入涉案外观设计专利权的保护范围

将被诉侵权产品与本案外观设计专利相比较，二者均包括手柄、刀片以及设置于剪刀中部的铆钉三个主要部分。二者的共同点为，手柄、刀片的形状基本相同，手柄包括内、外两个明暗不同的同心圆环，并且在手柄中部均设置水滴状通孔。二者的主要区别在于：（1）被诉侵权产品的铆钉为分别设置于剪刀两侧的两个圆台状凸起，体积明显较大，其中心线上还设置有波浪状条纹；本案专利的铆钉为金属铆钉，体积明显较小，且仅在一侧中部设置有直线槽（以下简称"区别特征1"）。（2）被诉侵权产品的剪刀片上还设置有彩色图案

（以下简称“区别特征2”）。

关于区别特征1。对于本案外观设计专利而言，刀片、铆钉的设计均为剪刀类产品中的常规设计，其设计特点主要体现于手柄之上，创新高度相对有限。虽然被诉侵权产品采用了与其基本相同的手柄设计，但由于二者铆钉的形状、大小差异明显，并且铆钉设置于产品中部，区别特征1容易被一般消费者观察到，足以导致二者的整体视觉效果产生明显差异。

关于区别特征2。首先，正确界定外观设计专利权的保护范围，是进行外观设计专利侵权判断的基础。《专利法》（2000年修正）第五十六条第二款规定：“外观设计专利权的保护范围以表示在图片或者照片中的该外观设计专利产品为准。”形状、图案、色彩是构成产品外观设计的三项基本设计要素，因此，在确定外观设计专利权的保护范围以及侵权判断时，应当以图片或者照片中的形状、图案、色彩设计要素为基本依据。其次，色彩要素不能脱离形状、图案单独存在，必须依附于产品形状、图案存在，色彩变化本身也可形成图案。《专利法实施细则》（2002年修订）第二十八条第二款规定：“外观设计的简要说明应当写明使用该外观设计的产品的设计要点、请求保护色彩、省略视图等情况。”因此，简要说明中未明确请求保护色彩的，不应以图片、照片中的色彩限定外观设计专利权的保护范围，在侵权对比时应当不予考虑。但产品上明暗、深浅变化形成图案的，应当视为图案设计要素，不应将其归入色彩设计要素，本案专利手柄上明暗不同的同心圆环属于图案设计要素，专利权人有关本案专利属于单纯形状的外观设计的主张，与事实不符。最后，在与外观设计专利产品相同或者相近种类产品上，采用与外观设计专利相同或者近似的外观设计的，人民法院应当认定被诉侵权产品落入《专利法》第五十九条第二款规定的外观设计专利权的保护范围。被诉侵权产品在采用与外观设计专利相同或者相近似的外观设计之余，还附加有其他图案、色彩设计要素的，如果这些附加的设计要素属于额外增加的设计要素，则对侵权判断一般不具有实质性影响。否则，他人即可通过在外观设计专利上简单增加图案、色彩等方式，轻易规避专利侵权。这无疑有悖于专利法鼓励发明创造，促进科技进步和创新的立法本意。本案专利并未要求保护色彩，刀片上亦无图案设计，区别特征2属于被诉侵权产品上额外增加的设计要素，不应对侵权判断产生实质性影响。

综上所述，再审法院认为区别特征1对整体视觉效果具有显著影响，被诉侵权产品与本案外观设计专利既不相同也不近似；二审判决以“在剪刀片上设计有彩色图案，通常对外观设计的整体视觉效果更具有影响”等为由，认定二者整体视觉效果具有实质性差异，适用法律错误，应予纠正；鉴于二审判决结论正确，故予以维持。

综上，专利权人的再审申请不符合《民事诉讼法》第二百条的规定。依照《民事诉讼法》第二百零四条第一款之规定，裁定驳回专利权人的再审申请。

六、评析

本案涉及一个值得探讨的重要问题，这就是如何才能有效保护外观设计专利权人的合法权益，切实促进工业品外观设计的创新。

判断何种行为构成侵犯外观设计专利权的行为，主要依据现有法律法规的如下4条规定。

关于外观设计的定义，2008年修改的《专利法》第二条第四款规定：

> **外观设计，是指对产品的形状、图案或者其结合以及色彩与形状、图案的结合所作出的富有美感并适于工业应用的新设计。**

该定义实际上早已存在，只不过原先在《专利法实施细则》中予以规定，2008年修改《专利法》时将其转移到《专利法》中，提高了该定义的法律地位。

关于外观设计专利权的保护范围，2008年修改的《专利法》第五十九条第二款规定：

> **外观设计专利权的保护范围以表示在图片或者照片中的该产品的外观设计为准，简要说明可以用于解释图片或者照片所表示的该产品的外观设计。**

上述规定的前半部分原先就有，2008年修改《专利法》时增加了后半部分，即“简要说明可以用于解释图片或者照片所表示的该产品的外观设计”。这一修改与下面所要讨论的问题有一定关联。

关于侵犯外观设计专利权行为的判定方式，2009年颁布的《最高人民法院关于侵犯专利权纠纷案件应用法律若干问题的解释》第十条规定：

> **人民法院应当以外观设计专利产品的一般消费者的知识水平和认知能力，判断外观设计是否相同或者近似。**

第十一条规定：

> **人民法院认定外观设计是否相同或者近似时，应当根据授权外观设计、被诉侵权设计的设计特征，以外观设计的整体视觉效果进行综合判断；对于主要由技**

术功能决定的设计特征以及对整体视觉效果不产生影响的产品的材料、内部结构等特征，应当不予考虑。

下列情形，通常对外观设计的整体视觉效果更具有影响：

（一）产品正常使用时容易被直接观察到的部位相对于其他部位；

（二）授权外观设计区别于现有设计的设计特征相对于授权外观设计的其他设计特征。

被诉侵权设计与授权外观设计在整体视觉效果上无差异的，人民法院应当认定两者相同；在整体视觉效果上无实质性差异的，应当认定两者近似。

从字面上看，上述4条规定似乎都不难理解，业内人士都很熟悉，但是其中不乏值得研究探讨的问题。

本案外观设计专利涉及一种剪刀，这是一种十分简单的产品。本案专利产品和被诉侵权产品的外观分别如下。

本案一审判决的核心论述是：

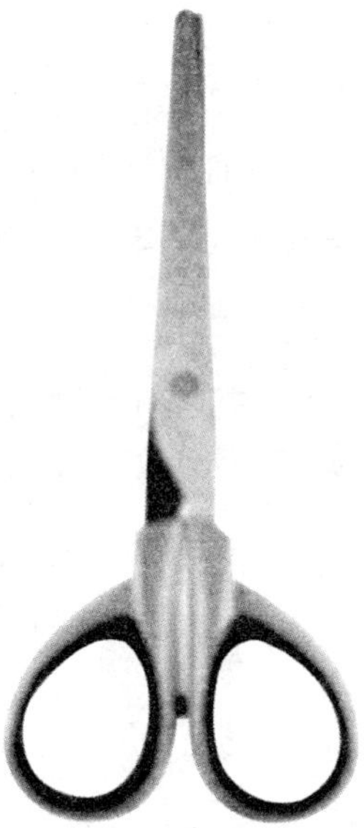

将本案被诉侵权产品与专利权人表示在专利公报上的专利产品的图片比对，被诉侵权设计具有与授权外观设计不同的设计特征，即整个刀片上有彩色图案，连接两个刀片的圆形铆钉比专利产品的大，且铆钉上面还有凸起的弧形线条的特征。剪刀普遍是由刀片和握柄两大部分组成，且刀片所占的比例通常都是比较大，故在刀片上设计有彩色图案，则可成为该剪刀的主要设计特征，吸引一般消费者的注意力。因此，在本案中以一般消费者的知识水平及认知能力来判断，被诉侵权产品的不同设计特征已经达到使被诉侵权设计与授权外观设计在整体视觉效果上产生实质性差异的程度，故两者既不相同也不近似。

由此可知，一审判决认为本案专利产品的外观设计与被诉侵权产品的外观设计的重要区别之一在于：前者的剪刀刀片上没有任何图案，而后者的剪刀刀片上有花纹图案，并认为这一区别在一般消费者看来已经达到使两者在整体视觉效果上产生实质性差异的程度，因此应当认定两者既不相同也不近似。二审判决的观点与一审判决基本相同，故判决驳回上诉，维持原判。采用一审判决的判断方式，想必绝大多数判断者都会得出相同的结论。

然而，这种判断方式是否合理、是否符合《专利法》的立法宗旨有值得商榷之处。下面对此展开讨论。

依据2008年修改的《专利法》第二条第四款的规定，可以认为产品的外观设计方案的设计要素有三种类型，即形状、图案和色彩。从该款条文来看有两点需要注意：第一，上述三种设计要素之间是一种"或"的关系，也就是外观设计专利所要保护的设计方案并非必须同时包含所有三种设计要素，可以只包含其中一种设计要素，也可以包含其中两种或者所有三种设计要素的结合；第二，三种设计要素在构成产品外观设计方案方面的地位有所不同，其中形状和图案都可以单独构成产品的外观设计方案，色彩不能单独构成产品的外观设计方案，只有与形状或者图案相结合才能构成产品的外观设计方案。

《审查指南2006》第四部分第五章2.2罗列了所有可能的设计要素结合方式，即：

被比设计有下列六种类型：

（1）单纯形状的被比设计

单纯形状的被比设计是指无图案且未请求保护色彩的产品的形状设计。

（2）单纯图案的被比设计

单纯图案的被比设计是指未请求保护色彩并且不限定边界的平面产品的图案设计。

（3）形状和图案结合的被比设计

形状和图案结合的被比设计是指未请求保护色彩的产品的形状和图案设计。

（4）形状和色彩结合的被比设计

形状和色彩结合的被比设计是指请求保护色彩的无图案产品的形状和色彩设计。

（5）图案和色彩结合的被比设计

图案和色彩结合的被比设计是指请求保护色彩的并且不限定边界的平面产品的图案和色彩设计。

（6）形状、图案和色彩结合的被比设计

形状、图案和色彩结合的被比设计是指请求保护色彩的产品的形状、图案和色彩设计。

《专利审查指南2010》第四部分第五章3基本上保留了上述规定，仅仅在文字表述上作了调整，将开头部分的“被比设计有下列六种类型”改为“涉案专利有下列六种类型”，并将其中所述的“被比设计”一律改为“外观设计”，因此可以认为并未作出实质性修改。

值得注意的是2010年修改的《专利审查指南2010》在第四部分第五章5.2，即“判断方式”部分增加了5.2.3，其标题为“仅以产品的外观作为判断的对象”，其内容为：

在对比时应当仅以产品的外观作为判断的对象，考虑产品的形状、图案、色彩这三个要素产生的视觉效果。

在涉案专利仅以部分要素限定其保护范围的情况下，其余要素在与对比设计比较时不予考虑。

在涉案专利为产品零部件的情况下，仅将对比设计中与涉案专利相对应的零部件部分作为判断对象，其余部分不予考虑。

对于外表使用透明材料的产品而言，通过人的视觉能观察到的其透明部分以内的形状、图案和色彩，应当视为该产品的外观设计的一部分。

上述增补表明，经过二十多年的实践，国家知识产权局感到有必要在《专利审查指南2010》中增加“在涉案专利仅以部分要素限定其保护范围的情况下，其余要素在与对比设计比较时不予考虑”的规定。该规定具有重要意义，是笔者所要讨论的重点。

现实中，绝大多数产品的外观设计方案都包括产品的形状要素。如《专利审查指南2010》所述，单独以图案构成外观设计方案的情形仅仅是“不限定边界的平面产品图案设计”，例如整匹花布的图案设计、广场地面的图案设计等，这种类型在现实中比较少见。对具有确定形状的产品外观设计作出改进，可以是对其形状作出改进，也可以是在产品外表上增加图案、色彩或者对原有图案、色彩作出改进，还可以是它们的结合。

一般而言，对产品的形状作出改进难度较大，因为改变产品的形状不能仅仅考虑其外观的美观，还必须顾及产品所要实现的功能。如果对产品形状作出的变动导致产品性能下降或者难以实现其本来的功能，则不论其外观如何美观都难以得到消费者的欢迎，不能指望获得商业上的成功。相比之下，仅仅在产品外表上增加图案要素或者色彩要素一般说来容易得多，通常都有无数方案可供选择。

为了便于理解，下面结合摩托车的外观设计进行讨论。可以想象，无论对摩托车的整体形状还是对摩托车的局部形状作出改进都不是一件容易事情，即使是较为细小的改动，也需要进行大量实验工作，以确保不会对摩托车的性能带来不利影响。

假设某一厂家投入人力物力对一种摩托车的形状本身作出了改进，不但使其外观更加美观，同时又没有降低摩托车的性能，可望获得商业上的成功，该厂家就会面临一个很现实的问题：如何才能对其创新获得有效的外观设计专利保护，防止他人盗用其创新成果？采用本案一审和二审判决的判断方式，该厂家就会发现实际上很难获得有效的外观设计专利保护。

假如该厂家仅仅就其改进的摩托车形状设计方案申请获得外观设计专利，则难以获得有效的法律保护，侵权者可以放心大胆地盗用权利人对摩托车形状的创新成果，因为只需在摩托车外表上增加一些花里胡哨的图案或者色彩，就足以使被诉侵权的摩托车设计方案与专利设计方案之间在图案上的差别“在一般消费者看来达到使两者在整体视觉效果上产生实质性差异的程度”，从而得出两者既不相同也不近似的判断结论。

假如该厂家试图避免上述结局，不仅就其改进的摩托车形状设计方案申请获得外观设计专利，还在经改进的摩托车外表上添加其所能构想出的各种图案并逐一申请获得外观设计专利。采用这种策略势必增加申请人的负担，加大权利人获得保护的成本，然而问题在于即使如此权利人仍然会发现难以制止盗用其关于摩托车形状创新成果的行为，因为改变产品外表上的图案方案实在是一件太容易的事情，有无数方案可供选择，就算权利人构想出1000种不同的图案方案并全部获得外观设计专利，侵权者也不难想出第1001种不同的图案方案，使“一般消费者看来已经达在整体视觉效果上产生实质性差异的程度”，于是侵权者照样可以放心大胆地盗用权利人对摩托车形状的创新成果。

显然，这样的结局不符合我国建立外观设计专利制度的初衷。怎样才能使权利人摆脱上述困境，为摩托车形状创新方案本身提供有效的法律保护？这就需要采用《专利审查指南2010》提出的思路，即“在涉案专利仅以部分要素限定其保护范围的情况下，其余要素在与对比设计比较时不予考虑”。《专利审查指南2010》的这一思路既适合于外观设计专利权的确权判断，也适合于外观设计专利权的侵权判断。

在外观设计专利的无效宣告请求程序中，如果该外观设计专利仅仅涉及其产品的形状要素，根据《专利审查指南2010》的上述规定，在与现有设计进行对比以判断其是否具备新颖性和创造性时就不必考虑现有设计的图案和色彩要素，只要该外观设计专利的形状设计方案与现有设计的形状设计方案或者现有设计形状设计方案的组合相比不具有明显区别，就应当得出不能被授予外观设计专利权的结论。采取这种判断方式显然能够提高对仅涉及产品形状要素的外观设计专利申请授予专利权的门槛，因为其实质就是要求想要获得保护的产品形状设计方案本身就足以与现有产品的形状设计方案形成足够大的差别，而不是“戏不够，爱来凑”，非得通过添加图案、色彩要素才能形成足够大的差别。能够经受得起如此审查标准的外观设计应当是创新水平较高的外观设计。

类似地，一旦这样的外观设计专利申请被授予专利权，在判断是否构成侵犯该外观设计专利的行为时，如果该外观设计专利仅涉及产品的形状要素，在对被诉侵权产品的设计方案与外观设计专利的设计方案进行比较时也不必考虑被诉侵权产品设计方案采用的图案和色彩要素，只要被诉侵权产品的形状设计方案与外观设计专利的形状设计方案在整体视觉效果上无实质性差异，就应当得出侵权指控成立的结论。采取这种判断方式显然能够加大对仅涉及形状要素的外观设计专利权的保护力度，解决上面提到的问题，为产品外观形状的创新提供更为有效的法律保护。

这样，一方面仅涉及产品形状要素的设计方案获得外观设计专利保护的难度加大了；另一方面这样的设计方案一旦被授予外观设计专利权，对其的保护力度也相应加大了，两者是一种平衡。创新水平更高的外观设计专利理应获得更大的保护力度，这没有什么不合理的。

细心的读者会发现，对外观设计专利采用上述判断方式实际上与发明和实用新型专利制度中采用的权利要求具有相似机理。权利要求的作用在于表明凡是其记载的技术特征对于所要保护的发明创造来说都是必不可少的，凡是其没有记载的技术特征对于所要保护的发明创造来说都是无关紧要的。在一项发明或者实用新型专利的权利要求记载了A、B、C、D四个技术特征的情况下，只要认定被诉侵权的客体也采用了A、B、C、D这四个技术特征，就可以径直认定构成侵犯该发明或者实用新型专利的行为，至于被诉侵权客体除了采用ABCD四个技术特征之外是否还采用了其他技术特征无关紧要，即使采用了也无助于改变认定构成侵权行为的结论。同样，在一项外观设计专利仅仅涉及产品的形状要素的情况下，只要认定被诉侵权的产品形状与专利产品的形状相比没有实质性差别，就可以径直认定构成侵犯该外观设计专利权的行为，至于被诉侵权产品是否另外还采用了图案或者色彩的设计要素也是无关紧要的。

我国《专利法》之所以囊括了发明、实用新型和外观设计三种类型，是因为它们都属于创新类型的知识产权，而不是属于识别标识类型的知识产权。既然如此，对外观设计采用与发明和实用新型相类似的保护机制既是现实的需要，也是顺理成章的事情。

如何认定一项外观设计专利属于仅涉及形状要素的设计方案，而不是涉及形状要素与图案、色彩要素相结合的设计方案？其依据应当是《专利法》第五十九第二款，即“外观设计专利权的保护范围以表示在图片或者照片中的该产品的外观设计为准，简要说明可以用于解释图片或者照片所表示的该产品的外观设计”。如果外观设计专利的图片或者照片没有表示有图案要素，例如仅仅是反映产品形状的线条轮廓型图片，则可以认定该外观设计专利的保护客体不涉及图案方案；如果外观设计专利的简要说明明确记载不请求保护色彩，则可以认定该外观设计专利的保护客体不涉及色彩方案。

我国一直将判断是否侵犯外观设计专利的判断主体定位为“一般消费者”，在很长一段时间里将是否落入外观设计专利保护范围的判断标准定位为“是否会导致一般消费者对其产生混淆”。这两者之间存在必然关联，体现在既然是从“一般消费者”的角度出发进行判断，所能判断的就只能是“是否产生混淆”。这种观点在学术界引起很大争议，但一直没有定论。这里讨论的问题也有助于澄清上述争议。采用上面所述的判断方式，对于仅涉及形状要素的外观设计专利来说，判断者在对被诉侵权产品的设计方案与专利产品的设计方案进行比较时不必考虑被诉侵权产品外表上的图案要素和色彩要素，因而显然不宜以“是否产生混淆”作为判断标准，而是需要判断被诉侵权人是否盗用了外观设计专利权人的设计创新成果。既然如此，适格的判断者就不应当是“一般消费者”，而应当是产品外观的“普通设计者”，否则就会产生扭曲。

最高人民法院对本案的再审裁定指出：

> **被诉侵权产品在采用与外观设计专利相同或者相近似的外观设计之余，还附加有其他图案、色彩设计要素的，如果这些附加的设计要素属于额外增加的设计要素，则对侵权判断一般不具有实质性影响。否则，他人即可通过在外观设计专利上简单增加图案、色彩等方式，轻易规避专利侵权。这无疑有悖于专利法鼓励发明创造，促进科技进步和创新的立法本意。**

本案再审裁定表明最高人民法院已经注意到这一问题，并形成了重要结论，这对进一步完善我国的外观设计专利制度具有十分突出的重要意义。

“前轮定位装置”实用新型专利侵权案

一、案件提要

当事人

专利权人：中山市隆成日用制品有限公司
被诉侵权人：湖北童霸儿童用品有限公司

武汉市中级人民法院的一审判决

案号：（2011）武知初字第467号民事判决
合议庭成员：傅剑清、杨元新、魏大海
结案日期：2012年10月24日

湖北省高级人民法院的二审判决

案号：（2012）鄂民三终字第86号民事判决
合议庭成员：刘建新、陈辉、童海超
结案日期：2012年5月11日

最高人民法院的再审判决

案号：（2013）民提字第116号
合议庭成员：王闯、朱理、何鹏
结案日期：2013年12月7日

涉及的法律规定

《专利法》第十一条、第六十五条，《合同法》第一百二十二条，《民事诉讼法》第一百七十条、第二百零七条，

判决要点

1. 产品宣传册的印刷时间，对于本案认定被诉侵权人是否在调解协议签订后实施许诺销售被诉侵权产品的行为不具有法律意义，即使印刷时间在调解协议签订前，也不影响将调解协议签订后传播、散发产品宣传册的行为认定为许

诺销售。

2. 本案中被诉侵权人应承担的民事责任不属于侵权责任与违约责任竞合之情形。《合同法》第一百二十二条中的违约行为与侵权行为是同一法律行为，而一方的侵权行为与侵权行为发生后双方对赔偿责任计算方式和数额的约定则是两个法律行为。就本案调解协议的内容来看，该协议并非专利权人与被诉侵权人之间的基础交易合同，而是对侵权行为发生后如何承担侵权赔偿责任（包括计算方法和数额）的约定。因此，本案中被诉侵权人应承担的民事责任不属于《合同法》第一百二十二条规定的侵权责任与违约责任竞合的情形。

3.《侵权责任法》《专利法》等法律并未禁止被侵权人与侵权人就侵权责任的方式、侵权赔偿数额等预先作出约定；这种约定的法律属性可认定为双方就未来发生侵权时权利人因被侵权所受到的损失或者侵权人因侵权所获得的利益预先达成的一种简便的计算和确定方法。最高人民法院认为，基于举证困难、诉讼耗时费力不经济等因素的考虑，双方当事人在私法自治的范畴内完全可以对侵权赔偿数额作出约定，这种约定既包括侵权行为发生后的事后约定，也包括侵权行为发生前的事先约定。因此，本案适用调解协议中双方约定的赔偿数额确定方法与《专利法》第六十五条的有关规定并不冲突。

二、本案专利介绍

本案涉及名称为“前轮定位装置”的第01242571.0号实用新型专利，其申请日为2001年7月10日，授权日为2002年5月15日，授权时的专利权人广东省中山市隆顺日用制品有限公司，2004年7月30日将专利权人变更为广东省隆成日用制品有限公司。

本案实用新型专利涉及一种前轮定向装置，设置于婴儿车的前轮，用来控制婴儿车前轮的转向。

婴儿车主要由车架以及枢设于车架底端的轮子组成，车架可用柔软织布包覆，方便婴幼儿乘坐，车架上并设置有推把，家长可以握住推把，推车前进；目前的婴儿车种类相当多，以车架结构来区分，可分为可折叠及不可折叠式，以座位来区分，有单人座及双人座婴儿车，以功能来区分，有一般型及运动型，以轮子数目来区分，有三轮型及四轮型等。通常运动型婴儿车为了便于操纵，大都采用三轮型的设计，即设置一个前轮，二个后轮，由于使用者慢跑时婴儿车的速度较快，因此为避免路面状况或使用者施力不慎导致前轮突然大幅转向而造成婴儿车倾倒的危险，其前轮与后轮皆无法自由转向，以确保乘坐于婴儿车内婴幼儿之安全。

婴儿车目前市价约10～300美元左右，甚至更高。许多家庭不可能同时购买两种不同型式之婴儿车交替使用。若选择购买了运动型婴儿车，由于运动型婴儿车之前轮并无法自由地转向，使用者不跑步时常常感到造成操作上的不便。

本实用新型主要目的在于提供一种可选择转向与否的前轮定位装置。

由于本实用新型的前轮定位装置包括一垂直转轴和一卡掣机构，而卡掣机构由一固定销及一控制该固定销之升降或移动的升降机构组成，因此通过升降机构控制固定销之升降或移动，可决定是否将该卡掣机构卡入前脚管的定位孔。需要固定前轮时，旋转升降机构，使卡掣机构卡入前脚管的定位孔，前脚管和前轮支架通过定位孔结合，彼此之间的位置保持不变；需要使前轮能够自由转向时，反向旋转升降机构，使卡掣机构脱离前脚管的定位孔，前脚管和前轮支架可作同轴旋转，即婴儿车可自由转向。与前轮固定的婴儿车相比，安装了本实用新型的前轮定位装置的婴儿车可自由转向，方便使用；与普通婴儿车相比，安装了本实用新型的前轮定位装置的婴儿车更加适合运动。

在本案实用新型专利的说明书附图中：

图1为本案实用新型实施例的示意图；

图2为本案实用新型的构造示意图；

图3A、图3B为卡掣机构的分解示意图；

图4为卡掣机构的平面示意图；

图5A、图5B为本案实用新型的动作示意图。

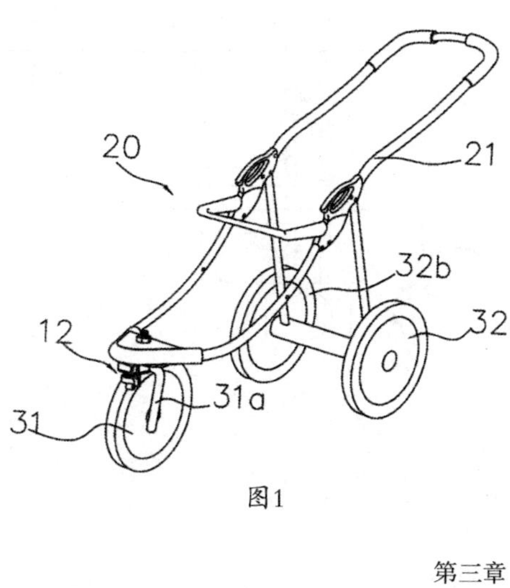

图1

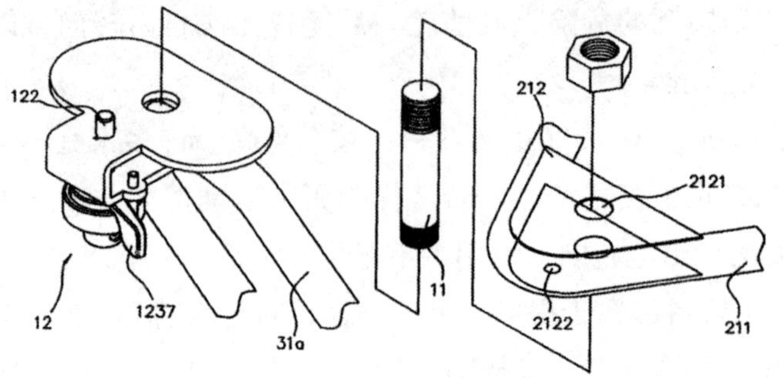
122
212
2121
12
1237
31a
11
2122
211

图2

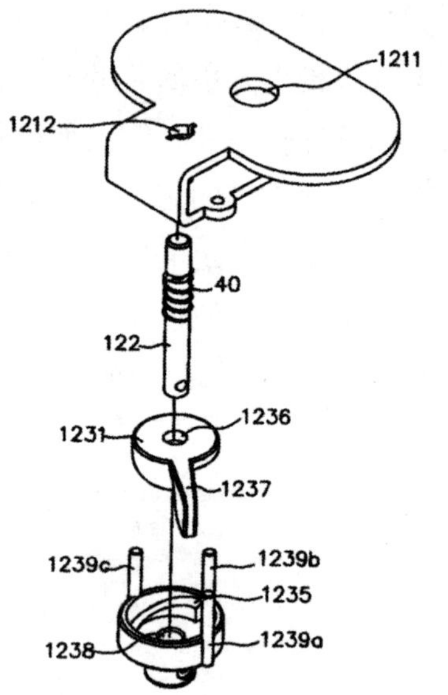
1211
1212
40
122
1231
1236
1237
1239c
1239b
1235
1238
1239a

图3A

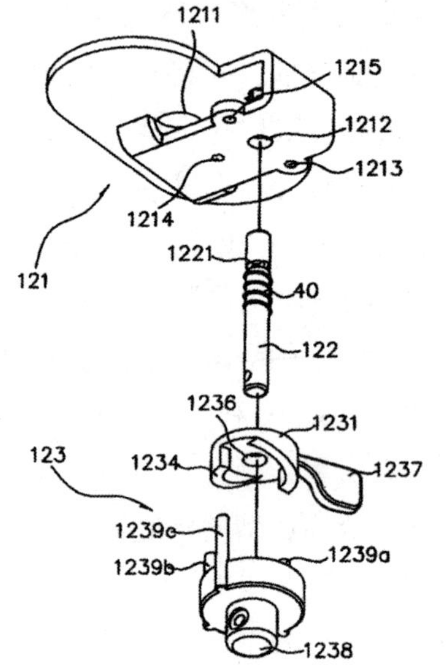
1211
1215
1212
1213
1214
121
1221
40
122
1236
1231
123
1234
1237
1239c
1239a
1239b
1238

图3B

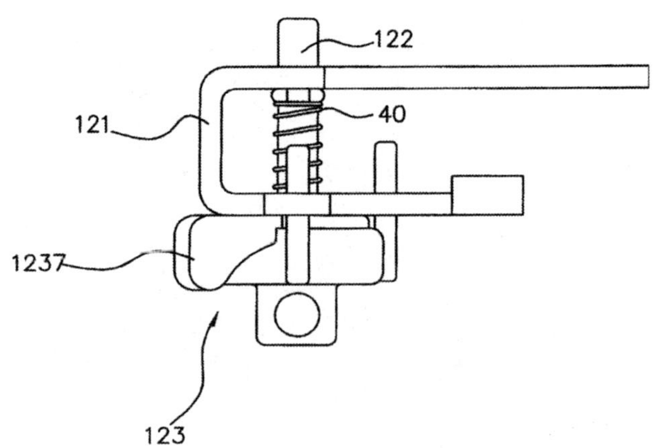
122
121
40
1237
123

图4

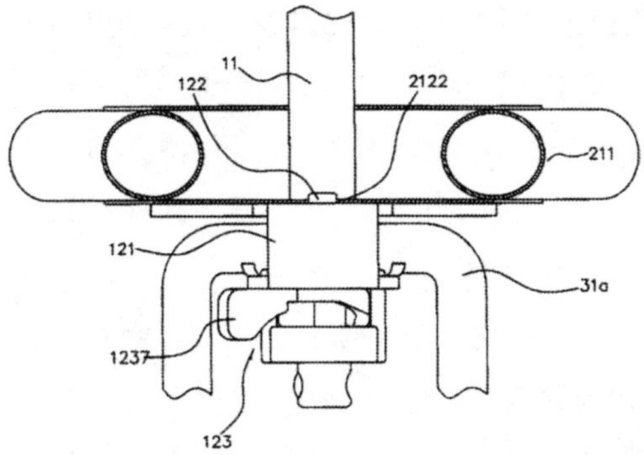

图5A

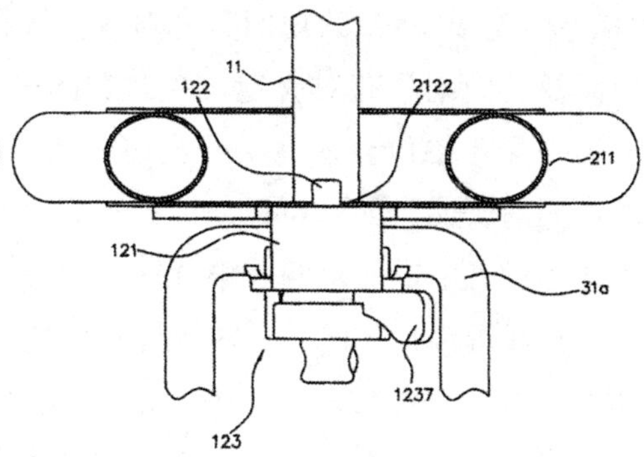

图5B

在附图中，附图标记11为垂直转轴，111为螺帽，12为卡掣机构，121为连接座，1211第一穿孔，1212为第二穿孔，1213为第三穿孔，1214为第四穿孔，1215为第五穿孔，122为固定销，1221为凹槽，123为升降机构，1231、1232为转盘，1234、1235为为旋斜面，1236为穿孔，1237为把手，1238为固定部，1239a、1239b、1239c为导杆，20为婴儿车，21为车架，211为前脚管，212为枢接部，2121为枢接孔，2122为定位孔，31为前轮，31a为前轮架，32a、32b为后轮，40为弹性件。

如图1所示，本案实用新型专利所示的前轮定位装置设置于婴儿车的前端，其中婴儿车20由车架21及枢设于车架21底端的一前轮31及一对后轮32a、32b所构成。车架21由若干支管件组成，并以柔软织布包覆，形成可供婴幼儿乘坐的座椅（图中未示）。前轮31采用可转向之设计（容后详述），后轮32为不可转向之设计。车架21的前脚管211末端设置有一枢接部212，枢接部212上具有一贯穿的枢接孔2121，于枢接部212的底部位于枢接孔2121的前端设有一定位孔2122（如第2图所示）。

如图2所示，本实用新型所示的前轮定位装置包括有一垂直转轴11及一卡掣机构12，其中垂直转轴11以可旋转之关系由枢接部212之枢接孔2121套入，垂直转轴11顶端锁合一螺帽111，使垂直转轴11枢设于枢接部212不致脱落，垂直转轴11的底端结合至卡掣机构12，前轮架31a结合于卡掣机构12，使得前轮架31a可以旋转转向，而前轮31设置于前轮架31a上，即前轮31可以旋转转向。

如图3A、图3B所示，卡掣机构12包括有连接座121、固定销122及升降机构123，其中连接座121呈匚字型，其顶面及底面所构成之空间用以固定住前轮架

31a，而连接座121的顶面具有对应枢接孔2121的第一穿孔1211，于连接座121的顶面及底面则具有对应定位孔2122的第二穿孔1212，上述垂直转轴11的底端系由第一穿孔1211套入并结合至前轮架31a，使连接座121结合至垂直转轴11的底端，如前所述，如此可以使前轮31旋转转向，于连接座121底面第二穿孔1212的周缘还设有第三、第四及第五穿孔1213、1214、1215。

升降机构123系为一对分离的转盘1231、1232，转盘1231、1232相对应的面上具有旋斜面1234、1235，当二者相对旋转时，藉由旋斜面1234、1235的作用，可以改变二转盘1231、1232的相对距离，其中转盘1231位在上方，其中央处具有一穿孔1236，并于边缘处延伸有一把手1237，转盘1232位在下方，底部中央处设有一固定部1238，转盘1232对应第三、第四及第五穿孔1213、1214、1215的位置设有导杆1239a、1239b、1239c。

固定销122一端结合于转盘1232的固定部1238，固定销122近顶端的位置设有一凹槽1221，此一凹槽1221可供一弹性件40的一端固定。其中固定销122固定于转盘1232，并由固定销穿过转盘1231及连接座121的第二穿孔1212并伸出于连接座121的顶面，转盘1232的导杆1239a、1239b、1239c并穿过连接座121的第三、第四及第五穿孔1213、1214、1215，藉由扣环等部件（图中未示），即可将转盘1231、1232结合至连接座121下方而不致掉落，另外于固定销122穿过连接座121之第二穿孔1212前，于连接座121空间中对应穿过连接座121之第二穿孔1212前，于连接座121空间中对应第二穿孔1212的位置处先放入弹性件40，固定销122穿过第二穿孔1212及弹性件40才伸出连接座121的顶面（如第4图所示）；其中弹性件40一端系固定于固定销122上之凹槽1221，藉由弹性件40之弹性，使固定销122常态保持于突出连接座121顶面的锁扣位置，并且可以抵抗弹性件40而具有缩入于连接座121顶面的释放位置。

如图5A、图5B所示，常态下，固定销122位于锁扣位置，即固定销122之顶端穿过定位孔2122，藉由固定销122之限制，使得前轮31无法转向，在此一状态下，婴儿车20可以作为运动型之婴儿车，在速度较快的情况下，前轮31并无法转向，可避免前轮31因路况而突然转向造成倾倒的危险，确保行进中之安全。当使用者于一般状态下，可以拨动把手1237，把手带动转盘1231转动，而藉由转盘1231、1232上旋斜面1234、1235的相对作用，使转盘1232向下移动，进而带动固定销122移至释放位置，使固定销122脱离定位孔2122，如此前轮31即可不受限制而自由地转向，使用者可轻易的操控婴儿车转弯。

本案实用新型专利授权时的权利要求书如下：

1. 一种前轮定位装置，装设于婴儿车之前脚管末端，其特征在于包括：

一垂直转轴，下端与前轮之轮轴结合，上端与该前脚管末端枢接并保持同轴转动的连接状态；

一控制前轮是否能够转向的卡掣机构，设置于前述垂直转轴上端与该前脚管末端之间。

2. 如权利要求第1项所述之前轮定位装置，其特征在于：该前脚管末端具有一供该卡掣机构卡入后定位的定位孔。

3. 如权利要求第1项所述之前轮定位装置，其特征在于：该卡掣机构包括一固定销；以及一控制该固定销之升降或移动的升降机构。

4.如权利要求第3项所述之前轮定位装置，其特征在于：该升降机构为一对转盘，该对转盘之间则有一旋斜面，该转盘之一端与该固定销连接。

5. 如权利要求第4项所述之前轮定位装置，其特征在于：该转盘之一侧设有便于旋转该转盘的把手。

2008年8月11日，专利复审委员会作出第12067号无效宣告请求审查决定，宣告本案实用新型专利的权利要求1～3无效，在权利要求4、5的基础上维持该实用新型专利有效。部分维持后的本案实用新型专利的权利要求书如下：

4. 一种前轮定位装置，装设于婴儿车之前脚管末端，其特征在于包括：一垂直转轴，下端与前轮之轮轴结合，上端与该前脚管末端枢接并保持同轴转动的连接状态；一控制前轮是否能够转向的卡掣机构，设置于前述垂直转轴上端与该前脚管末端之间；该前脚管末端具有一供该卡掣机构卡入后定位的定位孔；该卡掣机构包括一固定销以及一控制该固定销之升降或移动的升降机构；该升降机构为一对转盘，该对转盘之间则有一旋斜面，该转盘之一端与该固定销连接。

5. 如权利要求第1所述的前轮定位装置，其特征在于：该转盘之一侧设有便于旋转该转盘的把手。

三、武汉市中级人民法院的一审判决

专利权人于2011年5月30日向湖北省武汉市中级人民法院（下称“一审法院”）起诉，指控湖北童霸儿童用品有限公司（下称“被诉侵权人”）侵犯了其实用新型专利权。

一审法院于2011年 9 月 6 日公开开庭对本案进行审理。庭审后，依据专利权人的财产保全申请，一审法院依法作出（2011）武知初字第467–1号民事裁定书，对被诉侵权人的相关财产采取了保全措施。

（一）当事人的主张

专利权人指出，2008年4月曾以湖北童霸儿童用品有限公司侵犯其实用新型专利权为由向湖北省武汉市中级人民法院提起诉讼，该法院作出了（2008）武知初字第144号民事判决书，判决该案被诉侵权人停止侵权并赔偿专利权人经济损失。该案被诉侵权人不服向湖北省高级人民法院提起上诉。经二审法院主持调解，双方达成（2009）鄂民三终字第42号民事调解书，调解协议中被诉侵权人保证不再侵犯专利权人的专利权，如发现一起侵犯专利权人实用新型专利权的行为，自愿赔偿专利权人人民币1 000 000元。

专利权人诉称，尽管达成了上述调解书，但被诉侵权人仍然继续大规模、不间断地从事侵犯专利权人的专利权的行为，（2009）中证内字第5846号、（2010）中证内字第938号公证书证明了被诉侵权人通过网络许诺销售并实际生产销售侵权产品的事实。2009年10月23～25日，被诉侵权人参加中国进出口商品交易会，展出侵权产品并大量派发载有侵权产品图片的产品宣传册。2010年3月，专利权人再次对被诉侵权人的侵权行为调查取证，通过汉川公证处办理涉案侵权产品实物购买公证。被诉侵权人屡禁不止的恶意侵权行为如不得到有效打击和制止，将有违法律尊严，为此特依法起诉，请求法院判令被诉侵权人赔偿专利权人经济损失100万元并承担本案全部诉讼费用。

庭审中，专利权人明确本案以专利侵权诉讼起诉，不是合同违约之诉，但侵权赔偿标准请求按双方约定执行。

被诉侵权人庭审口头答辩称：经湖北省高级人民法院调解结案后，专利权人利用不正当手段到其公司取证。2011年3月，专利权人派外商2至3人连同公证人员到被诉侵权人处购买被诉侵权产品，该公司业务员当时说没有做被诉侵权产品，因为与专利权人有侵权纠纷，要等到专利权人的专利失效后再行进行生产，但对方坚持订货，理由是该专利快要失效了，先拿几个样品回去，等到专利失效后再大批量生产，因此被诉侵权人提供了这几个样品。据此，被诉侵权人认为专利权人请求赔偿1 000 000元的依据不足。

（二）一审法院查明的事实

专利权人为支持其诉讼请求，向一审法院提交以下10份证据：

证据1：专利权证明及专利登记簿副本，拟证明专利权人专利权的法律状况。

证据2：实用新型专利权利要求书、说明书及附图，拟证明专利权人专利权的权利范围及特征；

证据3：第12067号无效宣告请求审查决定书，拟证明专利权人专利权经审查维持部分有效；

证据4：（2008）武知初字第144号民事判决书、（2009）鄂民三终字第42号民事调解书，拟证明被诉侵权人重复、恶意侵权，专利权人的赔偿诉求有依据；

证据5、6：（2009）中证内字第5846号公证书及光盘和（2010）中证内字第938号公证书及光盘，拟证明被诉侵权人违背调解书承诺，持续不断的许诺销售侵权产品；

证据7、8：中国进出口商品交易会参展商名录和被诉侵权人产品宣传册（最新版本），拟证明被诉侵权人违背调解书承诺，持续不断地许诺销售侵权产品；

证据9：（2011）川证字第125号公证书，拟证明被诉侵权人生产、销售被诉侵权产品；

证据10：结算单一张，拟证明被诉侵权产品是被诉侵权人销售的。

被诉侵权人对专利权人提交的证据1～9的真实性、合法性、关联性没有异议，对证据10结算单有异议，认为不能确定结算单上的公章是被诉侵权人的，并且被诉侵权人收款账上没有这笔钱。

被诉侵权人没有提交证据。

2011年9月5日，一审法院组织双方当事人对专利权人提交的证据5、6、9进行勘验。双方当事人确认证据5、6公证书所附光盘封存完整，经播放光盘被诉侵权人承认光盘内容真实，播放显示的网页属于被诉侵权人，产品由被诉侵权人生产；双方当事人确认证据9侵权公证所附的实物封存完整，经开封查验，被诉侵权人承认封存的童车与公证书一致，该童车由其销售。

经合议庭评议，一审法院对专利权人提交的证据作如下认证：

被诉侵权人对专利权人提交的证据1～9的真实性、合法性及关联性均无异议，本院予以采信。

关于证据10结算单，尽管该结算单上未盖被诉侵权人公章，但出具时间是2010年3月9日，与证据9侵权公证相印证，且被诉侵权人质证时已表示被控侵权童车由其销售，一审法院经综合审查判断全案证据，确认证据10有证明力。

一审法院查明：

名称为“前轮定位装置”，专利号为01242571.0的实用新型专利的原专利权人为中山隆顺日用制品有限公司，2004年7月30日该专利的专利权人变更为本案专利权人。该专利的申请日为2001年7月10日，授权日为2002年5月15日，年费缴纳至2011年7月10日。2008年8月11日，国家知识产权局专利复审委员会以第12067号无效宣告请求审查决定宣告本案专利的权利要求1～3无效，在权利要求4、5的基础上维持该实用新型专利权继续有效。

2009年10月16日，专利权人的委托代理人徐畅在广东省中山市公证处，由公证员蔡国华、陈剑波监督，从互联网进入阿里巴巴网站（网址http://china.alibaba.com）页面，在该页面经搜索进入被诉侵权人中文网站（网址http://chen980412.cn.alibaba.com/）并对该网站相关页面进行截屏，页面内容包括被诉侵权人简介和多种型号婴儿推车照片，广东省中山市公证处对上述过程出具了（2009）中证内字第5846号公证书。

2010年2月24日，专利权人委托代理人林雁英在广东省中山市公证处，由公证员蔡国华监督，从互联网进入被诉侵权人中文网站（网址http://www.tongba888.cn）浏览被诉侵权人简介及多种型号婴儿推车照片，并进行截屏，广东省中山市公证处对上述过程出具（2010）中证内字第938号公证书。上述两公证书对被诉侵权人网站网页所作截屏，没有涉案侵权产品的内容。

2010年3月10日，湖北省汉川市公证处出具（2010）川证字第125号公证书，该公证书记载：公民林雁英称因工作需要，在被诉侵权人处购买了一箱童车，为防止争议，于2010年3月9日向湖北省汉川市公证处申请，对其从被诉侵权人处取出童车的过程及箱内的童车拍照进行保全证据。当日，该公证处公证员蔡俊萍和公证工作人员徐娟与林雁英一起到被诉侵权人门前，林雁英从被诉侵权人处取出包装箱型号为TBT85-670#的童车一箱，该包装箱运至湖北省汉川市公证处开箱、拍照后封存。2010年3月9日，被诉侵权人向专利权人出具由开票人陈利华签名的销售结算单一份，该结算单写明所售产品型号为TB85。

庭审中，一审法院合议庭对湖北省汉川市公证处（2010）川证字第125号公证书封存的被控侵权童车进行了拆封，专利权人和被诉侵权人对封存情况无异议。被控侵权童车的包装箱上显示型号为TBT85-670#，启封后包装箱内没有被控侵权童车的说明书或合格证等任何文字资料，被诉侵权人当庭表示童车型号以包装箱内童车实物为准。启封后，专利权人当庭对指控侵权产品的技术方案与本案专利要求的技术特征进行比对，认为被诉侵权产品完全落入了本案专利的保护范围，被诉侵权人认可专利权人的比对意见。

将本案专利权利要求的必要技术特征与被诉侵权产品的技术方案进行比对，被诉侵权产品有如下技术特征：童车的前脚管末端处安置有由一垂直转轴和一卡掣机构组成的前轮定位装置；垂直转轴下端与前轮之轮轴结合，上端与童车前脚管末端枢接并保持同轴转动的连接状态，控制前轮是否能够转向的卡掣机构设置于垂直转轴上端与前脚管末端之间；卡掣机构包括一固定销及一控制该固定销之降升或移动的升降机构，其特征为：升降机构为一对转盘，该对转盘之间有一旋斜面，该转盘之一端与固定销连接，且转盘之一侧设有一便于旋转该转盘的把手。与本案专利的权利要求相比较，被诉侵权产品的上述技术方案体现了该本案专利权利要求第4、5项所记载的全部必要技术特征。

另查明，2008年4月2日，专利权人以被诉侵权人侵害其享有的名称为“前轮定位装置”的第01242571.0号实用新型专利权为由，向一审法院提起民事诉讼。一审法院2009年6月16日作出（2008）武知初字第144号民事判决书，判决：

（1）被诉侵权人立即停止制造、许诺销售、销售侵犯专利权人“前轮定位装置”实用新型专利权的B858C-B手推车产品，并清除被诉侵权人网站中关于上述型号手推车产品的图片及产品宣传册中对上述型号产品的文字及图片介绍；

（2）被诉侵权人赔偿专利权人经济损失80 000元；

（3）驳回专利权人其他损失请求。

被诉侵权人不服该判决，提起上诉。2009年9月2日，湖北省高级人民法院以（2009）鄂民三终字第42号调解书调解结案，调解协议内容为：

（1）被诉侵权人于调解协议签字之日起立即停止制造、许诺销售、销售本案所涉的B858C-B型号童车产品，清除被诉侵权人网站中关于上述型号童车产品的图片及产品宣传册中对上述型号产品的文字及图片介绍，并保证不在侵犯专利权人的专利权，如发现一起侵犯专利权人外观设计专利权的行为，被诉侵权人自愿赔偿人民币500 000元，如发现一起侵犯专利权人实用新型专利权的行为，被诉侵权人自愿赔偿人民币1 000 000元；

（2）被诉侵权人于调解协议签字之日起十日内赔偿专利权人经济损失

55 000元并支付专利权人垫付的一审案件受理费3 300元、证据保全费30元；

（3）双方均放弃基于本案事实的其他诉讼请求。

（三）一审判决的理由

一审法院认为，本案的争议焦点为：

（1）专利权人是否享有涉案专利的专利权；

（2）被诉侵权人是否实施了专利权人指控的侵权行为；

（3）被诉侵权人的民事责任如何承担。

1. 关于专利权人是否享有涉案专利的专利权

本案实用新型专利的专利权人原系中山隆顺日用制品有限公司，2004年7月30日变更为本案专利权人。2008年8月11日，国家知识产权局专利复审委员会以第12067号无效宣告请求审查决定宣告本案专利权利要求1～3无效，在权利要求4、5的基础上维持该实用新型专利权继续有效。该专利申请日是2001年7月10日，年费缴纳至2011年7月10日，本案侵权公证证明的侵权时间为2010年3月9日，在本案专利的有效期内。因此，本案专利的第4、5项权利要求受法律保护，一审法院支持专利权人关于其为本案专利合法权利人的主张，除《专利法》另有规定的以外，任何单位或者个人未经专利权人的许可，都不得实施涉案专利，即不得为生产经营目的制造、使用、许诺销售、销售其专利产品。

2. 关于被诉侵权人是否实施了专利权人指控的侵权行为

湖北省汉川市公证处出具（2010）川证字第125号公证书证明，2010年3月9日，公民林雁英从被诉侵权人处取出包装箱型号为TBT85–670#的童车一箱，当日被诉侵权人出具销售结算单一份，且质证及庭审中被诉侵权人称专利权人曾带外商来购买被控侵权童车，承认专利权人所指控的侵权童车由其销售，因此该童车由被诉侵权人销售。

被诉侵权人工商登记资料显示，该公司系童车、童床、钢木家具等产品的制造商，注册资金达一千万元，具备生产童车的能力，其产品宣传册称该公司是我国中南地区最大一家专业从事儿童用品研究、生产和销售的外贸企业。鉴于被诉侵权人的生产经营性质、生产能力以及对其产品及公司的宣传介绍，结合本案其他证据，一审法院认定经（2010）川证字第125号公证书证明，从被诉侵权人处取出的包装箱型号为TBT85-670#的童车由被诉侵权人生产，专利权人指控被诉侵权人生产、销售被诉侵权产品有事实依据，应予支持。

关于专利权人指控被诉侵权人侵权产品的型号，（2010）川证字第125号公证书证明，林雁英从被诉侵权人处取出童车的包装箱型号为TBT85-670#，但被诉侵权人出具的销售结算单上写明型号为TB86，双方当事人为童车型号发生分歧。庭审中，启封勘验公证封存的被控侵权童车包装箱内没有说明书或者合格证等能够说明童车型号的资料，被诉侵权人当庭表示童车的型号以包装箱内的童车实物为准，一审法院将童车实物与被诉侵权人产品宣传册比对，童车实物与宣传册的TBT86型号产品一致，一审法院认定侵权公证封存的童车型号为TBT86。

《专利法》第五十九条规定，实用新型专利权的保护范围以其权利要求的内容为准，说明书及附图可以用于解释权利要求的内容，故专利权人对其专利享有的权利以权利要求的第4、5项为准。《专利法实施细则》第二条第二款规定，实用新型专利是指对产品、方法或者其改进所提出的新的技术方案。本案专利要求保护的技术方案属前轮定位装置中升降机构的组件形状及各部件之间的连接方式，庭审中将本案专利的权利要求与被控侵权的TBT86型号童车进行比较，TBT86型号童车的技术方案采用了本案专利权利要求第4、5项所记载的全部必要技术特征，且被诉侵权人对专利权人关于TBT86型号童车落入了本案专利保护范围的主张没有异议，也未提交证据证明其有法定的免责事由，因此被诉侵权人制造、销售的TBT86型号童车侵害了专利权人享有的本案专利权，应依法承担相应民事责任，专利权人要求被诉侵权人赔偿经济损失有事实和法律依据，故一审法院予以支持。

关于专利权人指控被诉侵权人许诺销售问题，《最高人民法院关于审理专利纠纷案件适用法律问题的若干规定》第二十四条规定，专利法所称许诺销售，是指以做广告、在商店橱窗中陈列或者在展销会上展出等方式作出销售商品的意思表示。专利权人提交的（2009）中证内字第5846号公证书、（2010）中证内字第938号公证书及光盘、中国进出口商品交易会参展商名录及产品宣传册证明被诉侵权人有许诺销售行为。经审查，上述两份公证书所作被诉侵权人网站网页截屏及参展商目录没有被控侵权童车内容，产品宣传册的取得来源及时间不明，无法判断是被诉侵权人在进出口商品交易会上散发，且产品宣传册上仅有若干童车照片及简要文字介绍，无法对该童车的形状、构造及其结合方式等技术特征与本案专利的权利要求进行比对，因此专利权人指控被诉侵权人的许诺销售行为侵害其享有的本案专利权证据不足，故不予支持。

3. 关于被诉侵权人的民事责任如何承担

专利权人当庭明确本案系侵权之诉，要求被诉侵权人承担侵权赔偿责任，赔偿标准以双方当事人在湖北省高级人民法院以（2009）鄂民三终字第42号民事调解书中的约定为准。被诉侵权人对此提出异议，认为双方在该调解书中的约定不适用于本案。

一审法院认为，侵权民事责任与违约民事责任的事实基础和法律基础不同，产生于不同的法律关系，二者在民事责任的判定和适用法律上有本质区别。《合同法》第一百二十二条规定："因当事人一方的违约行为，侵害对方人身、财产权益的，受损害方有权选择依照合同法要求其承担违约责任或者依照其他法律要求其承担侵权责任。"本案中专利权人既然明确选择对被控侵权行为提起侵权之诉，就应根据相应的侵权责任法律规定确定赔偿数额，专利权人关于在本案侵权之诉中请求赔偿标准按照湖北省高级人民法院的（2009）鄂民三终字第42号民事调解书的约定来确定违约赔偿金的主张，与《合同法》的上述规定相冲突，一审法院不予支持。本案中因专利权人主张侵权之诉，导致被诉侵权人不能就违约之诉的违约事实及违约金是否过高提出抗辩，违约之诉也无法纳入法庭调查和辩论范围，且法院出具的民事调解书是对纠纷当事人先前已发生的行为责任的约定，并不具有对将来发生行为的责任进行预判及强制执行的效力，如发生调解书中当事人约定的将来发生的违约情形，该违约条款仍需当事人按《合同法》的相关规定另行诉讼，并经法院确定违约事实及区分违约情节后判定违约责任。本案中，在专利权人未主张违约之诉的情况下，一审法院无法就当事人双方是否有违约行为及违约责任作出判断，故不宜将当事人约定之违约赔偿金简单适用取代《专利法》规定的法定赔偿，本案赔偿数额仍应按《专利法》的侵权法定赔偿确定，被诉侵权人关于专利权人主张赔偿1 000 000元依据不足的抗辩理由成立。

我国《专利法》第六十五条规定，侵犯专利权的赔偿数额按照权利人因被侵权所受到的实际损失确定；实际损失难以确定的，可以按照侵权人因侵权所获得的利益确定。权利人的损失或侵权人获得的利益难以确定的，参照该专利许可使用费的倍数合理确定。权利人的损失、侵权人获得的利益和专利许可使用费均难以确定的，法院可以根据专利权的类型、侵权行为的性质和情节等因素，确定给予一万元以上一百万元以下的赔偿，赔偿数额还应包括权利人为制止侵权行为所支付的合理开支。专利权人在本案中没有提交证据证明其实际损失或被诉侵权人的侵权获利额，故一审法院依法适用法定赔偿。考虑到本案专利权现已到期，专利保护的前轮定位装置在被控侵权童车整车中属辅助部件之一，整车售价不高，销售数量无法确定，且专利权人亦认可其在国内市场无法购买到被控侵权童车等因素，同时结合被诉侵权人的侵权行为，系在与专利权人达成（2009）鄂民三终字第42号调解，已保证不再侵害专利权人专利权情况下的再次侵害，其主观侵权的过错明显，故一审法院确定在原判决赔偿数额的基础上适当加重对被诉侵权人的赔偿处罚力度。

综上，本案原告系本案专利的专利权人，为适格原告。被诉侵权人未经专利权人许可，制造、销售的被诉侵权产品TBT86型号童车落入本案专利的保护范围，侵害了专利权人的专利权，依法应承担侵权赔偿责任。依照《专利法》第十一条第一款、第五十九条第一款、第六十五条和《民事诉讼法》第一百二十八条的规定，判决如下：

（1）被诉侵权人于本判决生效之日起十日内赔偿专利权人经济损失140 000元整；

（2）驳回专利权人的其他诉讼请求。

本案案件受理费13 800元、财产保全费5000元共计18 800元，由被诉侵权人负担。

四、湖北省高级人民法院的二审判决

被诉侵权人和专利权人均不服一审判决，向湖北省高级人民法院（下称“二审法院”）提起上诉。

（一）当事人的主张

专利权人请求二审法院撤销一审判决，支持其一审阶段提出的所有诉讼请求，其理由在于：

（1）一审判决否认（2009）鄂民三终字第42号民事调解书的合法性、有效性及其在本案中适用性，属越权评判，且违背事实和法律。该民事调解书属于双方当事人对将来发生的侵犯专利权人的专利权时如何赔偿的约定，即侵犯一件外观设计专利赔偿50万元，侵犯一件实用新型专利赔偿100万元。一审法院认定了被诉侵权人再次侵犯专利权人的实用新型专利权的事实，理所当然应当适用该调解书确定本案民事赔偿数额。

（2）一审判决执意区分侵权民事责任和违约民事责任，缺乏民事法律关系和基本事实存有争议这一前提事实基础。首先，确定民事法律关系是确定民事责任的前提。专利权人一审请求权所涉及的是专利侵权民事法律关系，其责任当然是侵权民事责任。被诉侵权产品的前轮定位机构的技术特征与本案专利的权利要求4所记载的全部必要技术特征完全相同，以相同侵权的方式落入了本案实用新型专利的保护范围。其次，一审判决关于适用调解书会与《合同法》第一百二十二条规定造成冲突的观点缺乏事实和法律依据。认定该调解书在本案中是否适用，其基点应当是该调解书是否与《专利法》相冲突，而不是审查其与《合同法》是否相冲突。再次，一审判决始终紧抓《合同法》的违约责任作为其判决立论的基础，违反了人民法院居中公正审判的原则。违约金调整的是当事人的一项民事请求权。被诉侵权人在一审阶段的全部答辩及庭审没有涉及该项请求权。一审法院主动审查该事项，特别是以可能存在该项请求权为由否定生效调解书的法律效力更是缺乏法律依据。

（3）本案适用（2009）鄂民三终字第42号民事调解书确定赔偿请求权，符合《专利法》的规定和立法宗旨，也是民事诉讼中意思自治原则的充分体现。首先，专利侵权赔偿的民事责任具有不同于一般民事侵权责任的特殊性。为了最大限度保护专利权人的合法权益，《专利法》第六十五条规定了可供选择的多种确定赔偿的方法。其次，《专利法》第六十五条规定的前三种赔偿方式均是基于单方意思表示即可成立的法律事实。民事调解书则是经过二审法院确认的协商一致的双方意思表示，能有效解决上述三种赔偿方式可能存在的争议。由于本案是第二次侵权，其侵权情节具有明显的主观恶意。再次，从司法实践看，重庆市高级人民法院早在2007年就出台了《关于确定知识产权侵权损害赔偿数额若干问题的指导意见》，该意见将当事人协商的结果列为优先适用的条款。浙江省高级人民法院也有相同的指导意见出台。

（4）一审法院否认被诉侵权人从事了许诺销售行为与事实不符。在被诉侵权人对证据5、6、8的真实性、客观性、关联性均无异议的情况下，应当认定存在许诺销售本案专利产品的事实。一审判决引用证据8已确认侵权产品实物型号为TBT86的情况下，完全能够确认被诉侵权人从事了许诺销售行为，一审判决否认构成许诺销售行为与上述认定矛盾。根据经验法则，一审法院完全能够认定证据5、6、8所公开的图片是否使用了本案专利的权利要求记载的技术特征。本案专利的技术方案的核心在于一对转盘的上下扣合。证据5、6、8中公开的婴儿推车图片均使用了与本案专利完全相同的“前轮定位装置”。从举证责任角度讲，被诉侵权人网站及宣传册上所涉婴儿车产品使用的前轮定位机构是否与被控产品有所不同，是一审法院应当通过庭审调查予以查明的基本事实，但是却没有调查该事项。（2008）武知初字第144号判决书认定了被诉侵权人进行了许诺销售的事实并作出了停止许诺销售行为的判决，在本案中却作出了相反的认定。

被诉侵权人不服原审判决，提出上诉称，请求撤销一审判决，并依法予以改判，其理由是：

（1）一审判决认定被诉侵权人实施了生产、销售被诉侵权产品的侵权行为没有事实依据。2008年4月，曾与专利权人发生过专利侵权纠纷，一审法院判决停止生产和销售该产品后，被诉侵权人至今一直没有生产销售该产品。2011年3月9日，专利权人采取不正当的诱购手段，以外商客人的身份，到被诉侵权人处要求购买一辆型号为TBT85-670的童车，工作人员说现在没有生产这样型号的童车，经外商客人再三请求，才将2008年4月份以前生产且堆放在仓库好几年，既无使用说明书、又无合格证书和生产日期的“三无”产品TBT85-670提供给了外商客人。

（2）一审法院用宣传册上载明的TBT86型号的童车与童车实物相比较，以此认定提供给给外商客人的童车样品就是TBT86型号的童车是被诉侵权产品，没有依据。理由在于：其一，汉川市公证处2010年3月9日出具的公证书并没有指明提供给外商客人的童车就是TBT86型号的童车；其二，宣传册是2008年以前印制的，即使该宣传册上载明的TBT86型号的童车与被上诉人的实用新型专利完全一样，也只能证明曾经生产过该型号的产品，但不能证明宣传册上印制的TBT86型号的童车就是提供给外商客人的TBT86型童车；其三，销售结算单载明的童车型号为TBT86十分清楚，而汉川市公证处于2010年3月10日出具的公证书（2010）川证字第125号公证书却是TBT85-67童车。从这一点来看，汉川市公证处公证的童车是TBT85-670童车，而不是TBT86童车。TBT86型的童车TBT85-670的童车相比有一定的差距。一审法院将TBT86童车与被诉侵权人2008年前印制的宣传册相比对，以此来证明汉川市公证处公证的TBT85-670童车就是TBT86型号的童车，从而确定销售给外商客人的

TBT86的童车的技术特征与本案实用新型专利完全相同是不恰当的。

（3）一审判决确定赔偿经济损失14万元不符合《专利法》的有关规定。本案中，专利权人并没有就自己所受到的实际损失提供相关证据，也没有提供多次销售及侵权获利数额的有关证据，且专利权人在庭审中也认可在国内市场没有销售被诉侵权产品，在国外也没有销售的有关证据。即使2010年3月9日提供给外商客人的童车就算是一次销售行为，且不说实际获利多少，就连成本加获利也只有260元。一审判决赔偿经济损失14万元不符合上述赔偿原则，加重处罚更无道理。

（4）原审判决承担全部案件受理费有失公平。专利权人明知一台童车在市场上销售连本带利只有260元，却把所受到的实际损失故意扩大，以此提高诉讼成本。

专利权人和被诉侵权人在二审举证期限内均未补充提交证据。

（二）二审法院查明的事实

二审经审查查明，一审法院查明的事实属实，依法予以确认。

另查明，2010年3月9日中山日用品公司为购买涉案TB86型号童车产品支付260元。

（三）二审判决的理由

结合当事人上诉理由、请求及答辩意见，二审法院认定本案二审争议焦点为：（1）被诉侵权人与专利权人签订调解协议之后，是否实施了侵权行为；（2）本案民事责任的承担问题。对此，二审法院评判如下 。

1. 关于是否存在侵犯本案专利权的问题

首先，自2009年9月2日涉案双方签订调解协议之后，按专利权人指控对方的具体侵权事实或行为来看，包括三个方面：一是2009年10月23日至25日，在中国进出口产品交易会上展出侵权产品并散发相关产品宣传册；二是通过网络许诺销售侵权产品；三是2011年3月再次对侵权行为进行调查取证，并通过公证处办理了涉案侵权产品的实物公证。

其次，从专利权人一审阶段提交的侵权证据来看，证据5、证据6分别系（2009）中证内字第5846号、（2010）中证内字第938号公证书；证据7系参展商名录；证据8系产品宣传册，该4份证据用于证明湖北童霸用品公司存在许诺销售行为。经查，涉案两份公证书所作网页截屏没有指控侵权童车内容，提交的网页图片本身则不够清晰；参展商名录仅有湖北童霸用品公司名称；产品宣传册来源不明，且印刷时间不详；提交的网页图片本身则不够清晰，故一审法院对中山日用品公司指控的涉案许诺销售行为不予认定，具有事实依据。据此，依照《最高人民法院关于民事诉讼证据的若干规定》第二条关于“当事人对自己提出的诉讼请求所依据的事实或者反驳对方诉讼请求所依据的事实有责任提供证据加以证明”的规定，由于专利权人指控被诉侵权人作出许诺销售行为，故应由之前人对此承担举证责任，故专利权人认为一审法院没有调查该事项，从而免除了被诉侵权人就其反驳举证的理由不能成立，这是其一。

其二，证据9为（2010）川证字第125号公证书，证据10为结算单，用于证明被诉侵权人存在生产、销售涉案侵权产品行为。经查，（2011）川证字第125号公证书载明“取出童车一箱”，其包装箱外侧部显示："ITEMNO.TBT85-670#"，外包装箱上未标明具体生产日期。同时，“湖北童霸儿童用品有限公司销售结算单”标明的一款品名为“TB86”，另一款则不清晰。经一审法院将公证购买的童车与被诉侵权人宣传册中的相关产品型号对比，实际与“TBT86"型号产品一致。据此，至少可以认定被诉侵权人2010年3月9日公证时提供给专利权人的童车型号中有一款型号系TBT86，但该款产品的具体生产时间并不明确。而本案当事人双方在法院主持下达成调解协议的时间为2009年9月2日。由此可见，专利权人提交的现有证据并不能证明被诉侵权人在签订涉案调解协议之后实施了侵权行为。被诉侵权人主张“这几件童车样品都是在2008年4月以前生产的样品，一直存放在公司仓库里，专利权人提供的产品宣传册也是2008年4月以前印制的，与专利权人的第一次专利侵权官司以后既没有生产侵权童车，也没有宣传、销售”，但并未提交相应证据予以证明，故对被诉侵权人的该主张不予采信。

关于在被诉侵权人涉案生产侵权行为没有直接证据证明的情形下，专利权人2010年3月9日的公证购买行为是否属于被诉侵权人的一起销售行为。就专利权人指控被诉侵权人侵犯其“前轮定位装置”实用新型专利权的纠纷而言，虽然2010年3月9日公证购买“TB86”型号童车产品的具体生产时间并不明确，但专利权人为此支付了260元的对价，被诉侵权人出具了相应的销售结算单。同时，基于被诉侵权人之前在调解协议中的自愿保证，且其对自身涉案一系列行为应有为较明确的认知，故二审法院认定被诉侵权人作出了销售侵权产品的行为。

综上，专利权人提交的证据证明被诉侵权人存在销售侵权产品的行为，但并没有证据直接证明其存在制造行为。据此，一审判决在认定侵权公证封存的童车型号为TBT86的情形下，将其与专利权人享有“前轮定位装置”实用新型专利权进行比对，并判定其落入涉案专利权保护范围，具有事实和法律依据。

另外，关于专利权人上诉认为原审一方面认定“童车实物与宣传册的TBT86型号产品一致”，一方面又否认被诉侵权人存在许诺销售行为，二者之间存在矛盾一说，因一审判决只是将经公证的童车实物与产品宣传册中的TBT86型号进行比对，并未直接认定被诉侵权人存在许诺销售行为，故专利权人的该部分上诉理由不能成立。

2. 关于民事责任的认定

首先，从专利权人的诉讼请求来看，要求被诉侵权人赔偿经济损失并承担本案诉讼费。之前双方当事人虽然曾有专利侵权纠纷，并在人民法院主持下达成了相应的调解协议，但其要求赔偿经济损失的基础在于被诉侵权人必须存在新的侵权行为。具体到本案，就需要依据专利权人提交的相应证据，由法院判定被诉侵权产品是否落入本案专利的保护范围。因此，侵权行为成立与否是本案双方权利义务关系的基础，不能直接依据双方原先达成的调解协议内容作为权利义务关系的基础。

其次，就侵犯“前轮定位结构”实用新型专利一案，2009年9月2日，双方当事人自愿达成调解协议，该调解协议所涉及的童车产品型号为B858C-B，同时约定“如发现一起侵犯中山日用品公司外观设计专利权的行为，湖北童霸用品公司自愿赔偿人民币50万元，如发现一起侵犯中山日用品公司实用新型专利权的行为，湖北童霸用品公司自愿赔偿人民币100万元”。就该协议内容而言，由于其具体针对的侵权产品型号为B858C-B，而非本案被诉侵权产品TBT86。在涉案侵权产品型号并不相同的情况下，前述调解协议中约定的赔偿数额并不能适用于本案。具体到本案，现有证据仅表明被诉侵权人公司存在销售侵权行为。因此，专利侵权赔偿数额的确定不能忽略本案的实际情况，特别是专利权人享有的其他外观设计专利部分在整车中的价值份额，以及被诉侵权人的侵权产品本身并未进入市场销售，不管是国内市场还是国外市场；而且并无任何直接证据显示被诉侵权人存在专利权人诉称的“仍然大规模、不间断地从事侵犯涉案专利权的行为”。因此，一审法院依据《专利法》第五十六条的规定，酌定被诉侵权人赔偿经济损失14万元，符合本案实际。专利权人要求直接依据调解书确认的数额赔偿其经济损失，其事实和法律依据不足，故不予支持。

另外，关于一审案件受理费的负担问题，《诉讼费用交纳办法》第二十九条规定，“诉讼费用由败诉方负担，胜诉方自愿承担的除外。部分胜诉、部分败诉的，人民法院根据案件的具体情况决定当事人各自负担的诉讼费用数额。”一审法院根据本案的具体情况，在认定被诉侵权人侵权事实成立的情形下，决定由其负担本案全部案件受理费具有事实和法律依据。被诉侵权人上诉认为一审法院判决由其承担全部案件受理费有失公平的上诉理由不能成立，该部分请求应予驳回。

综上，专利权人的上诉理由均不能成立，依法予以驳回。备案被诉侵权人上诉认为不存在制造侵权产品的行为理由成立，一审判决认定其存在制造侵权产品行为的证据不足，对此依法予以纠正；被诉侵权人的其他上诉请求及理由不能成立，依法予以驳回。一审判决认定事实清楚，适用法律正确，实体处理并无不当，故依法应予维持。经合议庭评议，依照《民事诉讼法》第一百五十三条第一款第（一）项之规定，判决如下驳回上诉，维持原判。本案二审案件受理费人民币13 800元，由专利权人负担人民币11 040元，被诉侵权人负担人民币2 760元。

五、最高人民法院的再审判决

专利权人不服二审判决，向最高人民法院（下称“再审法院”）申请再审。再审法院于2013年4月2日作出（2013）民申字第12号民事裁定，提审本案。

（一）当事人的主张

专利权人向再审法院申请再审称：

（1）二审法院认定事实错误，其理由在于：

第一，被诉侵权人没有否认被诉侵权产品系其制造的事实，二审法院对此认定错误；

第二，被诉侵权人许诺销售侵权产品的事实清楚，二审法院对此认定错误。

（2）二审法院适用法律错误，其理由在于：

第一，二审法院未适用（2009）鄂民三终字第42号民事调解书约定的赔偿标准，属于适用法律错误。本案作为专利侵权纠纷，一审法院在认定民事赔偿责任的承担时，引用《合同法》第一百二十二条的规定，认为按照（2009）鄂民三终字第42号民事调解书的约定来确定本案赔偿数额与《合同法》的规定相冲突，因此不予支持，二审法院亦没有纠正一审法院的该项错误。《专利法》第六十五条规定的前三种赔偿数额确定方式均依赖于诉讼中当事人单方提供的证据，而本案中的民事调解书是双方意思表示一致的司法确认。本案适用民事调解书确定赔偿责任，不会与《专利法》《合同法》的规定发生冲突。

第二，二审法院以本案被诉侵权产品型号“TBT86”与调解书中所涉侵权产品型号“B858C-B”不同为由，否定调解书约定赔偿标准的适用，属于明显错误。相对于前案，只要有证据证明被诉侵权人再次实施了侵权行为，调解书约定赔偿的条件就已成就。

专利权人请求再审法院依法撤销一审、二审判决，改判支持其一审提出的诉讼请求，并判决被诉侵权人承担本案诉讼费用。

被诉侵权人提交意见称：

（1）二审法院认定事实清楚，其理由在于：

第一，二审法院认定被诉侵权人没有实施制造被诉侵权产品的行为，认定事实清楚。

第二，二审法院认定被诉侵权人没有实施许诺销售侵权产品的行为，认定事实清楚。

（2）二审法院适用法律正确，其理由在于：

第一，法院有权依据《合同法》第一百二十二条规定的责任竞合的处理原则，判断本案应否采纳调解书确定的赔偿计算方法，二审法院适用法律正确。本案是专利权人提起的侵权诉讼，应依侵权法规定的赔偿方式确定赔偿数额。当侵权责任与违约责任竞合时，专利权人可选择侵权之诉或违约之诉进行维权，但其选择侵权之诉后，就不能再依据调解书提出违约赔偿请求。专利权人要求按照调解书约定的赔偿数额计算方法确定本案赔偿责任，其实质就是在侵权诉讼中主张违约责任，违反了民事责任竞合的处理原则。

第二，《专利法》没有就事先约定赔偿作出规定，一审、二审法院依据《专利法》第六十五条规定的法定赔偿方式确定赔偿数额，在适用法定赔偿时考虑了被诉侵权人再次侵权的主观过错等因素，适当加重了赔偿制裁力度，判决确定的赔偿数额合理适当，适用法律正确。

第三，二审法院因本案被诉侵权产品型号与调解书所涉侵权产品型号不同，进而认定调解书中约定的赔偿数额不能适用于本案，认定事实清楚，适用法律正确。

（二）再审法院查明的事实

再审法院审理查明原一、二审法院查明的事实基本属实，故予以确认。此外，最高法院民法院另查明了如下事实：

1. 在先案件与民事调解书的情况

2008年4月，专利权人以被诉侵权人生产、销售的婴儿车侵犯其专利权为由，向武汉市中级人民法院提起了三个诉讼。

专利权人诉被诉侵权人侵犯“婴儿车收合关节”外观设计一案，涉案侵权产品为D900型号婴儿车，一审法院作出（2008）武知初字第143号民事判决 认定侵权成立，判决被诉侵权人停止侵权并承担赔偿责任。宣判后双方当事人均未上诉。

专利权人诉被诉侵权人侵犯“婴儿车可单手收合结构”实用新型专利一案，涉案侵权产品为D900型号婴儿车，一审法院作出（2008）武知初字第142号民事判决，认定侵权成立，判决被诉侵权停止侵权并承担赔偿责任。被诉侵权人不服一审判决，向二审法院提起上诉。二审期间，当事人自愿达成调解协议，其主要内容为：

（1）被诉侵权人于调解协议签字之日起立即停止制造、许诺销售、销售D900型号婴儿车产品，清除被诉侵权人网站上该型号婴儿车产品的图片及产品宣传册中对该型号产品的介绍，并保证不再侵犯专利权人的专利权，如发现一起侵犯专利权人外观设计专利权的行为，被诉侵权人自愿赔偿人民币50万元，如发现一起侵犯专利权人实用新型专利权的行为，被诉侵权人自愿赔偿人民币100万元；

（2）被诉侵权人于调解协议签字之日起10日内赔专利权人经济损失55 000元，并支付专利权人垫付的一审案件受理费3 300元、证据保全费30元；

（3）双方均放弃基于本案事实的其他诉讼请求。

二审法院对该调解协议进行审查确认后，于2009年9月2日制作（2009）鄂民三终字第41号民事调解书。

专利侵权人诉被诉侵权人侵犯“前轮定位装置”实用新型专利一案，涉案侵权产品为B858C-B型号婴儿车，一审法院作出（2008）武知初字第144号民事判决，认定侵权成立，判决被诉侵权人停止侵权并承担赔偿责任。被诉侵权人不服一审判决，向二审法院提起上诉。二审期间，当事人自愿达成调解协议，除涉及到的侵权婴儿车产品型号由D900变化为B858C-B外，其内容与（2009）鄂民三终字第41号民事调解书确认的调解协议的内容一致。

二审法院对该调解协议进行审查确认后，于2009年9月2日制作（2009）鄂民三终字第42号民事调解书。

2. 调解协议解释的有关情况

就调解协议“如发现一起侵犯专利权人实用新型专利权的行为，被诉侵权人自愿赔偿人民币100万元”这一约定，专利权人在本院庭审中主张，“一起侵犯专利权人实用新型专利权的行为”是指侵犯该专利权人一项实用新型专利权的行为，既不限于前案中特定型号的侵权产品，也不限于前案中所涉的实用新型专利权，若侵犯“几项”实用新型专利权，就构成“几起”侵权行为；被诉侵权人在提交给本院的书面答辩意见中主张，“一起侵犯专利权人实用新型专利权的行为”，是针对前案特定型号侵权产品的有关侵权行为，后在本院庭审中主张，按调解协议的字面理解，有关侵权行为应不限于前案特定型号的侵权产品，案外其他产品如构成侵犯实用新型专利权，同样满足调解协议约定的条件。

（三）再审判决的理由

再审法院认为，结合专利权人的申请再审理由和被诉侵权人的答辩意见，本案的争议焦点在于：被诉侵权人在调解协议签订后是否实施了制造、许诺销售被诉侵权产品的行为；如何确定被诉侵权人的赔偿责任。

1. 被诉侵权人在调解协议签订后是否实施了制造被诉侵权产品的行为

在一审程序中，专利权人为证明被诉侵权人再次实施了制造被诉侵权产品的行为，向法院提交了（2010）川证字第125号公证书、被诉侵权人出具的销售结算单以及公证封存的被诉侵权产品。由于（2010）川证字第125号公证书与销售结算单仅能证明被诉侵权人销售被诉侵权产品的时间为2010年3月9日，无法证明被诉侵权人制造被诉侵权产品的时间，而一审庭审勘验结果亦不能证明被诉侵权人在调解协议签订之后实施了制造被诉侵权产品的行为，故依据《民事诉讼法》第六十四条第一款以及《最高人民法院关于民事诉讼证据的若干规定》第二条第一款、第二款的规定，二审法院关于无证据证明被诉侵权人在调解协议签订后实施制造被诉侵权产品行为的认定并无不当。专利权人的该项申请再审理由不能成立，故不予支持。

2. 被诉侵权人签订调解协议后是否实施了许诺销售被诉侵权产品的行为

在一审程序中，专利权人为证明被诉侵权人再次实施了许诺销售被诉侵权产品的行为，向法院提交了（2009）中证内字第5846号公证书、（2010）中证内字第938号公证书、《中国进出口商品交易会参展商名录》以及被诉侵权人的产品宣传册。

由于（2009）中证内字第5846号公证书、（2010）中证内字第938号公证书所作网页截屏没有本案被诉侵权产品TBT86婴儿车的相关内容，《中国进出口商品交易会参展商名录》上仅列有被诉侵权人的名称、地址与联系方式，并无产品信息，故上述证据不能证明被诉侵权人实施了许诺销售被诉侵权产品的行为。

关于证据产品宣传册，被诉侵权人在一审质证程序中对该份证据的真实性、合法性、关联性均无异议。据此，一审法院在庭审中将公证封存的婴儿车实物与产品宣传册上的婴儿车图片进行比对，从而确定了本案被诉侵权产品为TBT86；但另一方面，一审法院又认为“产品宣传册上仅有若干童车照片及简要文字介绍，无法对童车的形状、构造及其结合方式等技术特征与本案专利的权利要求进行比对”，进而对被诉侵权人的许诺销售侵权行为不予认定，前后说理存在自相矛盾之处。就此问题，二审法院认为“产品宣传册来源不明、印刷时间不详”，故对被诉侵权人的许诺销售侵权行为不予认定。

再审法院认为：第一，由于一审法院已在庭审中将公证封存的婴儿车实物与产品宣传册上的婴儿车图片进行比对，并据此确定本案被诉侵权产品为TBT86，故可以认定产品宣传册包含有被诉侵权产品的销售推广信息；第二，被诉侵权人对产品宣传册的质证意见显示，其对产品宣传册的真实性、合法性、关联性均无异议，故“来源不明”的判理不能成立；第三，产品宣传册的印刷时间，对于本案认定被诉侵权人是否在调解协议签订后实施许诺销售被诉侵权产品的行为不具有法律意义，即使印刷时间在调解协议签订前，也不影响将调解协议签订后传播、散发产品宣传册的行为认定为许诺销售。因此，结合一审法院庭审中的勘验比对情况与被诉侵权人对产品宣传册的质证意见，可以认定被诉侵权人在调解协议签订后实施了许诺销售被诉侵权产品的行为。专利权人的该项申请再审理由成立，应予支持，二审法院对此认定错误，应予纠正。

3. 如何确定被诉侵权人的赔偿责任

（1）关于双方在前案中达成的调解协议的效力

由于调解协议系双方自愿达成，其内容仅涉及私权处分，不涉及社会公共利益、第三人利益，也不存在法律规定的其他无效情形，且二审法院对调解协议进行审查确认后制作了民事调解书，故双方在前案中达成的调解协议合法有效。

（2）关于本案能否适用双方在调解协议中约定的赔偿数额确定方法

首先，再审法院认为，本案中被诉侵权人应承担的民事责任不属于侵权责任与违约责任竞合之情形。《合同法》第一百二十二条所规定的侵权与违约责任的竞合，其法律要件是“因当事人一方的违约行为，侵害对方人身、财产权益”。就该规定来看，违约责任与侵权责任发生竞合的前提是当事人双方之间存在一种基础的交易合同关系。基于该交易合同关系，一方当事人违反合同约定的义务，该违约行为侵害了对方权益而产生侵权责任。因此，该规定中的违约行为应当是指对基础交易合同约定义务的违反，且该违约行为同时侵害了对方权益，而不是指对侵权行为发生之后当事人就如何承担赔偿责任所作约定的违反。《合同法》第一百二十二条中的违约行为与侵权行为是同一法律行为，而一方的侵权行为与侵权行为发生后双方对赔偿责任计算方式和数额的约定则是两个法律行为。就调解协议的内容来看，该协议并专利权人与被诉侵权人之间的基础交易合同，而是对侵权行为发生后如何承担侵权赔偿责任（包括计算方法和数额）的约定。因此，被诉侵权人应承担的民事责任不属于《合同法》第一百二十二条规定的侵权责任与违约责任竞合的情形。

其次，应当明确，被诉侵权人应承担的民事责任系侵权责任。一方面，前已述及，专利权人与被诉侵权人之间并不存在基础合同关系；另一方面，调解协议的法律意义与效果不在于对被诉侵权人的合同交易义务作出约定，而在于对侵权责任如何承担作出约定。即使没有调解协议，被诉侵权人基于法律规定也同样负有不侵权的义务。当事人双方将被诉侵权人将来侵权行为发生后的具体赔偿方法和数额写进调解协议，只是为了便于进一步约定当被诉侵权人再次侵权时其侵权责任应如何承担。

再者，《侵权责任法》《专利法》等法律并未禁止被侵权人与侵权人就侵权责任的方式、侵权赔偿数额等预先作出约定；这种约定的法律属性可认定为双方就未来发生侵权时权利人因被侵权所受到的损失或者侵权人因侵权所获得的利益预先达成的一种简便的计算和确定方法。再审法院认为，基于举证困难、诉讼耗时费力不经济等因素的考虑，双方当事人在私法自治的范畴内完全可以对侵权赔偿数额作出约定，这种约定既包括侵权行为发生后的事后约定，也包括侵权行为发生前的事先约定。因此，本案适用调解协议中双方约定的赔偿数额确定方法，与《专利法》第六十五条的有关规定并不冲突。值得注意的是，《最高人民法院关于审理著作权民事纠纷案件适用法律若干问题的解释》第二十五条第三款规定，双方当事人基于权利人的实际损失或者侵权人的违法所得，就赔偿数额达成协议的，法院应当准许。该规定即为法院对当事人就涉案侵权责任赔偿数额作出的"事后约定"的认可。

综上，本案可以适用隆成公司与童霸公司在调解协议中约定的赔偿数额确定方法。

（3）关于本案如何适用双方在调解协议中约定的赔偿数额确定方法

本案具体如何适用调解协议中约定的赔偿数额确定方法，取决于对调解协议中"如发现一起侵犯专利权人实用新型专利权的行为，被诉侵权人自愿赔偿人民币100万元"这一约定内容的解释。根据查明的事实，（2009）鄂民三终字第41号民事调解书与（2009）鄂民三终字第42号民事调解书所涉案件均为侵害实用新型专利权案，但在调解协议中却同时包含被诉侵权人不得再侵害专利权人的外观设计专利权与实用新型专利权的内容，结专利权人与被诉侵权人之间曾发生多起侵害专利权纠纷案件，以及再审庭审中双方当事人就这一问题发表的意见等相关情况，可以认定调解协议中关于被诉侵权人不得再实施侵权行为以及相应赔偿数额的约定为一揽子约定，即：第一，上述约定中的"一起侵权行为"不限于前案中所涉特定型号的侵权婴儿车；第二，上述约定中的"一起侵权行为"，不限于前案中所涉的专利权；第三，上述约定中的"一起侵权行为"是指侵害专利权人一项专利权的行为。因此，被诉侵权人在本案中应当赔偿专利权人100万元。专利权人该项申请再审理由成立，应予支持；二审法院就被诉侵权人的赔偿责任如何确定这一问题适用法律错误，应予纠正。

综上所述，再审法院认为，二审判决认定被诉侵权人在调解协议签订后未实施许诺销售侵权行为，认定事实错误，应予纠正；二审判决酌定被诉侵权人赔偿专利权人14万元，适用法律错误，应予纠正。依据《专利法》第六十五条第一款、《民事诉讼法》第二百零七条第一款、第一百七十条第一款第二项的规定，判决如下：

（1）撤销二审判决和一审判决；

（2）被诉侵权人于本判决送达之日起十五日内赔偿专利权人经济损失100万元。

一审案件受理费13 800元、财产保全费5 000元以及二审案件受理费13 800元均由被诉侵权人负担。

“布塑热水袋的加工方法”发明专利侵权案

一、案件提要

当事人

专利权人：陈顺弟

被诉侵权人：何建华、浙江乐雪儿家居用品有限公司

沈阳市中级人民法院的一审判决

案号：（2010）沈中民四初字第389号

合议庭成员：史致鹤、吴松、高悦

结案日期：2010年12月17日

辽宁省高级人民法院的二审判决

案号：（2011）辽民三终字第27号

合议庭成员：马跃飞、陈洪军、刘洪

结案日期：2011年5月3日

最高人民法院的再审判决

案号：（2013）民提字第225号

合议庭成员：王永昌、李剑、宋淑华

结案日期：2013年12月25日

涉及的法律规定

《专利法》第五十九条、第六十二条

判决要点

1. 被诉侵权人用于主张现有技术抗辩的实用新型专利的申请日虽早于本案专利申请日，但授权公告日晚于本案专利申请日，故不构成现有技术，但依法构成抵触申请。由于抵触申请能够破坏对比专利技术方案的新颖性，故在被诉侵权人以实施抵触申请中的技术方案主张其不构成专利侵权时，应该被允许，

并可以参照现有技术抗辩的审查判断标准予以评判。

2. 涉及产品制造方法的发明专利通常是通过方法步骤的组合以及一定的步骤顺序来实现的。方法专利的步骤顺序是否对专利权的保护范围起到限定作用，从而导致在步骤互换中限制等同原则的适用，关键要看这些步骤是否必须以特定的顺序实施以及这种互换是否会带来技术功能或者技术效果上的实质性差异。

3. 对于在说明书中披露而未写入权利要求的技术方案，如果不适用捐献原则，虽然对专利权人的保护是较为充分的，但这一方面会给专利申请人规避对较宽范围的权利要求的审查提供便利，另一方面会降低权利要求的划界作用，使专利权保护范围的确定成为一件过于灵活和不确定的事情，增加了公众预测专利权保护范围的难度，不利于专利公示作用的发挥以及公众利益的维护。如果本领域技术人员通过阅读说明书可以理解披露但未要求保护的技术方案是被专利权人作为权利要求中技术特征的另一种选择而被特定化，则这种技术方案就视为捐献给社会。

4. 临时保护期使用费是在发明专利申请公布后至专利权被授予前，实施该发明的单位或者个人应支付给专利权人的一种适当的经济补偿，其与未经专利权人许可实施其专利的侵权损害赔偿性质不同，故专利权人不能基于侵权损害赔偿的诉因来主张临时保护期使用费，只能单独就此项费用提出主张。

二、本案专利介绍

本案涉及名称为“布塑热水袋的加工方法”的第200610049700.5号发明专利（下称“本案专利”），其申请日为2006年2月24日，授权日为2010年2月17日，授权时的专利权人为陈顺弟（下称“专利权人”）。

该发明涉及一种热水袋，特别是布塑热水袋以及布塑热水袋的加工方法，主要用于医疗保健和一般生活取暖。

当人体某局部受伤或者疾患，需要热敷（或者冷敷），常使用热水袋。此外，人们在生活或者工作中也常用热水袋对双手等部位取暖。但传统热水袋采用单层橡胶材料制成，其缺点在于：一是传导太快，保温性能差，开始时过热，常需要用毛巾等裹住，但降温冷却速度也快，很快就凉了；二是橡胶材料有气味污染，会使人感到不舒服；三是易破碎，使用寿命短。近年来开发了布塑热水袋，但已有布塑热水袋的袋口内壁与塞座通过涂胶粘接，有的采用线或者钢丝扎紧，不仅麻烦而且密封连接性能差，易漏水，使用寿命短。

本案专利发明的目的之一是克服已有技术的缺陷，提供一种保温性能好，特别是袋口部与塞座连接可靠、耐用，耐压不漏水的布塑热水袋；目的之二是提供上述布塑热水袋的加工方法。

本发明布塑热水袋的技术方案是：由袋体、袋口和袋塞所组成，所述的袋体有内层、外层和保温层，在袋体的边缘有粘合边，所述的袋塞是螺纹塞座和螺纹塞盖，其特征在于螺纹塞座的外壁有复合层，螺纹塞盖有密封垫片。其袋塞中的螺纹塞座是聚丙烯材料所制成，复合层是聚氯乙烯材料等所制成，密封垫片可以是硅胶材料等所制成。本热水袋的袋体由3层材料所构成，因为有了保温层，使袋中热量缓慢下降，开始时避免过热，保温时间长，提高了使用效果。特别是在螺纹塞座外有复合层，复合层与袋口部内层可用高频热合机热粘合，不仅加工省力，而且密封效果好，耐用，不漏水，在螺纹塞盖处有了密封垫片，尤其是硅胶密封垫片，进一步提高了防漏可靠性。

在本案专利说明书附图中：图1是布塑热水袋构造示意图；图2是布塑热水袋A-A截面图；图3是布塑热水袋螺纹塞座仰视图；图4是布塑热水袋螺纹塞座主视图；图5是布塑热水袋螺纹塞盖示意图。

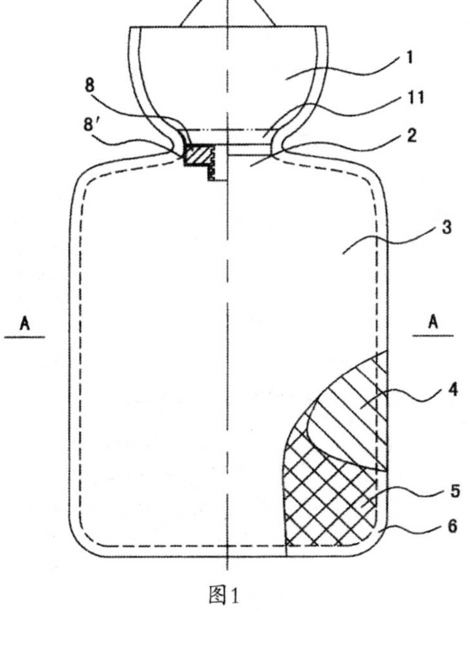

图1

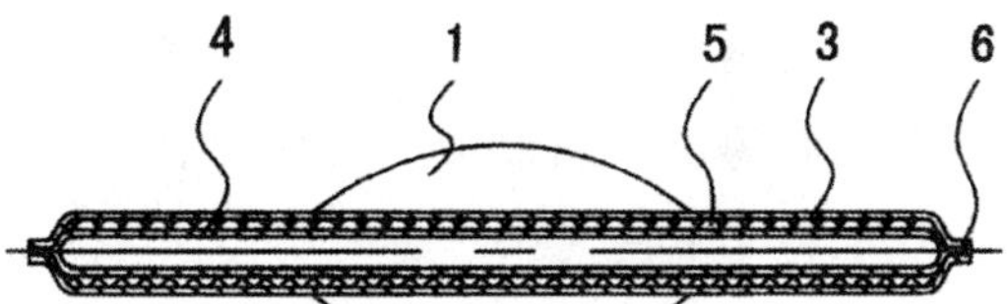

图2

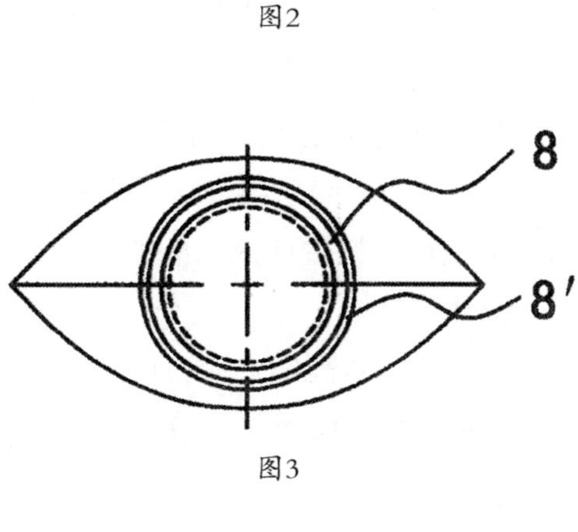

图3

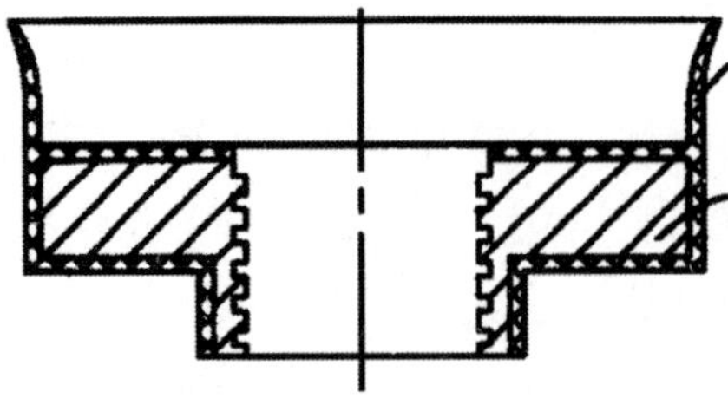

图4

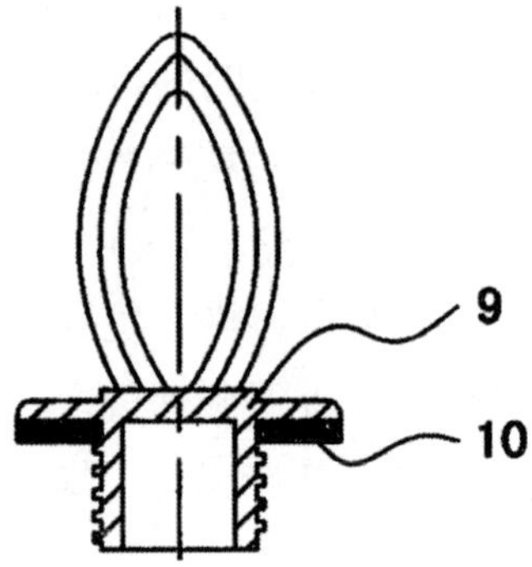

图5

本发明涉及布塑热水袋以及加工方法，其布塑热水袋是由袋体、袋口1和袋塞2所组成，如图1～5所示，袋体有内层4、外层3和保温层5三层所构成，在袋体的边缘有粘合边6，所述的袋塞是螺纹塞座8和螺纹塞盖9所组成，其主要的技术特征在于螺纹塞座8的外壁有复合层8′，如图1、图4所示，螺纹塞盖9有密封垫片10，如图5所示。所述的内层4是采用聚氯乙烯薄膜或者其他同类材料制造，外层采用涤纶布复膜等材料，强度高，又可印制各种图案花纹，使热水袋外型很漂亮。而内层4与外层3之间安装保温层5，如人造保温棉等各种有关材料，提高热水袋保温性能，慢慢散热降温，延长使用时间，又克服灌入热水开始过烫现象。其袋塞2中的螺纹塞座8是聚丙烯材料所制成，复合层8′可以是聚氯乙烯材料所制造，聚氯乙烯材料才可以与袋体内层相互热合，密封垫片10可以是硅胶等材料所制成，硅胶材料耐热性能好，不易老化，提高使用寿命。整个热水袋无不良气味，使用安全。

本发明布塑热水袋的加工方法包括如下加工步骤：

第一步：首先取内层、保温层以及外层材料，各材料可以是大面积(大片)的，可制造多只热水袋。

第二步：将内层、保温层、外层依次层叠，成为组合层。

第三步：将两层组合层对应重叠，即内层4与内层4叠在中心，如图2所示，采用高频热合机按照热水袋的形状对两层组合层边缘进行高频热粘合，一次热合几只热水袋。

第四步：对高频热粘合的热水袋进行分只裁剪；由于高频机一次热粘合多只热水袋，所以将每一只剪开。

第五步：取聚丙烯材料注塑螺纹塞座8，再把螺纹塞座8作为嵌件放入模具，另外取聚氯乙烯材料在螺纹塞座8外二次注塑复合层8′。

第六步：将有复合层的螺纹塞座安入袋口内，如图1所示，使螺纹塞座的复合层8′与内层4接触，采用高频热合机对热水袋口部与螺纹塞座复合层进行热粘合；复合层的聚氯乙烯材料与内层也是聚氯乙烯薄膜材料进行热粘合，粘接可靠，有压痕11。

第七步：再对热水袋袋体进行修边。

第八步：取塑料材料注制螺纹塞盖9。

第九步：取硅胶材料注制密封垫片10；取硅材料热胀冷缩小，作为垫片使用寿命长。

第十步：将密封垫片10和螺纹塞盖9互相装配后旋入螺纹塞座8中；但也可以试压后旋入塞盖。

第十一步：充气试压检验，向热水袋中充入压缩空气进行耐压试验；耐压试验的压力一般为0.5kg/cm2，或者略大于该压力。

第十二步：包装，成品储运。

本案专利授权时的权利要求书如下：

1. 布塑热水袋的加工方法，布塑热水袋由袋体、袋口和袋塞所组成，所述的袋体有内层、外层和保温层，在袋体的边缘有粘合边，所述的袋塞是螺纹塞座和螺纹塞盖，螺纹塞座的外壁有复合层，螺纹塞盖有密封垫片，袋塞中的螺纹塞座是聚丙烯材料，复合层是聚氯乙烯材料，密封垫片是硅胶材料所制成，其特征在于：

第一步：首先取内层、保温层以及外层材料；

第二步：将内层、保温层、外层依次层叠，成为组合层；

第三步：将两层组合层对应重叠，采用高频热合机按照热水袋的形状对两层组合层边缘进行高频热粘合；

第四步：对高频热粘合的热水袋进行分只裁剪；

第五步：取聚丙烯材料注塑螺纹塞座，再把螺纹塞座作为嵌件放入模具，另外取聚氯乙烯材料在螺纹塞座外二次注塑复合层；

第六步：将有复合层的螺纹塞座安入袋口内，与内层接触，采用高频热合机对热水袋口部与螺纹塞座复合层进行热粘合；

第七步：对热水袋袋体进行修边；

第八步：取塑料材料注制螺纹塞盖；

第九步：取硅胶材料注制密封垫片；

第十步：将密封垫片和螺纹塞盖互相装配后旋入螺纹塞座中；

第十一步：充气试压检验，向热水袋充入压缩空气进行耐压试验；

第十二步：包装。

三、沈阳市中级人民法院的一审判决

（一）当事人的主张

2010年9月17日，专利权人向辽宁省沈阳市中级人民法院（下称“一审法院”）起诉，指控何建华（下称“第一被诉侵权人”）、浙江乐雪儿家居用品有限公司（下称“第二被诉侵权人”）和温士丹（下称“第三人”）侵犯了其名称为“布塑热水袋的制造方法”的本案专利权。

专利权人诉称：2010年发现第二被诉侵权人生产、第一被诉侵权人正在销售和许诺销售的布塑人热水袋与其专利方法所获得的产品结构相同，有理由相信其采用了本案专利的技术方案，侵犯了其专利权，故请求法院判令：

（1）第一被诉侵权人立即停止销售侵权产品，第二被诉侵权人立即停止制造、销售侵权产品，并销毁侵权产品及模具；

（2）第一被诉侵权人赔偿专利权人经济损失50万元，第二被诉侵权人赔偿专利权人经济损失100万元（含专利权人为制止侵权行为而支出的合理费用）；

（3）由第一被诉侵权人和第二被诉侵权人承担本案诉讼费用。

（二）一审法院查明的事实

专利权人于2006年2月24日向国家知识产权局申请了一项名称为“布塑热水袋的加工方法”发明专利，2010年2月17日获得专利权，专利号为200610049700.5，该专利权至今有效。

2010年9月7日，专利权人的委托代理人在辽宁省诚信公证处公证人员的监督下，在位于沈阳市大东区东顺城街17号的沈阳小商品大世界四楼，以普通消费者身份购买了“乐雪儿”牌时尚热水袋40个，其中大号热水袋1个，中号热水袋39个，并取得了加盖“沈阳市大东区任国良杂品批发部普通发票专用章”及“沈阳市大东区任国良杂品批发部、沈阳小商品大世界市场4044床”印章的“辽宁省沈阳市小额剪贴发票”一张、带有“沈阳小商品大世界四楼4107、4044床任国良”字样的该店销售人员名片一张。发票上记载大号热水袋销售单价为15元，中号热水袋销售单价为5元。公证人员对公证取得的热水袋进行了拍照，并将大号热水袋1个、中号热水袋2个予以封存。上述公证取得的热水袋外包装袋标明了“乐雪儿”商标、台州市乐雪儿塑胶电器有限公司等信息。

2009年11月17日至2010年11月3日期间，专利权人的委托代理人分别在浙江省台州市、山东省烟台市、潍坊市、湖北省武汉市等地对购买的第二被诉侵权人生产的布塑热水袋的行为进行了公证。

2010年9月29日，专利权人在公证人员的监督下，对其登陆网址为www.txlxe.cn网站的过程进行了公证。该网站首页显著位置显示“浙江乐雪儿家居用品有限公司”，在“最新供应”项下显示有“供应布塑热水袋”并附实物照片。在该网站的“公司介绍”中显示“年营业额人民币2 000万元／年～3 000万元／年”。

2010年9月28日，一审法院依专利权人申请，对第二被诉侵权人的被诉侵权产品库存数量、加工方法、销售账册进行证据保全。第二被诉侵权人向一审法院出示了其库房中的21箱布塑热水袋产品，但拒绝一审法院对其加工方法和销售账册进行证据保全。

一审庭审中，第二被诉侵权人确认保全样品均由其生产、销售，且全部样品均按照其提交法庭的“热水袋生产工艺说明”制造。第一被诉侵权人承认被诉侵权方法第1～4步、第11步与本案专利权利要求1的第1～4步、第12步相同，被诉侵权方法第6、7、8、10步分别与本案专利权利要求1的第7、6、11、10步相同，但被诉侵权方法不包括本案专利权利要求1的第5、8、9步。第二被诉侵权人就其销售账册拒绝举证。

另查，第一被诉侵权人是地址在沈阳小商品大世界市场4044号摊位的沈阳市大东区任国良杂品批发部的经营者。第三人是地址在沈阳小商品大世界市场4107号摊位的沈阳市大东区永利来杂品批发部的经营者。任国良系4044和4107号两个摊位的业务员。第二被诉侵权人前身为台州市乐雪儿塑胶电器有限公司，该公司于2010年3月23日变更企业名称为浙江省乐雪儿家居用品有限公司。

（三）一审判决的理由

1. 第二被诉侵权人是否侵犯了本案专利权

根据《专利法》的规定，发明专利权的保护范围以其权利要求的内容为准，故判断是否构成侵权，应将被诉侵权方法与本案专利的权利要求记载的技术特征进行对比。第二被诉侵权人主张本案专利权利要求中的保温层是功能性描述，被诉侵权方法中在内层和外层之间夹放的是半片空心薄棉，不具备保温层的技术特征。一审法院认为，本案专利权利要求并未对保温层的材质、大小进行限定，故对第一被诉侵权人的上述抗辩不予支持。

第二被诉侵权人承认被诉侵权方法前4步及最后一步与本案专利权利要求1中的前4步及最后一步相同，一审法院对此予以确认。

第二被诉侵权人主张被诉侵权方法第6、7、8、10步分别与本案专利权利要求1的第7、6、11、10步的内容相同，但顺序不同，因而未落入本案专利权保护范围。一审法院认为，上述四个步骤按照被诉侵权方法的顺序与按照涉案专利权利要求的顺序进行加工，其技术特征及技术效果并无实质区别，故对第二被诉侵权人的上述抗辩不予支持。

第二被诉侵权人主张被诉侵权方法不包括涉案专利权利要求1的第5、8、9步。经审查，涉案专利权利要求1的第5、8、9步分别是螺纹塞座、螺纹塞盖及密封垫片的加工方法。被诉侵权产品的上述三个部件与依照涉案专利方法直接获得的产品对应部件结构及材质相同。第一被诉侵权人虽主张与上述三个部件相对应的产品组件系从外部购买，但对于购买的细节，第一被诉侵权人自述是由其提供样品，由供货方按照样品的材质、结构生产，按照订货数量供货，至于样品来源及供货方的生产工艺方法第一被诉侵权人拒绝说明和举证。一审法院认为，第一被诉侵权人提交的购销合同签订时间晚于被诉侵权产品出厂时间，且第一被诉侵权人未能证明其真实性及履行情况，对上述三个部件的加工方法亦未进行说明及举证，故对其关于被诉侵权方法缺少涉案专利权利要求1第5、8、9步的抗辩主张不予支持。

另外，第二被诉侵权人主张被诉侵权方法来源于ZL200520015446.8号实用新型专利说明书中公布的具体实施方式，因此属于现有技术，但未能举证证明被诉侵权方法与该实用新型专利的相应技术特征相同或者无实质性差异，故对其现有技术抗辩的主张不予支持。

综上，被诉侵权方法所具备的技术特征完全覆盖了本案专利权利要求的全部必要技术特征。第二被诉侵权人明知专利权人拥有本案专利权，仍使用本案专利方法进行生产，并销售依照本案专利方法直接获得的产品，侵犯了本案专利权，应承担停止侵权、赔偿损失的法律责任。

2. 第一被诉侵权人与第三人是否侵犯了本案专利权

本案第三人是4107号摊位的经营者，虽然该第三人称侵权产品是由其经销，但除任国良的证言之外并无其他证据证明，且专利权人对任国良证言真实性有异议，一审法院认为该份证言的证据效力不及公证书，且第三人对侵权产品的进货、销售等情况均不知情，故一审法院对第三人的主张不予采信。

本案第一被诉侵权人是沈阳小商品大世界市场第4044号摊位的经营者，其业务员任国良购进和对外销售了涉嫌侵权产品，并开具了4044号摊位的发票，作为任国良的雇主及4044号摊位发票的合法使用者，上述行为后果应由本案第一被诉侵权人承担。因第一被诉侵权人未能举证证明被诉侵权产品的合法来源，故不能免除赔偿责任。专利权人主张第一被诉侵权人实施了销售专利侵权产品的行为，应依法承担停止侵权、赔偿损失的法律责任，一审法院予以支持。

专利权人主张第一被诉侵权人实施了许诺销售被诉侵权产品的行为，因未提供证据证明，一审法院不予支持。

3. 关于赔偿数额

鉴于专利权人未举证证明其实际损失或者侵权人侵权获利的具体数额，故一审法院综合考虑本案专利权的类别、侵权人侵权的性质、情节、范围、时间以及专利权人为调查、制止侵权行为所支付的实际费用的合理性等因素，依法酌情确定本案的赔偿数额。

综上，一审法院于2010年12月17日作出（2010）沈中民四初字第389号民事判决，判令：

（1）第一被诉侵权人于判决生效之日起立即停止销售涉案侵权产品；

（2）第一被诉侵权人于判决生效后十日内赔偿专利权人经济损失及合理费用1万元；

（3）第二被诉侵权人于判决生效之日起立即停止侵权行为；

（4）第二被诉侵权人于判决生效后十日内赔偿专利权人经济损失及合理费用30万元；

（5）驳回专利权人其他诉讼请求。

四、辽宁省高级人民法院的二审判决

本案第一被诉侵权人、第二被诉侵权人均不服一审判决，向辽宁省高级人

民法院（下称“二审法院”）提起上诉。

（一）当事人的主张

第二被诉侵权人上诉的理由为：

（1）一审法院采信的2010浙台永证字第001093号公证书提交的时间已经超过举证期限，一审法院允许专利权人当庭提交该证据系程序违法；

（2）一审法院对举证责任的分配存在实质错误，本案专利方法所获得的产品不是新产品，本案不应适用举证责任的倒置，一审法院要求本案第二被诉侵权人对其外购产品的加工方法承担举证责任，超出了其举证能力；

（3）一审判决认定本案第二被诉侵权人提交的销售合同不真实并推定其外购的三个部件的加工方法与本案专利方法相同，没有事实和法律依据；

（4）第二被诉侵权人的产生工艺没有落入本案专利权利要求的保护范围，不构成专利侵权，一审判决认定错误，被诉侵权方法与本案专利权利要求记载的技术方案相比至少存在五处不同，即：第一，缺少权利要求记载的第5、8、9步；第二，与权利要求记载的第2步不相同也不等同；第三，与权利要求记载的第6、7步的步骤顺序相反；第四，与权利要求记载的第10、11步的步骤顺序相反；第五，缺少权利要求记载的“保温层”，并且没有与“保温层”相同或者等同的技术特征；

（5）第二被诉侵权人被许可使用的第200520015446.8号实用新型专利记载的产品和工艺方法构成了本案专利的现有技术，一审判决认定事实不清，适用法律错误；

（6）一审判决的赔偿数额的认定缺乏事实依据。

第一被诉侵权人诉称：一审判决中关于该被诉侵权人销售所谓“侵权产品”的事实认定不清，判决结果显失公平；本案被诉侵权产品，即乐雪儿牌布塑热水袋具有合法来源，依据《专利法》的规定，销售具有合法来源且不知道为侵权产品的，销售者不承担赔偿责任，故一审判决认定销售者承担赔偿责任没有事实和法律依据。

第三人同意本案第一和第二被诉侵权人的上诉意见。

专利权人同意一审判决，请求维持原判。

（二）二审法院查明的事实

二审法院经审理查明：一审法院除认定第一被诉侵权人自述被诉侵权方法

第1、2步与本案专利权利要求的第1、2步相同不正确以外，认定的其他事实属实，二审法院予以确认。

二审法院另查明，2010年4月28日，第一被诉侵权人与案外人任金岩签订了购销合同，约定第一被诉侵权人向任金岩采购热水袋盖子（含垫片）20 000套、热水袋螺纹座20 000套，交货时必须配套提交，2010年5月10日之前交3 000套（大小各1 500套），2010年8月30日之前结清。该合同已实际履行完毕。

二审法院又查明，2010年9月7日，专利权人的委托代理人张勇在沈阳市小商品大世界四楼购买"乐雪儿"牌热水袋的摊位为4107号。

二审法院再查明，在二审期间，专利权人申请放弃对第一被诉侵权人的诉讼请求。

（三）二审判决的理由

1. 关于公证书的提交时间是否超过举证期限的问题

二审法院认为，一审法院将本案的举证期限确定为第二次庭审结束之前，2010浙台永证字第001093号公证书的提交时间并未超过该举证期限，且该证据经各方当事人质证，一审法院允许专利权人提交并采信该证据并无不当。

2. 关于本案第二被诉侵权人是否侵犯了本案专利权的问题

一审法院要求第二被诉侵权人对螺纹塞座、螺纹塞盖、垫片三个部件的加工方法承担举证责任不妥。第二被诉侵权人自认被诉侵权产品中的螺纹塞座系由聚丙烯材料注塑而成，其复合层（聚氯乙烯材料）通过注塑成型在螺纹塞座的表面；螺纹塞盖、垫片分别为塑料材料、硅胶材料注制而成。因此，上述三个部件的加工方法与本案专利的权利要求记载的第5、8、9步相同。即使上述部件是由第二被诉侵权人提供样品委托其他加工方进行加工，亦应对该加工行为承担法律责任。因此，对第二被诉侵权人提出的被诉侵权方法缺少本案专利的权利要求1记载的第5、8、9步的上诉主张，二审法院不予支持。

本案第二被诉侵权人主张被诉侵权方法与本案专利的权利要求记载的第6、7步和第8、10步的顺序相反，故被诉侵权方法没有落入本案专利的保护范围。经查，被诉侵权方法的第6、7、8、10步分别与本案专利的权利要求记载第6、7、11、10相同。二审法院认为，虽上述步骤的顺序有所不同，但其技术特征和技术效果无实质区别，因此对本案第二被诉侵权人的上述主张不予支持。

本案第二被诉侵权人主张被诉侵权产品缺少本案专利的权利要求记载的“保温层”，并且没有与“保温层”相同或者等同的技术特征，因此与本案专利的权利要求记载的第2步相比既不相同也不等同。二审法院认为，本案专利的权利要求未对保温层的材质、大小进行限定，被诉侵权方法中的采用的“夹心棉”起到一定的保温作用，相当于本案专利的权利要求记载的“保温层”，因此对本案第二被诉侵权人的上述主张不予支持。

本案第二被诉侵权人主张被诉侵权方法来源于第200520015446.8号实用新型专利，该专利披露的产品和工艺方法构成了本案专利的现有技术。二审法院认为，本案第二被诉侵权人提供的证明被诉侵权方法为现有技术的证明文件仅公布了被诉侵权方法的一部分技术特征，而被诉侵权方法与涉案专利构成等同，因此对第二被诉侵权人的上述主张不予支持。

综上，二审法院认为被诉侵权方法所具备的技术特征完全覆盖了本案专利的权利要求记载的全部必要技术特征，第二被诉侵权人的行为侵犯了本案专利权。

3. 关于赔偿数额的问题

专利权人请求第二被诉侵权人赔偿的数额中包括专利临时保护期的使用费和侵权赔偿。专利权人并未提供证据证明其损失的数额或第二被诉侵权人因侵权所获得的利益，一审法院根据本案专利的类别、第二被诉侵权人侵权的性质、情节、范围、时间及专利权人为调查、制止侵权行为所支付的实际费用的合理性等因素，确定第二被诉侵权人赔偿专利权人经济损失及合理费用30万元，并无不当。

综上，二审法院判决：

（1）维持一审判决第三、四、五项；

（2）撤销一审判决第一、二项。

一审案件受理费18 300元，由专利权人承担14 500元，由第二被诉侵权人承担3 800元；二审案件受理费5 850元，由第二被诉侵权人承担5 800元，专利权人承担50元。

五、最高人民法院的再审判决

本案第二被诉侵权人不服二审判决，向最高人民法院（下称“再审法院”）申请再审。再审法院于2013年9月29日作出（2013）民申字第720号民事裁定，提审本案。

（一）当事人的主张

本案第二被诉侵权人申请再审称：

第一，被诉侵权方法没有落入本案专利权利要求1的保护范围，不构成侵犯专利权的行为，其理由在于：

（1）被诉侵权方法不包括本案专利权利要求1的第5、8、9步，即加工螺纹塞座、螺纹塞盖和密封垫片的步骤。第二被诉侵权人生产的热水袋中的上述三个部件均是合法外购取得，外购部件的加工方法是注塑。第二被诉侵权人没有义务知晓样品的加工方法，一审、二审法院认定第二被诉侵权人对上述三个部件的加工方法承担举证责任，并进一步推定第二被诉侵权人采用了与本案专利相同的方法，是错误的。

（2）被诉侵权方法与本案专利的权利要求1的第6、7步和第10、11步的步骤顺序相反，这种步骤顺序的改变产生了不同的技术效果。第6、7步的改变可以节省后一加工工序中被加工产品所占用的空间，提高加工效率，并使产品能够直接进入检测工序。第10、11步的改变使得在充气前无需将塞盖安装好后再取下来进行充气检测，节省了时间，并保证了检测质量。由于本案专利请求保护的是产品的加工方法，而方法权利要求的步骤本身和步骤之间的顺序均应对专利权的保护范围起到限定作用，且本案专利说明书记载了将第10、11步互换的步骤顺序，根据捐献原则，该说明书记载的另一步骤顺序不应当纳入本案专利权的保护范围，故被诉侵权方法在步骤上的改变没有落入本案专利权的保护范围。

（3）被诉侵权方法中的空心棉软垫与本案专利中记载的保温层不属于相同或等同的技术特征，一审法院扩大解释了该功能性限定技术特征的保护范围。

第一，从本案专利说明书中关于保温层的描述和附图中公开的内容来看，该保温层位于外层和内层之间，其四个边缘与外层、内层完全连接，将外层和内层完全覆盖并隔离开，以达到提高保温性能，慢慢散热降温，延长使用以及克服灌入热水开始过烫现象。被诉侵权产品的外层和内层之间设有的薄空心棉软垫的用途是用于增加手持热水袋的舒适感，仅设置在外层和内层的中间部分，上下边缘与外层、内层相隔有一定的距离，未如本案专利一样完全覆盖并将外层和内层隔开，因而不可能具有本案专利保温层所产生的技术效果。

第二，第二被诉侵权人被许可使用的专利中所包含的产品和工艺方法构成现有技术，第二被诉侵权人使用该方法生产销售被诉侵权产品不构成侵权。第200520015446.8号实用新型专利的申请日为2005年10月10日，早于本案专利的申请日。该现有技术公开的产品与本案专利权利要求所记载的产品相同，并明示公开了本案专利权利要求1的第3、5、6步。由于布塑、PVC热水袋是热水袋的常规品种，其他未明示公开的第1、2、4、7～12步均属于公知常识和惯用手段，特别是第11步中的充气检测，是热水袋产品的行业标准。

第三，专利权人在一审时没有主张临时保护期使用费的赔偿，原二审判决认定30万元的赔偿数额中包括该费用，超出了专利权人的诉讼请求。此外，本案专利授权日是2010年2月17日，专利权人提起本案诉讼的时间是2010年9月，而2～9月的大部分时间是热水袋的销售淡季，在销售量很小的情况下，一审法院判决第一被诉侵权人赔偿30万元过高。

综上，第二被诉侵权人请求撤销一审、二审判决，改判驳回专利权人的诉讼请求或将本案发回重审。

专利权人辩称：

（1）方法发明的步骤顺序是否对权利要求有限定作用，应当结合说明书和附图的记载来判定。如果说明书和附图明确记载不按照步骤顺序亦可达到发明所声称的技术效果，或者结合本领域技术人员的公知常识能够推导出即使不按照顺序或者某几步不按照顺序也能达到发明所声称的技术效果，则方法发明的步骤顺序不构成对权利要求的限制。本案专利说明书记载的第10、11步的顺序可以调换的内容表明，该两个步骤可以不按照严格的顺序进行操作，本案专利权利要求中步骤顺序的标号仅是为了叙述简洁和清晰的需要。捐献原则仅适用于只在说明书中描述而未记载在权利要求中的技术方案。本案中，权利要求1并未排除说明书中记载的技术方案，故捐献原则不适用于本案。本案专利权利要求1的第6、7步和第10、11步的步骤顺序并未对权利要求1构成限定；且依据等同原则，将本案专利的第6、7步互换和第10、11步互换后的技术特征与互换前没有实质区别，构成等同侵权。

（2）第二被诉侵权人提交的购销合同签订时间晚于被诉侵权产品出厂时间，且第二被诉侵权人未能证明其真实性及履行情况。对本案专利的权利要求1记载的第5、8、9步所涉及的三个部件的加工方法，第一被诉侵权人未进行说明及举证。此外，即使这些零部件来自第三方，但第一被诉侵权人利用该零部件进行了进一步的制造，并将制造获得的侵权产品进行了使用和销售，也构成侵权。

（3）被诉侵权产品的空心棉软垫具备本案专利所描述的保温效果，与本案专利的保温层为等同的技术特征。

（4）第二被诉侵权人主张现有技术抗辩，其依据的实用新型专利公开的是一种产品，而本案专利是一种方法发明，因此除非该实用新型专利说明书中明确记载了产品的具体制造步骤，或者本领域技术人员能够毫无疑义地推导出具体制造步骤，否则从一个产品的结构推导不出该产品的制造工艺。第二被诉侵权人在分析该实用新型专利产品的制造步骤中采用了大量没有其他证据佐证的个人推导及猜测。

（5）专利权人在一审诉讼中提出了临时保护期使用费的赔偿，二审判决对于该项赔偿内容的认定没有超出专利权人的诉讼请求，赔偿数额也是合理的。

综上，专利权人请求驳回第一被诉侵权人的再审请求。

（二）再审法院认定的事实

再审法院经审理查明，原一审、二审判决认定的事实基本属实。

另查明，本案专利说明书第2页记载："本热水袋的袋体由3层材料所构成，因为有了保温层，使袋中热量缓慢下降，开始时避免过热，保温时间长，提高了使用效果。"在该页具体实施方式部分记载："而内层4与外层3之间安装保温层5，如人造保温棉等各种有关材料，提高热水袋保温性能，慢慢散热降温，延长使用时间，又克服灌入热水开始过烫现象。"第3页记载："第十步：将密封垫片10和螺纹塞盖9互相装配后旋入螺纹塞座8中；但也可以试压后旋入塞盖。第十一步：充气试压检验，向热水袋中充入压缩空气进行耐压试验；耐压试验的压力一般为0.5kg/cm，或者略大于该压力。"

本案第二被诉侵权人承认被诉侵权产品中的螺纹塞座、螺纹塞盖、垫片的材质与本案专利相应部件的材质相同，也是注塑成型；其中螺纹塞座虽是二次成型，但与涉案专利的加工方式不同，本案专利是在两台机器上进行的二次注塑，但现在绝大多数是在同一台机器上完成的。第二被诉侵权人提交的名称为"一种新型热水袋"的第200520015446.8号实用新型专利说明书载明，该专利的授权公告日为2006年12月27日。

（三）再审判决的理由

再审法院认为：本案争议的问题是：第二被诉侵权人的现有技术抗辩是否成立；被诉侵权产品的加工方法是否落入本案专利权的保护范围；原二审判决对于临时保护期使用费的赔偿认定是否超出了专利权人的诉讼请求；原一审、二审判决对于赔偿数额的认定是否显失公平。

1. 关于第二被诉侵权人的现有技术抗辩是否成立的问题

《专利法》第六十二条规定："在专利侵权纠纷中，被控侵权人有证据证明其实施的技术或者设计属于现有技术或者现有设计的，不构成侵犯专利权。"《专利法》第二十二条第五款规定："本法所称现有技术，是指申请日以前在国内外为公众所知的技术。"

第二被诉侵权人用于主张现有技术抗辩的第200520015446.8号实用新型专利的申请日虽早于本案专利申请日，但授权公告日晚于涉案专利申请日，故不构成现有技术，但依法构成抵触申请。由于抵触申请能够破坏对比专利技术方案的新颖性，故在被诉侵权人以实施抵触申请中的技术方案主张其不构成专利侵权时，应该被允许，并可以参照现有技术抗辩的审查判断标准予以评判。

第200520015446.8号实用新型专利是"一种新型热水袋"产品专利，从其权利要求书、说明书及附图来看，该专利仅公开了一种热水袋产品，并未公开这种热水袋产品的具体生产步骤。虽然热水袋加工过程中有一些步骤是常规步骤，但依照该专利公开的产品仅能确定大概的加工流程，并不能准确确定具体完整的加工步骤；且该专利也未公开塞座的材料组成和塞盖处有密封垫片等技术特征。第二被诉侵权人虽主张未公开的技术特征是本领域的公知常识和惯用手段，但并未举证证明。因此，第200520015446.8号实用新型专利并未完全公开被诉侵权产品的加工方法，第二被诉侵权人以此来主张现有技术抗辩不能成立，再审法院不予支持。

2. 关于被诉侵权产品的加工方法是否落入本案专利权保护范围的问题

第二被诉侵权人与专利权人对于被诉侵权方法和本案专利方法的争议主要集中在权利要求1第5、8、9步，第6、7步，第10、11步和保温层技术特征等问题上。

关于第5、8、9步的争议。第二被诉侵权人主张被诉侵权产品的螺纹塞座、螺纹塞盖及垫片均是其提供样品委托案外人加工订购取得，第二被诉侵权人没有义务对外购部件的加工方法承担举证责任，因此被诉侵权方法缺少本案专利权利要求1的第5、8、9步。

再审法院认为，第二被诉侵权人认可外购部件的材质、结构与依照本案专利权利要求1第5、8、9步的加工方法所直接获得的部件的材质、结构相同，并认可外购部件的加工工艺是注塑，且螺纹塞座也是二次注塑成型。由此，能够判定上述部件的加工方法与本案专利权利要求1第5、8、9步的加工方法相同。虽然第二被诉侵权人主张螺纹塞座绝大多数是在同一台机器上完成的，与本案专利的加工方式不同，但本案专利的权利要求1记载的第5步并未限定二次注塑的加工方式，二次注塑是否在同一台机器上完成不构成对该步骤的限定条件，故第一被诉侵权人的上述主张不能成立。据此，争议的关键转为第二被诉侵权人是否实施了第5、8、9步，即被诉侵权方法是否缺少第5、8、9步问题。再审法院认为，按照第二被诉侵权人的陈述，上述部件虽不是其自行加工，但系其提供样品在案外人处定作的，也即这些部件是案外人按照第二被诉侵权人的要求进行加工制作的，故第二被诉侵权人对由此产生的法律后果应当承担相应的法律责任。因此，第二被诉侵权人主张被诉侵权方法缺少第5、8、9步，没有事实和法律依据，故不予支持。

关于步骤互换是否构成等同侵权的问题。方法发明专利的权利要求是包括有时间过程的活动，如制造方法、使用方法、通讯方法、处理方法等权利要求。涉及产品制造方法的发明专利通常是通过方法步骤的组合以及一定的步骤顺序来实现的。方法专利的步骤顺序是否对专利权的保护范围起到限定作用，从而导致在步骤互换中限制等同原则的适用，关键要看这些步骤是否必须以特定的顺序实施以及这种互换是否会带来技术功能或者技术效果上的实质性差异。具体到本案，权利要求1记载的第6步是对热水袋口部与螺纹塞座复合层进行热粘合的步骤，第7步是对热水袋袋体进行修边的步骤；被诉侵权方法采取的步骤是先对热水袋袋体进行修边，而后对热水袋口部与螺纹塞座复合层进行热粘合。第二被诉侵权人主张按此步骤加工可以节省后续步骤中被加工产品所占用的空间，利于快速加工和提高加工精度，并能够使产品直接进入检测工序。

再审法院认为，从被诉侵权方法此前的加工步骤来看，其已在第4步中对高频热粘合后的热水袋进行了裁剪，此时修边的主要目的是为了使热水袋好看，接近成品，其减少空间的作用非常有限，而且多余边角料的存在不会干扰塞座的粘合，对塞座粘合不会产生实质性影响，因而这两个步骤的实施不具有先后顺序的唯一对应性，先修边还是先进行热粘合对于整个技术方案的实现没有实质性影响，且这两个步骤的互换在技术功能和技术效果上也没有产生实质性的差异，故被诉侵权方法调换后的步骤与本案专利权利要求1记载的第6、7步属于相等同的技术特征。

本案专利的权利要求1记载的第10步是将密封垫片和螺纹塞盖互相装配后旋入螺纹塞座中，第11步是充气试压检验；被诉侵权方法采用的是先充气试压检验，后将密封垫片和螺纹塞盖互相装配后旋入螺纹塞座的步骤。第二被诉侵权人主张这种步骤互换所带来的效果是不需要将螺纹塞座安装好后再取下来进行充气检测，因而可以节省时间，保证检测质量。

再审法院认为，对热水袋进行充气试压检验，需要通过热水袋的口部进行。按照本案专利的权利要求1记载的第10、11步进行操作，在进行充气试压检验前，必须要从螺纹塞座中旋下螺纹塞盖后方能进行，与被诉侵权方法所采取的先试压检验后再装配螺纹塞盖的步骤相比，这种操作步骤实质上增加了充气试压检验的操作环节，导致操作时间延长，效率降低。故将第10、11步的步骤调换后，确实产生了如第二被诉侵权人主张的减少操作环节、节约时间、提高效率的技术效果，因此这种步骤互换所产生的技术效果上的差异是实质性的，调换后的步骤与本案专利的权利要求1记载的第10、11步不构成等同技术特征。

专利权人认为，本案专利说明书已经记载了步骤10、11的顺序可以调换，权利要求1并未排除说明书记载的这一技术方案，因此调换步骤的技术方案应当落入本案专利权的保护范围，对本案不应适用捐献原则。

再审法院认为，准确确定专利权的保护范围不仅是为专利权人提供有效法律保护的需要，也是尊重权利要求的公示和划界作用，维护社会公众信赖利益的需要。在权利要求解释中确立捐献原则，就是对专利的保护功能和公示功能进行利益平衡的产物。该规则的含义在于：对于在专利说明书中记载而未反映在权利要求中的技术方案，不能包括在权利要求的保护范围之内。对于在说明书中披露而未写入权利要求的技术方案，如果不适用捐献原则，虽然对专利权人的保护是较为充分的，但这一方面会给专利申请人规避对较宽范围的权利要求的审查提供便利，另一方面会降低权利要求的划界作用，使专利权保护范围的确定成为一件过于灵活和不确定的事情，增加了公众预测专利权保护范围的难度，不利于专利公示作用的发挥以及公众利益的维护。因此，《最高人民法院关于审理侵犯专利权纠纷案件应用法律若干问题的解释》在第五条中规定：“对于仅在说明书或者附图中描述而在权利要求中未记载的技术方案，权利人在侵犯专利权纠纷案件中将其纳入专利权保护范围的，人民法院不予支持。”该司法解释从2010年1月1日起施行，本案被诉侵权行为发生在2010年9月，故该解释的上述规定应适用于本案。按照上述条文的规定，如果本领域技术人员通过阅读说明书可以理解已经披露但未要求保护的技术方案是被专利权人作为权利要求中技术特征的另一种选择而被特定化，则这种技术方案就视为捐献给社会。本案的情形正是如此。本案专利说明书在第3页中明确记载了第10、11步的步骤可以调换，这一调换后的步骤并未体现在权利要求中，因此调换后的步骤不能纳入本案专利权的保护范围，第二被诉侵权人关于第10、11步的步骤调换方案应适用捐献原则的主张依法有据，故予以支持。

3. 关于“空心棉软垫”与“保温层”是否构成等同的问题

根据本案专利权利要求1的记载，保温层属于功能性限定的技术特征。《最高人民法院关于审理侵犯专利权纠纷案件应用法律若干问题的解释》第四条规定：“对于权利要求中以功能或者效果表述的技术特征，人民法院应当结合说明书和附图描述的该功能或者效果的具体实施方式及其等同的实施方式，确定该技术特征的内容。”依照本案专利方法所生产的热水袋共计有三层，即内层、外层和保温层。根据本案专利说明书中关于保温层的描述及附图中公开的内容来看，该保温层由人造保温棉等各种有关材料制作，位于内层和外层之间，将内层、外层完全覆盖并隔离开，可以达到如下技术效果：提高保温性能，慢慢散热降温，延长使用时间；克服灌入热水开始过烫现象。被诉侵权产品中的空心棉软垫，在宽度上与内层、外层同宽，并与内层、外层左右两侧边缘相连接；在长度上相当于内层、外层的一半。第二被诉侵权人主张半块空心棉软垫的设置是为了增强手持热水袋的手感，不具有本案专利保温层的功能和效果。再审法院认为，保温的主要原理是通过物理隔离减弱热对流和热传导。本案专利设置保温层的目的就是通过控制内外层之间空气的热对流，阻断内外层之间因物理接触而产生的热传导来实现保温和防烫的效果。被诉侵权产品所设置的半块空心棉软垫在材质上与本案专利保温层相同，在结构上也设置于内层和外层之间，在大小上虽然没有完全覆盖内层和外层，但其设置方式实质上起到了减弱热对流和热传导的作用，也能够实现保温和防烫的技术效果。虽然半块空心棉的保温和防烫效果与整块空心棉的效果会稍有差异，但本领域技术人员基于对保温原理的认识，能够判断二者的差异是非实质性的，因此“空心棉软垫”与“保温层”构成等同。

此外，第二被诉侵权人用于主张现有技术抗辩的第200520015446.8号实用新型专利的区别技术特征之一就是在内层和外层之间设置有保温层。第一被诉侵权人一方面主张现有技术抗辩，另一方面又主张空心棉软垫不是保温层，这在逻辑上也是自相矛盾的。从上述实用新型专利说明书的记载来看，该实用新型专利由三层组成，内层采用塑料制成，外层采用涤纶布制成，所以手感好，保温时间长，提高了使用效果。由此可见，热水袋产品的手感与其外层材质的使用是密切相关的，第二被诉侵权人关于半块空心棉软垫的设置仅是用来增强手感的主张缺乏事实依据，故不予支持。

综上，再审法院认为被诉侵权产品的加工方法与涉案专利方法既不相同也不等同，没有落入本案专利权的保护范围。

4. 关于一审、二审判决认定的侵权赔偿的问题

第二被诉侵权人主张二审判决对临时保护期使用费的赔偿认定超出了专利权人的诉讼请求。对此，再审法院认为，《专利法》第十三条规定：“发明专利申请公布后，申请人可以要求实施其发明的单位或者个人支付适当的费用。”因此，临时保护期使用费是在发明专利申请公布后至专利权被授予前，实施该发明的单位或者个人应支付给专利权人的一种适当的经济补偿，其与未经专利权人许可实施其专利的侵权损害赔偿性质不同，故专利权人不能基于侵权损害赔偿的诉因来主张临时保护期使用费，只能单独就此项费用提出主张。专利权人提起本案诉讼的案由是侵害发明专利权纠纷，在一审审理中专利权人主张侵权损害赔偿数额中包括临时保护期使用费，对此，一审法院已在开庭审理中告知其不能在本案中主张该项费用，可另行起诉予以主张。由此可见，原一审判决所认定的赔偿数额中并不包括临时保护期使用费。二审法院在二审判决认定一审法院判决的赔偿数额中包括临时保护期使用费，确有不妥，故予以纠正。鉴于第二被诉侵权人生产被诉侵权产品的方法没有侵犯本案专利权，无需承担侵权责任，故对其提出的原一审、二审判决对于赔偿数额的认定显失公平的申请再审理由不再予以评述。

综上，第二被诉侵权人生产被诉侵权产品的方法没有侵犯本案专利权，一审、二审判决适用法律不当，判决结果错误，应予纠正。第二被诉侵权人申请再审的主要理由成立，应予以支持。据此，再审法院判决撤销一审和二审判决，驳回专利权人的诉讼请求。本案一审案件受理费18 300元、二审案件受理费5 850元由专利权人负担。

六、评析

本案被诉侵权人在一审、二审和再审程序中均提出了现有技术抗辩的主张，其依据的是一份申请日早于本案专利申请日、授权公告日晚于本案专利申请日的实用新型专利。众所周知，依照《专利法》第二十二条第二款的规定，该实用新型专利的专利申请构成了本案专利的抵触申请。由此而产生的问题在于：是否允许依据一份抵触申请主张现有技术抗辩？最高人民法院对本案的再审判决涉及到这一问题，指出：

> 第二被诉侵权人用于主张现有技术抗辩的第200520015446.8号实用新型专利的申请日虽早于涉案专利申请日，但授权公告日晚于涉案专利申请日，故不构成现有技术，但依法构成抵触申请。由于抵触申请能够破坏对比专利技术方案的新颖性，故在被诉侵权人以实施抵触申请中的技术方案主张其不构成专利侵权时，应该被允许，并可以参照现有技术抗辩的审查判断标准予以评判。

上述论述表明，最高人民法院对上述问题的回答是肯定的。对此，笔者认为有商榷的必要。

2008年修改的《专利法》增加了第六十二条关于现有技术抗辩和现有设计抗辩的规定，其条文是：

> 在专利侵权纠纷中，被控侵权人有证据证明其实施的技术或者设计属于现有技术或者现有设计的，不构成侵犯专利权。

其中所述“现有技术”系相对于发明或者实用新型专利而言；“现有设计”系相对于外观设计专利而言。何谓“现有技术”“现有设计”？第六十二条本身没有给出定义，而是依据《专利法》第二十二条第五款和第二十三条第四款的规定，即：

> 本法所称现有技术，是指申请日以前在国内外为公众所知的技术。
> 本法所称现有设计，是指在申请日以前在国内外为公众所知的设计。

《专利法》第六十二条的条文包含了如下含义：第一，现有技术抗辩和现有设计抗辩只有在专利侵权纠纷的处理和审理程序中才能适用，在专利权的确权程序，亦即专利权是否应当授予的纠纷中不能适用；第二，主张现有技术抗辩或者现有设计抗辩的依据应当是在申请日以前已经为公众所知的技术或者设计，不包括在申请日以前尚未为公众所知的技术或者设计，最高人民法院对本案的上述论述已经明确指出了这一点；第三，只要认定被诉侵权人实施的技术或者设计属于现有技术或者现有设计，即可径行得出现有技术抗辩和现有设计抗辩成立的结论，现有技术或者现有设计抗辩成立与否与专利侵权纠纷涉及的专利权是否有效的问题无关。

第六十二条之所以如此规定，理由在于依据专利制度的本质属性，公众中任何人有权实施在一项专利的申请日以前已经为公众所知的技术或者设计，这一权利不容剥夺。在专利侵权纠纷的审理过程中，只要被诉侵权人提出现有技术或者现有设计抗辩而且其抗辩理由成立，就足以对抗该专利的权利人提出的侵权指控，无需论及涉案专利权有效还是无效。增加这一规定的出发点在于维护公众的合法权益，免除被诉侵权人此前在这样的情况下只能另行启动专利权无效宣告请求程序的诉累，尽早化解纠纷，维护社会的平稳与安定。

最高人民法院认为，即使被诉侵权人的抗辩主张所依据的是抵触申请而不是现有技术也应当允许，可以参照现有技术抗辩的判断标准予以评判，其理由在于“抵触申请能够破坏对比专利技术方案的新颖性”。这一论述隐含了如下含义：被诉侵权人举证了涉案专利的一份抵触申请，其结果就有可能导致涉案专利被认定为不具备新颖性，进而导致涉案专利被宣告无效；既然如此，就没有必要再论述是否构成侵权行为的问题，其结果无异于认定现有技术抗辩成立，因此在这样的情况下参照现有技术抗辩的判断标准予以评判亦无不可。

笔者认为最高人民法院的上述论述存在需要商榷之处。

首先，《专利法》第六十二条的条文表明，现有技术抗辩是否成立的认定是对被诉侵权的技术方案与一份现有技术的技术方案进行比较，判断被诉落入专利权保护范围的全部技术特征与一项现有技术方案中的相应技术特征是否相同或者无实质性差异，而不是对涉案专利所要求保护的技术方案与该现有技术的技术方案进行比较。

其次，《专利法》第六十二条的条文表明，涉案专利要求保护的发明创造是否具备新颖性不是判断现有技术抗辩成立与否所需判断的问题。《专利法实施细则》第六十五条规定了诸多可以请求宣告专利权无效的理由，没有人认为应当允许侵权审理法院在其中某一无效理由可能成立的情况下支持当事人提出的不侵权抗辩主张，新颖性也不例外。我国《专利法》建立了专利权有效性纠纷案件和侵犯专利权纠纷案件由不同渠道进行审理的制度，在这一制度框架下，审理专利侵权民事纠纷案件的法院不能对属于专利行政纠纷案件范畴的问题进行审理。

再者，即使从新颖性的角度来看，涉案专利与现有技术相比的出发点也与抵触申请相比的出发点不同。依据《专利法》第二十二条第二款的规定，认定一项发明或者实用新型不具备新颖性有两种类型：一是发明或者实用新型属于现有技术；二是有抵触申请存在，即有人“就同样的发明或者实用新型在申请日以前向国务院专利行政部门提出过申请，并记载在申请日以后公布的专利申请文件或者公告的专利文件中”。在前一种情形下认定发明或者实用新型不具备新颖性是授予专利权最为基本的条件，世界各国无不如此规定，其根本目的在于防止通过申请获得专利权的方式剥夺公众实施已经为公众所知的技术的权利，这一目的与设立第六十二条的目的是一致的；在后一种情形下认定发明或者实用新型不具备新颖性是一种特殊做法，世界各国的规定不尽相同，其目的仅在于更好地防止对同样的发明或者实用新型重复授予专利权。

最后，在2008年全国人大常委会对《专利法》修改草案进行审议的过程中，最高人民法院曾向全国人大常委会法制工作委员会提出在草案第六十二条加入抵触申请的建议，但是这一建议未被采纳。这也有助于表明就现行《专利法》第六十二条规定的现有技术抗辩而言，其所述的“现有技术”不应包含抵触申请。

归纳起来，笔者认为不宜将《专利法》第六十二条规定的现有技术抗辩和现有设计抗辩适用于抵触申请的情形。

“一种钢带增强塑料管道及其制造方法和装置”发明专利侵权案

一、案件提要

当事人

专利权人：哈尔滨工业大学星河实业有限公司
被诉侵权人：江苏润德管业有限公司

南京市中级人民法院的一审判决

案号：（2010）宁知民初字第566号
合议庭成员：*
结案日期：**

江苏省高级人民法院的二审判决

案号：（2012）苏知民终字第0282号
合议庭成员：施国伟、刘莉、任小明
结案日期：2012年5月8日

最高人民法院的再审裁定

案号：（2013）民申字第790号
合议庭成员：王永昌、秦元明、吴蓉
结案日期：2013年12月30日

涉及的法律规定

《专利法》第五十九条第一款，《专利法实施细则》第二十条第二款、第二十一条第一款

---

*、** 原判决书无法查找到。

判决要点

1. 通常情况下，在确定权利要求的保护范围时，权利要求中记载的主题名称应当予以考虑，而实际的限定作用应当取决于该主题名称对权利要求所要保护的主题本身产生了何种影响。本案中，确定权利要求2和6的保护范围时，均应当考虑其主题名称对其所要求保护的主题本身实际上所起的限定作用。

2. 当并列独立权利要求引用在前的独立权利要求时，该并列独立权利要求仍然属于独立权利要求，而不属于从属权利要求。虽然在确定并列独立权利要求的保护范围时，被引用的独立权利要求的特征均应当予以考虑，但其对该并列独立权利要求并不必然具有限定作用，其实际限定作用应当根据其对该并列独立权利要求的技术方案或保护主题是否有实质性影响来确定。

二、本案专利介绍

本案涉及名称为“一种钢带增强塑料管道及其制造方法和装置”的第200510082911.4号发明专利，其申请日为2005年7月7日，公布日为2005年11月30日，授权公告日为2007年4月4日，授权时的专利权人为哈尔滨工业大学星河实业有限公司（下称“专利权人”）。

本发明涉及一种钢带增强塑料排水管道及其制造方法和装置，更具体地说是在复合装置上将钢带与塑料复合形成异型带材，再在专用的缠绕装置上将复合后的异型带材缠绕成型为钢带增强塑料排水管。

现有的塑料排水管道是一种无压排水管道。为了节省原材料的消耗，还要保证使用过程中管道的环刚度，人们发明了各种各样结构不同的塑料排水管道。例如双壁波纹管、中空缠绕管。塑料结构壁管道是目前常用的比较成熟的排水管道，比实壁塑料管轻许多，但这种管道必须在工厂内生产，然后运输到安装现场安装，而且其依然为单纯采用塑料材料的管道，因此所用原料和运输成本都相对较高。另外，从国内外公开的缠绕生产塑料管的技术可知，一种方法是采用熔融塑料带材连续缠绕成管；第二种方法是先成型一个塑料异型带材，冷却定型后再将异型带材在专用的缠绕机上缠绕成型内表面平整的管材。上述两种技术都是比较成熟的生产工艺，但目前仅能用于制造纯塑料材料的管道。

本发明的一个目的是提供一种钢带增强塑料排水管道；另一个目的是提供制造这种钢带增强塑料排水管道的方法和装置。

为实现上述目的，本发明提供的钢带增强塑料排水管包括一个塑料管体和与管体成一体的加强肋，其特征在于加强肋内复合有增强钢带，管体的端部具有一个连接用的承插接头，承插接头的连接部具有密封胶或橡胶圈。

按照上述本发明的方法和装置制造的钢带增强塑料排水管在保证管道使用性能的前提下，比相同管径的结构壁管单位长度的重量轻，从而节省了原材料，而且可以在施工现场进行缠绕生产管材，大大节省了管材的运输费用。通过下表的比较可知，本发明的管道是最省原材料的塑料排水管道之一。

	双壁波纹管	中空缠绕管	本发明
D600	45	27	14
D900	67	49	39
D1200		80	53

（单位）kg/m

本发明的其他目的和优点将在下面结合附图所做的对本发明的详细描述中予以体现。

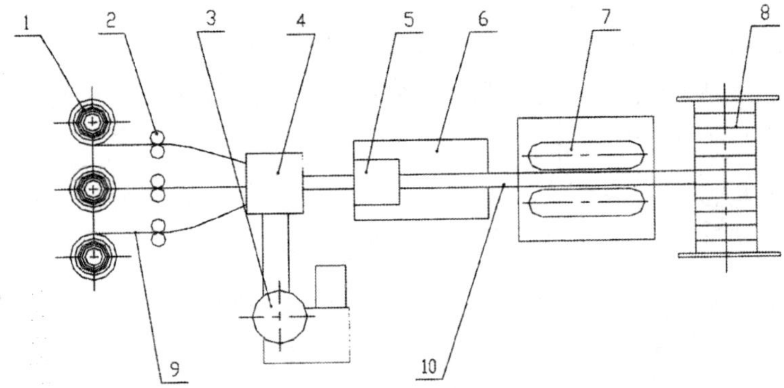

图1：同步法钢带增强塑料复合异型带材制造装置俯视图

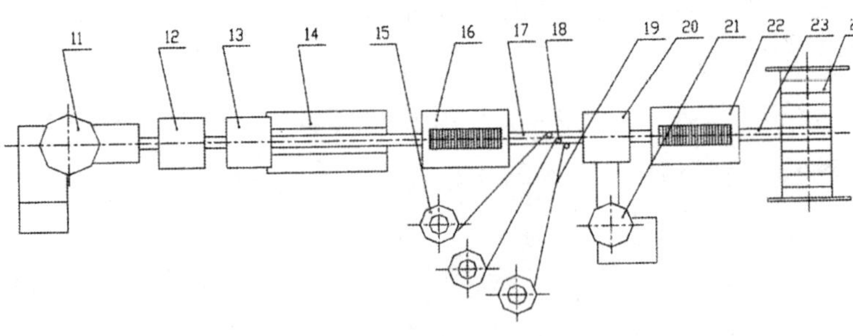

图2：两步法钢带增强塑料复合异型带材制造装置俯视图

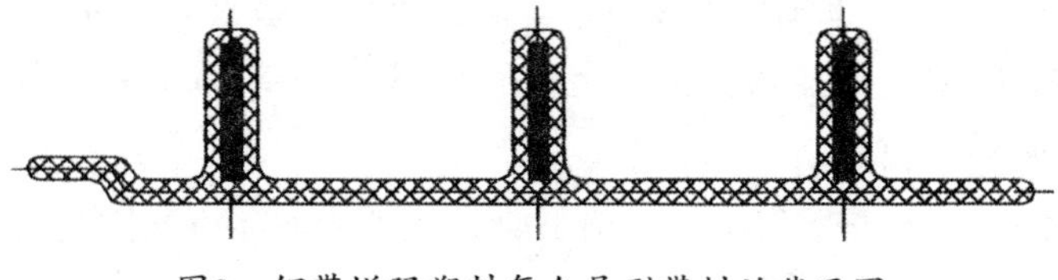

图3：钢带增强塑料复合异型带材的截面图

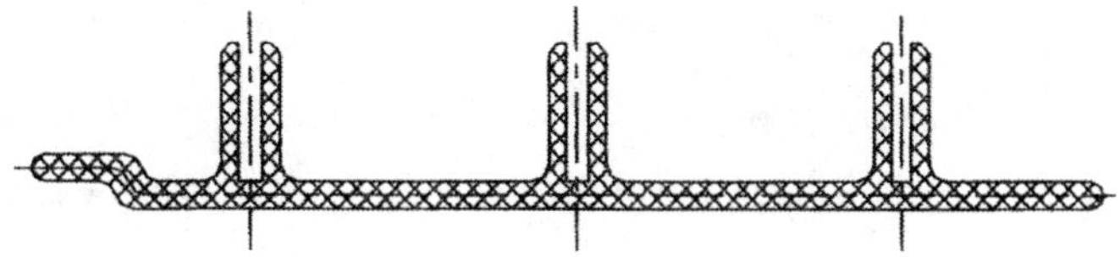

图4：两步法制造过程中塑料异型带材的截面图

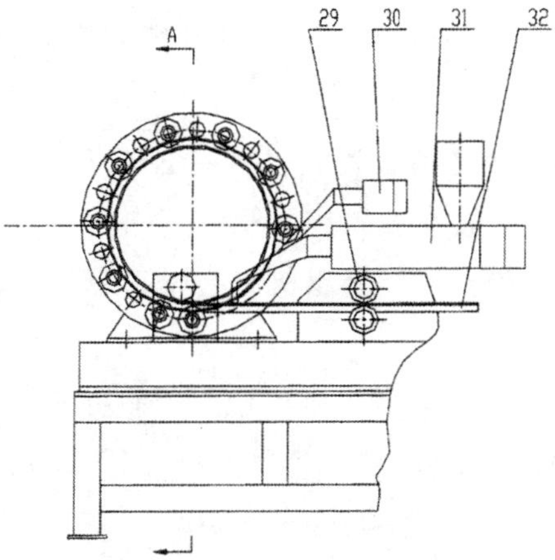

图5：形成排水管的缠绕装置

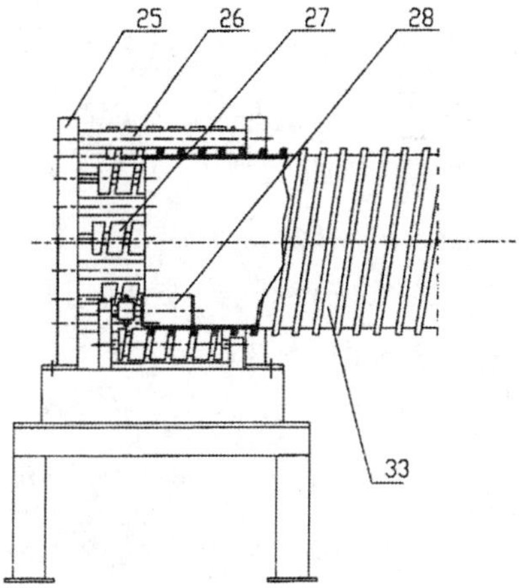

图6：图5的A-A向剖视图

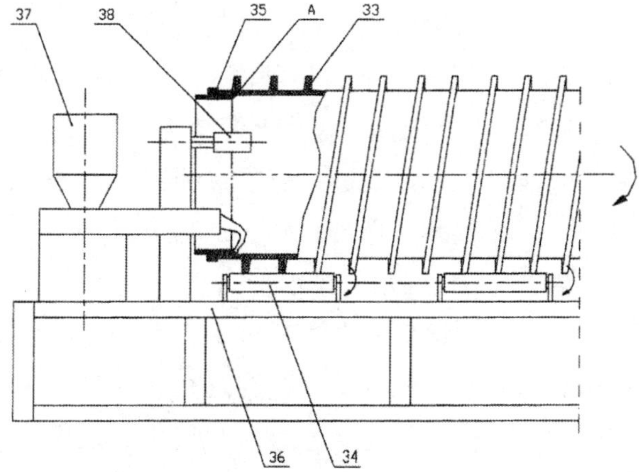

图7：将钢带增强塑料复合管端口制作承插接头的装置的视图

图1所示同步法钢带增强塑料复合异型带材制造装置包括：钢带放卷装置1、导辊2、挤出机3、复合机头4、定型套5、冷却水槽6、牵引机7、收卷机8、钢带9、复合异型带材10。

如图1所示，首先通过牵引机7牵引来自放卷装置1的钢带9，使钢带9在导辊2的导引下进入挤出复合的关键部件复合机头4，复合机头4与挤出机3呈直角连接，其内部型腔具有与复合异型带材10相对应的形状，在钢带9通过复合机头4的同时，塑料挤出机3向复合机头4内挤入熔融塑料。在复合机头4内熔融的塑料将钢带9周边包裹，在牵引机7的牵引力作用下从复合机头4内牵出，形成未定型的复合异型带材10。未定型的复合异型带材10在牵引机的作用下前行，经过定型套5的冷却定型和冷却水槽6的进一步冷却定型达到常温状态，形成图3所示的具有加强肋的复合异型带材10，冷却定型后的复合异型带材10在收卷机8上卷绕成盘，等待上缠绕机备用。

图2所示两步法钢带增强塑料复合异型带材制造装置包括：主挤出机11、异型带材机头12、真空定型模13、水冷槽14、放卷装置15、第一牵引机16、塑料异型带材17、导辊18、钢带19、封口机头20、封口挤出机21、第二牵引机22、复合异型带材23、收卷机24。

如图2所示，投入主挤出机11的塑料挤入异型带材机头12，并通过异型带材机头12挤出熔融的塑料异型带材17的坯料，在第一牵引机16的牵引下坯料经过真空定型模13初步定型，再通过水冷槽14冷却成塑料异型带材17，塑料异型带材17具有如图4所示的开口肋结构；而后钢带19从放卷装置15上引出经过导辊18镶嵌在塑料异型带材17的开口肋中，而后镶嵌了钢带19的塑料异型带材17进入封口机头20中，同时封口挤出机21向封口机头20挤入塑料将塑料异型带材17的开口肋封口，通过第二牵引机22牵引出如图3所示具有加强肋的复合异型带材23，并将其在收卷机24上卷绕成盘，等待上缠绕机备用。

图5和6是钢带增强塑料复合型材缠绕装置的视图，该缠绕装置包括：框架25、平辊26、槽辊27、压辊28、送带辊29、加热风机30、小挤出机31、复合异型带材32、缠绕成型的钢带增强塑料排水管33。

如图5和图6所示，形成钢带增强塑料排水管33的基本缠绕过程如下：复合异型带材32经过送料辊29和压辊28构成的输送机构被匀速送进由框架25、多个平辊26和多个槽辊27组成的“辊笼”式缠绕机构中，送进“辊笼”中的复合异型带材32上的加强肋在“辊笼”内沿多个槽辊27上的槽连成的固定螺旋线做圆周运动，从而螺旋缠绕。由于缠绕形成钢带增强塑料排水管33是一个连续的过程，因此，复合异型带材32不断从“辊笼”下端的切线方向送入，并在与钢带增强塑料排水管33的外沿表面搭接前由一个专用的加热风机30将两个搭接表面用热风加热微微熔化，同时用小挤出机31向搭接表面挤出熔融的塑料，然后，搭接两个搭接表面并用可调的压辊28压实，使相邻缠绕的复合异型带材32融合成一体，自然冷却后形成了钢带增强塑料排水管33。槽辊27和平辊26在“辊笼”中圆周均匀分布，各个槽辊27圆周上分布的槽相互连接形成螺旋线，而且槽的间距、槽的宽度与带材的加强肋的间距、加强肋的宽度相等。

图7表示在钢带增强塑料排水管33的端口设置承插接头35的装置，图7中设置承插接头35的装置包括驱动架体36、管材驱动辊34、塑料挤出机37、压辊38、承插接头35和钢带增强塑料排水管33。钢带增强塑料排水管33缠绕成型后，为了方便、可靠地将其相互连接，要在排水管的端口焊接一个承插接头35。首先用与管道相同的塑料材料成型一个塑料带料，再将带料焊接成外径与管道内径相同尺寸的塑料环，将塑料环固定在管的端口上，随着管材驱动辊34的转动带动管材的匀速转动，塑料挤出机37连续地向接缝A处挤出熔融塑料，再经过压辊38压实冷却后形成承插接头35。

另外，为了保证钢带与塑料异型材的结合性能，可以在钢带上形成若干矩形或圆形的通孔以便钢带两侧的塑料通过通孔结合成一体，对于较厚的钢带（例如厚度大于或等于2.5mm）可在其两侧轧制上纹路，纹路的形状可以是花纹、条纹等等以便加强钢带与塑料的结合。

为了保证管道的环刚度性能，可以根据管道环刚度的要求来确定钢带与塑料形成的增强肋中的钢带宽度、厚度与间距。

为了防止管材敷设时加强肋之间的塑料被尖锐的石片刺破，在两个加强肋之间塑料形状不应是简单的平面，而应具有中间凸起的形状。

为了保证缠绕管道的生产速度，对于不同口径管道，可用采用宽度不同的复合异型带材。

本案专利授权时的权利要求书如下：

1. 一种钢带增强塑料复合排水管道，包括一个塑料管体和与管体成一体的加强肋，加强肋内复合有增强钢带，其特征在于钢带上有若干矩形或圆形的通孔或钢带两侧轧制有纹路，两个加强肋之间塑料形状具有中间凸起，管体的端部具有一个连接用的承插接头，承插接头的连接部具有密封胶或橡胶圈。

2. 一种制造权利要求1所述的钢带增强塑料排水管道的方法，其特征在于包括如下步骤：

A. 将挤出机与复合机头成直角布置，钢带从机头一端引入复合机头，并在机头内与塑料复合，经冷却、定型、牵引后成型为钢带增强塑料复合异型带材钢带；

B. 将异型带材运送到安装现场；

C. 缠绕并熔焊异型带材形成钢带增强塑料排水管；

D. 在排水管的端口设置塑料承插接头并将其熔焊连接形成连续的排水管道。

3. 根据权利要求2所述的方法，其特征在于步骤a通过牵引机（7）牵引来自放卷装置（1）的钢带（9），使钢带（9）在导辊（2）的导引下进入复合机头（4），复合机头（4）与挤出机（3）呈直角连接，其内部型腔具有与复合异型带材（10）相对应的形状，该钢带（9）通过复合机头（4）的同时，塑料挤出机（3）向复合机头（4）内挤入熔融塑料，在复合机头（4）内熔融的塑料将钢带（9）周边包裹，在牵引机（7）的牵引力作用下将其从复合机头（4）内牵出，形成未定型的复合异型带材（10），未定型的复合异型带材（10）在牵引机的作用下前行，经过定型套（5）的冷却定型和冷却水槽（6）的进一步冷却定型达到常温状态，形成具有加强肋的复合异型带材（10），将冷却定型后的复合异型带材（10）在收卷机（8）上卷绕成盘。

4. 根据权利要求3所述的方法，其特征在于步骤c包括将复合异型带材（32）经过送料辊（29）和压缩辊（28）构成的输送机构匀速送进由框架（25）、多个平辊（26）和多个槽辊（27）组成的“辊笼”试缠绕机构中，送进“辊笼”中的复合型带材（32）上的加强肋在“辊笼”内沿多个槽辊（27）上的槽连城的固定螺旋线做圆周运动螺旋缠绕，复合型带材（32）不断从“辊笼”下端的切线方向送入，并在钢带增强塑料排水管（33）的外延面搭接前由一个加热风机（30）将两个搭接表面加热微微融化，同时用小挤出机（31）向搭接处挤出熔融的塑料，然后，搭接两个搭接表面并可用调压辊（28）压实，使相邻缠绕的复合异型带材（32）融合成一体，自然冷却后形成了钢带增强塑料排水管（33）。

5. 根据权利要求4所述的方法，其特征在于步骤d包括先用与管道相同的塑料成型一个塑料带料，再将带料焊接成其外径与管道内径尺寸相同的塑料环，将塑料环固定在管的端口上，塑料挤出机（37）向接缝（A）处挤出熔融塑料，再经过压辊（38）压实冷却形成承插接头（35）。

6. 一种实施权利要求2所述方法的制造钢带增强塑料排水管的装置，包括：A、将钢带与塑料复合形成具有钢带加强肋的异型带材的复合装置；B、缠绕并熔焊异型带材形成钢带增强塑料排水管的缠绕装置；C、在钢带增强塑料排水管的端口设置承插接头的装置。

7. 根据权利要求6所述装置，其特征在于复合装置包括在导辊（2）的导引下牵引来自放卷装置（1）的钢带（9）进入复合机头（4）的牵引机（7），相互呈直角连接的复合机头（4）和挤出机（3），冷却定型具有加强肋的复合异型带材（10）的定型套（5）和冷却水槽（6），将冷却定型后的复合异型带材（10）卷绕成盘的收卷机（8）。

8. 根据权利要求6所述的装置，其特征在于缠绕装置包括接收经过送料辊（29）和压辊（28）送进的复合异型带材（32）的“辊笼”式缠绕机构，将钢带增强塑料排水管（33）和复合异型带材（32）的搭接表面加热融化的加热风机，向搭接处挤出熔融塑料的小挤出机（31），压实搭接表面的压辊（28）。

9. 根据权利要求6所述的装置，其特征在于设置承接插头的装置包括驱动架体（36）、管材驱动辊（34）、钢带增强塑料排水管（33）、固定在排水管（33）端口的承插接头（35）、向端口和接头（35）的接缝A处挤出熔融塑料的挤出机（37）和压实冷却接缝压辊（38）。

三、南京市中级人民法院的一审判决

专利权人向南京市中级人民法院（下称“一审法院”）提起诉讼，指控江苏润德管业有限公司（下称“被诉侵权人”）侵犯了本案专利。

（一）当事人的主张

专利权人一审诉称：2009年下半年，专利权人发现被诉侵权人使用其专利制造方法和装置生产、销售塑料钢带缠绕排水管，该行为侵犯了本案专利并给专利权人造成了巨大经济损失，请求判令被诉侵权人：

（1）立即停止使用、销售专利权人发明专利产品；

（2）立即停止使用专利权人发明专利的方法和装置；

（3）立即销毁侵犯专利权人发明专利的装置；

（4）赔偿专利权人经济损失50万元及为制止侵权而支付的合理费用2万元；

（5）承担本案诉讼费用。

被诉侵权人一审辩称：其塑钢缠绕管产品及其生产的方法、装置均缺少本案专利独立权利要求书记载的技术特征，不构成专利侵权，请求驳回专利权人的诉讼请求。

被诉侵权人在一审提交答辩状期间内向国家知识产权局请求宣告本案专利

权无效，并据此请求中止本案诉讼。

（二）一审法院查明的事实

一审法院查明：

本案专利的公开说明书记载的各独立权利要求是：

1. 一种钢带增强塑料复合排水管道，包括一个塑料管体和与管体成一体的加强肋，其特征在于加强肋内复合有增强钢带，管体的端部具有一个连接用的承插接头，承插接头的连接部具有密封胶或橡胶圈。

2. 一种制造钢带增强塑料排水管道的方法，其特征在于包括如下步骤：（1）将钢带与塑料复合形成具有钢带加强肋的异型带材；（2）将异型带材运送到安装现场；（3）缠绕并熔焊异型带材形成钢带增强塑料排水管；（4）在排水管的端口设置塑料承插接头并将其熔焊连接形成连续的排水管道。

3. 一种制造钢带增强塑料排水管的装置，包括：（1）将钢带与塑料复合形成具有钢带加强肋的异型带材的复合装置；（2）缠绕并熔焊异型带材形成钢带增强塑料排水管的缠绕装置；（3）在钢带增强塑料排水管的端口设置承插接头的装置。

2007年10月17日，专利权人（甲方）与山东兴达工业管业有限公司（乙方，下称“兴达公司”）签订专利实施许可合同，专利权人许可兴达公司在山东省内独占实施发明专利“一种钢带增强塑料排水管道及其制造方法和装置”及“金属增强塑料带材及由其制造的金属增强塑料排水管”实用新型专利。许可期限自合同生效之日起至2025年7月7日。许可使用费及支付方法约定为：甲方按销售收入90%的3.5%提取专利使用费，乙方从合同产品销售之日起，每季度向甲方提供销售业绩及提成计算书作为依据。同年10月20日，双方签订补充协议，将使用费提成比例由3.5%更改为3%。

2010年4月14日，山东天迈管业有限公司（下称“天迈公司”）向专利权人等公司出具确认函，确认兴达公司更名为天迈公司，兴达公司所订立的所有合同权利义务均由天迈公司承继，并商请专利权人对天迈公司投资设立的黄山天迈管业有限公司在安徽省内独家实施专利进行独立授权。

2010年9月25日，天迈公司通过银行支付系统向专利权人支付“专利费”80万元，同年12月29日，又支付100万元。2010年11月19日，专利权人向天迈公司出具服务业发票，记载专利实施使用费200万元。2011年2月28日，天迈公司以银行承兑汇票方式向专利权人支付20万元。

俄罗斯联邦的第2333935号发明专利证书记载，“一种钢带增强塑料排水管道及其制造方法和装置”专利的注册日期为2009年5月20日。南非共和国的专利证书副本记载，“一种钢带增强塑料排水管道及其制造方法和装置”的发明专利于2006年12月27日起生效。2009年7月16日，“一种钢带增强塑料排水管道及其制造方法和装置”的发明获得澳大利亚联邦专利局授权，专利号为2006269189。上述三项专利的发明人为何轶良，优先权日均为2005年7月7日。

2010年8月10日，专利权人委托南京伟道建材有限公司购买塑料缠绕排水管。同年8月16日，南京伟道建材有限公司从被诉侵权人购买塑钢缠绕管、检测管、管节等，支付29772.60元，其中塑钢缠绕管单价254.40元/米，共110米。

被诉侵权人成立于2009年9月22日，注册资本为2009万元，经营范围为金属骨架塑料复合管及其配件等的生产、销售等业务。

2010年4月23日，被诉侵权人与泰安市城市发展有限公司、泰安市政府采购管理办公室订立“京沪高铁泰安站新区西外环市政工程材料政府采购合同”，确定被诉侵权人为污水HDPE塑钢缠绕排水管道（含配套管节）供应商，合同总金额为875 812.49元。同年5月18日，被诉侵权人成为泰安市万官大街建设工程管道材料货物及服务采购的塑钢复合缠绕管供应商，成交价格为307 321.74元。2010年5月28日，被诉侵权人与中交三航局有限公司通榆河大桥项目部订立购销合同，涉及SRWPE管及管箍的合同金额140 105元。

被诉侵权人的产品宣传册记载，聚乙烯（HDPE）塑钢缠绕排水管（SRWPE）是润德管道产品中自主创新、拥有自主知识产权的产品，产品规格从200mm到2600mm不等。工程实例中列举了北京、江苏、上海、浙江、广西、重庆、广东、海南等省市13个工程项目，并附有工程现场图片。其连接方式介绍：不锈钢卡箍连接是采用机械紧固的方法将相邻两管端连成一体的连接方法。连接结构由三层构成，最内层薄壁橡胶套，紧套在管端起密封作用；中间层为一定厚度的具有良好弹性的发泡橡胶板，起填充作用；外层为不锈钢卡箍，通过不锈钢卡箍上紧固螺栓的紧固力压紧内层橡胶套达到密封作用，发泡橡胶板的主要作用是将不锈钢卡箍的紧箍力均匀地传递到内层密封橡胶板上；电热熔带连接是利用镶嵌在热熔带表面的电热元件通电后产生的高温将接触面熔接成整体的连接方法。电热熔带与管材塑料相同，具有一定宽度，厚度大于管材壁厚，内镶嵌在连接管材的内壁。采用专用工装压紧贴合在管内壁上。通过专用电源给电热熔带通电，电热丝将管壁及热熔带表面熔化，形成一体，冷却后形成可行的连接。并附有两种连接的结构图及施工图例。

（2011）扬邮证民内字第530号公证书记载：2011年3月14日，江苏省高邮公证处公证员及被诉侵权人的代理人金标，在被诉侵权人生产车间，看到一条聚乙烯塑钢缠绕排水管生产线正在生产运行当中，车间内有很多直径大小不一的聚乙烯塑钢缠绕管以及带材，在公证员的现场监督下，被诉侵权人职员截取了DN600SN8和DN800SN8聚乙烯塑钢缠绕管带材各一段封存。金标对生产流水线和现场状况进行了拍摄。公证书附现场照片23张。

2010年11月2日，依专利权人申请，一审法院赴被诉侵权人进行证据保全和调查，被诉侵权人提供设备销售合同一份、增值税发票若干、实用新型专利证书若干，并对生产现场进行拍照并取得一截DN200管材样品。除专利权人认为若干专利证书与本案没有关联外，双方对一审法院取得的证据没有异议。经审查，上述实用新型专利均于本案专利授权日之后申请，且与本案没有关联，故对专利证书的关联性不予认可。

被诉侵权人从华瀚科技有限公司购买聚乙烯塑钢缠绕排水管生产线设备两条，价款为590万元；被诉侵权人取得生产聚乙烯塑钢缠绕排水管的许可，按销售额基数的比例支付专有技术使用费。其中，2010年使用费为1 500万元×2%，2011年为5 000万元×1.5%。华瀚科技有限公司承诺，确保该设备不存在第三方专利指控侵权，若发生争议由其负责承担责任。等等。

被诉侵权人涉案排水管（一段）具有如下技术特征：一个塑料管体和与管体成一体的加强肋，加强肋内复合有增强钢带。双方对此没有异议。钢带上没有矩形或圆形的通孔，钢带两侧未见有明显纹路，有两组加强肋之间具有中间凸起，其他加强肋之间没有，该截管材的端部没有承插接头，也没有密封胶或橡胶圈。

双方确认现有照片等证据可以用来确定被诉侵权人制造排水管道的方法，经一审庭审对比，该方法具有如下技术特征：① 布置有挤出机与复合机头，钢带从机头一端引入复合机头，并在机头内与塑料复合，经冷却、定型、牵引后成型为钢带增强塑料复合异型带材钢带；② 将异型带材运送到缠绕现场；③ 缠绕并熔焊异型带材形成钢带增强塑料排水管；④ 通过不锈钢卡箍连接或电热熔带连接方式将管材连接成连续的管道。

被诉侵权人制造排水管道的装置具有：A. 将钢带与塑料复合形成具有钢带

加强肋的异型带材的复合装置；B. 缠绕并熔焊异型带材形成钢带增强塑料排水管的缠绕装置。双方对此没异议，一审法院予以确认。专利权人认为，被诉侵权人的产品宣传册证明被诉侵权人的装置具有“在钢带增强塑料排水管的端口设置承插接头的装置”。被诉侵权人认为，因其排水管产品不具有承插接头，被诉侵权人的制造方法缺少设置承插接头的步骤，因此被控侵权装置不可能具有“在钢带增强塑料排水管的端口设置承插接头的装置”这一技术特征；因其方法不是专利方法，故还缺少“一种实施权利要求2所述方法的制造钢带增强塑料排水管的装置”这一技术特征。

被诉侵权人提供一份国家知识产权局专利信息中心的检索报告，其结论是本案专利不具备创造性，还提供了无效宣告请求受理通知书，但没有提供无效宣告请求程序中涉及的全部证据。被诉侵权人申请本案中止审理。一审法院认为，本案专利系发明专利，经过国家专利行政部门的实质审查，具有一定的稳定性，且在被诉侵权人无效宣告请求书附页中提到的部分证据如公告号为WO03089226A的国际申请文献，公告号为CN2567427Y的中国专利文献，均已被作为专利权人本案专利申请的参考文献，故一审法院不中止本案的诉讼。

（三）一审判决的理由

1. 关于专利权保护范围的确定

《专利法》第五十九条规定：发明专利权的保护范围以其权利要求的内容为准，说明书及附图可以用于解释权利要求的内容。发明或者实用新型的独立权利要求包括前序部分和特征部分，前序部分写明要求保护发明或者实用新型技术方案的主题名称和发明或者实用新型主题与最接近的现有技术共有的必要技术特征；特征部分写明发明或者实用新型区别于最接近的现有技术的技术特征。这些区别技术特征与前序部分写明的技术特征合在一起，限定发明或者实用新型要求保护的范围。人民法院判定被诉侵权技术方案是否落入专利权的保护范围，应当审查权利人主张的权利要求所记载的全部技术特征。被诉侵权技术方案包含与权利要求记载的全部技术特征相同或者等同的技术特征的，人民法院应当认定其落入专利权的保护范围。被诉侵权技术方案的技术特征与权利要求记载的全部技术特征相比，缺少权利要求记载的一个以上的技术特征，或者有一个以上技术特征不相同也不等同的，人民法院应当认定其没有落入专利权的保护范围。

因此应当明确，独立权利要求保护范围应当而且只应当以记载在独立权利要求中的全部必要技术特征确定。法律没有规定可以将主题名称用来限定独立权利要求的保护范围，发明的主题或者发明创造的名称对保护范围不起限定作用。按照《专利法实施细则》的规定，可以作为一件专利申请提出的属于一个总的发明构思的两项以上的发明或者实用新型，应当在技术上相互关联，包含一个或者多个相同或者相应的特定技术特征，其中特定技术特征是指每一项发明或者实用新型作为整体考虑，对现有技术做出贡献的技术特征。属于一个总的发明构思的多项独立权利要求，引用其他独立权利要求的权利要求仍然是并列的独立权利要求，而不能被看作是从属权利要求。当专利权利要求书包含多项独立权利要求时，应当推定各独立权利要求的保护范围各不相同，或者说同一专利权利要求书中记载的不同权利要求有其各自不同的保护范围。因此，在本案中应以各独立权利要求的技术方案中的全部技术特征来确定专利权的保护范围。

2. 相关技术术语含义的理解

依法律规定，专利权的说明书使用的应当是发明或者实用新型所属技术领域的技术术语。对于自然科学名词，国家有规定的，应当采用统一的术语，国家没有规定的，可以采用所属技术领域约定俗成的术语。其含义对所属技术领域的技术人员来说必须是清楚的，不会造成理解错误；必要时可以采用自定义词，在这种情况下，应当给出明确的定义或者说明。人民法院应当根据权利要求的记载，结合本领域普通技术人员阅读说明书及附图后对权利要求的理解，确定权利要求的内容。对于权利要求，可以运用说明书及附图、权利要求书中的相关权利要求、专利审查档案进行解释，说明书对权利要求用语有特别界定的，从其特别界定。

（1）关于纹路的理解

专利权人认为，钢带是轧制成型的，必然具有天然纹路。被诉侵权人认为，专利权利要求1中的纹路不能理解为天然纹路。

一审法院认为，作为所属技术领域的技术术语，孤立地看，天然纹路也是纹路。但专利权人在其说明书中明确记载："为了保证钢带与塑料异型材的结合性能，对于较厚的钢带可在其两侧轧制上纹路"。而且，本案专利的授权文本将公开文本的权利要求1中记载的"加强肋内复合有增强钢带"这一区别技术特征修改成为现有技术特征，并增加了“矩形或圆形的通孔或纹路”作为区别技术特征。可见，专利权人对权利要求中所述的“纹路”进行了特别限定，并不包括钢带自然纹路的含义，而是指对轧制钢带再行加工轧制成型的纹路。因此，被诉侵权人使用轧制钢带上的天然纹路并非权利要求1所述的纹路。

（2）关于“两个加强肋之间”的理解

被诉侵权人认为，专利权利要求1中，“两个加强肋之间”应当理解为“每两个加强肋之间”。专利权人认为，不能理解为“每两个加强肋之间”，应当理解为任意两个加强肋之间。

一审法院认为，“两个加强肋之间”的表述，既非规范术语，也非所属技术领域约定俗成的术语，可以借助说明书进行解释。本案专利说明书明确记载：“为了防止管材敷设时加强肋之间的塑料被尖锐的石片刺破，在两个加强肋之间的塑料形状不应是简单的平面，而应是具有中间凸起的形状”。可以看出，这里所述的塑料系指加强肋之间的所有塑料，中间凸起是为强化塑料而设置。因此，两个加强肋之间塑料形状具有中间凸起，应当理解为任意连续的两个加强肋之间塑料形状均具有中间凸起。被诉侵权人的管材只有部分加强肋之间的塑料形状具有中间凸起，不具有“两个加强肋之间塑料形状具有中间凸起”这一特征。

（3）关于直角布置的理解

在塑料成型工艺及加工技术中，挤出成型机头通常可分为直向机头和横向机头。直向机头中，塑料输送流动方向与制品出口运动方向一致；横向机头中，塑料输送流动方向与制品出口运动方向成某一角度，如果该角度是直角，则称直角（式）机头。本案中，挤出机挤出塑料，复合机头就是成型机头，塑料进入复合机头内包覆钢带，本领域内技术人员能够清楚地理解，挤出机与复合机头成直角布置系指挤出机与复合机头的布置满足挤出机挤出的塑料流动方向与复合机头中的钢带运动方向成直角。说明书实施例的记载是挤出机与复合机头呈直角连接，进一步清楚表明了通过直角连接可以满足这种布置。本案中，被诉侵权人的挤出机通过机颈（或称联结体）与复合机头垂直连接，其挤出的塑料从上垂直向下，而其复合机头中的钢带水平朝前运动，其挤出机与复合机头成直角布置，具备“挤出机与复合机头成直角布置”这一技术特征。

被诉侵权人将挤出机与复合机头成直角布置理解为“挤出机的朝向与钢带

行进方向之间的夹角为直角”没有技术与本案专利说明书及附图上的依据，而且“挤出机的朝向”本身就没有确切的定义，令人无从理解，故一审法院对此不予采信。

（4）关于承插接头的理解

在塑料管道施工技术中，承插连接是管材、管件利用插口与承口连接而成为一个整体的常用连接方式。连接用的管件俗称为承插接头。如按不同的分类标准，相同的连接方式可有不同叫法。不锈钢卡箍、电热熔带连接方式系按材料分类的叫法。卡箍连接方式，系使用套管管件或专用接头作承口（插口）件，管材端口作插口（承口），连接后再用卡箍紧固。被诉侵权人使用薄壁橡胶套，紧套在管端形成连接，此时橡胶套是承口管件，管材端口是插口，其连接属于承插连接。橡胶套管件就是承插接头，其外层的橡胶板以及不锈钢卡箍等起到加强接头功能的作用，是接头的一部分。电热熔带连接，是指通过对电热熔带进行电加热，使熔带管件与管材表面熔融为一体的连接方式。其又可分为电熔承插连接与电熔鞍形连接。电热熔带形成的电熔管件可分电熔承口件、电熔插口件、电熔鞍形件等。其内表面与管材外表面熔融时，就是电熔承口件，其外表面与管材内表面熔融时，就是电熔插口件。被诉侵权人使用的该种连接方式，其电热熔带外表面与管材内表面熔融连接，是典型的承插连接，电热熔带是插口件，就是承插接头。

（5）关于安装现场的理解

专利权人认为：本案专利方法是将排水管道的制造步骤分开为制造带材、运送带材、缠绕带材成管材、管材连接成管道，从而实现时间与空间拆分。本案专利所称的安装现场毫无疑义是带材缠绕熔接成管材的安装现场，这个现场即可以在工厂的生产车间，也可以是用户施工现场。这个安装现场在施工现场时可以节省运输费用。说明书中也提到的“可以在施工现场进行缠绕生产管材，节省运输费用”，用词上“施工现场”与“安装现场”明显作出了区分。正是这一步骤使得发明将必须在工厂生产的管材改进为既可以在工厂也可以在施工现场生产。被诉侵权人认为：按惯常理解，“安装现场”应为排水管道的安装现场，而非带材的缠绕现场。本案专利说明书的背景技术部分记载：现有的上述管道必须在工厂内生产，然后运输到安装现场安装……因此，所用原料和运输成本都相对较高。在“发明内容”中记载：而且可以在施工现场进行缠绕生产管材，大大节省了管材的运输费用。

一审法院认为，第一，按照权利要求书“将异型带材运送到安装现场”的字面语意理解，应当是将异型带材运送到异型带材的安装现场，即缠绕现场。注意到管道与管材的区别，管道是管材的成品，说明书提到的“管道生产后运输到安装现场安装”，对管道而言，这里的安装现场系指管道安装现场，这与前面的语法逻辑是一致的；第二，说明书同时明确提到了可以在施工现场进行缠绕生产管材。这里的施工现场可以明确无误地理解是管材连接成管道的安装现场，可见安装现场是一个动态概念。第三，专利权人将管道的安装现场称为施工现场，与权利要求中的安装现场进行了明确区分，故将安装现场理解为施工现场的安装现场没有根据。专利方法将只能在工厂进行管材生产的方式改进为可以将生产时间与空间进行拆分，灵活方便地生产管道，故“将异型带材运送到安装现场”，应当指将异型带材运送到带材缠绕安装成型的现场，这个现场既可在工厂内，也可以在工厂外的其他现场，包括最终使用管道的安装现场，该步骤克服了管材必须在工厂生产的缺陷。被诉侵权人的生产方法中将管材运送到在工厂的缠绕现场，不过是安装现场的现场之一，其具有“将异型带材运送到安装现场”这一技术特征。

3. 被诉侵权人制造的管道产品未落入独立权利要求1的保护范围

将被诉侵权人的管材与本案专利的权利要求1记载的技术特征对比，被诉侵权人认为其钢带上没有矩形或圆形的通孔，钢带两侧没有轧制纹路，每两个加强肋之间没有中间凸起，该段管体的端部没有承插接头，也没有密封胶或橡胶圈。被诉侵权人据此认为，涉案排水管道产品缺少独立权利要求1记载的技术特征，故未落入其保护范围。专利权人认为，被诉侵权人的产品宣传册中清楚地显示，其所制造的排水管道中管材的端部具有承插接头，承插接头的连接部具有密封胶或橡胶圈。

一审法院认为，专利权人主张被诉侵权人侵犯其“一种钢带增强塑料复合排水管道”专利权，故应当以被诉侵权人制造的聚乙烯塑钢缠绕排水管道进行侵权对比。被诉侵权人涉案排水管材具有如下技术特征：一个塑料管体和与管体成一体的加强肋，加强肋内复合有增强钢带，管道由管材与其他管件连接组成，故其管道具有这些技术特征。但管道还包括其他管件，如承插接头。如前所述，被诉侵权人制造的管道中所使用的不锈钢卡箍连接方式及电热熔带连接方式中，其橡胶套管件、橡胶板、卡箍等形成承插接头，橡胶套管件以及环绕后橡胶板就是橡胶圈，其使用电热熔带形成承插接头，且与管体材料相同，熔化后形成密封胶，故被诉侵权人管道具有“管体的端部具有一个连接用的承插接头，承插接头的连接部具有密封胶或橡胶圈”这一技术特征。被诉侵权人管材使用的钢带系天然纹路，没有再行加工轧制成型的纹路，也没有通孔。其管材中只有两组加强肋之间塑料形状具有中间凸起，其他加强肋之间没有，不能认定为“两个加强肋之间塑料形状具有中间凸起”，该被诉侵权人管道缺少权利要求1记载的“钢带上有若干矩形或圆形的通孔或钢带两侧轧制有纹路”和“两个加强肋之间塑料形状具有中间凸起”两个技术特征。据此，应当认定被诉侵权人制造的管道未落入专利权人专利权独立权利要求1的保护范围。

4. 被诉侵权人制造管道的方法落入专利独立权利要求2的保护范围

将被诉侵权人制造排水管道的方法与专利权人专利的独立权利要求2的技术特征相比，专利权人认为，被诉侵权人制造方法具有权利要求2记载的全部技术特征。被诉侵权人认为，其制造方法不具有以下技术特征：（1）挤出机与复合机头成直角布置；（2）将异型带材运送到安装现场；（3）在排水管的端口设置塑料承插接头。被诉侵权人还认为，确定权利要求的保护范围应当考虑权利要求的全部技术特征，因其制造管道的方法缺少“一种制造权利要求2所述的钢带增强塑料排水管道的方法”这一技术特征，因此未落入权利要求2的保护范围。

一审法院认为，双方制造排水管道方法均包括制造带材、运送带材、制造管材、连接管材成管道的步骤。如前所述，被诉侵权人制造管道的方法，A步骤中，其挤出机与复合机头构成直角布置，对该步骤中的其他特征双方无异议，能确认其具备A步骤中的全部技术特征；B步骤中，其在工厂将带材缠绕成管材，工厂系缠绕带材的安装现场之一，具有“将异型带材运送到安装现场”的技术特征；能确认具有C步骤，且双方没有异议；被诉侵权人连接排水管道使用的电热熔带与管材塑料相同，利用电热熔带将管材连接属于承插连接，电热熔带就是设置在排水管端口的塑料承插接头，通过电热熔化与管材焊接形成连续的排水管道，具备D步骤的技术特征。不锈钢卡箍连接虽然也属于承插连接，有承插接头，因其不具有熔焊连接的特征，故不具备D步骤的技术特征。因此，被诉侵权人使用电热熔带连接方式的管道制造方法包含了权利要求2的全部技术特征，落入权利要求2的保护范围。

被诉侵权人认为，专利权人对本案专利的公布文本进行修改时，在权利要求2的主题中引用了权利要求1，限定该技术方案是制造权利要求1所述的钢带增强塑料排水管道的方法，故其保护范围时应当受到被引用的权利要求1的全部技术特征的限定；权利要求1技术特征的限定作用体现在，权利要求2的方法包括相对应的特殊步骤，尽管步骤没有明确记载在权利要求2的具体方法步骤中，但却因引用而必然隐含存在，形成对权利保护范围的限定。

一审法院认为被诉侵权人的理由不成立，其理由在于：第一，以“一种制造权利要求1所述的钢带增强塑料排水管道的方法”这一主题名称作为技术特征没有法律依据；第二，本案专利属于一个总的发明构思的并列的不同类独立权利要求，不能因为名称的引用关系而构成对授权后专利权保护范围的限定；第三，权利要求1和权利要求2之间不是从属权利要求的关系，被诉侵权人以权利要求1的技术特征来限定权利要求2的保护范围，明显违背法律规定；第四，若以被诉侵权人所称的没有记载在权利要求书中隐含的特殊步骤来确定权利要求2的保护范围，必将造成保护范围的不确定性，也与“以权利要求所记载的全部技术特征确定保护范围”的法律规定相违背；第五，被诉侵权人所援引《审查指南》中的相关表述，并非人民法院确定专利权保护范围的依据。

5. 被诉侵权人制造管道的装置落入专利独立权利要求6的保护范围

经庭审对比，被诉侵权人的装置具有：A. 将钢带与塑料复合形成具有钢带加强肋的异型带材的复合装置；B. 缠绕并熔焊异型带材形成钢带增强塑料排水管的缠绕装置。双方对此没异议，予以确认。关于C，在钢带增强塑料排水管的端口设置承插接头的装置，专利权人认为被诉侵权人产品宣传册中的例图证明其具有这一技术特征；被诉侵权人认为因其排水管不具有承插接头，故不可能具备设置承插接头的装置。被诉侵权人还认为，权利要求6的主题名称引用了方法权利要求2，而权利要求2又引用了权利要求1，故权利要求6的保护范围应当受到权利要求1产品的全部技术特征和权利要求2方法的全部技术特征的限定。

一审法院认为，如前所述，被诉侵权人的不锈钢卡箍连接与电热熔带连接均属于承插连接，其橡胶套管件及卡箍等、电熔管件均是承插接头，且设置在排水管材的端口，设置承插接头时必然使用相关装置。关于“装置”的内容，权利要求书并不明确，双方对此也没有解释，一审法院根据说明书及附图、权利要求书中的相关权利要求等进行解释。说明书的实施例部分和权利要求9均提到，装置包括承插接头、排水管以及驱动架、驱动辊、塑料挤出机等，故一审法院认为权利要求6中“设置承插接头的装置”作为上位概念，是管材、管件和设置承插接头的设备、仪器等的总称。被诉侵权人在不锈钢卡箍连接与电热熔带连接过程中，必然使用管材、管件以及其他设备、工具、仪器等，这在被诉侵权人宣传册连接方式的介绍附图中也可以明确看到，故被诉侵权人具有“在钢带增强塑料排水管的端口设置承插接头的装置”这一特征。所以，被诉侵权人生产排水管道的装置具有权利要求6记载的全部技术特征，落入权利要求6的保护范围。

被诉侵权人认为，权利要求6因名称中引用了权利要求2，而权利要求2的名称中又引用了权利要求1，所以权利要求6的保护范围应当受到权利要求1和2的全部技术特征的限定。如前所述，其理由不仅没有法律依据，且违背专利法的规定，不能成立。

6. 被诉侵权人涉案行为构成侵权应当承担相应民事责任

综上所述，被诉侵权人使用电热熔带连接方式的制造钢带增强塑料排水管道方法，包含了独立权利要求2记载的全部技术特征，落入权利要求2的保护范围。被诉侵权人制造钢带增强塑料排水管道的装置包含独立权利要求6记载的全部技术特征，落入权利要求6的保护范围。被诉侵权人的行为构成对专利权人涉案专利权的侵害。《专利法》第十一条规定，专利权被授予后，除本法另有规定的以外，任何单位或者个人未经专利权人许可，都不得实施其专利，即不得为生产经营目的制造、使用、许诺销售、销售、进口其专利产品，或者使用其专利方法以及使用、销售等依照该专利方法直接获得的产品。被诉侵权人为生产经营目的，未经权利人专利权人许可，制造、销售塑钢缠绕排水管，其制造方法与装置分别落入专利权人涉案专利独立权利要求2和独立权利要求6的保护范围，侵犯了专利权人的“一种钢带增强塑料管道及其制造方法和装置”发明专利的方法与装置相关专利权。专利权人请求判令被诉侵权人停止侵权并赔偿损失的诉讼请求予以支持。被诉侵权人制造并销售的塑钢缠绕排水管道未落入专利权人专利权独立权利要求1的保护范围，专利权人针对该管道产品的诉讼请求不予支持。

对于损失赔偿，专利权人请求以专利实施许可费为依据计算被诉侵权人的赔偿数额。一审法院认为，在专利权人的损失和被诉侵权人因侵权获得的利益均难以确定时，专利权人选择参照其专利许可使用费确定赔偿数额具有法律依据。专利权人与他人的专利实施许可合同签订于诉讼发生前，并已实际履行，其许可费用可以作为确定赔偿数额的参照。一审法院根据本案的实际情况，参考专利权人发明专利的性质、专利许可的性质、时间、被诉侵权人的经营时间、方式、规模、现状，侵权性质、情节、范围、时间以及被诉侵权人的技术许可用费等，综合确定赔偿数额，包括专利权人为制止侵权行为所支付的合理开支。

综上，一审法院依照《专利法》第十一条第一款、第五十九条第一款、第六十条、第六十五条、第七十条和《最高人民法院关于审理专利纠纷案件应用法律若干问题的解释》第二条、第三条第一款、第七条之规定，判决：

（1）被诉侵权人立即停止侵犯本案专利方法及装置的行为；

（2）被诉侵权人于判决生效之日起十日内赔偿专利权人经济损失50万元；

（3）驳回专利权人的其他诉讼请求。

案件受理费9000元由被诉侵权人负担。

四、江苏省高级人民法院的二审判决

被诉侵权人不服一审判决，向江苏省高级人民法院（下称“二审法院”）提起上诉。

（一）当事人的主张

被诉侵权人上诉的主要理由为：

（1）一审法院认定在确定权利要求2的保护范围时不考虑其所引用的权利要求1的限定作用，系认定事实不清、适用法律错误；

（2）一审法院错误地认定权利要求6的保护范围不受权利要求1和2的限定；

（3）一审法院错误地解释了权利要求2中的术语“安装现场”；

（4）一审法院错误地解释了权利要求2的技术特征“挤出机与复合机头成直角布置”；

（5）一审法院判令被诉侵权人赔偿专利权人经济损失50万元，缺乏事实和法律依据。

基于上述理由，被诉侵权人请求二审法院请求撤销一审判决，改判驳回专利权人的全部诉讼请求或者发回重审，由专利权人承担一、二审诉讼费用。

专利权人答辩称：

（1）权利要求2的保护范围不受权利要求1的限定；

（2）权利要求6的保护范围同样不受权利要求1和2的限定；

（3）被诉侵权人将权利要求2中记载的“安装现场”局限于“施工现场”无法律依据；

（4）涉案被控侵权装置具备“挤出机与复合机头成直角布置”这一技术特征，构成侵权；

（5）被诉侵权人没有证据证明其装置有合法来源，即使可以证明装置有合法来源，对赔偿数额同样没有影响。

基于上述理由，专利权人请求驳回上诉，维持原判。

（二）二审法院查明的事实

对一审法院查明的事实，双方当事人均没有异议，二审法院予以确认。

专利权人在二审中提交了2份证据：

（1）教材3本，证明挤出机和复合机头的某个特征对技术人员有普遍理解，与一审判决吻合；

（2）无效宣告请求书，证明直角布置和安装现场在专利复审时双方有共识，与一审判决吻合。

经质证，被诉侵权人对上述2份证据的真实性没有异议，但认为与本案无关联性，且不能达到其证明目的。

二审法院认为，专利权人上述2份证据的真实性虽然能够确认，但上述证据所反映的内容与本案无关，且不能达到其证明目的，故二审法院对上述2份证据的关联性及证明力不予确认。

（三）二审判决的理由

二审法院认为，本案二审争议焦点为：

（1）被诉侵权人制造本案排水管的方法及装置是否侵犯了本案发明专利权；

（2）如果被诉侵权人构成专利侵权，一审判决确定的赔偿额是否适当。

二审法院认为，被诉侵权人制造涉案排水管的方法及装置未落入涉案专利的保护范围，不构成专利侵权。

首先，判断被诉侵权人制造涉案排水管的方法及装置是否侵犯了专利权人涉案发明专利权，必须首先确定涉案发明专利权的保护范围。《专利法》第五十九条规定：发明或者实用新型专利权的保护范围以其权利要求的内容为准，说明书及附图可以用于解释权利要求的内容。《专利法实施细则》第二十一条规定：发明或者实用新型的独立权利要求应当包括前序部分和特征部分，前序部分写明要求保护的发明或者实用新型技术方案的主题名称和发明或者实用新型主题与最接近的现有技术共有的必要技术特征，特征部分写明发明或者实用新型区别于最接近的现有技术的技术特征，这些特征和前序部分写明的特征合在一起，限定发明或者实用新型要求保护的范围。显然，权利要求所记载的主题名称属于权利要求的内容之一。同时，《专利法实施细则》第二十条第二款规定：独立权利要求应当从整体上反映发明或者实用新型的技术方案，记载解决技术问题的必要技术特征。所述必要技术特征是指发明或者实用新型为解决其技术问题所不可或缺的技术特征，其总和足以构成发明或者实用新型的技术方案。权利要求的主题名称是组成技术方案的基础要件，缺少主题名称的权利要求必然不足以构成完整的发明或者实用新型的技术方案。因此，主题名称属于解决技术问题的必要技术特征，在确定专利权的保护范围时应当予以考虑。

其次，权利要求的撰写采用引用在先权利要求的方式是为了避免权利要求之间相同内容的不必要重复。本案中，权利要求2是一项方法权利要求，在主题名称部分引用了在先的产品权利要求1的内容，即“一种制造权利要求1所述的钢带增强塑料排水管道的方法”，权利要求这样撰写的目的仅在于简化权利要求的撰写形式，权利要求2实际上相当于“一种制造包括一个塑料管体和与管体成一体的加强肋，加强肋内复合有增强钢带，其特征在于钢带上有若干矩形或圆形通孔或钢带两侧轧制有纹路，两个加强肋之间塑料形状具有中间凸起，管体的端部具有一个连接用的承接插头，承接插头的连接部具有密封胶或橡胶圈的一种钢带增强塑料复合排水管道的方法，其特征在于……”。《最高人民法院关于审理侵犯专利权纠纷案件应用法律若干问题的解释》第七条规定，人民法院判定被诉侵权技术方案是否落入专利的保护范围，应当审查权利人主张的权利要求所记载的全部技术特征。如前所述，权利要求中所记载的主题名称属于解决技术问题的必要技术特征，在确定专利权的保护范围时应当予以考虑。将被控侵权技术方案与权利要求2所记载的全部技术特征对比，可以明确，至少权利要求2记载的“钢带上有若干矩形或圆形通孔或钢带两侧轧制有纹路”和“两个加强肋之间塑料形状具有中间凸起”这两个技术特征在被控侵权技术方案中都没有出现，故被诉侵权人生产被诉侵权产品的方法未落入引用在先权利要求的权利要求2的保护范围之内，不构成专利侵权。一审判决在确定权利要求2的保护范围时认定“一种制造权利要求1所述的钢带增强塑料排水管的方法”这一主题名称不属于技术特征，不具有限定作用，从而认定被诉侵权人构成专利侵权，其对专利主题名称的性质及作用的理解有误，应予纠正。同理，被诉侵权人制造涉案排水管的装置也未落入引用在先权利要求的权利要求6的保护范围之内，同样不构成专利侵权。

此外，鉴于被诉侵权产品、方法及装置均不构成对本案专利的侵犯，被诉侵权人上诉请求中关于一审判决相关技术术语的解释错误的上诉请求，二审法院不再进行审理。

综上所述，二审法院认为一审判决认定事实不清，适用法律错误，应予纠正。被诉侵权人关于其不侵犯专利权人涉案专利权的上诉理由成立，二审法院予以支持。依照《专利法》第五十九条第一款，《专利法实施细则》第二十条第二款、第二十一条第一款第（一）、（二）项，《最高人民法院关于审理侵犯专利权纠纷案件应用法律若干问题的解释》第七条判决撤销一审判决，驳回专利权人的诉讼请求。一审案件受理费人民币9 000元，二审案件受理费人民币8 800元，均由专利权人负担。

五、最高人民法院的再审裁定

专利权人不服二审法院的终审判决，向最高人民法院（下称“再审法院”）申请再审。

（一）当事人的主张

专利权人认为二审判决对本案专利独立权利要求2和6保护范围的认定适用法律错误，其主要理由是：

（1）《最高人民法院关于审理侵犯专利纠纷案件应用法律若干问题的解释》和《专利法实施细则》对主题名称与技术特征用不同的法律名词予以明确区分，并强调专利权的保护范围由技术特征限定，因此二审判决认定“主题名称作为权利要求的必要内容，对其保护范围有限定作用”没有法律依据。

（2）被诉侵权人针对本案专利提出无效宣告请求时，针对权利要求1、2和6，分别提出了完全不同的对比文件，专利复审委员会在评价权利要求2和6的创造性时并未考虑被诉侵权人针对权利要求1提出的对比文件，在评价权利要求6的创造性时，也没有考虑被诉侵权人针对权利要求2提出的对比文件，因此可以推定专利复审委员会认为主题名称不属于技术特征，不是解决技术问题的必要技术手段。

（3）根据本案专利的说明书和附图，权利要求2步骤A中的钢材和塑料复合有一步复合和两步复合两种方式，专利权人在专利申请过程中对本案专利文本进行修改时，放弃了两步复合方式，仅保留了一步复合方式，根据禁止反悔原则，二审法院在侵权判断时不应当将两步复合方式纳入本案专利保护范围。

（4）方法权利要求的主题名称引用了在先的产品权利要求就应当把其产品的全部技术特征囊括其中，二审法院在认定权利要求2的保护范围时，机械的认为“权利要求书中出现引用在先权利要求的情况是为了避免权利要求之间相同内容的不必要重复”，属于事实认定不清和法律适用错误。

（5）独立权利要求间的引用关系仅仅是专利申请文件撰写过程中文字表述上的形式差异，在确定保护范围时不属于必须考虑的对象。

（6）权利要求1和权利要求2之间不是从属关系，以权利要求1的技术特征来限定权利要求2的保护范围，明显违背了“以权利要求所记载的全部技术特征确定保护范围”的法律规定。

综上所述，二审法院对本案专利权利要求2保护范围的理解是错误的。同理，本案专利的权利要求6的保护范围也不受权利要求1和2的限定，故请求撤销二审判决，依法维持一审判决。

被诉侵权人答辩称，二审判决认定事实清楚，适用法律准确，判决结果正确，主题名称是权利要求的必要组成部分，属于必要技术特征，对专利权保护范围起到开宗明义的重要作用，对专利权保护范围具有限定作用，故请求维持二审判决，驳回再审申请。

（二）再审法院查明的事实

再审法院审查查明，本案专利的说明书和附图1记载了权利要求2所记载方法的一步复合方式：通过牵引机7牵引来自放卷装置1的钢带9，使钢带9在导辊2的导引下进入挤出复合的关键部件复合机头4，复合机头4与挤出机3呈直角连接，其内部腔型具有与复合异型带材10相对应的形状，在钢带9通过复合机头4的同时，塑料挤出机3向复合机头4内挤入熔融塑料。在复合机头4内熔融塑料将钢带9周边包裹，在牵引机7的牵引力作用下，从复合机头4牵出，形成未定型的复合异型带材10。此外，说明书和附图2还记载了两步复合方式，即第一步制成带有开口肋的塑料异型带材，第二步将钢带嵌入并封口，该技术方案未记载在权利要求书中。

另查明，本案专利说明书同时记载：为了防止管材铺设时加强肋之间的塑料被尖锐的石片刺破，在两个加强肋之间塑料形状不应是简单的平面，而应具有中间凸起的形状。

（三）再审判决的理由

再审法院认为，本案焦点问题是：

（1）主题名称是否对专利权保护范围具有限定作用；

（2）并列独立权利要求引用在前的独立权利要求时，在前独立权利要求对其保护范围的限定作用应当如何确定。

1. 关于主题名称是否对专利权保护范围具有限定作用的问题

《专利法》第五十九条第一款规定："发明或者实用新型专利权的保护范围以其权利要求的内容为准，说明书及附图可以用于解释权利要求的内容。"《专利法实施细则》第二十一条规定，发明或者实用新型的独立权利要求应当包括前序部分和特征部分，前序部分写明要求保护的发明或者实用新型技术方案的主题名称和发明或者实用新型主题与最接近的现有技术共有的必要技术特征，特征部分写明发明或者实用新型区别于最接近的现有技术的技术特征，这些特征和前序部分写明的特征合在一起，限定发明或者实用新型要求保护的范围。因此，通常情况下确定权利要求的保护范围时，权利要求中记载的主题名称应当予以考虑，而实际的限定作用应当取决于该主题名称对权利要求所要保护的主题本身产生了何种影响。本案中，确定权利要求2和6的保护范围时均应当考虑其主题名称对其所要求保护的主题本身实际上所起的限定作用。

2. 关于并列独立权利要求引用在前的独立权利要求时，在前独立权利要求对其保护范围的限定作用应当如何确定的问题

《专利法》第三十一条第一款规定："一件发明或者实用新型专利申请应

当限于一项发明或者实用新型。属于一个总的发明构思的两项以上的发明或者实用新型，可以作为一件申请提出。”《专利法实施细则》第二十条规定：“权利要求书应当有独立权利要求，也可以有从属权利要求。独立权利要求应当从整体上反映发明或者实用新型的技术方案，记载解决技术问题的必要技术特征。从属权利要求应当用附加的技术特征，对引用的权利要求作进一步的限定。”《专利法实施细则》第三十四条规定：“依照专利法第三十一条第一款规定，可以作为一件专利申请提出的属于一个总的发明构思的两项以上的发明或者实用新型，应当在技术上相互关联，包含一个或者多个相同或者相应的特定技术特征，其中特定技术特征是指每一项发明或者实用新型作为整体，对现有技术作出贡献的技术特征。”《专利审查指南2010》第二部分第六章2.2.1（2）中规定了属于一个总的发明构思的两项以上发明的权利要求可以允许有六种撰写方式，包括：产品或方法的同类独立权利要求；产品和制造该产品的方法的独立权利要求；产品和该产品的用途独立权利要求；产品、专门用于制造该产品的方法和为实施该方法而专门设计的设备独立权利要求；方法和为实施该方法而专门设计的设备的独立权利要求。

据此，一件专利申请的权利要求书中应当至少有一项独立权利要求。当有两项或者两项以上独立权利要求时，写在最前面的权利要求为第一独立权利要求，其他独立权利要求为并列独立权利要求。独立权利要求应当反映整体的技术方案，并按照各自的内容确定专利权的保护范围。独立权利要求可以不存在引用关系，也可以存在引用关系。当并列独立权利要求引用在前的独立权利要求时，该并列独立权利要求仍然属于独立权利要求，而不属于从属权利要求。虽然在确定并列独立权利要求的保护范围时，被引用的独立权利要求的特征均应当予以考虑，但其对该并列独立权利要求并不必然具有限定作用，其实际限定作用应当根据其对该并列独立权利要求的技术方案或保护主题是否有实质性影响来确定。

本案中，一、二审法院认定被诉侵权人的被诉侵权产品与本案专利权利要求1相比对，缺少“钢带上有若干矩形或圆形的通孔或钢带两侧轧制有纹路”和“两个加强肋之间塑料形状具有中间凸起”两个技术特征，双方当事人对此没有异议。本案专利独立权利要求2记载了一种制造权利要求1所述的钢带增强塑料排水管道的方法，其步骤A记载：“将挤出机与复合机头成直角布置，钢带从机头一端引入复合机头，并在机头内与塑料复合，经冷却、定型、牵引后成型为钢带增强塑料复合异型带材钢带”。本案专利独立权利要求6记载了一种实施权利要求2所述方法的制造钢带增强塑料排水管的装置，包括”将钢带与塑料复合形成具有钢带加强肋的异型带材的复合装置”。从本案专利权利要求书以及说明书记载的一步复合方式来看，普通钢带在权利要求6记载的复合装置中经过权利要求2记载的步骤A形成了复合异型带材，即钢带上有矩形或圆形的通孔或纹路，塑料熔融后在两个加强肋之间生成了中间凸起。虽然权利要求书和说明书对形成通孔或纹路以及凸起的装置部件未作具体的结构描述，但根据本案专利权利要求1记载的产品技术特征，可以推定权利要求6记载的复合装置必然具备生成上述区别技术特征的部件。可见，权利要求1记载的技术特征对于权利要求2和6产生了实质性的影响，具有限定作用。被诉侵权产品没有通孔或纹路和凸起，专利权人亦未举证证明被诉侵权的装置具备生成上述特征的部件，因此可以推定被诉侵权的装置不同于权利要求6所记载的装置，也未使用被诉侵权的方法。

鉴于本案专利权利要求2步骤A的两步复合方式仅在说明书和附图中描述过但未记载在权利要求书中，专利权人未主张将其纳入专利权保护范围，二审法院亦未将其纳入本案专利权保护范围，对此再审法院不再予以审查。

综上，再审法院认为二审判决认定事实清楚，适用法律正确；专利权人的再审申请理由不成立，故不予支；专利权人的再审申请不符合《民事诉讼法》第二百条的规定的情形。因此，依照《民事诉讼法》第二百零四条第一款之规定，裁定驳回专利权人的再审申请。

六、评析

最高人民法院对本案的再审裁定集中讨论了两个问题：第一，权利要求的主题名称是否对该权利要求的保护范围产生限定作用？第二，当并列独立权利要求引用在前的独立权利要求时，在前独立权利要求记载的技术特征是否对在后独立权利要求的保护范围产生限定作用？这两个问题在现实中经常遇到，值得作深入的探讨和分析。

（一）关于第一个问题

一审判决指出：

> 独立权利要求保护范围应当而且只应当以记载在独立权利要求中的全部必

要技术特征确定。法律没有规定可以将主题名称用来限定独立权利要求的保护范围，发明的主题或者发明创造的名称对保护范围不起限定作用。

一审判决之所以得出上述结论，与《专利法实施细则》第二十一条第一款的规定以及《最高人民法院关于审理侵犯专利权纠纷案件应用法律若干问题的解释》第七条的规定有关。

《专利法实施细则》第二十一条第一款规定：

> **发明或者实用新型的独立权利要求应当包括前序部分和特征部分，按照下列规定撰写：**
>
> **（一）前序部分：写明要求保护的发明或者实用新型技术方案的主题名称和发明或者实用新型的主题名称和发明或者实用新型主题与最接近的现有技术共有的必要技术特征；**
>
> **（二）特征部分：写明发明或者实用新型区别于最接近的现有技术的技术特征。这些特征和前序部分写明的特征合在一起，限定发明或者实用新型要求保护的范围。**

该款首先在第（一）项规定独立权利要求的前序部分应当记载两种类型的内容：一是主题名称；二是发明或者实用新型与最接近的现有技术共有的必要技术特征。该款第（二）项接着规定独立权利要求的特征部分应当写明发明或者实用新型区别于最接近的现有技术的技术特征。该款第（二）项最后规定“这些特征和前序部分写明的特征合在一起，限定发明或者实用新型要求保护的范围”。从字面上理解，“这些特征”应当是指特征部分记载的“技术特征”；“前序部分写明的特征”应当是指前序部分记载的“技术特征”。从第二十一条第一款的上述规定来看，一审判决的观点似乎于法有据，因为该条条文并没有明确指出发明或者实用新型的“主题名称”属于“技术特征”，而人们普遍理解权利要求的保护范围仅由其记载的技术特征来限定，因此在确定独立权利要求的保护范围时不应考虑主题名称。

《最高人民法院关于审理侵犯专利权纠纷案件应用法律若干问题的解释》第七条规定：

> **人民法院判定被诉侵权技术方案是否落入专利权的保护范围，应当审查权利人主张的权利要求所记载的全部技术特征。**
>
> **被诉侵权技术方案包含与权利要求记载的全部技术特征相同或者等同的技术特征的，人民法院应当认定其落入专利权的保护范围；被诉侵权技术方案的技术**

特征与权利要求记载的全部技术特征相比，缺少权利要求记载的一个以上的技术特征，或者有一个以上技术特征不相同也不等同的，人民法院应当认定其没有落入专利权的保护范围。

上述规定表明确定专利权保护范围所依据的是权利要求记载的全部技术特征，结合《专利法实施细则》第二十一条第一款的规定，似乎也应当认为在确定专利权保护范围时不应考虑发明或者实用新型的主题名称。

然而，笔者赞同本案二审判决和再审裁定对这一问题的立场，因为《专利法》第五十九条第一款规定：

发明或者实用新型专利权的保护范围以其权利要求的内容为准，说明书及附图可以用于解释权利要求的内容。

《专利法》的上述规定表明专利权的保护范围应当以“权利要求的内容”为准，而不是以权利要求记载的“技术特征”为准。即使依据《专利法实施细则》第二十一条第一款的条文，认为权利要求中记载的发明或者实用新型的主题名称不属于“技术特征”，但依据《专利法》第五十九条第一款的规定，仍然应当认为主题名称属于“权利要求的内容”，因此在确定专利权保护范围时就不能不予考虑。《专利法》的法律位阶高于《专利法实施细则》，当两者的表意存在差异时，应当《专利法》的规定为准。

从专利制度运作的合理性出发也应当得出相同的结论。权利要求中记载的发明或者实用新型的主题名称首先明确了该权利要求所要保护的是何种类型的产品或者何种类型的方法，因而是在最高层面上确定权利要求的指向，对专利权保护范围的限定作用丝毫不亚于“技术特征”。例如，关于一种椅子的权利要求和关于一种桌子的权利要求可能都包括诸如“至少三个腿部和一个由所述腿部予以支撑的面部”的必要技术特征，如果忽略“一种椅子”和“一种桌子”的主题名称，就会不适当地扩大权利要求的保护范围，导致公众不知所云，有损于权利要求保护范围的确定性。

上述分歧意见表明《专利法实施细则》第二十一条第一款的规定与《专利法》第五十九条的规定不尽一致，存在不够明确严谨的缺陷。本案一审判决将这一问题凸显出来是一件好事，这正是专利判例作用的体现，应当引起立法部门的重视。

（二）关于第二个问题

《专利法》第三十一条第一款规定：

> **一件发明或者实用新型专利申请应当限于一项发明或者实用新型。属于一个总的发明构思两项以上的发明或者实用新型可以作为一件申请提出。**

该条第一款包括两句话，其中第一句话明确了发明和实用新型专利申请的“单一性”原则，第二句话接着又规定的单一性原则的例外情况，人们将这种例外情况称为“合案申请”。

何谓“属于一个总的发明构思”？《专利法实施细则》第三十四条进一步规定：

> **依照专利法第三十一条第一款规定，可以作为一件专利申请提出的属于一个总的发明构思的两项以上的发明或者实用新型，应当在技术上相互关联，包含一个或者多个相同或者相应的特定技术特征，其中特定技术特征是指每一项发明或者实用新型作为整体，对现有技术作出贡献的技术特征。**

关于独立权利要求的撰写方式，《专利法实施细则》第二十一条第三款规定：

> **一项发明或者实用新型应当只有一项独立权利要求，并写在同一发明或者实用新型的从属权利要求之前。**

权利要求书中包含两项以上独立权利要求的，被称为“并列独立权利要求”。上述规定不能被理解为一份发明或者实用新型专利申请的权利要求书只能有一项独立权利要求，而是应当理解为一份发明或者实用新型专利申请只包含一项发明或者实用新型的，其权利要求书应当只有一项独立权利要求。由此可知，权利要求书中包含的并列独立权利要求的数量表明合案申请的发明或者实用新型的数量。

关于并列独立权利要求的具体撰写方式，《专利审查指南》第二部分第六章2.2.1规定：属于一个总的发明构思的两项以上发明的权利要求可以按照以下六种方式之一撰写，即：

（1）不能包括在一项权利要求内的两项以上产品或者方法的同类独立权利要求；

（2）产品和专用于制造该产品的方法的独立权利要求；

（3）产品和该产品的用途的独立权利要求；

（4）产品、专用于制造该产品的方法和该产品的用途的独立权利要求；

（5）产品、专用于制造该产品的方法和为实施该方法而专门设计的设备的独立权利要求；

（6）方法和为实施该方法而专门设计的设备的独立权利要求。

本案专利属于上述第五种类型，其权利要求书包括三项独立权利要求，其中独立权利要求1的主题名称是“一种排水管道”，并列独立权利要求2的主题名称是“一种制造如权利要求1所述排水管道的方法”，并列独立权利要求6的主题名称是“一种实施权利要求2所述方法的制造排水管道的装置”。

对采用上述方式撰写的并列独立权利要求应当如何解读，这是本案涉及的最为核心的问题。更具体地说，该问题在于：既然本案专利的并列独立权利要求2采用了“一种制造如权利要求1所述排水管道的方法”的撰写方式，其要求保护的方法除了受到并列独立权利要求2本身所记载的方法技术特征的限定之外，是否还要受到权利要求1记载的全部产品技术特征的限定？既然本案专利的并列独立权利要求6采用了“一种实施权利要求2所述方法的制造排水管道的装置”的撰写方式，而独立权利要求2又采用了“一种制造如权利要求1所述排水管道的方法”的撰写方式，其要求保护的装置除了受到并列独立权利要求2本身所记载的装置技术特征的限定之外，是否还要受到权利要求1记载的产品技术特征以及并列独立权利要求2记载的方法技术特征的限定？不难想象，对上述问题的回答是肯定的还是否定的，对并列独立权利要求保护范围的大小会产生很大影响。

针对上述问题，人们自然会联想对从属权利要求的解读方式。《专利法实施细则》第二十二条第一款规定：

> **发明或者实用新型的从属权利要求应当包括引用部分和限定部分，按照如下规定撰写：**
>
> **（一）引用部分：写明引用的权利要求的编号及其主题名称；**
>
> **（二）限定部分：写明发明或者实用新型附加的技术特征。**

在解读一项从属权利要求时，应当认为包含了其所引用的那一权利要求记载的全部技术特征，对此不存在意见分歧。从属权利要求与并列独立权利要求的不同之处在于：从属权利要求所要求保护的发明创造的主题名称应当与其引用的权利要求的主题名称完全相同；而当并列独立权利要求针对的是不同类型的发明创造时，例如本案专利的权利要求1、2和6那样，其要求保护的发明创造的主题名称是不同的。由此引出了一个重要问题：对并列独立权利要求而言，是否应当如同对从属权利要求那样，将其“引用”的那项独立权利要求记载的技术特征全部读入到其中？

《专利审查指南2010》第二部分第二章3.1.2中有如下规定：

> **一件专利申请的权利要求书中，应当至少有一项独立权利要求。当有两项或者两项以上独立权利要求时，写在最前面的独立权利要求被称为第一独立权利要求，其他独立权利要求称为并列独立权利要求。审查员应当注意，有时并列独立权利要求也引用在前的独立权利要求，例如，“一种实施权利要求1的方法的装置，……”；“一种制造权利要求1的产品的方法，……”；“一种包含权利要求1的部件的设备，……”；“与权利要求1的插座相配合的插头，……”等。这种引用其他独立权利要求的权利要求是并列的独立权利要求，而不能被看作是从属权利要求。对于这种引用另一权利要求的独立权利要求，在确定其保护范围时，被引用的权利要求的特征均应予以考虑，而其实际的限定作用应当最终体现在对该独立权利要求的保护主题产生了何种影响。**

《专利审查指南2010》的上述规定一方面指出“被引用的权利要求的特征均应予以考虑”，另一方面又指出“实际限定作用应当最终体现在对保护主题产生了何种影响”，其具体含义是什么，应当如何把握两方面的关系，令人感到不好理解。

笔者注意到《专利审查指南2010》第二部分第六章2.2.1还作了如下规定：

> **不同类独立权利要求之间是否按照引用关系撰写，只是形式上的不同，不影响它们的单一性。例如，与一项产品A独立权利要求相并列的一项专用于制造该产品A的方法独立权利要求，可以写成“权利要求1的产品A的制造方法，……”也可以写成“产品A的制造方法，……”**

《专利审查指南2010》上述两处规定在配合方面带来了疑问。如果专利权人将并列独立权利要求的主题名称撰写为“权利要求1的产品A的制造方法”，依照3.1.2的规定，则产品独立权利要求1记载的所有技术特征“均应予以考虑”；如果专利权人将并列独立权利要求的主题名称撰写为“产品A的制造方法”，则无从适用3.1.2的规定，因为该并列独立权利要求没有引用任何在前的权利要求，只能得出该方法并列独立权利要求不受产品A独立权利要求记载的任何技术特征限定的结论。这样一来，专利权人选用不同的并列独立权利要求撰写方式，其保护范围的大小就会有很大出入。

笔者认为，并列独立权利要求采用引用在前另一项独立权利要求的撰写方式的，不应当将被引用的独立权利要求记载的全部技术特征读入该并列独立权利要求之中，用于限定该并列独立权利要求的保护范围。

以本案专利为例，其权利要求1为产品独立权利要求，其要求保护的是一种排水管道；权利要求2为方法独立权利要求，其要求保护的是制造权利要求1所述排水管道的方法；权利要求6为装置独立权利要求，其要求保护的是实施权利要求2所述排水管道制造方法的专用设备。如《专利审查指南2010》所述，如此撰写的权利要求2和权利要求6均应当看作是并列的独立权利要求，而不能被看作是从属权利要求。

但是，如果将被引用的独立权利要求记载的技术特征全部读入并列独立权利要求，则权利要求2记载的技术特征不仅包括其本身记载的方法技术特征，还包括其引用的权利要求1记载的全部产品技术特征，其结果相当于使权利要求2成为权利要求1的从属权利要求，也就是在产品独立权利要求的基础上补充写入该产品制造方法的技术特征。类似地，如果采用这种解读方式，则权利要求6记载的技术特征不仅包括其本身记载的装置技术特征，还包括其引用的权利要求2记载的全部方法技术特征以及权利要求2所引用的权利要求1记载的全部产品技术特征，其结果也相当于使权利要求6成为权利要求1的从属权利要求，也就是在产品独立权利要求1的基础上补充写入该产品制造方法的技术特征以及实施该产品制造方法的专用设备的技术特征。

采取上述解读方式，并列独立权利要求2的保护范围完全落入权利要求1的保护范围之内，并列独立权利要求6的保护范围不但完全落入并列权利要求2的保护范围之内，也完全落入权利要求1的保护范围之内。在权利要求1的有效性成立的情况下，他人的产品只要具备权利要求1记载的全部技术特征就落入了其保护范围，与该产品采用何种方法予以制造无关，也与该产品在制造过程中采用了何种设备无关。这样一来，从专利保护的角度来看，并列独立权利要求2和6不能为专利权人提供任何超出权利要求1保护范围之外的保护力度。

一种观点认为，申请人采用合案申请方式能够减少申请费用，已经在一定程度上“占了便宜”，因而在保护范围方面付出一定代价是理所当然的，两者是一种平衡。如果申请人不愿意接受保护范围上的损失，就应当采用分别提出不同专利申请的做法。

笔者不完全赞同这种观点。《专利法》之所以规定允许合案申请，是因为假如专利权人对产品本身、该产品制造方法以及该产品制造方法中采用的专用设备都作出了创新，分别都符合《专利法》规定的授予专利权的条件，则可以采用撰写并列独立权利要求的方式，通过仅仅提交一份专利申请就可以分别获得专利保护，从而简化该专利权人取得专利保护的手续。假如将并列独立权利要求解读为形同从属权利要求，《专利法》写入允许合案申请的规定就变得没有什么意义。因此，各个并列权利要求的保护范围应当是彼此错落的，不应当采用上面所述的并列独立权利要求解读方式，将其保护范围解读成为首个独立权利要求的从属权利要求那样的逻辑关系。如果是这样的结局，则专利权人通过合案申请无从获得更多的利益，《专利法》规定允许合案申请的初衷也就落空了。正常情况应当是：即使被诉侵权产品没有落入权利要求1的保护范围，但是其被诉侵权人制造其产品的方法仍有可能落入权利要求2的保护范围；即使被诉侵权产品没有落入权利要求1的保护范围，其产品制造方法没有落入权利要求2的保护范围，但被诉侵权人制造其产品的专用设备仍有可能落入权利要求6的保护范围。只有这样，专利权人合案提出专利申请并被授予专利权才是有意义的。

最高人民法院的本案再审裁定指出：

> **虽然在确定并列独立权利要求的保护范围时，被引用的独立权利要求的特征均应当予以考虑，但其对该并列独立权利要求并不必然具有限定作用，其实际限定作用应当根据其对该并列独立权利要求的技术方案或保护主题是否有实质性影响来确定。**

最高人民法院的论述基本上出自《专利审查指南2010》第二部分第二章3.1.2的规定，但同时作了重要补充，即“但其对该并列独立权利要求并不必然具有限定作用”。然而，关于如何判断被引用的独立权利要求记载的技术特征是否对并列独立权利要求的技术方案或者保护主题具有实质性影响，进而判断是否产生限定作用，最高人民法院对本案的再审裁定采取了如下的判断方式：第一，对被诉侵权产品与权利要求1进行比较，认定被诉侵权产品缺少“钢带上有若干矩形或圆形通孔或者钢带两侧轧制有纹路”和“两个加强肋之间塑料形状具有中间凸起”这两个技术特征；第二，根据权利要求1记载的产品技术特征，可以推定权利要求6记载的复合装置必然具备生成上述区别技术特征的部件，因此权利要求1记载的技术特征对于权利要求2和6产生了实质性的影响，具有限定作用；第三，被诉侵权产品没有通孔或纹路和凸起，专利权人亦未举证证明被诉侵权的装置具备生成上述特征的部件，由此可以推定被诉侵权的装置不同于权利要求6所记载的装置，也未使用被诉侵权的方法。

笔者认为采用这样的判断方式，只要认定被诉侵权产品未落入权利要求1的保护范围，都可以类似地作出其制造方法未落入权利要求2的保护范围以及其专用设备未落入权利要求6的保护范围的推论，实际上等于认定被引用的独立权利要求的技术特征对并列独立权利要求的技术方案或者保护主题都具有限定作用。

按照《专利法实施细则》第三十四条的规定，两项以上发明创造是否符合《专利法》第三十一条规定的可以合案申请的条件，即是否"属于一个总的发明构思"，关键在于判断该两项以上的发明创造是否"在技术上相互关联，包含一个或者多个相同或者相应的特定技术特征"。最高人民法院的上述论述涉及到怎样才能满足《专利法实施细则》第三十四条规定的问题。这的确是一个比较复杂的问题，不是几句话就能说清楚的。对此，笔者认为可以借鉴欧洲专利局的有关做法。

2012年的《欧洲专利局审查指南》第F部分第V章2规定：

在一份专利申请中包括一项产品独立权利要求以及一项该产品制造方法独立权利要求的情况下，只要该制造方法能够获得该产品，就可以认为该制造方法属于"专门用于制造该产品的方法"。换言之，只要该制造方法实际上适合用于制造该产品，就应当认为满足了"在技术上相互关联，包含一个或者多个相同或者相应的特定技术特征"的要求。不能仅仅因为该制造方法并非仅仅限于用来制造该产品，就认为该产品独立权利要求和该产品制造方法独立权利要求缺乏单一性。❶

类似地，在一份专利申请中包括一项方法独立权利要求以及一项专门用于

---

❶ In combination (i) above, the process is specially adapted for the manufacture of the product if the claimed process results in the claimed product, i.e. if the process is actually suited to making the claimed product accessible and thereby defines a technical relationship as defined in Rule 44(1) between the claimed product and the claimed process. A manufacturing process and its product may not be regarded as lacking unity simply by virtue of the fact that the manufacturing process is not restricted to the manufacture of the claimed product.

实施该方法的装置独立权利要求的情况下，只要该装置适合用于实施该方法，就可以认为该装置属于“专门用于实施该方法的装置”，同样应当认为满足了“在技术上相互关联，包含一个或者多个相同或者相应的特定技术特征”的要求。不能因为该装置也能用于实施其他不同的方法，或者因为该方法也能采用其他的不同装置予以实施，就认为该方法独立权利要求和该装置独立权利要求缺乏单一性。❶

《欧洲专利局审查指南》的上述规定可以供我们参考借鉴。

---

❶ In combination (ii) above, the apparatus or means is specifically designed for carrying out the process if the apparatus or means is suitable for carrying out the process and thereby defines a technical relationship as defined in Rule 44(1) between the claimed apparatus or means and the claimed process. It is not sufficient for unity that the apparatus or means is merely capable of being used in carrying out the process. On the other hand, it is of no importance whether or not the apparatus or means could also be used for carrying out another process or the process could also be carried out using an alternative apparatus or means.

“预制复合承重墙结构的节点构造施工方法”发明专利侵权案

一、案件提要

当事人

专利权人：张晶廷

被诉侵权人：衡水子牙河建筑工程有限公司、衡水华泽工程勘测设计咨询有限公司

石家庄市中级人民法院的一审判决

案号：（2009）石民五初字第00163号

合议庭成员：王玲丽、白吉锋、贺双灿

结案日期：2010年12月10日

河北省高级人民法院的二审判决

案号：（2011）冀民三终字第15号

合议庭成员：陈振杰、张守军、宋菁

结案日期：2011年3月21日

最高人民法院的再审判决

案号：（2012）民提字第125号

合议庭成员：金克胜、罗霞、杜微科

结案日期：2014年1月2日

涉及的法律规定

2008年修改的《专利法》第十一条、第五十七条；2008年修改的《专利法》第六十五条；《最高人民法院关于审理侵犯专利权纠纷案件应用法律若干问题的解释》第七条、第十九条

判决要点

1. 根据2000年修改的《专利法》第五十七条的规定，未经专利权人许可，实施其专利，即侵犯其专利权，引起纠纷的，由当事人协商解决；不愿协商或者协商不成的，专利权人或者利害关系人可以向人民法院起诉，也可以请求管理专利工作的部门处理。由此可知，专利侵权诉讼的原告范围是专利权人或者利害关系人。专利权人与他人签订专利实施许可合同的，并不影响其享有单独提起他人侵害专利权的诉权。

2. 现有技术抗辩作为被诉侵权人对抗专利权人侵权指控的不侵权抗辩是2008年修改的《专利法》新增加的一项制度，但专利权的保护范围不得包括现有技术是专利制度的基本内容。

3. 在专利权无效宣告程序中，无效请求人可以将几项现有技术组合起来请求宣告专利权不具备创造性，但在专利侵权案件中，被诉侵权人不能将几项现有技术方案组合起来进行现有技术抗辩。

4.《专利法》第十一条规定，发明和实用新型专利权被授予之后，除了该法另有规定的以外，任何单位或者个人未经专利权人许可，都不得实施其专利。该条款规定了五种具体的实施方式，即：制造、许诺销售、销售、使用和进口，这是实施专利行为的穷尽性规定。设计单位设计绘制实现专利技术的图纸的行为并不属于《专利法》第十一条规定的侵权行为。

5. 本案涉及的标准为推荐性标准，该标准所涉及专利的专利权人在标准制定过程中履行了专利披露义务，在标准中记载了所涉及的专利技术以及专利权人的联系方式，其实施者既能从中判断出该标准涉及到专利技术，也能判断出其专利权人没有表明免收专利许可费的意图。因此，实施该标准应当取得专利权人的许可并根据公平合理无歧视的原则支付许可费。在未经专利权人许可予以实施并拒付许可费的情况下，原则上专利侵权救济不应当受到限制。

二、本案专利介绍

本案涉及名称为“预制复合承重墙结构的节点构造施工方法”的第200610012332.7号发明专利，其申请日为2006年1月17日，授权日为2008年9月3日，授权时的专利权人为张晶廷（下称“专利权人”）。

本案专利涉及一种预制复合承重墙结构的节点保温构造施工方法，属于建筑施工技术领域。

本案专利说明书记载：建筑节能工作已列为十一五计划的重点，建筑外墙的保温技术都是在墙体结构外面抹保温层或者粘贴附加保温层，不参与结构受力，如已有钢丝夹芯网板也只是挂在墙面的外面和墙体内，与受力钢筋没有关系。

本案专利的发明的目的是将单侧预制混凝土夹心网板改为预制保温夹心网骨架，将这种由承重墙主受力钢筋形成的保温钢筋网骨架延伸至梁、柱的外侧，使梁、柱形成带保温层的复合受力构件，提供预制复合承重墙结构的节点构造施工方法，以建立施工标准和规范，提高施工速度和质量，使其在受力性能、抗震性能方面体现结构体系的优越性。

本案专利的实施方式是：按照施工流程将作为外墙和承重墙的夹心网骨架先在工厂预制好，运至施工现场吊装就位后，将夹心网骨架与箍筋、连接锚筋、加强网片或加强角网绑扎或焊接成为整体结构，安装墙、柱、梁石膏永久模板和埋设管线，支撑墙的单面石膏永久模板，另一侧为钢模板，现场浇注梁、柱、网板承重墙。由于网板不易振捣，采用自密实石子粒径10mm以内的混凝土喷射泵向模内喷注，楼面用普通平板振动器振实，为了减少楼面二次抹灰，楼面混凝土施工时加浆抹平。

本案专利的说明书共有16个附图。其中：图1、图2所示墙板为偏夹心网骨架形式，厚的一侧主承重，依靠网状钢丝协同双侧承重，网板中间夹保温材料作保温层3，保温材料可选择发泡聚苯乙烯板；图3~图16所示预制夹心网骨架之间或骨架与梁、柱之间的节点构造，骨架与骨架之间用连接锚筋7、13或附加加强网片10、锚固网片11绑扎连接；在实际应用中，夹心网骨架亦可预制延伸的连接锚筋13或锚固网片11，现浇柱与预制网板之间还要另插入连接锚筋。

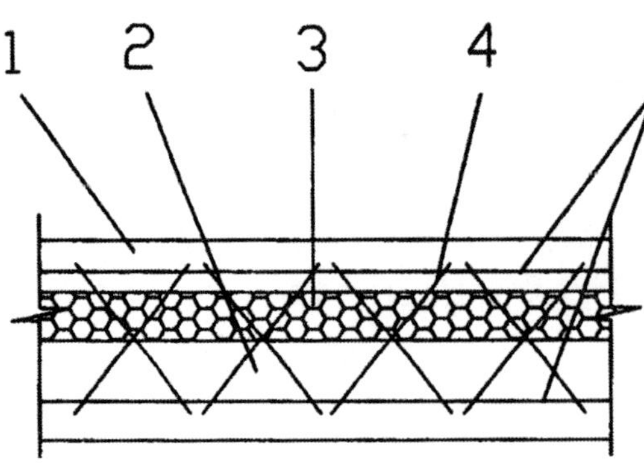

图1

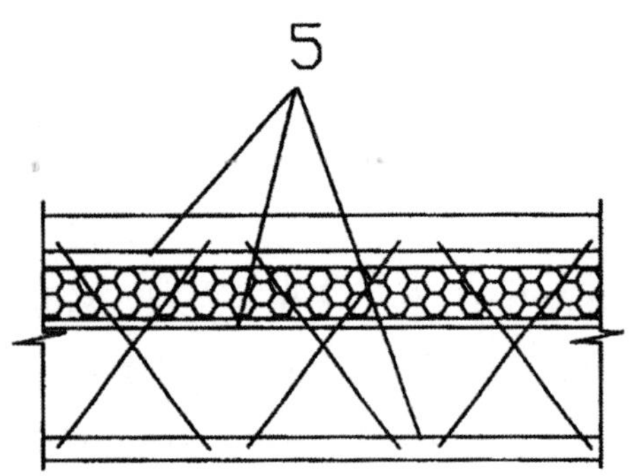

图2

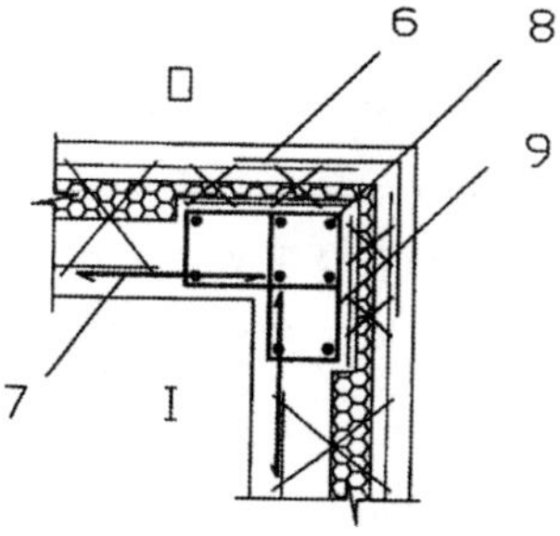

图3

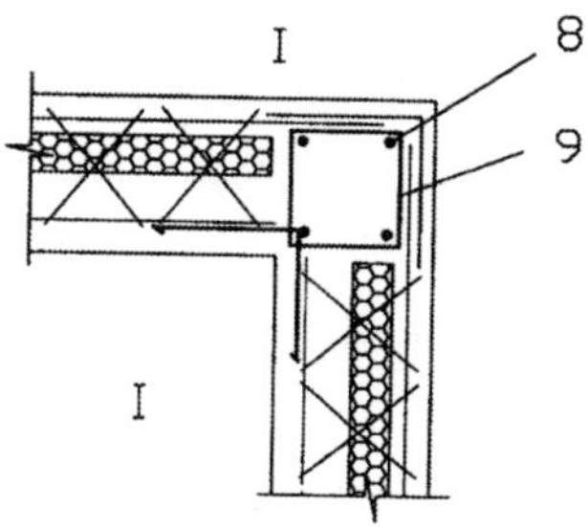

图4

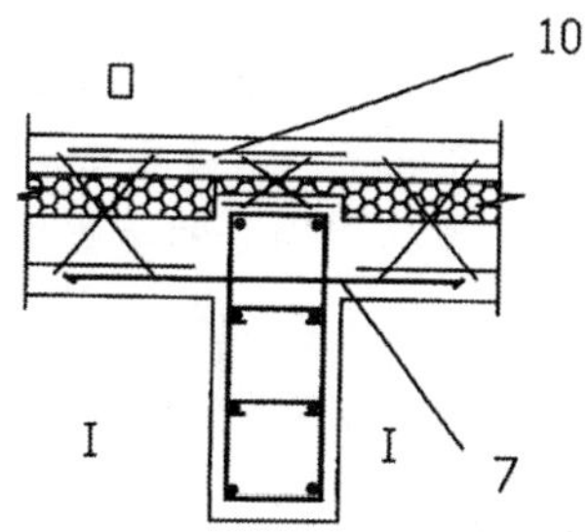

图5

本案专利授权时的权利要求书如下：

1. 一种预制复合承重墙结构的节点构造施工方法，其特征在于承重墙采用预制的保温夹心网骨架延伸至梁、柱外侧，使梁、柱形成带保温层的复合受力构件；以高压石膏板作为浇锈混凝土的一侧永久模板，整体直接喷注或浇注形成柱、梁、墙板一体的三维结构，节点构造包括：在预制的夹心网骨架的搭接部位设置柱筋（8）和矩形框架箍筋（9），夹心网骨架的平网（5）搭接部位设置连接锚筋（7）、柱筋、箍筋、连接锚筋与预制夹心网骨架的钢筋连接形成整体受力结构。

2. 根据权利要求1所述的预制复合承重墙结构的节点构造施工方法，其特征在于在预制的夹心网骨架的搭接部位，连接锚筋（7）绑扎在夹心网骨架平网上。

3. 根据权利要求2所述的预制复合承重墙结构的节点构造施工方法，其特征在于预制夹心网骨架在平网延伸端预留连接锚筋（13）或锚固网片（11）。

4. 根据权利要求1所述的预制复合承重墙结构的节点构造施工方法，其特征在于预制的夹心网骨架是双层或三层钢丝平网（5）中间夹聚苯乙烯泡沫板（3）保温层，由立体交叉的钢丝桁条（4）将钢丝平网连接成为桁架预制而成。

5. 根据权利要求1所述的预制复合承重墙结构的节点构造施工方法，其特征在于，在预制的夹心网骨架的搭接部位设置加强网片（10）与夹心网骨架绑扎。

6. 根据权利要求1所述的预制复合承重墙结构的节点构造施工方法，其特征在于，在预制的夹心网骨架的墙角搭接部位设置加强角网（6）与夹心网骨架绑扎。

7. 根据权利要求1所述的预制复合承重墙结构的节点构造施工方法，其特征在于，在预制的夹心网骨架的洞口部位设置U形锚筋（14）与夹心网骨架绑扎。

8. 根据权利要求1所述的预制复合承重墙结构的节点构造施工方法，其特征在于，基础施工后楼盖混凝土浇注预留柱筋、锚筋，现场吊装预制夹心网骨架.就位后将夹心网骨架与箍筋、连接锚筋、加强网片或加强角网绑扎或焊接成为整体结构，安装墙、柱、梁模板。现场浇注梁、柱、网板承重墙，养护，施工下一楼盖板。

9. 根据权利要求8所述的预制复合承重墙结构的节点构造施工方法，其特征在于所述夹心网骨架承重一侧浇注混凝土厚度为8～18cm，协同承重一侧预制混凝土厚度为3～5cm。

三、石家庄市中级人民法院的一审判决

专利权人向河北省石家庄中级人民法院（下称“一审法院”）提起民事诉讼，指控衡水子牙河建筑工程有限公司（下称“第一被诉侵权人”）侵犯了本案专利权。

一审法院受理本案诉讼之后，第一被诉侵权人申请追加衡水华泽工程勘测设计咨询有限公司（下称“第二被诉侵权人”）为本案必要的共同诉讼主体参加诉讼。一审法院依法追加第二被诉侵权人为本案被告参加诉讼。

（一）当事人的主张

专利权人诉称：自1992年以来，专利权人和石家庄晶达建筑体系有限公司（下称“晶达公司”）历时十多年，耗资2千多万元，研究成功了国家级重点科技成果“CL建筑体系”，该建筑体系包含专利权人先后取得的十多项国家发明和实用新型专利，其中包括本案专利；该建筑体系被建设部科技发展促进申心评定为“全国建筑行业科技成果推广项目”并列为“国家康居示范工程选用部品与产品”，获中国技术市场协会颁发的“金桥奖”；国家有关部委多次召开专门会议进行推广，河北、山西、山东、天津、内蒙等多个省、市、自治区批准适用《CL结构体系技术规程》，全国利用“CL结构体系”建造的住宅和在建的住宅已达几百万平方米。然而，有些单位和个人看到“CL建筑体系”具有良好的经济效益和社会效益，不是通过正当合法的手段向专利权人取得实施许可和专利产品，而是通过仿冒、假冒、私自使用等方式侵害专利权人的专利权。

2009年6月，专利权人发现本案第一被诉侵权人在其承建的衡水市武邑县县城“和谐嘉园”小区5#～8#楼工程中采用的原材料和施工方法均侵犯了本案专

利，第一被诉侵权人没有取得专利权人的合法授权。专利权人请求一审法院判令第一被诉侵权人：（1）停止侵犯本案专利权的行为；（2）赔偿专利权人的经济损失人民币114.464万元。

专利权人为支持其诉讼请求，向一审法院提供了如下证据材料：

证据1：发明专利证书、发明专利说明书、专利要求书、说明书及附图；

证据2：专利登记簿副本；

证据3：河北省建设厅批准《CL结构构造图集》（编号DBJT02-54-2008，图集号J08G208），欲证明涉案发明专利技术；

证据4：（2009）冀石太正经字第654号公证书，欲证明第一被诉侵权人施工现场采用了本案专利技术；

证据5：第一被诉侵权人售楼宣传册，欲证明第一被诉侵权人宣传的都是本案专利技术；

证据6：被诉侵权人的建筑设计施工图，欲证明第一被诉侵权人的建筑设计说明的结构节点与本案专利技术相同；

证据7：CL网架板委托生产协议、发票；

证据8：CL网架板成本价格及市场价格；

证据9：2006年3月7日发布的《CL结构设计规程》DB13（J）43-2006，其前言部分表明该规程采用了本案专利技术。

专利权人当庭又提交第一被诉侵权人在武邑县建设东路“和谐嘉园”楼房外观全部竣工的照片。

第一被诉侵权人辩称：

（1）河北省建设厅2004年3月公布实施的《CL结构工程施工质量验收规程》证明本案专利所要求保护的技术方案在其2006年1月17日申请专利之前已经是建筑行业普遍使用且是主管部门推广的现有技术，其实施现有技术的行为不构成侵权。

（2）其建筑楼的图纸是本案第二被诉侵权人设计的工程图纸，第一被诉侵权人不知道该设计图纸设计的墙体构造技术是专利权人已申请专利的技术，根据《建筑法》第五十八条和第五十九条的规定，必须按工程设计图纸施工，否则就要承担法律责任，故第一被诉侵权人无主观过错。

（3）既然专利权人认为按照该设计图纸施工的墙体构造技术侵犯其专利权，那么图纸的设计单位，即第二被诉侵权人应当为必要的共同诉讼主体参加诉讼，否则便会漏列当事人。

第一被诉侵权人为支持其抗辩主张提交了如下证据材料：

证据1：“CL结构工程施工质量验收规程DB13（J）44-2003”，欲证明是现有技术；

证据2：武邑县和谐嘉园5#、6#、7#、8#住宅楼设计施工图，欲证明其所使用的技术有合法来源，不应当承担侵权的法律责任；

证据3：检测报告（衡水市建设工程质量检测中心），欲证明按图纸验收合格；

证据4：建设工程设计合同，欲证明其所使用的技术合法来源，不应当承担侵权的法律责任。

第二被诉侵权人辩称，我公司遵照河北省人民政府办公厅下送的：办字【2009】23号文以及衡水市人民政府办公室下发的：办字【2009】21号文的实施意见，积极宣传贯彻政府提倡的大力推广应用CL建筑体系促进节能省地型建筑发展的工作精神。在学习了解CL建筑体系设计原理的前期，即2007年4月已得到了CL建筑体系专利权人的授权许可即允许我公司应用其CL建筑体系专利技术进行建筑项目的施工图设计；同时在本案发生过程中也得到了专利权人不予追究设计单位侵权责任的承诺。我公司在对用户的服务过程中本着对社会和用户负责的精神，积极宣传政府提出的各种节能政策，认其介绍CL建筑体系的优缺点，建议用户到正在使用CL建筑体系的建设工地现场进行参观学习了解，因该工艺施工难度较大、工程造价相对较高，一般用户都比较慎重。本案工程设计前第一被诉侵权人曾到山东泰安、安平、武强等CL建筑体系工地施工现场进行认真观摩，最后第一被诉侵权人认为该工艺做法比较好，并且能够承受其造价和完成其施工，于是委托我公司对该项目采用该工艺进行设计。于是我公司受第一被诉侵权人委托并依据相关设计规范对该项目进行了施工图设计并交付第一被诉侵权人使用。同时我公司设计依照的《CL结构设计规程》DB13（J）43-2006中的前言部分明确记载：该规程的某些内容可能涉及专利，经专利人同意，本规程的发布机构不承担识别与保护专利的责任，作为应用该规程（已作为河北省工程建设标准于2006年4月1日由河北省建设厅发布实施）并得到专利人授权许可使用的我公司理所当然也不应当承担识别、保护和侵犯专利的责任。

第二被诉侵权人为支持其抗辩主张，向一审法院提交了如下证据材料：

证据1：河北省人民政府办公厅办字【2009】23号《河北省人民政府办公厅转发关于推广应用CL建筑体系促进节能省地型建筑发展实施意见的通知》；

证据2：衡水市人民政府办公室转发《关于大力推广应用CL建筑体系的实施意见的通知》；

证据3：《承诺书》，欲证明2007年4月已得到专利权人的许可，即允许我公司应用其CL建筑体系专利技术进行建筑项目的施工图设计，同时在本案中也得到专利权人不予追究设计单位侵权责任的承诺；

证据4：《CL结构设计规程》DB13（J）43-2006的前言部分，欲证明本规程涉及的专利技术为本案专利权人享有。

（二）一审法院查明的事实

一审法院查明，专利权人享有的名称为“预制复合承重墙结构的节点构造施工方法”发明专利于2008年10月无偿许可石家庄晶达建筑体系有限公司使用（下称“晶达公司”），本案专利的专利权人系该公司董事长。

2008年6月14日河北省建设厅批准的《CL结构构造图集》现为河北省工程建设设计标准，批准文号为冀建质【2008】388号，统一编号为DBJT02-54-2008，图集号为J08G208，实施日期为2008年8月1日。《CL结构构造图集》包括专利权人的专利技术，该《CL结构构造图集》编制说明指出：“CL结构体系系石家庄晶达建筑体系有限公司研发的一种完全自主知识产权的复合剪力墙结构体系，具有抗震性能好、保温层耐久性长、建筑工厂化、施工效率快、综舍造价低等特点。为了贯彻执行国家和我省的培体改革和节能政策，促进该技术的推广应用，编制本图集”。

2009年6月19日中午，河北省石家庄市太行公证处的公证员韩永启、史华及申请人晶达公司的委托代理人孟祥明、拍照人员安斌一同来到衡水市武邑县县城名称为“和谐嘉园”的小区的建设工地。该工地正在建设的楼房有四座，道路左侧二座，道路右侧二座，在公证员史华的监督下安斌持数码相机以现场拍照的方式开始进行如下保全证据行为：（1）根据申请人的委扎代理人孟祥明的指引，安斌对小区道路左侧被孟祥明称正在使用该项“预制复含承重墙结构的节点构造施工发明专利”的在建楼房、施工楼层、场地及其他相关场景进行现场拍照。（2）随后来到小区道路右侧的施工场地，安斌对放置在场地内被孟祥明称为“侵犯专利权的产品”及正在使用本案专利技术的建楼房，施工楼层及其他相关场景进行现场拍照。（3）安斌对进入小区的道路右侧小房墙面上的黑板进行拍照。（4）在施工的相关场地拍照完毕后，一同返回到该小区的门口，安斌在此进行现场拍。

（三）一审判决的理由

一审法院认为，河北省建设厅公开发布的《CL结构设计规程》DB13（J）43-2006及J08G208《CL结构构造图集》系地方标准，该标准属于公开有偿使用的技术，任何单位和个人未经权利人允许不得使用。本案专利真实、合法、有效。（2009）冀石太正经字第654号公证书从第一被诉侵权人施工现场取证的照片与专利权人发明专利说明书附图一一对应，完全落入本案专利的保护范围。第一被诉侵权人承建的工程未经专利权人许可采用了专利权人的专利技术，构成了本案专利权的侵权行为。

第一被诉侵权人在工程立项前是经过详细考察的，第一被诉侵权人与第二被诉侵权人签订《建设工程设计合同》中约定，第二被诉侵权人按照第一被诉侵权人提出的设计要求，进行工程设计。且《CL结构设计规程》DB13（J）43-2006中的前言部分中以明确表明该规程的某些内容可能涉及专利，需得到专利人的授权方可实施。但第一被诉侵权人未得到专利权人的允许，便擅自委托第二被诉侵权人进行设计，侵权责任在第一被诉侵权人。另外，第一被诉侵权人的售楼宣传页上套印的图片证明是专利权人的专利产品。《CL结构设计规程》DB13（J）43-2006是公开文献，第一被诉侵权人作为建筑单位应当明知，故其侵犯专利权人专利权是明知的。且第一被诉侵权人看到“CL建筑体系”具有良好的经济效益和社会效益之后，不是通过正当合法手段取得相关专利的使用权，而是通过仿冒和私自使用等方式侵害专利权人的专利权，应当承担侵权责任。

第一被诉侵权人提供的《CL结构工程施工质量验收标准》所反映的内容不能证明本案专利技术属于公知技术。第一被诉侵权人未否认其使用的是专利权人的专利技术，仅以属于公知技术、不知道专利情况、不知道侵权、按图施工等理由进行抗辩，均不能掩盖其故意侵权的事实，不能摆脱其应当承担的侵权责任，故一审法院对其争辩理由不予采信。

专利权人请求第一被诉侵权人承担赔偿责任，理应当得到支持。虽然专利权人提交的赔偿证据不被第一被诉侵权人认可，但第一被诉侵权人认可建造的武邑县和谐嘉园5～8号楼总建筑面积为32 704平方米，CL网架板用量为16 352平方米。因专利权人的损失、第一被诉侵权人的获利和专利许可使用费均难以确定，故一审法院根据专利权人专利权的类型、第一被诉侵权人侵权行为的性质以及情节，并参考专利权人的推广情况、知名度情况、发明专利的属性等因素，酌定应赔偿专利权人经济损失80万元为宜。

本案中，专利权人承诺不追究第二被诉侵权人的专利侵权责任，视为放弃自己的权利。

综上所述，专利权人主张第一被诉侵权人立即停止侵权行为、赔偿经济损失的诉讼请求，一审法院予以支持；专利权人所主张的赔偿经济损失证据不充分，一审法院不予全额支持，酌量确定赔偿数额；因第一被诉侵权人的工程至今未完工，处于侵权状态，故依据《民事诉讼法》第一百一十九条、《最高人民法院关于适用民事诉讼法若干问题的意见》第五十八、《专利法》第十一条第一款、第六十五条第二款、《最高人民法院关于审理侵犯专利权纠纷案件应用法律若干问题的解释》第十九条第二款的规定，判决：

（1）第一被诉侵权人自本判决生效之日起，立即停止侵犯本案专利权的行为；

（2）第一被诉侵权人自本判决生效之日起十日内，赔偿专利权人经济损失80万元；

（3）驳回专利权人其他诉讼请求。

案件受理费15 102元由专利权人负担3 302元，第一被诉侵权人负担11 800元。

四、河北省高级人民法院的二审判决

第一被诉侵权人不服一审判决，向河北省高级人民法院提起上诉。

（一）当事人的主张

第一被诉侵权人上诉称：

（1）本案专利技术是早已为公众所知的现有技术，第一被诉侵权人即使使用了该技术，依法也不构成侵权。

（2）第一被诉侵权人使用的墙体构造技术系依法受让而来，不知道该技术已被授予专利，故不构成侵权，无需承担侵权责任。根据《建筑法》的规定，第一被诉侵权人必须按照工程设计图纸施工，无论按照法定义务还是按照建筑行业标准，其使用本案专利技术即使不是合法合理使用，也是不得已的必须使用，怎么会构成违法侵权行为？

（3）本年专利权人请求的赔偿数额没有证据和法律依据，依法应予驳回。

基于上述理由，第一被诉侵权人请求二审法院撤销一审判决，驳回专利权人的诉讼请求。

专利权人主要答辩称：本案专利真实、合法、有效，第一被诉侵权人诉称答辩人的专利技术属于公开的技术没有事实依据；第一被诉侵权人侵犯本案专利权的事实清楚，证据确凿，是明知和故意的，并未否认其使用的是本案专利技术；一审判决确定的赔偿数额合法有据，故请求驳回上诉，维持一审判决。

第二被诉侵权人答辩称：其已于2007年4月已获得专利权人的许可，允许其使用其本案专利技术进行建筑项目的施工图设计，在本案中也得到专利权人不予追究设计单位侵权责任的承诺；第一被诉侵权人是第二被诉侵权人的多年合作伙伴，如今对簿公堂实在遗憾。

（二）二审法院查明的事实

对一审法院查明的事实，二审法院予以确认。

二审法院另查明：河北省建设厅批准的《CL结构构造图集》，第二被诉侵权人为参编单位，专利权人为参编人员之一。专利权人对该图集为河北省工程建设地方标准没有异议。专利权人在一审中主张的CL网架板损失数额为82.74万元，本案专利损失数额为33.79万元。

（三）二审判决的理由

二审法院认为：在专利侵权诉讼中，被控侵权人依据已有技术抗辩的，应当提交在涉案专利申请日以前在国内外出版物上公开发表、在国内公开使用或者以其他方法为公众所知悉的技术，与被控侵权技术进行比对。本案中，第一被诉侵权人虽进行已有技术抗辩，但仅提交了一份在本案专利申请日之前发布实施的《CL结构工程施工质量验收标准》，该文件并没有披露完整的现有技术方案。“CL建筑体系”自1992年开始研发，先后取得多项专利，第一被诉侵权人未能说明上述验收标准中涉及本案专利的实质内容，且本案专利是否符合《专利法》规定的授予条件也不是本案审理的范围。第一被诉侵权人认为本案专利是公众所知的现有技术并以此主张其不构成侵权的上诉理由，二审法院不予支持。

关于第一被诉侵权人按照工程设计图纸施工，是否构成侵权的问题。《最高人民法院关于朝阳兴诺公司按照建设部颁发的行业标准〈复合载体夯扩桩设计规程〉设计、施工而实施标准中专利的行为是否构成侵犯专利权问题的函》（[2008]民三他字第4号）中明确答复："鉴于目前我国标准制定机关尚未建立有关标准中专利信息的公开披露及使用制度的实际情况，专利权人参与了标准的制定或者经其同意，将专利纳入国家、行业或者地方标准的，视为专利权人许可他人在实施标准的同时实施该专利，他人的有关实施行为不属于专利法第十一条所规定的侵犯专利权的行为。专利权人可以要求实施人支付一定的使用费，但支付的数额应明显低于正常的许可使用费；专利权人承诺放弃专利使用费的，依其承诺处理。"本案专利被纳入了河北省地方标准，专利权人参与了该标准的制定，故应视为专利权人许可他人在实施标准的同时实施该专利，第一被诉侵权人的有关实施行为不属于《专利法》第十一条规定的侵犯专利权的行为。一审判决认定第一被诉侵权人按照已纳入专利权人参与制定的河北省地方标准的本案专利进行施工构成对本案专利的侵犯，并判决第一被诉侵权人赔偿专利权人损失，适用法律不当，应予纠正。

根据最高人民法院上述答复精神，在本案中，第一被诉侵权人依法应支付专利权人一定数额的专利使用费。因本案专利的正常许可使用费难以确定，二审法院根据最高人民法院上述答复精神，酌情确定第一被诉侵权人支付专利权人专利使用费10万元。

基于上述理由，依照《民事诉讼法》第一百五十三条第一款第（二）项之规定，判决如下：

（1）撤销一审判决；

（2）第一被诉侵权人自二审判决生效之日起十日内给付专利权人专利使用费10万元；

（3）驳回专利权人的其他诉讼请求。

本案一审案件受理费15 102元，由专利权人负担10 000元，第一被诉侵权人负担5 102元；二审案件受理费15 102元，由专利权人负担10 000元，第一被诉侵权人负担5 102元。

五、最高人民法院的再审判决

专利权人不服二审判决，向最高人民法院（下称“再审法院”）申请再审。

再审法院于2012年6月28日作出（2012）民申字第490号民事裁定，提审本案。

（一）当事人的主张和证据

专利权人申请再审称：

（1）二审判决认定事实不清，适用法律不当。本案不应当适用《最高人民法院关于朝阳兴诺公司按照建设部颁发的行业标准〈复合载体夯扩桩设计规程〉设计、施工而实施标准中专利的行为是否构成侵犯专利权问题的函》[（2008）民三他字第4号]。本案中，河北省建设厅发布的“CL结构设计规程”前言载明：本规程所涉及的专利技术为石家庄晶达建筑体系有限公司所有，使用授权许可，应与之联系。专利权人参与了行业的设计规程、图集和验收规程等公开发行标准的制定，不应视为其许可他人实施标准的同时实施该专利。同时，这些设计规程、图集也清楚的表明这些标准涉及专利，须取得相关授权。

（2）二审判决损害了专利权人的合法权益，不利于知识产权的保护。专利权人历时十多年时间，耗资两千多万元研究成功了包括本案专利在内的国家级重点科技成果“CL建筑体系”。该建筑体系被建设部科技发展促进中心评定为“全国建筑行业科技成果推广项目”，国家有关部委多次召开专门会议进行推广。全国利用CL结构体系建造的住宅和在建的住宅已经达到几百万平方米。第一被诉侵权人在工程立项前经过详细考察，知道CL结构体系的优越性，并明确知道他人所享有的专利权。但是，第一被诉侵权人在看到CL建筑体系良好的经济效益和社会效益后，不是通过正当合法的手段向专利权人取得相关专利权人的许可，而是通过仿冒和擅自实施等方法非法使用本案专利。第一被诉侵权人利用本案专利提高知名度和房屋售价，建造了几万平方米的房屋，取得非法效益，造成专利权人各项经济损失共计110余万元。二审法院判令支付10万元，严重损害了专利权人的合法权益，变相鼓励他人恶意侵害专利权。

综上，专利权人请求再审法院撤销二审判决，依法改判。

第一被诉侵权人辩称：

（1）专利权人已经在政府推广行为中利用专利技术获取了极大的竞争优势，又想获取正常的专利许可使用费，这是不公平的。二审法院适用（2008）

民三他字第4号复函，并无不当。

（2）第一被诉侵权人在本案中严格遵守国家的法律规定，按标准施工，在施工过程中没有任何侵权的故意和过失，缺乏构成侵权的主观要件。专利权人和第二被诉侵权人有恶意串通，引诱第一被诉侵权人作出侵犯专利权的行为。如果第二被诉侵权人及时向第一被诉侵权人披露相关专利信息，第一被诉侵权人肯定会选择其他设计以及施工方案，从而在保证质量的基础上有效降低成本。第二被诉侵权人没有尽到合理的提示和披露义务，应当在本案中承担大部分侵权责任。

（3）第一被诉侵权人使用的预制复合承重墙结构的构造施工方法为公知技术，不构成对本案专利权利要求1所保护的技术方案的侵害。第一被诉侵权人使用的CL网架板技术亦为公知技术，不构成对本案专利权利要求4所保护的技术方案的侵害。此外，专利权人诉请的经济损失是CL网架板的利润损失，其要求的CL网架板包括钢筋焊接网、保温板、斜插钢筋等要素，而由上述要素构成的技术方案是河北省工程建设标准DB13/T（J）26-2000《CL结构体系技术规程》和河北省工程建设标准DB13（J）43-2003《CL结构设计规程》公开的CL网架板的技术方案，因此专利权人在本案中诉请保护的产品与本案专利技术无关。

（4）专利权人虽然为本案专利的专利权人，但其已将该专利许可给晶达公司使用，本案一审法院和二审法院在未能查明该专利许可使用性质的情况下以专利权人作为原告，诉讼主体不适格。

（5）被诉的所有楼房的一楼均没有侵害其专利权，而且，CL网架板的用量以及销售价、利润等均存在扩大计算的情况。专利权人在本案中所提出的损失的计算标准过高，适用比例过高。

综上，第一被诉侵权人认为二审法院认定不侵权正确，判决确定的赔偿数额尚能接受，故请求再审法院驳回专利权人的再审申请。

第二被诉侵权人辩称，涉案工程是第一被诉侵权人进行现场观摩后自行决定的设计方案，第二被诉侵权人履行了告知义务；第二被诉侵权人获得了专利权人的许可，经营合法合规，不存在侵权行为。

第一被诉侵权人在本案提审后，向本院提交了如下证据：

证据1：河北省建设厅于2000年12月12日发布并实施的河北省工程建设标准《CL结构体系技术规程》，DB13/T（J）26-2000(以下简称“2000年规程”）。证明本案专利为公知技术。

证据2：河北省建设厅于2004年2月6日发布，2004年3月1日实施的河北省工程建设标准《CL结构设计规程》，DB13（J）43-2003(以下简称“2003年规程”）。证明本案专利为公知技术。

证据3：河北省建设厅于2006年3月7日发布，2006年4月1日实施的河北省工程建设标准《CL结构设计规程》，DB13（J）43-2006(以下简称“2006年规程”）。证明本案专利的保护范围不包括网架板技术，网架板技术在专利申请日之前的规程中已公开。

证据4：武邑和谐家园5~7号住宅楼的建筑施工图。设计人为第二被诉侵权人，设计依据的主要规范为民用建筑设计通则、住宅建筑规范、屋面工程技术规范、建筑地面设计规范、建筑设计防火规范、居住建筑节能设计规范、建筑内部装修设计防火规范、CL结构设计规范DB13（J）43-2006。证明其施工行为是按图施工，根据《建筑法》第五十八条的规定，无法改变设计单位设计的图纸。

证据5：二审审理期间的庭审笔录。证明专利权人承认网架板技术不包括在本案专利的技术方案中。

专利权人对第一被诉侵权人提交证据的真实性无异议。

关于证据1~3，专利权人认为均是河北省建设厅为了实施专利权人的专利技术而编制的CL结构体系设计规程和CL结构体系施工验收规程。涉及的专利为“预制复合承重墙结构的节点构造施工方法”、“一种房屋建筑三维结构体系的施工方法”、“一种房屋建筑三维结构体系及使用方法”。上述专利组成了CL建筑体系专有技术，专利权人均为张晶廷。本案专利的发明核心是两面整体浇注混凝土，形成带保温层的复合受力构件，而2000年规程中的节点图是一面预制的保护层，完全不同于本案专利。2000年规程中的网板夹心墙体直接进入梁、柱的混凝土截面内，也与本案专利完全不同。2003年技术规程则是在2000年技术规程上作的改进。采用本案专利的2006年规程完全不同于2000年和2003年规程整体浇注复合受力构件的节点做法。本案专利曾因案外人提起专利无效请求，经专利复审委员会的审查后，认定具备新颖性、创造性，故本案专利现在仍处于有效状态。第一被诉侵权人提出本案专利为公知技术无事实依据。

关于证据4，专利权人认为该建筑施工设计图依据的就是纳入了本案专利的2006年规程，足以证明被诉侵权施工方法落入本案专利的保护范围。

关于证据5，专利权人认为并不能由此证明被诉侵权施工方法使用的网架板不是本案专利保护的技术方案。2006年规程中的网架板的技术方案不同于以往的专利技术和建筑规程，是对在先网架板技术的连接方式的改进，该连接部位的节点构造和施工方法就是本案专利要求保护的发明创造。

专利权人向本院提交的证据有：

证据1：专利权人与威海丰荟集团有限公司于2010年11月30日签订的《建设“节能省地”型住宅（CL建筑体系）部品生产基地专利技术转让合同》。证明CL建筑体系系列专利费与安装技术服务费合计443万元。

证据2：专利权人与威海丰荟集团有限公司、荣成市丰荟住宅产业化开发有限公司于2011年8月8日签订的《合同主体变更协议》。证明CL建筑体系专利技术实施许可合同的甲方威海丰荟集团有限公司被荣成市丰荟住宅产业化开发有限公司取代，合同继续履行。

证据3：荣成市丰荟住宅产业化开发有限公司出具给专利权人的发票，金额为443万元。

证据4：晶达公司与泰安市华新建材有限责任公司于2012年4月17日签订的《“CL建筑体系”技术转让（专利实施许可）合同》。证明专利权分期使用费总额为500万元。

证据5：泰安市华新建材有限责任公司出具给晶达公司的技术转让费发票，金额为400万元。

证据6：专利权人与山东胜宏国际石油开发投资有限公司于2011年3月25日签订的《技术转让（专利实施许可）合同》。证明专利实施许可费分期使用费总额为398万元。

证据7：专利权人、山东胜宏国际石油开发投资有限公司、山东光正节能科技有限公司于2011年6月9日签订的合同主体变更协议。证明CL建筑体系专利技术实施许可合同的甲方山东胜宏国际石油开发投资有限公司被山东光正节能科技有限公司取代，合同继续履行。

证据8：山东光正节能科技有限公司于2011年11月15日出具给专利权人的技术转让费发票，金额为398万元。

上述证据4、证据6的合同涉及许可实施的专利名称为“预制复合承重墙结构的节点构造施工方法”“一种房屋建筑三维结构体系的施工方法”“一种房屋建筑三维结构体系及使用方法”，专利号分别为200610012332.7、99110073.5、95100283.X，专利权人为张晶廷。证据1、证据4、证据6的合同约定，专利实施许可期限“截止到上述专利中最长一个专利的期限届满日”。

第一被诉侵权人对专利权人提交的证据的真实性不予认可，认为上述专利实施许可合同均没有履行备案登记手续，并且提供的发票中付款单位不是许可合同的当事人。

再审法院对以上证据的认证意见为：本案第一被诉侵权人提交的2000年规程和2003年规程早于本案专利的申请日，属于在申请日前国内外出版物上公开发表过，在国内公开使用过或者以其他方式为公众所知的已有技术，可以作为现有技术抗辩的技术方案。专利权人提交的证据1～8涉及三件专利技术转让合同是有关计算本案赔偿数额的证据。专利权实施许可合同的生效和履行不以合同是否进行备案为前提，且发票的付款方与专利权人提交的主体变更协议相对应，第一被诉侵权人对上述证据的质证意见再审法院不予采纳。上述合同均签订在本案纠纷发生之后，标的是CL建筑体系系列专利，并非单独一件专利，且履行期间截止到2026年。再审法院对上述证据将结合专利权人在一审中提交的CL网架板委托生产协议记载的技术转让费、CL结构体系相关产品购销合同记载的专利技术使用费、技术服务费等证据，在确定赔偿数额时酌情予以考虑。

（二）再审法院查明的事实

再审法院再审查明，一、二审法院审理查明的事实基本属实，此外另行查明如下事实。

1. 关于2000年规程

河北省建设厅发布实施的河北省工程建设标准DB13/T（J）26-2000《CL结构体系技术规程》由晶达公司、北方设计研究院主编。该规程前言部分记载：“该规程是以国家现行的有关规范、标准与大量的实验研究成果为主要依据编制，体现了墙改与节能方面的政策，对设计、施工作出了规定。希望各有关单位在本规程的实施过程中注意积累资料，及时向编制单位提出意见或建议，以便今后修订时参考。”

该规程第21页“7. 施工与验收部分”记载有7.1. CL网架的材料要求以及结构形式；7.2. CL复合墙板的施工部分，记载有CL结构体系的施工工艺流程。第31页附录B记载有CL结构体系主要节点示意图。其中，图C1-C10分别是：CL复合墙板与基础连接做法，CL复合墙板与边缘构件（暗柱）连接做法（外墙内保温）（仅用于抗震等级四级），CL复合墙板转角做法（用于外墙内保温），

CL复合墙板与边缘构件（暗梁）连接做法（用于外墙外保温），CL复合墙板、CL复合墙板转角做法，CL复合墙板与边缘构件（暗柱）连接做法（外墙外保温），CL复合墙板转角做法（用于外墙外保温），CL复合墙板与边缘构件（暗梁）连接做法（用于外墙内保温），CL复合墙板与边缘构件（暗柱）连接做法（用于外墙内保温）。

2. 关于2003年规程

河北省建设厅发布实施的河北省工程建设标准DB13（J）43-2003《CL结构设计规程》，由河北北方绿野建筑设计有限公司（下称"绿野公司"）、北方设计研究院、晶达公司共同修订。该规程前言部分记载，该规程是对2000年规程进行的必要的补充和调整，主要内容是对CL结构的材料、设计理论、设计构造措施等分别作出了较为系统的规定。应识别出的专利为，"一种轻质承重偏夹心网板"、"一种房屋建筑三维结构体系的施工方法"、"一种房屋建筑三位结构体系及施工方法"。标明所涉及的专利技术为晶达公司所有，使用授权许可应与之联系，还记载了该公司具体地址和联系电话。该规程第2页"2.1主要术语"中记载，CL墙板由两层冷拔光面钢丝焊接网用斜插钢丝（腹丝）焊接成空间骨架，中间夹以聚苯乙烯板形成CL网架板，内外两侧浇筑混凝土后构成CL墙板。该规程第26页"6构造措施"记载有CL墙板、连梁、小墙肢构造要求。图6.2.1为CL墙板构造。

3. 关于2006年规程

河北省建设厅发布实施的河北省工程建设标准DB13（J）43-2006《CL结构设计规程》是第二被诉侵权人建筑设计施工图所依据规程。该规程前言部分记载"本规程是在作了大量实验工作和在青岛、邯郸、石家庄、邢台等地完成了近100万平方米住宅设计与施工的基础上，根据国家新的建筑节能要求，对CL结构设计规程DB13（J）43-2003进行了必要的补充和调整，其主要内容是对CL结构的材料、设计理论、设计构造措施等分别作了系统的规定。"同时还记载，"本规程所涉及的专利技术为石家庄晶达建筑体系有限公司所有，使用授权许可，应与之联系。应识别出的专利为："一种轻质承重偏夹心网板"，"一种房屋建筑三维结构体系的施工方法"，"一种房屋建筑三维结构体系及施工方法"。编制单位为绿野公司、北方设计研究院、晶达公司。

4. 关于CL建筑体系的情况

河北省人民政府办公厅于2009年2月2日转发《关于推广应用CL建筑体系促进节能省地型建筑发展实施意见的通知》[办字（2009）23号]记载，“CL建筑体系是集建筑结构与保温隔热功能为一体的复合钢筋混凝土剪力墙结构体系，具有抗震性能好，节能效果完全满足现有标准要求，且保温与建筑同寿命，扩大使用面积，实现建筑工厂化生产，节约耕地等特点，建设部鉴定为综合技术达国际先进水平，列为全国建设行业科技成果推广项目。目前，我省及外省已建成CL体系住宅600多万平方米，取得了良好的示范带动作用。”衡水市人民政府办公室于2009年5月1日转发《关于大力推广应用CL建筑体系的实施意见的通知》，要求“自2009年4月1日起，我市新建居住建筑和公用建筑，要积极采用CL建筑体系，积极鼓励引导建设单位和开发商，米用CL建筑体系，2009年完成2～3个住宅小区20万平方平方米的CL建筑体系推广应用示范工程的立项工作。同时及时总结经验和做法，以点带面，促进CL建筑体系在我市建筑中的应用，到2011年，我市新建建筑应用CL建筑体系的比重达到50%。因此，要把推广应用工作落到实处”。同时，在人员培训中明确，“由市建设局负责组织设计、施工、监理等相关单位岗位操作人员的技术培训，通过参观、学习、熟悉CL建筑体系相关的技术文件，使推广应用工作达到安全、优质、文明、高效。”该通知还要求，“各级财政部门设立节能专项资金，对采用CL建筑体系的示范工程予以支持和奖励，各部门要对项目实施单位实行全程服务，减少办事环节，简化审批程序，减交城市配套费等措施，为推广应用CL建筑体系创造宽松的环境。”

本案再审庭审中，双方对和谐嘉园5～8#住宅楼总建筑面积为32 704平方米，所有楼房的一楼均没有使用本案专利无异议，确认侵权的总建筑面积为25 000平方米。

（三）再审判决的理由

再审法院再审认为，本案当事人的争议焦点为第一被诉侵权人的被诉侵权施工行为是否侵害涉案专利权以及民事责任的承担。具体涉及以下问题：

（1）专利权人是否为本案的适格原告；

（2）第一被诉侵权人关于现有技术抗辩的理由能否成立；被诉侵权的CL网架板技术是否为公知技术；

（3）第一被诉侵权人实施被诉侵权施工方法时的主观状态、第二被诉侵权人是否应当承担责任；

（4）二审判决适用法律是否存在错误；

（5）专利权人的诉讼请求是否应当支持。

1. 关于专利权人是否为本案的适格原告

第一被诉侵权人在本院再审审理中提出，本案原告虽然为本案专利的专利权人，但其已将本案专利许可给晶达公司使用，专利权人作为原告的诉讼主体不适格，其理由为：如果专利权人与晶达公司签订的是专利独占实施许可合同，则专利权人无权实施涉案专利，不享有专利实施权以及实施利益，晶达公司应成为本案的原告。本案一审和二审判决仅以本案专利权人作为原告，其诉讼主体不适格。

再审法院认为，对于2009年10月1日以前的被诉侵害专利权行为，适用修改前的专利法。根据2000年修改的《专利法》第五十七条的规定，未经专利权人许可实施其专利，即侵犯其专利权，引起纠纷的，由当事人协商解决；不愿协商或者协商不成的，专利权人或者利害关系人可以向人民法院起诉，也可以请求管理专利工作的部门处理。由此可知，专利侵权诉讼的原告范围是专利权人或者利害关系人。《最高人民法院关于诉前停止侵犯专利权行为适用法律问题的若干规定》第一条规定了利害关系人的范围，即包括专利实施许可合同中的被许可人、专利财产权利的合法继承人等。在专利实施许可合同的被许可人中，独占实施许可合同的被许可人可以单独向法院提出申请；排他实施许可合同的被许可人在专利权人不申请的情况下可以提出申请。本案中，专利权人为本案专利的发明人和专利权人，其与他人签订专利实施许可合同并不影响其享有单独提起他人侵害专利权的诉权。第一被诉侵权人未证明专利权人与晶达公司签订了独占实施许可合同。退一步讲，即便晶达公司为本案专利的独占实施合同被许可人，也仅在于晶达公司可以作为利害关系人单独提起侵害专利权之诉。本案亦不存在晶达公司不参加诉讼，争议的权利义务以及当事人之间的权利义务关系难以确定，晶达公司与专利权人对本案专利存在财产共有的法律关系等情形。因此，晶达公司并非是本案的必要原告，本案专利的专利权人提起本案诉讼，一、二审法院依据其起诉审理本案，并无不当。

2. 关于现有技术抗辩

第一被诉侵权人在本案中主张现有技术抗辩，辩称其所使用的预制复合承重墙结构的节点构造施工方法以及网架板技术方案在本案专利的申请日之前已经公开。如果认定侵权行为成立，也应当扣除网架板的利润，其理由为2000年规程作为涉案专利申请日之前的国内的公开出版物，公开了与本案专利权利要求1相同的技术方案，其中有CL复合墙板节点构造施工方法的描述。2000年规程第31页图C.7和图C.8与涉案专利权利要求1及说明书附图3的技术方案都是采用预制的网架板，延伸至梁、柱的外侧，整体直接喷注或浇注形成柱、梁、墙板一体的三维结构，在预制的网架板的搭接部位设置柱筋、矩形框架箍筋、连接锚筋等连接形成的整体受力结构。第一被诉侵权人还辩称，其使用的CL网架板技术是现有公知技术的理由为，2000年规程公开了CL网架板的结构形式和CL复合墙板的示意图，对CL复合墙板的定义为由两层钢丝网用斜插钢筋（腹丝）连接的空间骨架，中间夹以聚苯乙烯板形成CL网架，内外两侧浇筑混凝土后构成CL复合墙板。2003规程也定义了CL墙板，并公开了CL墙板构造的示意图。被诉侵权施工方法中使用到的部件名称无论是夹心网骨架还是CL网架板都是将钢丝平网中间夹以聚苯乙烯板的保温层后，用钢丝桁条或者腹丝、斜插钢筋连接而成的。因此，网架板的技术方案与现有技术的相应技术特征无实质性差异。

再审法院认为，现有技术抗辩作为被诉侵权人对抗专利权人侵权指控的不侵权抗辩是2008年修改的《专利法》新增加的一项制度，但专利权的保护范围不得包括现有技术是专利制度的基本内容。第一被诉侵权人提出现有技术抗辩，需要审查的是其施工使用的被诉侵权方法是否为本案专利申请日之前的现有技术。如果第一被诉侵权人能够举证证明被诉侵权施工方法与一项现有技术方案中的相应技术特征相同或者无实质性差异，则应当认定第一被诉侵权人实施的施工方法不侵害涉案专利权。

经审查，本案被诉侵权方法已由公证员对施工楼层、场地及其他相关场景进行了现场拍照。公证书（655号）照片9～12中，网架板是预制的，公证书（654号）照片5、13、14、16、19中，夹心网骨架是双层的钢丝平网，中间是保温层，桁架是立体交叉的钢丝桁条连接的。公证书（654号）照片12、13、16、19、26中，外墙等部位是在板两侧浇筑混凝土形成复合墙体。进行外墙等部位的施工时，保温板的外侧存在混凝土层，且与墙板以及柱、梁一体成型。公证书（654号）照片14、16、18、19以及公证书（655号）照片2、3、5、7、

8、12中，均有网架板在梁柱界面网架板钢筋处延伸，不同于主墙体部位的特征。公证书（654号）照片1～11以及21～24和17中，标识在梁柱等夹心网骨架连接部位有附加连接锚筋。公证书（654号）照片1、2、6、17、21、24中，现场吊装预制夹心网骨架，就位后将夹心网骨架与箍筋、连接锚筋以及加强网片捆扎成整体结构。公证书（654号）照片9、11、12、15、17、24是安装墙柱以及梁模板的现场，公证书（654号）照片12、13、16、19是浇筑梁柱网板混凝土后，拆除模板，施工下一楼盖板。此外，墙身的受力以及保温骨架分别标注在建筑施工设计图纸的标准层平面图MKZ1、MKZ3、MKZ2的墙身大样中。该设计图纸中还标识出，所有外墙的翼柱、暗柱以及连梁均处于保温层内侧，且保温层外侧为混凝土。综上，被诉侵权方法使用的技术特征为：a. 承重墙采用预制的保温夹心网骨架；b. 保温夹心网骨架是由承重墙主受力钢筋形成的；c.保温钢筋网骨架延伸至梁、柱的外侧，使梁、柱形成带保温层的复合受力构件；d. 浇铸混凝土的一侧存在模板与梁、墙板一体的三维结构；e. 预制的夹心网骨架的搭接部位有柱筋和矩形框架箍筋；f. 夹心网骨架的平网搭接部位有连接锚筋、箍筋、柱筋与夹心网骨架的钢筋连接，形成整体受力结构。本院再审庭审中，第一被诉侵权人认可被诉侵权施工方法使用的是整体直接喷注或浇注。

再审庭审中，专利权人认为2000年规程对应的专利是其名称为“一种房屋建筑三维结构体系及施工方法”的发明专利，涉及单面浇筑的技术。对此，第一被诉侵权人未提出异议。该专利技术方案是由预制的墙板、楼板直接喷注或浇注混凝土的柱、梁、墙壁和楼板等，使之形成连成一体的三维整体结构，其特征是预制的墙板、楼板采用轻质承重夹心网板即网状钢筋砼组成，采用加强钢筋网状连接，构成这种结构的轻质承重夹心网板为偏夹心网板，网板一侧为保温层，另一侧为承重层，构成自承重墙板。自承重墙与内墙连接采用T形或十字网状钢筋砼暗梁连接，与楼板连接亦然。

2000年规程的施工方案是将预制的各种板运至施工现场后，根据设计进行拼装，在安装好墙板、楼板、楼梯、阳台等预制板的基础上，校正固定绑扎加强钢筋网，同时进行砼施工、喷注该楼层的十字梁、柱、T形梁、柱墙面和地面、顶面。剪力墙结构形式的墙板单面用模板喷注砼，另一面喷（抹）纤维砼，喷注从楼层底部开始，待墙板喷注到楼底面时，开始浇楼板上面砼，上面砼达到70%强度，再喷底面砼。

被诉侵权施工方法是将预制的保温夹心网骨架延伸至梁柱的外侧，形成的保温钢筋网骨架。该夹心网骨架是在墙的二层或三层立体交叉桁架受力，使得梁柱部位与梁柱受力钢筋结合为一体，形成带保温层的复合受力构件。墙体内主要受力钢筋与支撑带保温的钢网架与房屋的梁柱楼板整体施工。在公证保全中的照片中可以清楚看出网架板并非2000年规程中的两层网板的结构。第一被诉侵权人以本案专利说明书附图3公开的技术方案与2000年规程中CL结构体系主要节点示意图中披露的技术方案相同为依据，主张其使用的预制复合承重墙结构的构造施工方法属于现有技术，但其忽视了其他技术特征对本案专利技术方案的限定。2000年规程的第31页的图C.7和图C.8并未完整披露被诉侵权施工方法。在专利权无效宣告程序中，无效请求人可以将几项现有技术组合起来请求宣告专利权不具备创造性，但在专利侵权案件中，被诉侵权人不能将几项现有技术方案组合起来进行现有技术抗辩。因此，对第一被诉侵权人关于其使用的预制复合承重墙结构的构造施工方法是现有技术，不构成对本案专利的权利要求1所保护的技术方案的侵害的主张不予支持。

第一被诉侵权人辩称其使用的CL网架板技术为现有技术，不落入本案专利的权利要求4的保护范围。本案专利的权利要求4为，根据权利要求1所述的预制复合承重墙结构的节点构造施工方法，其特征在于预制的夹心网骨架是双层或三层钢丝平网（5）中间夹聚苯乙烯泡沫板（3）保温层，由立体交叉的钢丝桁条（4）将钢丝平网连接成为衍架预制而成。本案专利权利要求4引用了权利要求1，属于整体浇注。尽管包括钢筋焊接网、保温板、斜插钢筋等要素的CL网架板的技术方案已经在2000年规程和2003年规程中公开，但其具体施工方法方式并不相同。被诉侵权施工方法是整体浇注，使用的网架板有三层钢筋网架，其是将钢丝平网连接成为衍架预制而成；这与2000年规程中将剪力墙结构形式的墙板单面用模板喷注砼，另外一面喷（抹）纤维砼的方法明显不同。第一被诉侵权人所主张的CL网架板技术仅涉及被诉侵权施工方法的一个技术特征，并未构成被诉侵权施工方法的整体技术方案。因此，对第一被诉侵权人关于其使用的网架板是现有技术，专利权人本案中诉请保护的网架板产品与本案专利技术方案无关的主张不予支持。

3. 第一被诉侵权人实施被诉侵权施工方法时的主观状态以及第二被诉侵权人是否应当承担侵权责任

本案再审庭审中，第二被诉侵权人的答辩与其在一、二审中的辩称一致，认为因CL建筑体系工艺施工难度较大，工程造价相对较高，建议用户到正在使用CL建筑体系的建设工地现场参观学习了解。在进行工程设计前，第一被诉侵权人曾进行认真观摩，最后认为该工艺做法比较好，并且能够承受其造价并完成其施工，于是委托第二被诉侵权人采用该工艺进行设计。第一被诉侵权人对第二被诉侵权人所称进行过观摩的事实认可，但认为第二被诉侵权人没有向其明确提及过建筑施工设计图纸中包含有本案专利技术，没有提示其应当在获得专利权人的许可之后才能按图施工，存在过错。本院再审庭审中，各方当事人对“和谐嘉园”小区其他几幢小高层并没有使用本案专利方法并无异议。

再审法院认为，2006年规程为推荐性标准，第一被诉侵权人作为建筑施工领域的经营者，有不选择该规程的权利。第一被诉侵权人在对CL建筑体系工地施工现场进行市场观摩调查后，向第二被诉侵权人提出设计要求，且根据其与第二被诉侵权人签订的《建设工程设计合同》，第二被诉侵权人设计采用的标准是由第一被诉侵权人自费向有关出版部门购买的。而且，第二被诉侵权人的设计施工图依据的2006年规程在前言部分明确记载了需要识别的专利技术以及专利权人的联系方式。此外，第一被诉侵权人在和谐嘉园的售楼宣传材料中，载有CL复合剪力墙建筑结构户型的优点，并配合有与CL建筑体系网架板一致的图片。第一被诉侵权人辩解其使用的是现有技术，但不论是2000年规程还是2003年规程，均记载有该技术规程包含有专利权的情形。因此，对第一被诉侵权人关于被诉侵权施工方法中不存在专利权人的专利权的辩解难以支持。

《专利法》第十一条规定，发明和实用新型专利权被授予之后，除了该法另有规定的以外，任何单位或者个人未经专利权人许可，都不得实施其专利。该条款规定了五种具体的实施方式，即：制造、许诺销售、销售、使用和进口，这是实施专利行为的穷尽性规定。设计单位设计绘制实现专利技术的图纸的行为并不属于《专利法》第十一条规定的侵权行为。本案亦无证据证明第二被诉侵权人对第一被诉侵权人存在诱导以及帮助等侵权行为。因此，本案第二被诉侵权人设计建筑施工图的行为并不构成侵权。

在再审过程中，第一被诉侵权人最终拒绝专利权人提出支付专利实施许可费的调解方案。因第一被诉侵权人知道或者应当知道第二被诉侵权人设计的施工方法中包含有本案专利技术，在专利权人进行了专利披露、第一被诉侵权人能够识别专利存在并能够与专利权人进行联系的情况下，第一被诉侵权人未经专利权人许可使用本案专利技术，且在发生纠纷后，在本案中拒绝向专利权人支付专利许可费，其行为构成了侵犯专利权的行为。

4. 二审判决适用法律是否错误

专利权人申请再审主张，二审法院适用（2008）民三他字第4号复函，存在错误。

再审法院认为，上述复函是对个案的答复，不应作为裁判案件的直接依据予以援引。本案涉及的2006年规程为推荐性标准，该标准所涉及专利的专利权人履行了专利披露义务，被诉侵权施工方法所依据的2006年规程前言部分明确记载了该标准涉及的专利技术以及专利权人的联系方式，该规程的实施者既能从中判断出2006年规程涉及专利技术，也能判断出其专利权人没有向公众表明免收专利许可费的意图。因此，实施该标准应当取得专利权人的许可，并根据公平合理无歧视的原则支付许可费。在未经专利权人许可予以实施并拒付许可费的情况下，原则上专利侵权救济不应当受到限制。本案不存在专利权人隐瞒专利的行为，并未导致标准实施者产生该技术系无需付费的公知技术的信赖。专利权人的再审申请理由成立，应当予以支持；二审法院简单适用上述复函，进而认定本案不构成侵权，适用法律存在错误，应予纠正。

5. 专利权人的诉讼请求是否应当支持

如前所述，第一被诉侵权人的被诉侵权施工方法落入本案专利权的保护范围，第一被诉侵权人关于现有技术的抗辩不能成立，专利权人关于请求判令第一被诉侵权人停止侵权行为的诉讼请求应当予以支持。专利权人主张CL网架板的销售价为155元，CL网架板的生产成本为104.4元，故CL网架板的利润为每平方米50.6元。由于上述主张无其他证据佐证，故本再审法院结合专利权人在一审中提交的2007年与泰安华新建材有限责任公司CL网架板委托生产协议记载的CL网架板技术转让费、推广费为每平方米11元、2008年与河北辛建建设集团有限公司就CL结构体系相关产品购销合同中约定的CL结构体系专利使用费、技术服务费每平方米15元，专利权人在本院申请再审阶段认可网架板的许可费每平方米11元，以及本院再审审理中，专利权人提交的三份技术转让合同，同时考虑本案专利在被诉侵权施工方法中对产品利润的影响，具体侵权行为所涉面积等因素，根据2008年修改的《专利法》第六十五条第二款的规定，酌定第一被诉侵权人赔偿专利权人经济损失40万元。

关于第一被诉侵权人是否应当承担停止侵权的民事责任的问题。一审审理期间，被诉侵权的工程尚未完工，第一被诉侵权人的被诉施工行为处于侵权状态，一审判决判令第一被诉侵权人立即停止侵害本案专利权的行为并无不当。因被诉侵权工程现已完工并交付使用，判决第一被诉侵权人停止侵害本案专利权的施工行为已无必要，故应对第一被诉侵权人承担停止侵权的民事责任作相应调整。

综上所述，再审法院认为二审判决认定第一被诉侵权人不构成对本案专利权人的侵害适用法律错误，应予纠正。依据2012年修改的《民事诉讼法》第二百零七条第一款、第一百七十条第一款第（二）项，2000年修改的《专利法》第十一条第一款、第五十七条，2008年修改的《专利法》第六十五条第二款、《最高人民法院关于审理侵犯专利权纠纷案件应用法律若干问题的解释》第七条、第十九条的规定，判决：

（1）撤销二审判决；

（2）撤销一审判决第一项；

（3）维持一审判决第三项；

（4）变更一审判卷第二项“第一被诉侵权人自判决生效之日起十日内，赔偿专利权人经济损失80万元”为“第一被诉侵权人自本判决生效之日起十日内，赔偿专利权人经济损失40万元”。

一审案件受理费15 102元，由专利权人负担9 816元，第一被诉侵权人负担5 286元；二审案件受理费15 102元，由专利权人负担9 816元，第一被诉侵权人负担5 286元。

六、评析

本案涉及专利保护与标准之间的关系，这一话题近年来受到社会各界越来越高度的重视。

我国《标准化法》于1988年12月19日制定，1989年4月1日起施行。该法的立法宗旨是“促进技术进步，改进产品质量，提高社会经济效益，维护国家和人民的利益”。

从类型上看，标准分为国家标准、行业标准、地方标准和企业标准四种类型。按照《标准化法》第六条的规定，上述四种类型的标准之间的关系是：

（1）对需要在全国范围内统一的技术要求，应当制定国家标准。国家标准由国务院标准化行政主管部门制定。

（2）对没有国家标准而又需要在全国某个行业范围内统一的技术要求，可以制定行业标准。行业标准由国务院有关行政主管部门制定，并报国务院标准化行政主管部门备案。在公布国家标准之后，该项行业标准即行废止。

（3）对没有国家标准和行业标准而又需要在省、自治区、直辖市范围内统一的工业产品的安全、卫生要求，可以制定地方标准。地方标准由省、自治区、直辖市标准化行政主管部门制定，并报国务院标准化行政主管部门和国务院有关行政主管部门备案。在公布国家标准或者行业标准之后，该项地方标准即行废止。

（4）企业生产的产品没有国家标准和行业标准的，应当制定企业标准，作为组织生产的依据，企业的产品标准须报当地政府标准化行政主管部门和有关行政主管部门备案。已有国家标准或者行业标准的，国家鼓励企业制定严于国家标准或者行业标准的企业标准，在企业内部适用。

从效力上看，按照《标准化法》第七条的规定，国家标准、行业标准分为强制性标准和推荐性标准。其中，保障人体健康，人身财产安全的标准和法律、行政法规规定强制执行的标准是强制性标准，其他标准是推荐性标准；省、自治区、直辖市标准化行政主管部门制定的涉及工业产品安全、卫生要求的地方标准，在本行政区域内是强制性标准。

尽管《专利法》和《标准化法》具有促进技术进步，促进经济社会发展的共同目标，但是这两部法律实现这一目标的方式恰好相反。《专利法》第十一条规定：专利权被授予后，任何单位或者个人未经专利权人许可都不得实施其专利；第五十九条规定：未经专利权人许可，实施其专利，即侵犯其专利权的，专利权人或者利害关系人可以向人民法院起诉，认定侵权行为成立的，可以责令侵权人立即停止侵权行为并赔偿专利权人的损失。《标准化法》第十四条规定：强制性标准必须执行，不符合强制性标准的产品禁止生产、销售和进口；第二十条规定：生产、销售、进口不符合强制性标准的产品的，由法律、行政法规规定的行政主管部门依法处理，法律、行政法规未作规定的，由工商行政管理部门没收产品和违法所得并处罚款，造成严重后果构成犯罪的，对直接责任人员依法追究刑事责任。

由于我国被授予专利权的发明创造数量巨大且遍及所有技术领域，因此现实中不可避免地会出现标准与专利相“链接”的现象。将专利技术纳入标准，特别是强制性标准，使有关专利技术成为他人制造有关产品或者有关进行工程施工无可回避的必然选择，这是许多专利权人求之不得的事情，有望获得丰厚的利益回报，可谓“好风凭借力，送我上青云”。如果在标准的制定过程中以及在形成标准后获得专利权人实施许可的制度安排上不采取必要措施予以规范，就有可能出现在公众不知情的情况下将专利纳入标准，随后又任凭专利权人漫天要价的不良现象，势必对正常的社会经济秩序产生危害。这正是标准与专利相“链接”引起我国社会各界高度关注的原因所在。

早在几年之前，国家标准化管理委员会和国家知识产权局就着手进行制定有关法律法规的准备工作。2013年12月19日，国家标准化管理委员会、国家知识产权局联合发布了《国家标准涉及专利的管理规定（暂行）》（下称“《暂行规定》”），自2014年1月1日起施行。从其规格和名称可知，该管理规定还不能被称为“部门规章”，而只是一种试行的规范性文件，而仅仅涉及国家标准，不涉及行业标准和地方标准。

《暂行规定》第四条首先明确了一个原则，即“国家标准中涉及的专利应当是必要专利，即实施该项标准必不可少的专利”，这表明不鼓励让专利无端“搭车”标准。

《暂行规定》主要涉及两方面的内容：一是关于专利信息的披露；二是关于实施所包含的专利的许可费，这是公众最为关注的两个问题。

对于上述第一个问题，公众的普遍呼声是要求确保其知情权利，也就是但凡在标准中纳入专利技术的一定要事先告知公众，使之知道实施该标准首先需要获得有关专利权人的许可，防止在不知情情况下因实施一项标准而被指控为侵犯专利权行为。为了落实知情原则，《暂行规定》第五条规定：

> **在国家标准制修订的任何阶段，参与标准制修订的组织或者个人应当尽早向相关全国专业标准化技术委员会或者归口单位披露其拥有和知悉的必要专利，同时提供有关专利信息及相应证明材料，并对所提供证明材料的真实性负责。参与标准制定的组织或者个人未按要求披露其拥有的专利，违反诚实信用原则的，应当承担相应的法律责任。**

第六条规定：

> **鼓励没有参与国家标准制修订的组织或者个人在标准制修订的任何阶段披露其拥有和知悉的必要专利，同时将有关专利信息及相应证明材料提交给相关全国专业标准化技术委员会或者归口单位，并对所提供证明材料的真实性负责。**

第五条表明参与标准制定的组织和个人负有披露专利信息的义务，未履行该义务并违反诚实信用原则的，应当承担相应的法律责任。然而，暂行规定并没有明确指出应当承担何种法律责任，其原因可能在于该暂行规定仅属于规范性文件，法律层级较低，无法设定法律责任。

然而除此之外，还存在一个需要注意的问题：即使参与标准制定的组织或者个人没有将其享有的专利纳入标准，仍然有可能将他人的专利纳入标准，在这种情况下应当如何落实专利信息的披露要求，防止日后公众实施标准的行为构成侵犯他人专利权的行为？

一种观点主张国务院标准行政主管部门要切实负起责任，不但要求参与标准制定的组织和个人承担披露其知晓的专利信息的义务，也要组织人员对拟制定的标准进行必要检索，以确认是否涉及他人享有的有效专利。当然，查找出所有相关专利并准确判断标准采用的技术方案是否落入这些专利的保护范围是一件相当困难的事情，所以另一种观点不赞成过分增加国务院标准行政主管部门的工作负担。目前出台的暂行规定采取了后一种观点。

关于上述第二个问题，公众的强烈呼声是：尽管依照《专利法》的规定，实施专利技术的单位或者个人都应当事先取得专利权人的许可，但是考虑到将专利纳入标准这一特殊情况，应当采取必要措施防止专利权人挟国家标准（尤其是强制性国家标准）而有恃无恐，不当提高收取专利许可费的门槛。对此，《暂行规定》第九条规定：

> **国家标准在制修订过程中涉及专利的，全国专业标准化技术委员会或者归口单位应当及时要求专利权人或者专利申请人作出专利实施许可声明。该声明应当由专利权人或者专利申请人在以下三项内容中选择一项：**
>
> **（一）专利权人或者专利申请人同意在公平、合理、无歧视基础上，免费许可任何组织或者个人在实施该国家标准时实施其专利；**
>
> **（二）专利权人或者专利申请人同意在公平、合理、无歧视基础上，收费许可任何组织或者个人在实施该国家标准时实施其专利；**
>
> **（三）专利权人或者专利申请人不同意按照以上两种方式进行专利实施许可。**

在笔者看来，既然规定了专利权人可以选择第（二）种方式，则写入第（一）种方式与不写也相差无几。第（二）种方式被称为“无歧视性许可”，其隐含了这样的含义，即标准管理机构应当根据具体情况确立一种具有普适性质的专利许可费方案，任何组织或者个人均可适用，无需另行与专利权人单独进行专利许可谈判。由于上述规定写入了第（三）种方式，表明仍然允许专利权人另行要价。

在所有标准中，强制性标准是效力最强的，自然也就是公众最为关注的。《暂行规定》第十四条规定：

> **强制性国家标准一般不涉及专利。**

第十五条规定：

> **强制性国家标准确有必要涉及专利，且专利权人或者专利申请人拒绝作出第九条第一项或者第二项规定的专利实施许可声明的，应当由国家标准化管理委员会、国家知识产权局及相关部门和专利权人或者专利申请人协商专利处置办法。**

第十四条反映了一种观点，即为了防止将专利技术纳入强制性国家标准而影响公众利益，最好明确规定不准将专利技术纳入强制性国家标准，这样可以一了百了，较为彻底地解决问题。然而，一些人不赞成这种观点，认为这不无因噎废食之嫌。众所周知，当今世界专利制度已经成为新技术的源泉和摇篮，各技术领域中的创新几乎毫无例外地首先通过专利文件向社会发布。如前所述，制定颁布国家标准的目的在于“促进技术进步，改进产品质量，提高社会经济效益，维护国家和人民的利益”，因此国家标准应当尽可能地采用先进技术。强制性国家标准是事关“保障人体健康，人身财产安全”的标准，可以说是所有国家标准中最为重要的标准，自然也应如此。如果规定强制性标准不得涉及专利技术，则意味着强制性标准只能采用较为成熟但已经相对陈旧的技术。由此而产生的疑问在于：既然如此，将其定为强制性标准意义何在？

关于标准与专利的关系问题，实际上存在两方面的担忧。一方面，国内许多企业担心将标准与专利“挂钩”会增大制造有关产品、实施有关工程的成本，从而影响其市场竞争力；另一方面，发达国家的专利权人担心我国将其拥有的专利“绑架”到国家标准之中，尤其是强制性国家标准之中，进一步通过实行“非歧视性许可费”政策迫使他们降低原本通过分别订立专利许可协议所能获得的更高经济效益，认为其结果无异于给予专利强制许可。大家知道TRIPS在发达国家的操控下对强制许可的颁发持非常严厉的立场，写入了诸多限制性条件，其中之一就是TRIPS第31条第（h）项规定，即使给予强制许可，也要

“根据每一案的情况，并考虑许可的经济价值，向权利人支付足够的报酬”。[1]因此，发达国家对其他国家以制定强制性标准之名，行给予强制许可之实的做法肯定会格外关注。正因为如此，该暂行规定不得不写入第十五条第（三）项这一读起来让人感到有些蹊跷的规定。

归纳起来，要理清标准与专利的关系殊非易事，需要考虑方方面面的因素。国家标准化管理委员会和国家知识产权局经过多年努力终于颁布了暂行规定，这无论如何都是一件值得赞许的事情，总比没有强。该文件名曰“暂行”，表明制定者感到其中一些问题还有待探讨，因而采取“摸着石头过河”的方式，希望在此基础上通过实践总结经验，逐步予以完善，这是可以理解的。

[1] the right holder shall be paid adequate remuneration in the circumstances of each case, taking into account the economic value of the authorization.

“一种热泵空调地暖系统”
发明专利权利归属争议案

一、案件提要

当事人

原专利申请权人：王春刚

现专利申请权人：特灵空调系统（中国）有限公司

上海市第二中级人民法院的一审判决

案号：（2010）沪二中民五（知）初字第61号

合议庭成员：何渊、韩敏、成福鑫

结案日期：2012年10月25日

上海市高级人民法院的二审判决

案号：（2012）沪高民三（知）终字第120号

合议庭成员：张晓都、马剑峰、陶冶

结案日期：2012年12月18日

最高人民法院的再审裁定

案号：（2013）民申字第1191号

合议庭成员：王闯、朱理、何鹏

结案日期：2013年12月18日

涉及的法律规定

《公司法》第十四条第一款，《专利法》第六条第一款，《专利法实施细则》第十二条第一款

二、本案专利介绍

本案涉及名称为“一种热泵空调地暖系统”的第200910052152.5号发明专利申请（下称“本案专利申请”），其申请日为2009年5月27日，公开日为2010年

12月1日。申请时的申请文件记载的专利申请人和发明人均为王春刚。按照本案对专利申请人权属纠纷案件进行审理的结果，该专利申请的申请人于2013年6月5日变更为特灵空调系统（中国）有限（下称“特灵公司”）。

本案专利申请涉及制冷系统，特别是具有地暖功能的空调系统，属于制冷和空调领域。

地热采暖系统是目前国际上最为舒适、健康并且日益普及的采暖方式。有专家认为地热采暖有一定的保健作用。中医常说“人暖先暖腿”，人们在感觉到寒冷往往最先是从脚部和腿部开始。这是因为脚是离心脏最远的地方，处于血液循环的末梢，脚部的血液循环较弱。加上大自然的规律是热空气向上攀升，冷空气是向下沉浮，所以在寒冷的冬季，人们往往会感到腿脚麻木，非常冰凉寒冷。同时“万病自脚来”，脚部是人体神经的末梢最丰富的地方，也是人体穴位最集中的地方，腿脚受凉会导致各种疾病的产生恶化。

地暖优点有二：一是采暖形式改变带来的好处，由于转为地下，方便了布置矮窗，落地窗等建筑，解决了大空间、大跨度的采暖问题；二是采用低温热水供暖带来的节能和资源利用优势。

地面辐射供暖已被国家建设部在2007年8月14日发布的《居住建筑节能设计标准（征求意见稿）》采纳，其5.3.7规定户内面积大于或等于80m^{2}时，宜采用低温地面辐射供暖方式。采用低温地面辐射供暖时，供水温度不宜超过55℃，供/回水设计温差不宜小于10℃。

低温辐射供暖恰好是热泵系统的应用范围，在不同地区的应用效果如下：（1）东北：地源热泵取代传统锅炉，节省费用在30%左右；（2）华北：低温风冷热泵代替传统锅炉和空调，节能率在20%左右；（3）华东：地暖代替空调供暖节能率达30%以上。另外，热泵系统在地暖应用上有节能、安全、容易控制多种优点。

但是，目前热泵系统作为低温辐射供暖有以下问题：

地暖控制器、风机盘管控制器、分水器、主机之间属于不同的厂家制造，无法整合为统一的整体，每个经销商都是各自组合，无法形成统一的平台。

地暖和锅炉或者主机之间没有能量及温度的传递关系，极大影响了客户使用的舒适性和节能性。

本发明就是提供一种整体的热泵空调地暖系统，同一个控制器可以同时提供地暖、制冷功能，并且可以和室外机控制器实现能量传递，具有简单、节能的特点。

本发明解决上述技术问题采用的技术方案是采用这样一个空调系统，它包括外机控制器（1）、冷水机（2）、至少2个地暖盘管（3）、三通阀（4）、至少2个风机盘管控制器（5）、至少2个风机盘管（6）、至少1个地暖控制器（7）、至少2个地暖阀（8），另外，还有各个部件之间通过水管和通讯线连接，其特征在于：在这个系统中，风机盘管控制器（1）同时控制对应的风机盘管和地暖盘管，并与地暖盘管和室外控制器通讯。

这个系统功能是这样实现的，当实现空调功能的时候，风机盘管控制器接收对应位置的温度需求，发给室外机控制器、地暖控制器，从而对相应的三通阀和地暖阀、风机盘管进行控制。

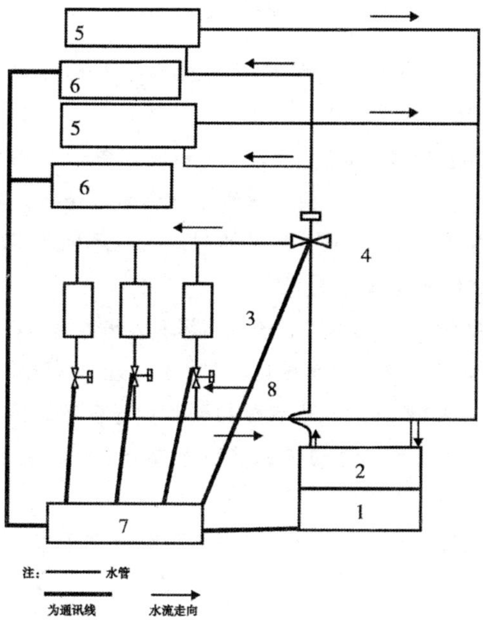

图1

图1是本发明的系统原理图，其中：附图标记1为外机控制器；2为冷水机；3为地暖盘管；4为三通阀；5为风机盘管控制器；6为风机盘管；7为地暖控制器；8为地暖阀。

当实现制冷功能的时候，风机盘管控制器接收对应位置的温度需求，发给室外机控制器、地暖控制器，其信号包括地址、能力需求、开/关机、制冷/制热，外机控制器开主机制冷，地暖控制器所控制的的三通阀为掉电状态，风机盘管进行控制风机盘管开风机。

当实现制热功能的时候，风机盘管控制器接收对应位置的温度需求，发给室外机控制器、地暖控制器，其信号包括地址、能力需求、开/关机、制冷/制热，外机控制器开主机制热，地暖控制器所控制的的三通阀为上电状态，另外，地暖控制器根据不同地址的风机盘管对应的地暖阀进行开关控制，风机风机盘管进行控制风机盘管不开风机。

在制热的同时，室外机控制器根据室内机的能量自动调节输出的水温，如在室内环境为5℃时，输出水温为50℃；在室内环境为15℃时，输出水温为45℃；在室内环境为19℃时，输出水温为35℃。

本案专利申请公开时的权利要求书如下：

1. 本专利涉及一种热泵空调地暖系统包括外机控制器（1）、冷水机（2）、至少2个地暖盘管（3）、三通阀（4）、至少2个风机盘管控制器（5）、至少2个风机盘管（6）、至少1个地暖控制器（7）、至少2个地暖阀（8），另外，还有各个部件之间通过水管和通讯线连接，其特征在于：在这个系统中，风机盘管控制器（1）同时控制对应的风机盘管和地暖盘管，并与地暖盘管和室外控制器通讯。

2. 根据权利要求1所述的风机盘管控制器和地暖控制器，其特征在于风机盘管控制器具有地址拨码，并且地暖控制器与对应地址的地暖阀可以对应控制。

3. 根据权利要求1所述的风机盘管控制器和地暖控制器，其特征在于风机盘管控制器可以与室外控制器通讯，其信号包括地址、能力需求、开/关机、制冷/制热。

4. 根据权利要求1所述的室外控制器，其特征在于室外控制器可以根据能力需求变化而变化输出水温。

三、上海市第二中级人民法院的一审判决

特灵公司向上海市第二中级人民法院（下称“一审法院”）提起诉讼，主张本案专利申请权应当归该公司所有。

（一）当事人的主张

特灵公司诉称：2007年8月6日至2011年11月28日期间，该公司下属的特灵

空调系统（中国）有限公司上海研发分公司（下称“特灵上海研发公司”）聘用王春刚在特灵空调亚洲研发及采购中心从事研发工作，担任亚洲单元机产品的项目经理。在此期间，王春刚分别负责HWWD系列水源热泵空调加热水三联技术和产品的开发、Thermal/IceStorage系列蓄冷（热）空调技术及产品开发、所有亚洲单元机技术和产品的开发。2011年11月28日，王春刚离职。之后，特灵公司发现王春刚于2009年5月27日向国家知识产权局提交了本案专利申请。特灵公司认为，本案专利申请属于王春刚在该公司工作期间在本职工作中完成的发明创造，属于我国法律规定的职务发明创造。根据特灵上海研发公司与王春刚订立的《雇佣保密协议》的约定，本案专利申请权应当属于特灵公司所有。

基于上述理由，特灵公司请求法院判令本案专利申请权归该公司所有。

王春刚辩称：

（1）其曾两次进入特灵公司工作，并在2007年8月6日至2011年11月28日期间担任项目经理。

（2）作出本案专利申请涉及的发明创造既非其本职工作，也非执行特灵公司布置的工作任务，同时也没有利用该公司的物质技术条件，故本案专利申请涉及的发明创造不属于职务发明。

（3）双方之间的雇佣协议中有关专利申请权归属的约定属于格式条款和霸王条款的约定，应视为无效。

基于上述理由，王春刚请求法院驳回特灵公司的诉讼请求。

（二）一审法院查明的事实

一审法院经审理查明：

特灵公司成立于1995年10月5日，原名为特灵空调系统（江苏）有限公司。2008年3月20日，经江苏省工商行政管理局核准变更为现名。特灵上海研发公司成立于2004年5月12日，系特灵公司下属的非独立法人分公司。特灵上海研发公司的经营范围包括：研究、开发、设计采暖、通风、空调、冷藏及空调控制产品和相关零部件；提供测试、调试、工程、培训、咨询和相关技术服务。

2007年7月29日，特灵上海研发公司函告王春刚，称特灵上海研发公司决定聘任其为亚洲单元机产品项目经理，隶属于特灵空调亚洲研发及采购中心，起聘日期为2007年8月6日。2007年7月31日，发明人在上述信函上签字，确认接受聘任。

2007年7月31日，特灵上海研发公司与王春刚签订了《雇员保密协议》。该协议第2条的标题是“保留和转让发明和原作品”，其b款涉及雇员保留的发明，约定：“如雇员在其受雇于公司之前作出的、属于雇员的一切发明，如该等发明与公司拟进行的业务和拟生产的产品有关且没有转让给公司，则雇员应列一份清单作为附录A附于本协议；如没有附上该清单，则雇员应声明不存在这样的发明。”第2条c款涉及归属于或转让给公司的发明，约定：“雇员同意，雇员应迅速向公司以书面方式充分透露，雇员在受雇于公司期间独自或与他人一起构思、开发或将之化为实用的任何和一切发明，并同意该等发明的一切权利（包括但不限于下文中规定的就一切保护材料申请专利和著作权的权利）应自始属于公司。在本协议中，发明不应包括雇员可提供下列证据的任何发明、实用新型、发现、设计、开发、改良、著作权保护材料、商业秘密和技术成果：（i）在其开发过程中，未使用公司的任何设备、物资、设施、服务或商业资料，并未占用任何工作时间；（ii）其（i）与公司既有的或明显预期的研究或开发无关；（iii）其不是雇员为公司执行任何工作的结果。第8条的标题是“一般规定”，其e款涉及非标准格式合同，约定：“雇员已充分了解本协议的条款，本协议是雇员和公司之间协商的结果，本协议不是标准格式合同。”

上述协议的附录A《专有资料协议》记载了王春刚在受雇于特灵上海研发公司之前的有关专利清单，包括：

（1）一种电子膨胀阀和毛细管并联的节流装置（200410067010.3）；

（2）一种变容量、变流量热泵热水器（200510026297.X）；

（3）一种变容一拖多控制技术（03150543.0）；

（4）一种变容量一拖多中央空调（03210038.8）；

（5）一种变容量、变流量（VRWV）空调系统（200410017485.1）；

（6）一种可嵌入式独占智能节流装置（200410053956.4）。

同日，王春刚等与特灵公司等就上述六项专利技术签订《专利许可使用协议书》，王春刚等授权特灵公司等在上述6项专利有效期内以普通实施许可的方式使用上述专利。

2007年8月8日、2010年7月15日，特灵上海研发公司与王春刚分别签订两份劳动合同，上述合同约定王春刚在特灵上海研发公司的工作期间为自2007年8月6日起至2013年8月6日止。

2008年4月，特灵公司发布了Aqua3地源热泵空调热水机组宣传资料。该宣传资料称：Aqua3是水水地源热泵与热泵热水器的完美结合，是集制冷、制热、生活热水三位一体功能的集成系统，具备夏季制冷、冬季制热、夏季或过渡季节热回收：制热水+制冷、全年制热水、冬季双制热：制热水+制热的功能。该宣传册图示显示，机组主机分别与水箱、风机盘管、地暖等连接。且Aqua3地源热泵空调热水机组型号中包括了HWWD。

王春刚的《2008年绩效管理》显示，2008年期间王春刚的工作目标包括推出HWWD、TS、HARS和HAWD。王春刚的工作成果为实现了推出HWWD的目标，蓄热系统的开发正在按计划进行，完成了HARS和HAWD的技术样品，目前正处于测试阶段。上述文件中并称，今年亚洲的热水和冰蓄冷项目取得了重大成果，这与王春刚的努力有着密切的关系。

2009年5月27日，王春刚向国家知产局提交了名称为“一种热泵空调地暖系统”的本案发明专利申请。

该专利申请说明书中称，本案专利申请的技术领域属于制冷系统组成，特别是具有地暖功能的空调系统，属于制冷和空调领域。本案专利申请的目的是提出一种整体的热泵空调地暖系统，同一个控制器可以同时提供地暖、制冷功能，并且可以和室外机控制器实现能量传递，具有简单、节能的特点。

王春刚的《2009年绩效管理流程（PMP）》显示，2009年期间王春刚的主要工作包括：完成冰蓄冷的商业化、通过VWV成本降低的T级审核、通过HARS（Illusion产品增加热水功能）的T2审核、通过Mini-VRF的T3审核等。发明人《2010年绩效管理流程（PMP）》显示，2010年期间发明人的主要工作包括：完成VWFGate4、开发HWWD_R410a、VWF1.1系统、完成Koolmanplus样机、Hussmann-R概念设计等。特灵公司发布的《地暖智能分集水器安装、操作、维护手册》中地暖系统图显示了主机、风机盘管、分集水器和地暖管，以及水系统相关部件。系统接线图显示了电气接线包括电源线和通讯线的连接。2011年10月，特灵公司发布的Aqua3水源空调热泵热水机组宣传资料显示，H指空调热泵热水机组，WW代表水源冷水机、D指双系统。

2011年11月28日，王春刚从特灵上海研发公司离职。

审理中，双方当事人确认亚洲单元机是指为亚洲地区制造，不仅包括制冷系统，还包括加热、制湿、通风等。庭审中，王春刚确认《地暖智能分集水器安装、操作、维护手册》中地暖系统图、系统接线图基本反映了本案专利申请的权利要求1的内容。

以上事实，由特灵公司提供的营业执照、企业名称变更核准通知书、特灵上海研发公司营业执照、聘任函、劳动合同、《雇员保密协议》、离职手续表、《2008年绩效管理》、《2009年绩效管理流程（PMP）》、《2010年绩效管理流程（PMP）》、Aqua3地源热泵空调热水机组宣传资料、《地暖智能分集水器安装、操作、维护手册》、本案专利申请权利要求书、说明书，王春刚提供的《专利许可使用协议书》、Aqua3水源空调热泵热水机组宣传资料，当事人诉辩意见及一审法院审理笔录等证据证实，一审法院予以确认。

（三）一审判决的理由

本案中双方当事人的主要争议焦点在于本案专利申请权应当归属特灵公司还是归属王春刚所有。

《专利法》第六条第一款规定，“执行本单位的任务或者主要是利用本单位的物质技术条件所完成的发明创造为职务发明创造。职务发明创造申请专利的权利属于该单位；申请被批准后，该单位为专利权人”。《专利法实施细则》第十二条第一款规定，“专利法第六条所称执行本单位的任务所完成的职务发明创造，是指：（一）在本职工作中作出的发明创造；（二）履行本单位交付的本职工作之外的任务所作出的发明创造；（三）退休、调离原单位后或者劳动、人事关系终止后1年内作出的，与其在原单位承担的本职工作或者原单位分配的任务有关的发明创造”。

本案中，一审法院首先查明：

（1）王春刚于2007年7月31日接受特灵上海研发公司的聘用担任亚洲单元机产品项目经理。

（2）双方当事人确认王春刚担任项目经理的亚洲单元机是指为亚洲地区制造，不仅包括制冷系统，还包括加热、制湿、通风等。

（3）王春刚的《2008年绩效管理》、《2009年绩效管理流程（PMP）》、《2010年绩效管理流程（PMP）》等证据显示，王春刚在职期间分别负责HWWD、TS、HARS、HAWD、冰蓄冷、VWV、Mini-VRF、VWFGate4、HWWD_R410a、VWF1.1、Koolmanplus、Hussmann-R等相关产品的研发工作，涉及空调的蓄热、冰蓄冷、热泵热水机组等各个方面。

综合上述事实，一审法院认为，王春刚在特灵上海研发公司的本职工作为亚洲单元机相关产品的研发工作。

其次，一审法院查明：

（1）特灵公司2008年Aqua3地源热泵空调热水机组宣传资料显示，Aqua3地源热泵空调热水机组型号中包括了HWWD。其功能涵盖夏季制冷、冬季制热、夏季或过渡季节热回收：制热水+制冷、全年制热水、冬季双制热：制热水+制热等。

（2）王春刚亦确认《地暖智能分集水器安装、操作、维护手册》中地暖系统图、系统接线图基本反映了本案专利申请的权利要求1的内容。

（3）本案专利申请“一种热泵空调地暖系统”属于制冷和空调领域。具有同时提供地暖、制冷、能量传递等各种功能。

综合上述事实，一审法院认为，本案专利申请“一种热泵空调地暖系统”亦属于亚洲单元机的相关产品。

综上所述，一审法院认为本案专利申请涉及的“一种热泵空调地暖系统”属于亚洲单元机的相关产品，而王春刚在特灵上海研发公司的本职工作为亚洲单元机相关产品的研发工作，故本案专利申请“一种热泵空调地暖系统”应当属于王春刚在本职工作中完成的职务发明创造。根据《专利法》第六条第一款的规定，本案专利申请权应当属于特灵上海研发公司所有。对于王春刚所称本案专利申请既非发其本职工作，亦非执行特灵公司的任务，同时也没有利用特灵公司的物质技术条件，故本案专利申请不属于职务发明的辩称意见，一审法院不予采信。

《公司法》第十四条第一款规定，“公司可以设立分公司。设立分公司，应当向公司登记机关申请登记，领取营业执照。分公司不具有法人资格，其民事责任由公司承担”。特灵上海研发公司系特灵公司设立的分公司，特灵公司据此主张本案专利申请权的归属并无不当，一审法院依法予以支持。

综上所述，依据《公司法》第十四条第一款，《专利法》第六条第一款，《专利法实施细则》第十二条第一款之规定，一审法院判决本案发明专利申请权归特灵公司所有。

本案案件受理费人民币800元，由王春刚负担。

四、上海市高级人民法院的二审判决

王春刚不服一审判决，向上海市高级人民法院（下称“二审法院”）提起上诉。

（一）当事人的主张

王春刚请求二审法院撤销一审判决，驳回现特灵公司的一审诉讼，其理由是一审判决认定事实不清，适用法律错误。王春刚的本职工作是亚洲单元机产品特定项目的研发，而非亚洲单元机产品所有项目的研发。单元机只是一种设备，而本案专利申请“一种热泵空调地暖系统”只是一种完成水系统应用的构想，并不涉及单元机本身的设计。《地暖智能分集水器安装、操作、维护手册》的发布时间为2011年7月，而本案专利申请的申请时间为2009年5月，故《地暖智能分集水器安装、操作、维护手册》不能用于证明本案专利申请的技术方案系履行本职工作的结果。特灵公司也没有提供相应的产品研发立项书以证明完成本案专利申请的技术方案属于王春刚的本职工作。由于一审法院认定事实不清，故其引用《专利法》第六条第一款，《专利法实施细则》第十二条第一款的规定作出判决属适用法律错误。

特灵公司辩称一审判决认定事实清楚，适用法律正确，请求二审法院驳回上诉，维持原判。

（二）二审法院查明的事实

二审中，双方当事人均未向二审法院提供新的证据材料。

二审法院经审理查明，一审判决认定的事实属实。

（三）二审判决的理由

二审法院认为：本案专利申请的申请日为2009年5月27日，本案申请专利的技术方案是否属于职务发明创造，就该技术方案申请专利的权利是否应当归属于特灵公司，取决于本案专利申请的技术方案是否为2009年5月27日以前王春刚在本职工作中作出的发明创造。

本案申请专利的技术方案涉及制冷系统，特别是具有地暖功能的空调系统，属于制冷和空调领域。本案专利申请的技术方案提出了一种整体的热泵空调地暖系统，同一个控制器可以同时提供地暖、制冷功能，并且可以和室外机控制器实现能量传递，具有简单、节能的特点。王春刚在特灵公司下属的特灵上海研发公司任亚洲单元机产品项目经理；根据王春刚的《2008年绩效管理》记载，2008年期间王春刚的工作目标包括推出HWWD、TS、HARS和HAWD，其工作成果为实现了推出HWWD的目标，蓄热系统的开发正在按计划进行，完成了HARS和HAWD的技术样品，目前正处于测试阶段；根据王春刚的《2009年绩效管理流程（PMP）》记载，2009年期间王春刚的主要工作包括完成冰蓄冷的商业化、通过VWV成本降低的T级审核、通过HARS（Illusion产品增加热水功能）的T2审核、通过Mini-VRF的T3审核等。据此，可以认定本案专利申请的技术方案与王春刚2009年5月27日以前在特灵公司的本职工作直接相关，为王春刚在本职工作中作出的发明创造，因此就其申请专利的权利应当属于现特灵公司。

特灵公司是否有与本案专利申请专利技术方案相关的产品研发立项书，与本案专利申请的技术方案是否属于职务发明创造并无必然联系。只要本案专利申请的技术方案是王春刚在本职工作中作出的发明创造，就属于职务发明创造。

一审法院以晚于本案专利申请的申请日发布的《地暖智能分集水器安装、操作、维护手册》论证本案专利申请的技术方案为职务发明创造确有不妥，应予纠正。但一审法院并非仅仅依据该《地暖智能分集水器安装、操作、维护手册》认定本案专利申请的技术方案为职务发明创造。如前所述，即使在不考虑《地暖智能分集水器安装、操作、维护手册》的情况下，也应当认定本案专利申请的技术方案属于职务发明创造，就该技术方案的申请专利的权利属于特灵公司。

综上所述，二审法院认定王春刚的上诉请求没有事实和法律依据，故驳回上诉，维持一审判决。

五、最高人民法院的再审裁定

王春刚不服二审判决，向最高人民法院（下称“再审法院”）申请再审。

（一）当事人的主张

王春刚申请再审称：

（1）本案专利申请“一种热泵空调地暖系统”是发明人业余时间自行研发的技术构想。

（2）王春刚任职于特灵公司期间的职务是亚洲单元机产品项目经理，本职工作是亚洲单元机产品特定项目的研发。按《中华人民共和国国家标准·单元式空气调节机》（GB／T17758／-1999）3.1的规定，所谓单元机，即单元式空气调节机，是“一种向封闭空间、房间或区域直接提供处理空气的设备，它主要包括制冷系统以及空气循环和净化装置，还可以包括加热、加湿、和通风装置。”故单元机是指向室内输送处理空气的设备，此处定义的重点应为空气输送与设备。一、二审法院曲解了该定义，片面强调单元机的加热、除湿、通风功能。虽然单元机具有加热、除湿、通风功能，但具有这些功能的并非都是单元机。

（3）一、二审判决错误地建立王春刚的本职工作与本案专利申请之间的联系，混同了HWWD与本案专利申请“一种热泵空调地暖系统”。一、二审法院均确认王春刚的工作内容是设计HWWD机组，即一种地源热泵冷水机组。而“一种热泵空调地暖系统”属于上层的控制系统，与具体采用何种形式的冷水机组无关。本案专利申请涉及的系统是一个较大的运行环境，而机组仅仅是该系统环境下的某一设备。

（4）王春刚2008年度工作目标中HWWD机组设计不属于单元机范畴，故应为王春刚履行本职工作之外分配的任务。

（5）特灵公司应当承担举证责任，但其未提供充分证据证明本案专利申请系发明人在本职工作中作出的发明创造。一审庭审中，特灵公司称本案专利申请与发明人的年度工作目标有关，但特灵公司拒不提供HWWD项目立项书，故应作出不利于特灵公司的推定。

综上，王春刚依据《民事诉讼法》第二百条第二项、第六项的规定申请再审，请求再审法院依法撤销一审、二审判决，并依法改判驳回特灵公司的诉讼请求。

特灵公司提交意见称：

（1）王春刚接受特灵公司聘任的工作岗位是“项目经理–亚洲单元机产品”，其中，“项目经理”是指所承担的责任范围，至于“亚洲单元机产品”，双方已在一审程序中予以确认，是指“为亚洲制造，不仅包括制冷系统，还包括加热、制湿、通风等（系统）”。特灵公司从未特别指派发明人完成“特定项目”或者担任“特定项目”的经理。王春刚2008年至2010年的年终绩效考核可证明，其本职工作是亚洲单元机相关产品和项目的研发。

（2）本案专利申请的技术方案属于制冷系统组成，特别是具有地暖功能的空调系统，属于制冷和空调领域。该专利申请的目的是提出一种整体的热泵空调地暖系统，同一个控制器可以同时提供地暖、制冷功能，并且可以和室外机控制器实现能量传递。从本案专利申请的发明目的及实现的功能来看，与王春刚在本案专利申请的申请日之前从事的本职工作有直接关联。

（3）单元式空气调节机（即单元机）不仅仅是一个设备或者装置，而是实现多功能系统应用的多个设备或者装置的结合体以及实现各功能的控制系统。为实现一定封闭空间的制冷、空气循环和净化，以及加热、加湿等功能，开发者既需要完成设备结构上的技术开发，也需要完成设备或者装置之间的系统技术开发，这就包括实现各功能的控制系统。系统依附于相关设备而存在，故单元机产品的研发同样不能脱离系统应用的研发而进行，否则单元机的研发或者改进无实际应用意义。

（4）HWWD研发项目的启动早于本案专利申请的申请日，且属于王春刚的本职工作范围，特灵公司没有必要另行分配该任务给王春刚。并且，即使特灵公司以“特定项目”方式指派王春刚完成，按照《专利法》的规定，履行本单位交付的本职工作之外的任务所作的发明创造也同样为职务发明创造。

（5）特灵公司为支持自己的主张，在一审程序中向法庭出示了近20份证据，并有若干证人出庭作证，称特灵公司未完成举证责任与事实不符。并且，本案专利申请的技术方案是否属于职务发明创造与特灵公司是否提供HWWD项目立项书没有联系。

（6）关于王春刚所称本案专利申请的技术方案是其业余时间研发，与本职工作无关这一事实，王春刚没有提供任何证据。并且，只要本案专利申请与其本职工作相关，即使是业余时间完成，也仍然属于职务发明。王春刚是特灵公司的全职员工，且为项目经理，工作相当繁忙，在不具备物质技术条件和研发时间的情况下，不可能在2007年8月至2009年12月的短短两年多时间内，利用其业余时间及自有资源完成包括本案专利申请在内的6项与空调技术领域有关的发明创造。

（7）王春刚自2009年3月起兼任特灵公司的专利评审委员会委员，负责评定、筛选技术方案，并代表特灵公司申请专利。王春刚隐瞒特灵公司，擅自以个人名义将属于特灵公司的6项技术申请专利，其主观恶意明显。

综上，特灵公司认为王春刚的再审申请缺乏事实与法律依据，请求予以驳回。

（二）再审法院查明的事实

再审法院查明了以下事实：

1. 本案专利申请的有关情况

关于“技术领域”，本案专利申请的说明书记载：“本专利属于制冷系统组成，特别是具有地暖功能的空调系统，属于制冷和空调领域。”关于“技术背景”，该说明书记载：“热泵系统在地暖应用上有节能、安全、易控制多种优点。但是，目前热泵系统作为低温辐射供暖有以下问题：地暖控制器、风机盘管控制器、分水器、主机属于不同的厂家制造，无法整合为统一的整体，每个经销商都是各自组合，无法形成统一的平台。地暖和锅炉或者主机之间没有建立能量及温度的传递关系，极大影响客户使用的舒适性和节能性。”关于“发明内容”，该说明书记载：“本发明就是提供一种整体的热泵空调地暖系统，同一个控制器可以同时提供地暖、制冷功能，并且可以和室外机控制器实现能量传递，具有简单、节能的特点。”

2. 一审程序中特灵公司提交的证据12的有关情况

在再审法院听证程序中，特灵公司主张其向一审法院提交的证据12能够直接证明本案专利申请的技术方案源于发明人的本职工作。

经查，证据12为一封邮件，该邮件显示：

（1）邮件的发件人为“Shen，NikkoGuangYu”（在听证程序中，双方认可该英文名指向特灵公司的员工申广玉），收件人为“Wang，VincentChunGang”（在听证程序中，双方认可该英文名指向王春刚），发送时间为2009年4月23日星期四16点43分，邮件内容为：“地暖控制器规格草稿，你看看，再修改一下”，并附有一个名为“风盘＋地暖温控器规格书”的文档文件；

（2）该邮件为回复邮件，系回复人王春刚于2009年4月17日发送的主题为“Ntion Extension Floor heating application for network Fan coil controller（延伸地暖应用至风机盘管控制器网络的NTI项目）”的邮件，其收件人为“Zhang，YaWei”（在听证程序中，双方认可该英文名指向特灵公司员工张亚伟）等二人，抄送人为“Shen，NikkoGuangYu”（申广玉）等三人；

（3）在附件“风盘＋地暖温控器规格书”第四页上绘有一幅涉及地暖控制板、风机盘管等部件连接关系的系统示意图。

在一审程序中，王春刚对该证据的真实性不予认可，认为该邮件是公司内部互发的邮件，公司的IT部门完全可以修改邮件。特灵公司向一审法院申请证人出庭作证，经法院准许，特灵公司的员工张亚伟出庭并就该邮件的真实性作出陈述，确认该邮件系王春刚与特灵公司其他员工就“延伸地暖应用至风机盘管控制器网络”这一主题进行讨论、沟通的工作邮件。

在再审法院听证程序中，王春刚陈述：特灵公司的地暖系统《地暖智能分集水器安装、操作、维护手册》的发布时间为2011年7月份，因此在公司发布该手册之前，邮件所述的公司内部讨论肯定是有的，不过不记得有这封邮件。此外，经再审法院询问，王春刚确认邮件附件“风盘+地暖温控器规格书”第四页所附系统示意图与本案专利申请的说明书附图一致。

3. 其他有关情况

2007年7月31日，现专利申请权人与发明人签订《雇员保密协议》，该协议约定有以下内容：

（1）雇员在受雇于公司之前作出的属于雇员的一切发明，该等发明与公司拟进行的业务和拟生产的产品有关，且没有转让给公司的，雇员应列一份清单作为附录A附于本协议。

（2）雇员同意，雇员应迅速向公司以书面方式充分透露雇员在受雇于公司期间独自或与他人一起构思、开发或将之化为实用的任何一切发明，并同意该等发明的一切权利应自始属于公司。在本协议中，发明不包括雇员可提供下列证据证明的任何发明、实用新型、发现、设计、开发、改良、著作权保护材料、商业秘密和技术成果：（i）在开发过程中，未使用公司的任何设备、物资、设施、服务或商业资料，并未占用任何工作时间；及（ii）与公司既有的或明显预期的研究或开发无关；及（iii）不是雇员为公司执行任何工作的结果。

（3）雇员已充分了解本协议的条款，本协议是雇员和公司之间协商的结果，本协议不是标准格式合同。

听证程序中，再审法院询问王春刚，2007年其入职特灵公司时曾与该公司签有保密协议，协议中约定雇员在任职期间独自或与他人研发的技术应迅速向公司披露，本案专利申请技术方案属于空调领域，与特灵公司的经营领域一致，发明人因何未向特灵公司作相应披露。

王春刚对上述询问作了如下陈述：

（1）关于保密协议，由于疏忽没看内容就签字了。

（2）关于任职期间申请专利存在两种情况：一种情况是与工作有关的，其会以特灵公司的名义申请专利，目前有三四个专利就是以特灵公司的名义申请的；另一种情况是与工作无关的，就会自己去申请专利。至于拟申请的专利是否与工作有关，会自己作出判断。

（三）再审裁定的理由

再审法院认为，结合王春刚的申请再审理由与特灵公司的答辩意见，本案的争议焦点为：名称为“一种热泵空调地暖系统”的本案发明专利申请所涉的发明创造是否为王春刚任职期间在本职工作中完成的发明创造。

1. 关于本案专利申请的技术方案

根据再审法院查明的事实，该技术方案是具有地暖功能的热泵空调系统，属于空调领域。传统的热泵地暖系统，由于地暖控制器、风机盘管控制器、分水器、主机分属于不同的厂家制造，故缺乏一个统一的平台，在地暖和锅炉或者主机之间建立能量与温度的传递关系，极大地影响了节能性和使用者的舒适性。本案专利申请的技术方案是提供一种整体的热泵空调地暖系统，同一个控制器可以同时提供地暖、制冷功能，并且可以和室外机控制器实现能量传递。

2. 关于王春刚任职特灵公司期间的本职工作

根据一、二审法院查明的事实，2007年7月29日，特灵公司函告王春刚拟聘任其为亚洲单元机产品项目经理，2007年7月31日王春刚接受聘任。在一审庭审中，特灵公司与王春刚均确认，“亚洲单元机”是指为亚洲地区制造包括加热、制湿、通风等功能的制冷系统。王春刚申请再审称其本职工作是负责亚洲单元机产品特定项目的研发，而非负责亚洲单元机所有产品的研发；特灵公司答辩认为其从未特别指派王春刚担任特定项目的经理，凡是属于亚洲单元机的相关产品或者项目均属于王春刚的本职工作范围。对此，再审法院认为，本案中确定王春刚的本职工作应当结合特灵公司岗位体系的设置、各岗位的职责和工作内容，重点考察王春刚任职期间实际承担的工作职责。根据一审法院查明的事实，王春刚的《2008年绩效管理》显示，2008年期间王春刚的工作目标包括推出HWWD、TS、HARS和HAWD。

一审法院另查明，2008年4月，特灵公司发布了Aqua3地源热泵空调热水机组宣传资料，该资料记载：Aqua3是集制冷、制热、生活热水三位一体功能的集成系统；Aqua3地源热泵空调热水机组的型号中包括了HWWD；资料附图显示，机组主机分别与水箱、风机盘管、地暖等连接。

据此，再审法院认为，王春刚2008年任职于特灵公司期间，其本职工作至少包括研发"集制冷、制热、生活热水三位一体功能的集成系统"，在该集成系统中，"机组主机分别与水箱、风机盘管、地暖等连接"。

其次，结合特灵公司在一审时提交的证据12，可知王春刚2009年4月前后的本职工作至少包括研发"延伸地暖应用至风机盘管控制器网络"的"风盘+地暖温控器"。

复次，关于王春刚任职特灵公司期间的本职工作与本案专利申请技术方案的关联性。本案专利申请的技术方案与发明人的本职工作均属于空调领域。一方面，本案专利申请的技术方案区别于现有技术的核心技术特征是通过同一个控制器在地暖和锅炉或者主机之间建立能量与温度的传递关系，进而通过同一个控制器实现同时提供地暖、制冷功能，形成一个整体的热泵空调地暖系统；另一方面，王春刚2008年的工作目标包括研发"机组主机分别与水箱、风机盘管、地暖等连接"的"集制冷、制热、生活热水三位一体功能的集成系统"，且在2009年4月前后，其本职工作包括研发"延伸地暖应用至风机盘管控制器网络"的"风盘+地暖温控器"。因此可以认定，本案专利申请的技术方案为王春刚任职特灵公司期间在本职工作中完成的发明创造。

最后，王春刚在一审庭审中确认，特灵公司发布的《地暖智能分集水器安装、操作、维护手册》上所附地暖系统图、系统接线图反映了本案专利申请权利要求1的内容。尽管《地暖智能分集水器安装、操作、维护手册》的发布时间为2011年7月，晚于本案专利申请的时间2009年5月27日，但一项技术从开始研发到最终形成可实际投放市场的产品需要一定时间，故《地暖智能分集水器安装、操作、维护手册》至少可以证明特灵公司在2011年之前一直在从事与本案专利申请相同的技术的研发工作。王春刚在再审法院听证程序中认可现专利申请权人一审证据12邮件附件"风盘+地暖温控器规格书"第四页所附系统示意图与本年专利申请的说明书附图一致，以及王春刚故意违反《雇员保密协议》的约定等情况，均可佐证本案专利申请与王春刚的本职工作存在直接的关联性。

综上，王春刚的再审申请不符合《民事诉讼法》第二百条第二项和第六项规定的情形。依照《民事诉讼法》第二百零四条第一款之规定，再审法院裁定驳回王春刚的再审申请。

“一种空转锁”实用新型专利侵权案

一、案件提要

当事人

专利权人：孙建华、沈其衡

被诉侵权人：上海摩的露可锁具制造厂

上海市第一中级人民法院的一审判决

案号：（2011）沪一中民五(知)初字第150号

合议庭成员：胡震远、陆凤玉、王大路

结案日期：2012年2月13日

上海市高级人民法院的二审判决

案号：（2012）沪高民三(知)终字第33号

合议庭成员：张晓都、马剑峰、王静

结案日期：2012年9月17日

最高人民法院的再审判决

案号：（2013）民提字第113号

合议庭成员：周翔、杜微科、周云川

结案日期：2014年1月26日

涉及的法律规定

2000年修改的《专利法》第十一条、第五十七条；2008年修改的《专利法》第六十五条；《最高人民法院关于审理侵犯专利权纠纷案件应用法律若干问题的解释》第七条、第十九条

判决要点

1. 对于一项申请日之前未曾出现过的新的技术方案而言，仅仅使用申请日之前已有的技术术语，专利申请人可能难以准确、客观地描述该技术方案相

对于现有技术所作出的改进。因此，为了满足描述新的专利技术方案的客观需要，应当允许专利申请人在撰写专利申请文件时使用自行创设的技术术语。另一方面，由于自行创设的技术术语的含义并不为本领域普通技术人员所知悉，故专利申请人在使用自行创设的技术术语时，亦有义务在权利要求书或者专利说明书中对该技术术语进行清楚、准确地定义、解释或者说明，以使得本领域技术人员能够清楚地理解该技术术语在专利技术方案中的含义。

2. 在确定自行创设的技术术语的含义时，应当综合考虑权利要求书、说明书、附图中记载的与该技术术语相关的技术内容。权利要求书、说明书中对该技术术语进行了清楚、明确的定义或者解释的，一般可依据该定义或者解释来确定其含义。权利要求书、说明书中未能对该技术术语进行清楚、明确的定义或者解释的，则应当结合说明书、附图中记载的与该技术术语有关的背景技术、技术问题、发明目的、技术方案、技术效果等内容，查明该技术术语相关的工作方式、功能、效果，以确定其在本案专利整体技术方案中的含义。

二、本案专利介绍

本案涉及名称为“一种空转锁的装置”的第200820155495.5号实用新型专利，其申请日为2008年11月18日，授权公告日为2009年11月18日，授权时的专利权人孙建华、沈其衡（下称“专利权人”）。

本案实用新型属于机械锁具领域，涉及一种空转锁的装置。

目前各种类型锁具的锁芯因为难于抵挡小偷使用坚硬的特制工具强力扭撬而失去作用，因此近几年人们发明了几种空转锁，例如第200610037597.2号发明专利披露了名称为“叶片可扭转360° 的防盗锁头”，第200810030910.9号发明专利披露了名称为“带空转锁芯的锁头”。上述两项发明实现了在强力扭撬锁芯时锁芯空转而未带动锁舌旋转，具有防止扭撬开锁的功效。但是其不足之处：第一、结构复杂、零部件多导致故障率高；第二，零件精密、加工困难导致成本高；第三，因在锁芯狭小的内部增添了内外卡条、弧形滑片或增添了前后锁芯、锁定边柱等和许多细小的弹性元件，又在细小的弹子或叶片上加工形状各异的凹槽，使其空间拥挤刚性欠缺，稍有灰尘污物进入就造成空转失效，甚至用自身原配钥匙也打不开锁；第四，正常开启时，锁芯内部诸多零件先作径向运动再转为轴向运动再转为旋转运动去操作锁舌开启，因此只要在诸多环节中有一个环节失灵，则造成锁具的整体报废。

本实用新型的目的是克服上述现有技术的不足，而提供一种结构简单、加工容易、刚性好、故障率低的空转锁装置，并可将各种类型的锁芯改造成空转锁。

本实用新型包括钥匙、锁芯、锁体，所述锁芯的一端供钥匙插入，另一端设有旋转推进器，伸缩联动器一端与旋转推进器相邻，另一端设有伸缩杆，锁体一端或锁体外圆设有供伸缩联动器向外伸出的通道，锁体的外圆与外壳的内圆之间装有阻尼弹簧和定位钢球或阻尼弹片和定位凸台。

本实用新型一种空转锁的装置与现有技术相比较有如下有益效果：第一，结构简单、零部件少故障率低；第二，采用普通零件、加工容易成本低；第三，不改变现有锁具的弹子或叶片的形状，空间部署合理，刚性强，使用寿命长；第四，正常开启时，省去锁芯内部的径向运动，直接由轴向运动转为旋转运动去操作锁舌开启，省略径向运动环节，既有空转防扭撬功能，又有普通锁具故障率低的优点。

图1是本实用新型一种空转锁的装置第一种具体实施例的示意图；

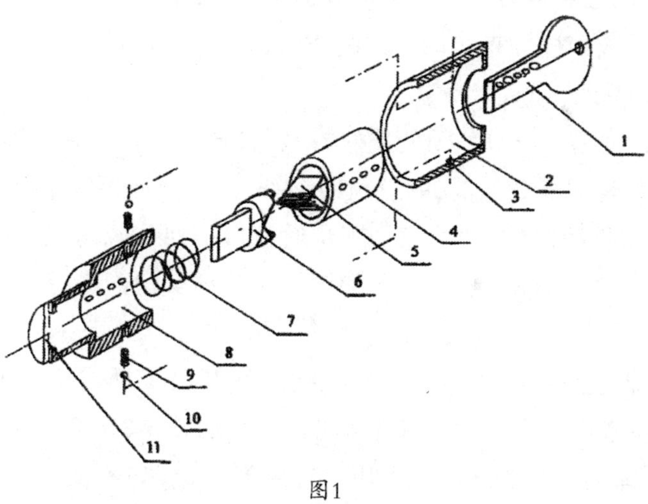

图1

本实用新型所述的一种空转锁的装置包括：钥匙1、外壳2、定位孔3、锁芯4、旋转推进器5、伸缩联动器6、回位压簧7、锁体8、阻尼弹簧9、定位钢球10、通道11、阻尼弹片12、定位凸台13。

在图1中，回位压簧7装入锁体8的内部，伸缩联动器6的左端穿过回位压簧7进入通道11，锁芯4装入锁体8，锁芯4的左端设有旋转推进器5，与伸缩联动器6相邻，锁体 8外圆装有阻尼弹簧9和定位钢球10，上述零部件装入锁体8后再整体装入外壳2内，定位钢球10随之落入设置在外壳2内壁的定位孔3中。

空转锁的装置动作原理是：开启：将原配钥匙1插入锁芯4，使弹子或叶片在钥匙1的拨动下与锁体8的弹子或叶片一一对应齐，因为用原配钥匙1旋转锁芯4的扭力小于锁体8与外壳2之间利用阻尼弹簧9和定位钢球10产生的阻力，所以旋转钥匙1能轻松地带动锁芯4在锁体8腔内转动，平时伸缩联动器6的三角凹形在回位弹簧7的压力下紧贴旋转推动器5 的三角凸形，当与锁芯4是一个整体的旋转推进器5旋转时，因伸缩联动器6的左端是非圆形截面的伸缩杆，并装配在相同截面的通道11内且不能跟随旋转推进器5旋转，所以旋转钥匙1使凸形对凹形产生了相对运动并推动凹形向左移动直至到凸形的尖端顶住凹形的平断面，此时，与凹形是一个整体的伸缩杆被推动后伸出通道11并嵌入锁舌或锁栓上的槽或孔中并可带动其转动。此时，锁芯4在锁体8腔内转动90° 后到了极限位，再继续旋转钥匙1后，锁芯4直接带动锁体8克服由阻尼弹簧9和定位钢球10产生的微弱阻力后在外壳2腔内转动，伸缩联动器6上的伸缩杆则开始带动锁舌或锁栓转动，通过锁舌或锁栓的直接动作或间接传递动作使锁具的闭锁机构被打开，达到正常开启锁具的目的。

闭锁：旋转钥匙1带动锁芯4使旋转推动器5转动90° ，旋转推进器5上的三角凸形又转回来与伸缩联动器6的三角凹形对入，凹形在回位压簧7的压力下又紧贴凸形，伸缩联动器6上的伸缩杆则从通道11缩回并脱离锁舌或锁栓上的槽或孔，脱离伸缩联动器6控制的锁舌和锁栓在其拉簧扭簧等弹簧作用下将锁具闭锁。

空转动作原理是：用非原配钥匙或技术性开启工具或扭撬工具插入锁芯4之后，只要稍稍用一点点力，锁芯4就立即带动锁体8空转，因锁芯4的弹子或叶片不能立即与锁体8的弹子或叶片对应齐，锁芯4不能在锁体8的腔内轻松转动，而是将扭力转移到了锁体8上，锁体8则是靠阻尼弹簧9和定位钢球10与外壳2柔性相连，转移来的微弱扭力都能强过由阻尼弹簧9和定位钢球10产生的阻力，使锁体8在外壳2的腔内转动，此时，凹凸形未产生相对运动，伸缩联动器6未受到旋转推进器5的推动，伸缩杆不能向通道11外面移动去带动锁舌或锁栓转动，因此，不论用什么样的扭力（包含微弱力或强力）去扭撬锁芯4，锁芯4都不会与锁体8产生相对运动，而是共同在外壳2的腔内空转，达到防盗的目的。

由此可见，同样是锁体8带动腔内零部件在外壳2腔内转动，但不同之处是：正常开启时，伸缩联动器6上的伸缩杆伸出通道11去带动锁舌或锁栓动作；非正常开启时，伸缩联动器6上的伸缩杆没有伸出通道11而无法带动锁舌或锁栓的动作。

本案专利授权时的权利要求书如下：

1. 一种空转锁的装置：包含钥匙（1）、锁芯（4）、锁体（8），其特征是，所述锁芯（4）的一端供钥匙（1）插入，另一端设有旋转推进器（5），伸缩联动器（6）一端与旋转推进器（5）相邻，另一端设有伸缩杆，锁体（8）一端或锁体（8）外圆设有供伸缩联动器（6）向外伸出的通道（11），锁体（8）的外圆与外壳（2）的内圆之间装有阻尼弹簧（9）和定位钢球（10）或阻尼弹片（12）和定位凸台（13）。

2. 根据权利要求1所述的一种空转锁的装置，其特征是，所述旋转推进器（5）端面设有三角状凸形，伸缩联动器（6）与其配合面设有三角状凹形，另一面设有非圆形截面的伸缩杆或是设有带滑动槽的圆形截面的伸缩杆。

3. 根据权利要求1所述的一种空转锁的装置，其特征是，所述旋转推进器（5）端面设有弧状凸形，伸缩联动器（6）与其配合面设有弧状的凹形。

4. 根据权利要求1所述的一种空转锁的装置，其特征是，所述旋转推进器（5）设有带凹槽的轴，伸缩联动器（6）与其配合面设有带凸台的孔。

5. 根据权利要求1所述的一种空转锁的装置，其特征是，所述旋转推进器（5）与伸缩联动器（6）的配合面各自设有磁性物体。

6. 根据权利要求1所述的一种空转锁的装置，其特征是，所述旋转推进器（5）设有凸轮轴，伸缩联动器（6）为圆柱形或多边形柱体。

7. 根据权利要求1所述的一种空转锁的装置，其特征是，所述旋转推进器（5）设有磁性凸轮轴，伸缩联动器（6）为圆柱形或多边形磁性柱体。

三、上海市第一中级人民法院的一审判决

2009年12月1日，专利权人与上海固坚锁业有限公司订立了专利实施许可合同，许可该公司独占实施该专利，许可费为10万元。2010年1月18日，上海固坚锁业有限公司通过贷记凭证方式向沈其衡支付了10万元，回单联记载该款项用途为专利许可费。

上海固坚锁业有限公司（下称“原告”）认为上海摩的露可锁具制造厂（下称“被诉侵权人”）实施了侵犯本案专利权的行为，向上海市第一中级人民法院（下称“一审法院”）提起诉讼。一审法院于2011年7月26日受理后，依法组成合议庭，先后于2011年10月26日、2012年1月5日和同年2月8日三次公开开庭审理了本案。

（一）当事人的主张

原告诉称：原告经专利权人授权，获得了“一种空转锁的装置”实用新型专利的独占使用权。原告发现被诉侵权人制造的车锁的技术特征与本案专利的技术特征完全相同。被诉侵权人采用本案专利技术生产了大量侵权车锁，并在网站上标榜其在上海的100个销售点、7个外地经销店和近30个国家销售该车锁。自2009年至今的二年多时间内，被诉侵权人生产的侵权车锁多达50余种，利润率非常高。鉴于被诉侵权人的行为严重侵犯了原告的合法权益，故请求一审法院判令被诉侵权人立即停止侵害行为，赔偿原告经济损失人民币10万元，并向原告支付合理支出3 840元。

被诉侵权人辩称：首先，其车锁完全是按照自己的专利生产的，该专利的授权日比原告的专利授权日还早，不存在侵权行为；其次，被告车锁的技术特征与原告专利的技术特征不同，没有落入原告专利权的保护范围；再次，被告生产车锁的时间早于原告申请日，故享有先用权。

（二）一审法院查明事实

2010年6月25日，沈其衡在公证员的监督下，在被诉侵权人处购买了150U型轮胎锁、190U型锁、80厘米链条锁各一把，并获得产品说明和名为“摩的牌特种汽车方向盘锁”、“摩的锁”的宣传资料各一份。上海市徐汇公证处为此出具了（2010）沪徐证字第3339号公证书。同月28日，专利权人登录网址http://www.64472330.com，进入被诉侵权人的网页，点击进入“经销单位”网页，显示其国内销售网络涉及湖南省岳阳市、湘潭市、江苏省苏州市和上海市，上海市又覆盖徐汇区、浦东新区、长宁区、普陀区、闸北区、虹口区、杨浦区、宝山区、黄浦区、静安区、闵行区，国外市场涉及汉堡、圣彼得堡、布达佩斯、孟买、汉城、吉隆坡、新加坡、雅加达、大阪、釜山、马尼拉、西贡、胡志明市、墨尔本、芝加哥、旧金山、圣保罗、布宜诺斯艾利斯等。“行业资讯”网页显示该车锁的代理条件是代理方在签约时交纳保证金，全省代理保证金100万元，省会城市代理保证金50万元，地级市代理30万元，县级市代理10万元。上海市徐汇公证处为此出具了（2010）沪徐证字第3338号公证书。

另查明：2008年12月10日，被诉侵权人的投资人马翔向国家知识产权局申请了名为“U型防盗锁”的实用新型专利，专利号为200820156849.8，2009年9月16日获得授权。

该实用新型专利的附图1如下：

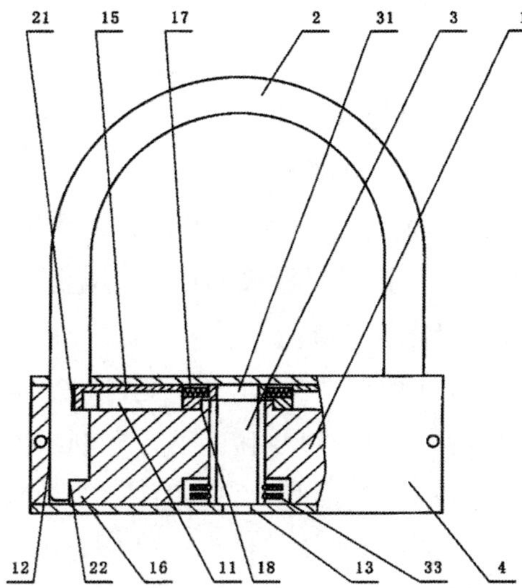

图1

该实用新型专利的说明书记载：本实用新型包括锁体1及锁杆2，锁体1由一矩形金属件轴向套装钢套4铆接而成，锁体1上端两侧对称设有锁杆孔12、下端中部设有锁芯孔13，锁体1内锁芯孔13与锁杆孔12之间轴向对称设有滑槽11，滑槽11内设有锁舌15，滑槽11与锁舌15之间设有弹簧17；锁芯孔13内设有锁芯3，锁芯孔13两侧设有定位珠33；锁杆2为“U”形，其开口端插装在锁杆孔12内；锁杆孔12末端设有台阶16；锁杆2开口端分别设有凹槽21及缺口22；锁舌15头部设有凸台18；锁芯3由芯体与芯套组成，芯体末端 中部设有“一”形凸台31，芯套末端中部设有锁舌槽32。

该实用新型专利的权利要求1如下：

一种“U”型防盗锁，其特征在于它包括锁体（1）及锁杆（2），锁体（1）有一矩形金属件轴向套装钢套（4）铆接而成，锁体（1）上端两侧对称设有锁杆孔（12）、下端中部设有锁芯孔（13），锁体（1）内锁芯孔（13）与锁杆孔（12）之间轴向对称设有滑槽（11），滑槽（11）内设有锁舌（15），滑槽（11）与锁舌（15）之间设有弹簧（17）；锁芯孔（13）内设有锁芯（3），锁芯孔（13）两侧设有定位珠（33）；锁杆（2）为‘U’型，其开口端插装在锁杆孔（12）内。

再查明：诉讼中，原告明确以权利要求1和6所述技术特征确定本案实用新型专利权的保护范围。经当庭比对，原告主张被诉侵权人的车锁的技术特征与前述专利技术特征相同。被诉侵权人主张其车锁中不存在“伸缩杆”以及“伸缩联动器向外伸出的通道”，其余技术特征相同。

双方当事人确认：被诉侵权人的车锁技术特征与马翔申请的“U型防盗锁”实用新型专利技术特征相同；被诉侵权人的150U型轮胎锁、190U型锁、80厘米链条锁等三款车锁具有相同的技术特征。

还查明：原告为诉讼支出购买费340元，公证费3500元。

以上事实有原告提供的实用新型专利证书、专利缴费凭证、专利说明书、专利检索报告、《专利实施许可合同》、贷记凭证回单联、（2010）沪徐证字第3338、3339号公证书、公证费发票，被告提供的实用新型专利证书、专利说明书、专利缴费凭证等证据以及庭审笔录在案佐证，一审法院予以确认。

此外，被诉侵权人在第二次庭审时向一审法院提供了分别由上海恰荣工贸有限公司（下称“恰荣公司”）、上海南裕商贸有限公司盛凌车行（下称“盛凌车行”）、瑞安市正全车辆配件厂（下称“正全厂”）出具的证明（以上三份证明均附车锁配件照片）、被诉侵权人的发货单、《客户车锁及车辆信息登记表》、检验报告；在第三次庭审时又向一审法院提供了前述三家单位出具的补充证明以及恰荣公司和盛凌车行分别盖章封存的车锁，以证明被诉侵权人在原告申请专利之前已经委托正全厂加工涉案车锁的配件，并已经向恰荣公司和盛凌车行销售了该车锁。

原告质证认为，上述证明、补充证明的出具单位与被诉侵权人有利害关系，连同补充证明封存的车锁并非2008年制造的车锁，且证明上没有负责人签名，证人也未出庭作证，故其真实性不能认可；检验报告是在原告专利申请后一年才送检的，不能证明被诉侵权人在原告申请日之前已经生产和销售涉案车锁。

为了反驳被诉侵权人的上述证据，原告在第三次庭审中向一审法院提供了被诉侵权人的宣传资料四份，以证明被诉侵权人直到2010年2月才在广告中提及涉案车锁，此前的宣传均未提及，故被诉侵权人提供的证据不足为凭。

被诉侵权人质证认为，被诉侵权人在广告中只提供了车锁的外观，车锁的功能很多，在广告中只是简要说明，故宣传资料不能证明原告的主张。

对双方当事人提供的上述证据，一审法院认证如下：

被诉侵权人提供的正全厂的证明和补充证明上均仅加盖公章，并无负责人签名，该证据不符合证据的形式要件，检验报告记载的车锁抽样时间为2009年，晚于本案实用新型专利的申请日，不能证明被诉侵权人在此前生产、销售涉案车锁，故一审法院对上述证据均不予采信。

恰荣公司和盛凌车行出具的证明和补充证明均属于单位证词，根据《最高人民法院关于适用民事诉讼法若干问题的意见》第七十七条的规定，应由负责人签章并加盖单位印章。两家单位的证词均为手书，加盖了单位公章，且在补充证明上签有负责人姓名（姓氏），符合单位证词的形式要件。两家单位虽然与被告有利害关系，但法律并未禁止有利害关系的单位出具证明，且相关事实也只能由知情单位才能证明，两家单位的证明、补充证明及被告发货单、封存实物亦相互印证。此外，这些证据与《客户车锁及车辆信息登记表》可以相互补充，故一审法院对前述证据予以采信。

至于原告的反驳证据，被诉侵权人对其证明力有异议。经查，这些宣传资料的时间跨度从2007年10月至2010年2月，其中均未提及被告车锁的具体结构，虽然在2010年的宣传资料（第四份）中，被诉侵权人提及车锁采用专利技术生产，但在2007年的宣传资料（第一份）中，被诉侵权人也早已提及采用专利技术。一审法院还注意到，被诉侵权人的投资人在2008年12月已经提出其专利申请，也就是说被诉侵权人至少在当时已经掌握涉案车锁的设计，该时间早于第二份宣传资料的时间，但被诉侵权人在第二、三份宣传资料中也并未提及该专利，故原告的这些证据并不足以反驳被诉侵权人的证据，一审法院对上述证据不予采信。

基于上述认定的证据，一审法院进一步确认以下事实：

盛凌车行于2008年3月开始销售被诉侵权人提供的车锁，该车锁结构与被诉侵权人的190U型锁结构相同。恰荣公司于2008年3月初开始销售被诉侵权人提供的车锁，该车锁结构与被诉侵权人100厘米链条锁结构相同。原告确认，该两款车锁的结构与原告公证购买的被告三款车锁结构相同。

此外，2008年6月30日的《客户车锁及车辆信息登记表》显示，盛凌车行的客户上官正平于同月29日购买了被告的05型锁配100厘米链条，登记表背面《摩的露可企业理赔条款》罗列的理赔条件记载：

“由于使用由上海某露可锁具制造厂生产的摩的露可牌专配组合车锁（不含小挂锁），在按车锁正确方法进行使用及在质量保证期内，出现以下情况，造成自行车、电动车或摩托车被偷时，我企业按以下程序进行理赔。

1.6 锁体、锁芯被撬开（长度为300mm的铁棍或螺丝刀在5分钟内）。

1.7 锁芯被技术性打开（使用开锁特种工具在5分钟内）。

1.8 锁芯被强力扭开（使用破坏性工具在5分钟内）。

1.9 锁芯从锁体被抽出（便携式电钻在5分钟内）。”

（三）一审判决的理由

一审法院认为：孙建华、沈其衡经授权获得了“一种空转锁的装置”实用新型专利权，该专利权至今有效，依法应予保护。两专利权人与原告签订了专利实施许可合同，原告因此获得该专利的独占实施权同样应受法律保护。

双方当事人的争议焦点之一是被告车锁按照其投资人的专利生产是否不侵犯原告的专利权。

一审法院认为，被诉侵权人的这一主张不能成立。最高人民法院曾经在《关于在专利侵权诉讼中当事人均拥有专利权应如何处理问题的批复》中明确指出：对于相同或者类似产品，不同的人都拥有专利权的有三种情形，其中之一是因实用新型专利未经实质审查，前后两项实用新型专利的技术方案相同或者等同。人民法院在审理专利侵权纠纷案件时，根据《专利法》规定的在先申请原则，只要原告先于被告提出专利申请，就应当依据原告的专利权保护范围，审查被告产品的技术特征是否完全覆盖原告的专利保护范围，不应当仅以被告拥有专利权为由，不进行是否构成专利侵权的分析判断即驳回原告的诉讼请求，应当分析被告拥有专利权的具体情况以及与原告专利权的关系，从而判定是否构成侵权。

本案中，尽管两项实用新型专利均是针对车锁，但孙建华、沈其衡的“一种空转锁的装置”实用新型专利权的申请日早于被诉侵权人的投资人马翔的“U型防盗锁”实用新型专利权的申请日，被诉侵权人也并未向专利复审委员会就“一种空转锁的装置”实用新型专利权提出无效宣告申请，故本案实用新型专利仍为有效专利。相应地，原告即对该专利技术享有独占实施权。根据前述批复的规定，一审法院仍须对被诉侵权人的车锁的技术特征是否落入“一种空转锁的装置”实用新型专利权的保护范围进行判断，这一点不因被诉侵权人就相同产品享有另一专利的实施权而有所影响。

双方当事人的争议焦点之二是被诉侵权人车锁的技术特征与原告享有实施权的专利技术特征是否相同。

被诉侵权人在本案中主张，两者的技术特征不同，其不同点即体现在被告车锁中不存在专利技术特征中的“伸缩杆”以及“伸缩联动器向外伸出的通道”。经查，被诉侵权人的车锁是一种空转锁，尽管被诉侵权人否认其中有伸缩杆及相应的伸缩通道，但车锁中确实存在着与旋转推进器配合的部件，而且这一部件也有其伸缩的运行空间，故一审法院认定该车锁中包含了“伸缩杆”以及“伸缩联动器向外伸出的通道”。被诉侵权人车锁的技术特征与原告享有独占实施权的专利的必要技术特征相同。

双方当事人的争议焦点之三是被告是否享有先用权。

一审法院认为，被诉侵权人提供的证据足以证明其在2008年11月，即孙建华、沈其衡向国家知识产权局申请“一种空转锁的装置”实用新型专利之前，就已经生产并销售了涉案车锁。根据《专利法》第六十九条第（二）项的规定，在专利申请日前已经制造相同产品、使用相同方法或者已经作好制造、使用的必要准备，并且仅在原有范围内继续制造、使用的，不视为侵犯专利权。被诉侵权人已经在原告主张权利的“一种空转锁的装置”实用新型专利的申请日之前实际制造、销售了相同的车锁，故其有权在原有范围内继续制造该车锁。

据此，原告关于被诉侵权人停止侵权并赔偿损失的诉讼请求缺乏事实和法律依据，一审法院不予支持。依照《专利法》第六十九条第（二）项的规定，判决驳回原告的全部诉讼请求。本案案件受理费人民币2,377元，由原告负担。

四、上海市高级人民法院的二审判决

本案原告不服一审判决，向上海市高级人民法院（下称“二审法院”）提起上诉，请求撤销原判，支持其一审诉请。

（一）当事人的主张

本案原告的上诉称一审法院认定被诉侵权人享有先用权属于认定事实有误，其主要理由在于：

（1）被诉侵权人的证据存在明显瑕疵，不符合法律规定，体现在：两家单位出具的证词都未经单位负责人签字；相关照片未与原物对照当庭质证，且照片只显示锁体正面，没有显示其他部位及内部结构的照片，无法判断此照片反映的锁体的技术特征与被诉侵权产品的技术特征完全相同；发货单、《信息登记表》上的产品名称与被诉侵权人提供的涉案侵权产品不是同型号产品；两家单位封存的实物不是2008年的产品，与发货单无法印证；证人未出庭作证，其证言无法作为认定事实的证据；被诉侵权人2007年10月1日的宣传资料中的专利与本案专利不同。

（2）被诉侵权人2008年底前采用的是带锁壳的专利技术，2009年8月后采用涉案空转锁技术。

被诉侵权人的主要答辩理由为：

（1）其完全按照自有专利生产产品，未侵犯任何人专利。（2）相关产品2008年年初就已经上市销售，对此销售商皆可证明。（3）证人一审未到庭，是因为怕被打击报复，但其并未作伪证。（4）被诉侵权人无法出示2008年年初生产的锁具，因为已经全部销售完毕。（5）虽然销售商与摩的露可厂有利害关系，但法律并未禁止有利害关系的证人出具证明，且相关事实也只有相关单位才知情并能证明。

二审中，本案原告向二审法院提交了以下证据：

（1）第200420114552.7号、第200420119153.X号、第200720073335.1号实用新型专利的说明书，用以证明一审判决提及的专利应为2004年的专利，而非2008年的专利，且该三份专利均已终止。

（2）两段电话录音的音频文件，用以证明出售给上官正平的05型锁没有空转功能；被诉侵权人用一把有空转功能的锁换回了上官正平的锁，两把锁的结构不同。

被诉侵权人对上述证据1的专利文件的真实性予以认可，但认为与本案无关。证据2是上官正平在本案原告的诱导下说出原告想要他说的话；上官正平作为使用者对锁具产品的结构不一定了解，被诉侵权人要拿走他的锁肯定会给他一把新锁。

二审法院认为，证据1所列三份专利文件的真实性可予确认，可以证明被诉侵权人2007年10月1日的宣传单所载明的专利（专利号200420114552.7的实用新型专利）并非本案专利，因此该宣传单与本案不具有关联性。证据2中上官正平的表述与其出具给被诉侵权人的书面证言存在矛盾之处，故二审法院对上述录音证据不予采信。

二审中，被上诉人摩的露可厂向本院提交了以下证据：

1. 恰荣公司出具的证明和盛凌车行出具的证明各一份以及两公司的营业执照和法定代表人身份证明，用以证明其一审期间所出具的证明均是真实的。

2. 上官正平于2009年1月12日公安局报案的回执，用以证明上官正平被盗的车的型号、编号、钢印号等信息均与《信息登记表》记载的相应型号一致。

3. 05型锁体与钥匙照片打印件，用以证明锁体与钥匙的编号与《信息登记表》上的编号一致。

4. 盛凌车行出具的证明，用以证明上官正平于2008年6月30日在其店购买了摩的露可厂的05型锁，并填写了《信息登记表》。

5. 上官正平的身份证复印件及购车发票复印件（盛凌车行盖章确认）、购锁发票复印件，用以证明锁上的编号与发票编号、《信息登记表》上的编号均一致。

6. 被诉侵权人向上官正平进行理赔的汇款凭证，用以证明被诉侵权人向上官正平进行了赔付。

7. 上官正平出具的情况说明，用以证明发票编号、车锁编号、车的型号等和《信息登记表》上记载的信息可一一对应。

8. 锁体实物及链条一套。

9. 车主曹质明的《信息登记表》原件、其居委会出具的证明原件及相关公安局报案回执复印件，用以证明其车架编号等型号与公安局记载的型号均一一对应。

10. 被诉侵权人其他客户《车辆保险投保单》复印件20份，证明摩的露可厂锁的编号都是固定的，编号与车也是一一对应的。

11. 被诉侵权人的法定代表人马翔与上海蓝迪专利商标事务所于2008年11月3日签订的专利申请代理委托合同及付费收据，用以证明其申请专利的时间在本案专利申请日之前。

12. 瑞安市正全车辆配件厂2011年7月29日出具的证明及附件（个体工商户营业执照复印件），用以证明2007年已经开始生产被诉侵权人现在销售的锁的配件，其一审期间曾提交过该证明，但由于缺少负责人签字故二审补签字后再次提交。

本案原告认为：上述证据1为盖有公章的复印件，故对其真实性不予认可；证据2载明“未经公安机关核实”，故真实性不确定、合法性不清楚与本案没有关联性；证据3没有真实性、合法性和关联性；证据4与本案所争议的09型锁无关；证据5的身份证的真实性、合法性和关联性予以认可；证据6的真实性、合法性认可，但与本案无关；证据7为证人证言，证人必须出庭作证，故对其真实性、合法性、关联性均不予认可；证据8的实物未经公证，被诉侵权人可能在取回锁后变更其内部结构；证据9是05型锁，与被诉侵权产品无关；证据10的真实性无法考证，与本案无关联性；证据11的合同无具体申请内容之附件，且马翔正式申请专利时间是2008年12月15日，专利权自申请日起受保护，而非签订代理合同之日起；证据12的真实性不予认可。

二审法院院认为：

证据1所欲证明的内容与该两公司一审提供的书面证明内容一致，并不属于二审新证据；同时，该证据与证据4、7、12均属于证人证言，根据我国《民事诉讼法》第七十条的规定，凡是知道案件情况的单位和个人都有义务出庭作证，证人确有困难不能出庭的，经人民法院许可，可以提交书面证言。本案中，上述证人一、二审均未能到庭作证，也未能提供证据证明其属于我国《民事诉讼法》规定的“证人确有困难不能出庭”的情况，因此上述证据1、4、7、12中相关证人出具的证言因证人未能到庭作证并接受当事人的质询和法庭的询问，且证据7的内容与被上诉人提供的证据2之内容相矛盾，故二审法院均无法采信。一审法院依据的《最高人民法院关于适用民事诉讼法若干问题的意见》第七十七条的规定，系依照我国《民事诉讼法》第六十五条“人民法院有权向有关单位和个人调查取证”作出的解释，即人民法院依职权向有关单位和个人调查取证时，有关单位向人民法院提出的证明文书，应由单位负责人签名或盖章，并加盖单位印章。本案中并未出现人民法院依职权向相关单位调查取证的情况，因此一审法院依据上述条款采信相关证人证言不妥，应予纠正。退而言之，即便上述证据1、4、12可予采信，但如本院后文判决理由所述，上述证言与发货单、实物等证据也同样无法证明被诉侵权人先于本案专利的申请日制造被诉侵权产品。

证据2为公安部门出具，可以证明2009年1月12日上官正平曾向公安机关报案其电动自行车被盗。

证据3与证据8所证明的事项一致，可以证明锁体编号与钥匙编号具有一定的相关性。

对证据5中上官正平的身份证，本案原告予以认可，故可以证明上官正平的相关身份信息；经盛凌车行盖章确认的购车发票，结合证据2、6，可以证实上官正平曾购买电动自行车；然而购锁发票为复印件，本案原告未确认其真实性，在无其他证据可以证明其内容真实性的情况下，二审法院无法采信。

证据6本案原告认可其真实性和合法性，故可以证明被诉侵权人曾向上官正平进行了赔付。

证据8为锁具实物，本案中无充分证据证实该实物即为上官正平2008年6月购买的摩的露可厂生产的锁具。同时，即便能够证明其锁体、钥匙编号与《信息登记表》、相关发票等证据所显示的信息一致，鉴于该实物长期保存于案外人处，也无法核实其内部结构是否曾被改动，因此该实物证据二审法院难以采信。

证据9所证明的事实，与本案争议事实无关，故二审法院不予采信。

证据10为复印件，在本案原告否认其真实性且无其他证据佐证的情况下，无法核实其真实性，故二审法院同样不予采信。

证据11无法证明该专利申请的具体内容，无法证明其在本案专利的申请日之前曾就其被诉侵权产品使用的技术申请相关专利。

经审理查明，一审法院关于盛凌车行与恰容公司于2008年3月开始销售由被告提供的车锁，其结构分别与190U型和100厘米链条锁结构相同之事实认定，缺乏充分的证据作佐证，应予纠正。

原审法院查明的其余事实属实。

（三）二审判决的理由

二审法院认为，专利侵权案件中的被控侵权人欲证明其先用权抗辩成立，应提供充分的证据证明其在本案专利的申请日之前已经制造相同产品、使用相同方法或者已经做好制造、使用的必要准备，并且仅在原有范围内继续制造、使用。

对于本案原告认为一审法院认定被诉侵权人享有先用权有误的上诉理由，二审法院认为，一审法院结合恰荣公司和盛凌车行出具的证明、补充证明以及被诉侵权人的发货单、封存实物，认定被诉侵权人在本案专利的申请日之前已经生产并销售了涉案车锁，属于《专利法》规定的先用权范围，被诉侵权人在原有范围内继续制造、使用的不视为侵权。然而，恰荣公司2011年7月30日和盛凌车行2011年7月29日出具的证明仅证实其在2008年年初开始销售与本案被控侵权锁具俯视图一致的车锁，未能证实该车锁的具体内部结构。其次，被诉侵权人的发货单和相关《信息登记表》仅载明销售产品的名称为“05型”锁体产品，但本案中并无证据材料可以供核实上述“05型”锁体的具体结构与本案被诉侵权产品结构一致。再次，恰荣公司和盛凌车行所证明的销售实物并非2008年销售的原物，而是被诉侵权人认为与其2008年销售给该两家销售商的车锁产品结构一致的现有产品，且上述产品未经公证封存；同时上述两单位在本案中又均未能到庭作证并接受质询。根据日常生活经验，车锁的经销商一般不会拆开车锁产品查看其内部结构，因此其证明至多只能证实其从2008年3月开始就销售空转锁，但仅凭上述证明无法核实其2008年3月经销的空转锁的具体内部结构。此外，被诉侵权人在二审中也未能提供充分的证据证明其在本案专利申请日之前已经生产、制造了被诉侵权产品。

最后，先用权抗辩成立的前提之一是被告仅在原有范围内继续制造、使用，而本案中并无任何证据证明被诉侵权人在本案专利申请日之前已有的生产规模以及目前的生产规模。因此，仅凭本案现有证据并不能证明被诉侵权人在本案专利申请日之前已经制造相同产品或者已经做好制造的必要准备，并且仅在原有范围内继续制造。本案原告认为一审法院认定被诉侵权人享有先用权有误之上诉理由，具有事实和法律依据，二审法院予以支持。

至于被诉侵权人认为其完全按照自有专利生产产品、并未侵犯任何人专利的抗辩理由，因其投资人的专利申请日期晚于本案专利的申请日期，且本案专利未被宣告无效，因此法院将被诉侵权产品与本案专利的相应技术特征进行比对，并据此认定两者相应技术特征完全相同并无不妥。对此，一审法院已经充分论述，二审法院认同其理由，在此不再赘述。

由此，被诉侵权人制造的被诉侵权产品落入了原告享有独占实施权的本案专利的保护范围，被诉侵权人无法提供充分的证据证明其已经在本案专利的申请日之前制造相同产品或者已做好制造的必要准备，也未能提供任何证据证实其目前仅在原有范围内继续制造的情况下，其先用权抗辩不能成立，应承担相应的停止侵权、赔偿损失的民事责任。至于其应承担的赔偿数额，由于本案原告因侵权所受的损失以及被诉侵权人因侵权所获得的利益均难以确定，本案亦无相关专利许可使用费可作参考，故二审法院根据被诉侵权人侵权行为的性质、侵权产品可能的生产与销售规模、持续时间、可能的利润等具体情节以及原告为调查和制止本案侵权行为所支付的合理开支，酌情确定赔偿数额。

综上，本案原告关于一审法院认定被诉侵权人享有先用权有误的上诉理由具有事实及法律依据，应予支持。据此，依照《民法通则》第一百一十八条、第一百三十四条第一款第（一）项、第（七）项，《专利法》第十一条第一款、第五十九条第一款、第六十五条第一款、第二款、第六十九条第（二）款，《最高人民法院关于审理专利纠纷案件适用法律问题的若干规定》第二十二条，《民事诉讼法》第一百五十三条第一款第（三）项之规定，判决撤销一审判决；被诉侵权人立即停止侵犯本案专利的行为，并自二审判决生效之日起十日内赔偿本案原告经济损失及合理费用人民币3.5万元；对本案原告的其余诉讼请求不予支持。

本案一审案件受理费人民币2 377元，由本案原告承担788.50元，由被诉侵权人承担人民币1 588.50元；二审案件受理费人民币2 377元，由原告承担人民币788.50元，被诉侵权人承担人民币1 588.50元。

五、最高人民法院的再审判决

被诉侵权人不服二审判决，向最高人民法院（下称“再审法院”）申请再审。最高人民法院于2013年5月23日作出（2013）民申字第367号民事裁定，提审本案。

（一）当事人的主张

被诉侵权人申请再审称：

（1）被诉侵权产品中的锁舌与本案专利中的伸缩联动器不同，被诉侵权产品中不具有伸缩联动器或者伸缩杆，其具体理由在于：

第一，伸缩联动器是本案专利中自行创设的技术术语，并非本领域普遍使用的用以指明锁具某个通用部件的技术术语。关于伸缩联动器的含义，应当根据本案专利的说明书和权利要求书确定。根据本案专利说明书的记载，本案专利空转锁实现开闭锁的功能，是通过旋转推进器的运动使伸缩联动器伸出通道，伸缩联动器推动锁舌运动使锁的闭锁结构被打开。因此，伸缩联动器的功能是连接旋转推进器与锁舌，起到的是轻工业行业标准QB／T3835–1999（锁具名词术语）（以下简称QB／T3835–1999标准）中“锁舌拨动件”的作用。本案专利的说明书也一直将伸缩联动器与锁舌分开表述，始终在说明伸缩联动器与锁舌两个部件相互配合以达到开闭锁的目的。因此，被诉侵权产品中锁舌的定义、特征与功能均不同于本案专利中的伸缩联动器。

第二，根据QB／T3835–1999标准中对锁舌的定义，锁舌是指“锁具中直接起闭锁作用的部件。按其形状不同分为方舌、斜舌、圆舌、钩子舌等（零件或部件）。”被诉侵权产品中具有伸缩功能，能伸入槽中与闭锁结构相连的部件为锁舌，符合前述行业标准中有关锁舌的定义。

第三，所有锁都具有旋转推进器，但与旋转推进器配合的并非只有伸缩联动器或伸缩杆，还有可能是锁舌或钢珠。本案专利需要伸缩联动器、伸缩杆与锁舌配合才能达到开锁、闭锁、空转防盗目的。被诉侵权产品通过旋转推进器与锁舌的直接配合达到相同目的，并不具备伸缩联动器以及伸缩杆。

第四，被诉侵权产品中只有供锁舌进出的锁舌槽，锁舌槽与本案专利中供伸缩联动器向外伸出的通道不同，被诉侵权产品没有供伸缩联动器向外伸出的通道。

第五，本案原告提供的专利产品实物与本案专利不同，二审法院依据该实物进行侵权比对错误。

（2）说明书与附图对侵权判断具有重要参考意义，可以用来说明专利产品的结构及其工作原理。二审法院未参考本案专利说明书和附图，不符合法律规定。

（3）二审法院有关被诉侵权人不享有先用权的认定错误。

基于上述理由，被诉侵权人请求撤销一、二审判决，驳回原告的诉讼请求并承担本案诉讼费用。

原告提交意见认为：

（1）一、二审判决认定被诉侵权产品落入本案专利权的保护范围正确，其具体理由在于：

第一，被诉侵权产品中，与旋转推进器配合的只有一个伸缩运动部件，并不存在所谓的锁舌部件。本案专利中的伸缩联动器是可以伸缩运动的部件，除了带动锁舌外也可以直接卡入锁杆的缺口中将锁杆卡住，具有锁舌功能。被诉侵权产品中的锁舌和本案专利中的伸缩联动器都能在旋转推进器的带动下，完成相同的功能，两者实质上相同。

第二，被诉侵权产品中的锁舌槽与本案专利中供伸缩联动器向外伸出的通道的功能和原理完全相同，都是供伸缩联动器伸缩运动。

第三，被诉侵权产品具备本案专利的全部必要技术特征，即使单独增加一个锁舌，也同样构成侵权。

（2）《专利法》保护产品的形状、构造及其结合，并不保护说明书中某个具体实施方式的运动方式和工作原理。侵权判定应当以权利要求记载的特征为准，而不能仅用具体实施方式的内容来解释权利要求。如果权利要求的含义本身是明确的，则无需借助其他手段进行解释。

（3）被诉侵权人的其享有先用权的主张不能成立。

（二）补充的证据和再审法院查明的事实

再审期间，被诉侵权人提交了如下证据：

1. QB／T3835-1999标准，该标准于1999年4月21日发布实施，用以证明本领域中锁舌、锁舌拨动件的含义。其中3.2.2部分载明："锁舌bolt锁具中直接起闭锁作用的部件。按其形状不同分为方舌、斜舌、圆舌、钩子舌等（零件或部件）"；3.2.3部分载明："锁舌拨动件follower是直接起拨动锁舌作用的零件"。

2. 上海共飞自行车公司出具的证明、增值税发票及其营业执照，用以证明其在本案专利申请日前已经销售被诉侵权产品。

3. 上海增值税普通发票、价格对比表，用以证明被诉侵权人在本案专利的申请日前已经销售被诉侵权产品。

针对上述证据1，原告未提出异议。针对上述证据2、3，本案原告未对其真实性提出异议，但认为证据2、3中增值税发票上写的"80cm链条锁"只是一种尺寸规格，并非产品型号，其对应的锁体不是被诉侵权产品。

本院审查查明，二审法院审理查明的事实属实。

再审法院另查明以下事实：

本案专利说明书记载，本案专利的发明目的为："克服现有技术的不足，提供一种结构简单、加工容易、刚性好、故障率低的空转锁装置，并可将各种类型的锁芯改造成空转锁。"本案专利的技术效果为："1. 结构简单、零部件少、故障率低；2. 普通零件、加工容易成本低；3. 不改变现有锁具的弹子或叶片的形状，空间部署合理，刚性强，使用寿命长；4. 正常开启时，省去锁芯内部的径向运动，直接由轴向运动转为旋转运动去操作锁舌开启，省略径向运动环节，既有空转防撬功能，又有普通锁具故障率低的优点。"

本案专利说明书及其附图中记载了六种实施例，其区别在于旋转推进器、伸缩联动器的配合方式不同。说明书的具体实施方式部分详细描述了附图1所示实施例1的空转锁结构、开闭锁过程及其空转防盗原理，具体如下：

第一，空转锁开启时的动作原理为："将原配钥匙1插入锁芯4，使弹子或叶片在钥匙1的拨动下与锁体8的弹子或叶片一一对应齐，因为用原配钥匙1旋转锁芯4的扭力小于锁体8与外壳2之间利用阻尼弹簧9和定位钢球10产生的阻力，所以旋转钥匙1能轻松地带动锁芯4在锁体8腔内转动，平时伸缩联动器6的三角凹形在回位弹簧7的压力下紧贴旋转推动器5的三角凸形，当与锁芯4是一个整体的旋转推进器5旋转时，因伸缩联动器6的左端是非圆形截面的伸缩杆，并装配在相同截面的通道11内且不能跟随旋转推进器5旋转，所以旋转钥匙1使凸形对凹形产生了相对运动并推动凹形向左移动直至到凸形的尖端顶住凹形的平断面，此时，与凹形是一个整体的伸缩杆被推动后伸出通道11并嵌入锁舌或锁栓上的槽或孔中并可带动其转动。此时，锁芯4在锁体8腔内转动90°后到了极限位，再继续旋转钥匙1后，锁芯4直接带动锁体8克服由阻尼弹簧9和定位钢球10产生的微弱阻力后在外壳2腔内转动，伸缩联动器6上的伸缩杆则开始带动锁舌或锁栓转动，通过锁舌或锁栓的直接动作或间接传递动作使锁具的闭锁机构被打开，达到正常开启锁具的目的。"

第二，空转锁闭锁的动作原理为："旋转钥匙1带动锁芯4使旋转推动器5转动90°，旋转推进器5上的三角凸形又转回来与伸缩联动器6的三角凹形对人，凹形在回位压簧7的压力下乂紧贴凸形，伸缩联动器6上的伸缩杆则从通道11缩回并脱离锁舌或锁栓上的槽或孔，脱离伸缩联动器6控制的锁舌和锁栓在其拉簧扭簧等弹簧作用下将锁具闭锁。"

第三，空转防盗的动作原理为："用非原配钥匙或技术性开启工具或扭撬工具插入锁芯4之后，只要稍稍用一点点力，锁芯4就立即带动锁体8空转，因锁芯4的弹子或叶片不能立即与锁体8的弹子或叶片对应齐，锁芯4不能在锁体8的腔内轻松转动，而是将扭力转移到了锁体8上，锁体8则是靠阻尼弹簧9和定位钢球10与外壳2柔性相连，转移来的微弱扭力都能强过由阻尼弹簧9和定位钢球10产生的阻力，使锁体8在外壳2的腔内转动，此时，凹凸形未产生相对运动，伸缩联动器6未受到旋转推进器5的推动，伸缩杆不能向通道11外面移动去带动锁舌或锁栓转动，因此，不论用什么样的扭力（包含微弱力或强力）去扭撬锁芯4，锁芯4都不会与锁体8产生相对运动，而是共同在外壳2的腔内空转，达到防盗的目的。”“正常开启时，伸缩联动器6上的伸缩杆伸出通道11去带动锁舌或锁栓动作；非正常开启时，伸缩联动器上的伸缩杆没有伸出通道11而无法带动锁舌或锁栓的动作。”

本案专利说明书中未记载不通过锁舌，由伸缩联动器本身直接起闭锁作用的技术方案。

被诉侵权产品的开闭锁、空转防盗工作原理为：在正常开闭锁过程中，锁体不发生转动，旋转推进器直接推动锁舌运动从而开闭锁。在空转防盗时，锁体发生转动，因锁舌伸出锁体外圆的通道并被卡在锁舌槽中，所以锁舌并不随锁体一起转动；因锁体转动，导致锁体外圆上供锁舌伸出的通道相对于锁舌发生转动，故锁舌无法通过该通道回复到锁体中，从而实现空转防盗功能。

（三）再审判决的理由

再审法院认为，本案争议焦点在于：（1）如何理解本案专利权利要求1中技术特征伸缩联动器的含义；（2）被诉侵权产品是否落入涉案专利权的保护范围。

1．关于如何理解本案专利权利要求1中伸缩联动器的含义

关于被诉侵权产品是否落入本案专利的保护范围，双方主要争议在于被诉侵权产品中是否具有本案专利权利要求1中的伸缩联动器、伸缩联动器一端设置的伸缩杆以及供伸缩联动器向外伸出的通道，这些争议均涉及到对伸缩联动器含义的理解。

被诉侵权人认为，该伸缩联动器在本案专利中起到的是QB／T3835-1999标准中“锁舌拨动件”的功能，故被诉侵权产品中的锁舌与伸缩联动器不同，被诉侵权产品中不具有伸缩联动器。本案原告则认为，伸缩联动器除了可以带动锁舌工作外，其本身也可以具有锁舌功能，伸缩联动器与被诉侵权产品中的锁

舌相同。

双方当事人对于伸缩联动器的含义的争议，实质上源于各自对伸缩联动器在本案专利技术方案中的工作方式、功能、效果的理解不同。因此，判断被诉侵权产品是否落入本案专利权的保护范围的前提，在于正确理解伸缩联动器在本案专利整体技术方案中的含义。

伸缩联动器并非本案专利申请日前本领域中已有的技术术语，是专利申请人自行创设的技术术语。一方面，根据2008年修改的《专利法》第二条第二款的规定，“专利法所称发明，是指对产品、方法或者其改进所提出的新的技术方案。”由于人类语言相对于客观世界具有滞后性，其总是随着客观世界的发展、进步而不断丰富。对于一项申请日之前未曾出现过的新的技术方案而言，仅仅使用申请日之前已有的技术术语，专利申请人可能难以准确、客观地描述该技术方案相对于现有技术所作出的改进。因此，为了满足描述新的专利技术方案的客观需要，应当允许专利申请人在撰写专利申请文件时使用自行创设的技术术语。另一方面，由于自行创设的技术术语的含义并不为本领域普通技术人员所知悉，故专利申请人在使用自行创设的技术术语时，亦有义务在权利要求书或者专利说明书中对该技术术语进行清楚、准确地定义、解释或者说明，以使得本领域技术人员能够清楚地理解该技术术语在专利技术方案中的含义。在确定自行创设的技术术语的含义时，应当综合考虑权利要求书、说明书、附图中记载的与该技术术语相关的技术内容。权利要求书、说明书中对该技术术语进行了清楚、明确的定义或者解释的，一般可依据该定义或者解释来确定其含义。权利要求书、说明书中未能对该技术术语进行清楚、明确的定义或者解释的，则应当结合说明书、附图中记载的与该技术术语有关的背景技术、技术问题、发明目的、技术方案、技术效果等内容，查明该技术术语相关的工作方式、功能、效果，以确定其在本案专利整体技术方案中的含义。

本案专利的权利要求书和说明书均没有对伸缩联动器进行定义或者解释，因此需要综合考虑说明书、附图中记载的与该技术术语相关的技术内容来确定其含义。首先，根据本案专利的背景技术、发明内容以及技术效果，本案专利的发明目的是提供一种空转防盗锁装置。利用该装置，可以直接将各种类型的锁芯改造成空转锁，使普通锁具备空转防盗功能。本案专利既不涉及对普通锁中的锁舌或者锁栓本身进行改进，也不涉及以伸缩联动器直接替代锁舌或者锁栓，对普通锁进行改造。其次，根据本案专利具体实施方式，伸缩联动器系以下述方式实现其功能：在正常开闭锁时，伸缩联动器的一端在旋转推进器的推动下发生伸缩运动，伸缩联动器的另一端设置有伸缩杆，伸缩杆带动锁舌或者锁栓运动使锁开闭。在空转防盗过程中，伸缩联动器随锁体一起转动，其与旋转推进器之间不发生相对运动，旋转推进器无法推动伸缩联动器发生伸缩运动，伸缩联动器无法带动锁舌或者锁栓运动，从而实现锁具空转防盗的目的。因此，涉案专利必须通过伸缩联动器与旋转推进器配合方式的变化，使伸缩联动器与锁舌或者锁栓的配合方式发生变化，从而实现开闭锁或者空转防盗的目的。伸缩联动器是设置在旋转推进器与锁舌或者锁栓之间，用以推动锁舌或者锁栓运动的中间部件。伸缩联动器与锁舌或者锁栓各自独立，并非同一部件。本案专利中也没有记载以伸缩联动器直接替代锁舌或者锁栓，由伸缩联动器本身直接起闭锁作用的技术内容。再次，被诉侵权人提供的QB／T3835-1999标准是有关锁具名词术语的国家行业标准，可以证明本案专利申请日之前本领域中与锁具有关的技术术语的含义，帮助本领域技术人员理解本案专利中伸缩联动器的含义。QB／T3835-1999标准3.2.2部分记载："锁舌bolt是锁具中直接起闭锁作用的部件"，3.2.3部分记载："锁舌拨动件follower是直接起拨动锁舌作用的零件"。由于伸缩联动是用于推动锁舌或者锁栓运动的部件，伸缩联动器本身不能直接起到闭锁作用。因此，伸缩联动器不符合上述标准中有关"锁舌"的定义，其实质上属于标准中的"锁舌拨动件"。

综上所述，根据本案专利说明书的背景技术、发明内容、技术方案、技术效果以及QB／T3835-1999标准，本案专利中的伸缩联动器系用于推动锁舌或者锁栓运动的中间部件，伸缩联动器与锁舌或者锁栓各自独立，相互配合，方能实现本案专利技术方案的发明目的和技术效果。本案原告关于伸缩联动器也具有锁舌功能的主张缺乏事实依据，故不予支持。

2．关于被诉侵权产品是否落入本案专利权的保护范围

被诉侵权产品中的锁舌不同于伸缩联动器。首先，被诉侵权产品中的锁舌直接起闭锁作用，符合QB／T3835-1999标准中有关锁舌的定义。伸缩联动器用于推动锁舌或者锁栓运动，其本身不能起闭锁作用。其次，虽然被诉侵权产品中的锁舌也可以伸缩运动，但是锁舌是由旋转推进器直接推动，二者之间没有设置伸缩联动器或其他中间部件。本案专利中旋转推进器与锁舌或者锁栓之间设置有伸缩联动器，旋转推动器不能直接推动锁舌或者锁栓，而是通过伸缩联动器推动锁舌或者锁栓。再次，在空转防盗时，被诉侵权产品由于锁舌通道随锁体转动，使得锁舌无法通过通道回复到锁体中，从而实现空转防盗功能。本案专利则是由于旋转推进器无法推动伸缩联动器，继而无法推动锁舌或者锁栓，从而实现空转防盗的功能。因此，被诉侵权产品中的锁舌与伸缩联动器的工作方式、功能、效果均不相同，被诉侵权产品既不具备本案专利权利要求1、6记载的伸缩联动器，也不具备在伸缩联动器一端设置的伸缩杆。被诉侵权产品中的锁舌槽用于容纳锁舌，供锁舌伸缩运动，而非供伸缩联动器伸缩运动。锁舌槽与本案专利中供伸缩联动器向外伸出的通道的工作方式、功能、效果均不相同。由于被诉侵权产品中不具备伸缩联动器，自然也无需设置供伸缩联动器向外伸出的通道。因此，被诉侵权产品不具有本案专利权利要求1、6记载的供伸缩联动器向外伸出的通道。

综上所述，被诉侵权产品不具有本案专利权利要求1、6中的伸缩联动器、伸缩联动器一端设置的伸缩杆以及供伸缩联动器向外伸出的通道，未落入本案专利权的保护范围。一审判决以“车锁中确实存在着与旋转推进器配合的部件，而且这一部件也有其伸缩的运行空间”为由，未能从整体上理解伸缩联动器在本案专利技术方案中的含义，以致错误认定被诉侵权产品落入本案专利权的保护范围。二审判决未能纠正一审判决，认定事实、适用法律亦有错误，应予纠正。

鉴于被诉侵权产品未落入本案专利权的保护范围，故对被诉侵权人关于其享有先用权的主张及其提交的证据2、3，再审法院不再进行评述。

综上，二审判决认定事实和适用法律均有错误，应予纠正。依照2008年修改的《专利法》第十一条、第五十九条第一款，2012年修改的《民事诉讼法》第二百零七条第一款、第一百七十条第一款第（二）项之规定，判决如下：

（1）撤销二审判决和一审判决；

（2）驳回本案原告的诉讼请求。

一审案件受理费2 377元，二审案件受理费2 377元，由原告负担。

第四章

环球动态

美国最高法院推翻美国联邦巡回上诉法院对Akamai一案的大法庭判决

2012年8月31日，美国联邦巡回上诉法院以合案审理方式对Akamai案和McKesson案的二审判决作出了大法庭判决。该大法庭判决主要涉及侵犯方法专利权行为的判断，认定该两案被诉侵权人的行为构成了诱导侵权行为。为了得出这一结论，美国联邦巡回上诉法院的大法庭判决提出了一种新的观点，其结果不但推翻了上述两份二审判决，还一并推翻了美国联邦巡回上诉法院此前对BMC案和Muniauction案的判决，可谓“颠覆性”判决。然而，大法庭判决的新观点在美国联邦巡回上诉法院引起了很大争议，出席大法庭审判的11名法官中有5名法官持反对立场。

本书第1卷（2013）在“环球动态”部分详细介绍了美国联邦巡回上诉法院大法庭判决的背景、判决的理由以及少数派法官的反对意见，并作了长篇评析。[1] 该评析指出：

> 鉴于大法庭判决可能产生的重要影响以及美国联邦巡回上诉法院的法官存在的严重分歧，美国专利界人士分析存在两种前景：一是引起美国最高法院的重视，导致该法院受理当事人提出的再审请求，由美国最高法院作出最终决断；二是导致美国国会对其专利法第271条再次进行修改，从立法高度解决方法专利权的保护问题。两者相比，笔者认为前者的可能性大一些。

美国最高法院果然受理了被诉侵权人的再审请求并作出了提审本案的裁定。2014年6月2日，美国最高法院的全体9名大法官一致通过了对Akamai一案的终审判决，推翻了美国联邦巡回上诉法院的上述大法庭判决。该判决一开头就明确指出：

> 本案涉及的问题是：在无人作出美国专利法第271条（a）规定的直接侵犯专利权行为的情况下，是否仍然可以认定被告承担第271条（b）规定的诱导侵犯专利权责任。法律条文以及本法院的案例法都要求我们对这一问题作出否定回答。因此，我们决定推翻美国联邦巡回上诉法院作出的对这一问题得出相反结论的大

[1] 尹新天. 中国专利报告. 总第1卷 · 2013 [M]. 北京：知识产权出版社，2014：438－472.

法庭判决。

下面详细介绍美国最高法院终审判决的内容。

一、美国最高法院对本案审理过程的回顾

2006年6月23日，美国麻省理工学院及其被许可人Akamai公司（下称“专利权人”）共同在美国马萨诸塞州联邦地区法院起诉，指控美国Limelights公司（下称“被诉侵权人”）侵犯了第6108703号美国专利。该案陪审团认定被诉侵权人的行为侵犯了本案专利权，并确定了400 000 000美元的损害赔偿数额。

如美国最高法院的判决所述：“专利权人取得的胜利是短命的。”[1] 就在本案一审陪审团作出其裁定后不久，美国联邦巡回上诉法院于2008年对Muniauction, Inc. v. Tomoson Corp.一案作出了判决。该案涉及一种采用计算机系统进行投标的方法专利权，其被告仅实施了该专利方法的一部分方法步骤，其客户实施了该专利方法的其余方法步骤，被告向其客户提供了如何使用其系统的教导。经审理，美国联邦巡回上诉法院拒绝认定该案被告的行为构成了直接侵犯该案专利权的行为，其理由在于美国联邦巡回上诉法院认为：“认定构成直接侵权行为需要有单个当事人实施了专利方法的全部方法步骤。然而，在有多个当事人共同实施专利方法的情况下，如果能够证明其中某一当事人“控制”（control）或者“指导”（direct）了整个专利方法的实施，以至于每一方法步骤的实施都可以归咎于该当事人，则仍然可以认为满足了单个当事人的要求。”美国联邦巡回上诉法院认为Muniauction一案的被告不应承担直接侵犯专利权的责任，因为被告没有对其客户实施其余方法步骤的行为进行“控制”或者“指导”。

鉴于美国联邦巡回上诉法院对Muniauction一案的判决，本案被诉侵权人请求一审法院重新考虑其先前提出的法律审动议，该动议已被一审法院拒绝。经重新考虑，一审法院认为被诉侵权人与其客户之间的关系和Muniauction案被诉侵权人与其客户之间的关系相差无几，因此作出了认定侵权指控不成立的一审判决。

被诉侵权人不服一审判决，上诉到美国联邦巡回上诉法院。针对该上诉，美国联邦巡回上诉法院于2010年9月20作出了维持一审判决的二审判决。二审判决的理由在于：如果一个被告没有实施一项方法专利的全部方法步骤，则只有在满足下述条件的情况下才应当承担直接侵权责任，即：“实施该专利方法的

[1] Respondents’ victory was short-lived, however.

方法步骤的两个当事人之间存在代理关系或者其中一个当事人根据合同有义务实施有关方法步骤”。由于在本案中，上述两个条件都不满足，因此美国联邦巡回上诉法院认定被诉侵权人不应承担直接侵权责任。

美国联邦巡回上诉法院决定以大法庭方式对本案二审判决进行再审，并作出了撤销二审判决的大法庭判决。大法庭判决认为没有必要审视关于美国专利法第271条（a）规定的直接侵权的案例法，而是认定“本案证据支持得出构成诱导侵权的结论”。大法庭判决的理由在于：如果被诉侵权人自己实施方法专利的一部分方法步骤，同时鼓励他人实施其余的方法步骤，就应当承担第271条（b）的诱导侵权责任，即使在这样的情况下两者之间不存在代理关系或者合同义务，因此无人承担直接侵权责任，也应得出这一结论。美国联邦巡回上诉法院的大法庭判决并未挑战“没有直接侵权行为就没有间接侵权”的立场，但认为在这种情况下认定存在直接侵权行为所需的证据应当不同于认定单个当事人承担直接侵权责任所需的证据。美国联邦巡回上诉法院的Newman法官和Lin法官对大法庭判决提出了反对意见，后者得到了Dyk法官、Prost法官以及O’Malley法官的支持。

二、美国最高法院终审判决的理由

（一）对美国联邦巡回上诉法院大法庭判决的评述

美国最高法院指出，不论是美国联邦巡回上诉法院还是专利权人都没有对下述立场提出争议，即承担诱导侵权责任的前提条件是存在直接侵权行为。之所以没有争议，是因为我们以往的判例始终一致地认定当且仅当存在直接侵犯专利权的行为才能追究诱导侵权责任，对此不存在任何疑问。

人们可能认为，既然如此明了，应当足以处置本案申诉了。然而，美国联邦巡回上诉法院却认为，即使没有人作出美国专利法第271条（a）规定的直接侵权行为，也仍然可以认定被告承担第271条（b）规定的诱导侵权责任，因为是否存在直接侵权行为与是否违背第271条其余条款的规定无关。

美国最高法院指出，美国联邦巡回上诉法院的观点从根本上误解了侵犯一项方法专利权的含义。一项方法专利的权利要求记载的是若干方法步骤，按照美国最高法院的判例法，除非实施了该专利方法的全部方法步骤，否则就不存在侵犯该方法专利的行为。正如美国最高法院1997年对Warner-Jenkinson一案的判决所明确指出的那样，专利权利要求记载的每一个技术特征对确定该权利要求的保护范围来说都是必不可少的，专利权人的权利只能及于权利要求所记载全部技术特征的组合，不能更多。

美国联邦巡回上诉法院对Muniauction一案的判决认为，除非认定实施一项方法权利要求记载的所有方法特征的行为应当归咎于同一被告，要么由该被告自己予以实施，要么由该被告指导或者控制的他人予以实施，否则就没有实施该方法权利要求记载的全部方法特征。假定美国联邦巡回上诉法院在Muniauction一案中表达的观点是正确的，那么在本案被控侵权人让出一部分利益的情况下就根本不可能有侵权方法专利权的行为发生，因为全部方法步骤的实施不可能归咎于其中任何一个人。正如美国联邦巡回上诉法院和专利权人所承认的那样，在不存在直接侵权行为的情况下就不可能有美国专利法第271条（b）规定的诱导侵权行为。

美国联邦巡回上诉法院的相反观点将导致美国专利法第271条（b）的规定成为一个不确定的法律标准。如果被诱导者所进行的行为本身并没有构成侵犯专利权的行为，却认定该诱导者承担第271条（b）规定的诱导侵权责任，法院将如何认定专利权人的权利何时受到了侵害？如果一个方法包括12个方法步骤，被告出钱让另一个人实施其中一个步骤，然而却没有任何人实施其余的方法步骤，是否可以认定被实施的那个方法步骤是该方法最为重要的步骤？被告在这样的情况下并没有鼓励侵权行为，然而按照美国联邦巡回上诉法院大法庭判决的观点就无法阻止追究该被告的诱导侵权责任，因为该观点允许在仅仅诱导他人实施其中一两个方法步骤而不是全部方法步骤的情况下追究诱导者的诱导侵权责任。美国联邦巡回上诉法院的大法庭判决将导致美国法院建立两套侵权法体系：一套用于直接侵权；另一套用于诱导侵权。

美国联邦巡回上诉法院的大法庭判决支持其观点的理由之一是：在依照美国专利法第271条（f）（1）的规定追究侵犯专利权责任的情况下，就不需要有第271条（a）规定的直接侵权行为发生。美国最高法院对这一理由作了评论。美国专利法第271条（f）（1）的条文是：任何人未经专利权人许可，在美国或者从美国提供或者导致提供一项专利发明的全部部件或其基本部件，尽管这些部件尚未被组装起来或者尚未被完全组装起来，但该人主动诱导在美国境外将这些部件组装起来，假如这样的组装行为发生在美国境内就会构成专利侵权行为，则应当承担侵权的责任（其中的粗体字部分是美国最高法院增加的）。美国最高法院指出，该款条文表明当美国国会希望在没有直接侵权行为发生的情况下仍然追究诱导侵权责任时，美国国会十分清楚该如何措辞；对美国国会并没有打算将其概念拓展到的地方，美国法院没有必要对并未导致直接侵权行为的诱导行为创建一种侵权责任。[1]

美国联邦巡回上诉法院的大法庭判决看来采用了这样一种观点，即被诉侵权人所诱导的是一种理论上的侵权行为，即被诉侵权人所实施的方法步骤以及其客户所实施的方法步骤假如是由同一人作出就会被认定为直接侵犯本案专利的行为，那么在不是由同一人作出的情况下也应足以认定诱导侵权，因为从理论上说直接侵权行为已经存在。美国最高法院过去已经拒绝了这样的主张，即一种行为假设发生在不同的情况下会构成侵犯专利权的行为，就可以用作认定第271条（c）规定的协助侵权的基础。美国最高法院认为没有理由对认定第271条（b）规定的诱导侵权采用不同的规则。在美国最高法院1972年对Deepsouth Packing v. Laitram Corp.一案的判决中，某制造厂家在美国制造一种专利设备的零部件，然后出口到国外由外国客户组装成为专利设备，由于组装行为发生在美国国外，所以美国最高法院拒绝认定零部件制造者承担协助侵权责任。美国最高法院本案判决指出：对Deepsouth一案来说，假如组装者在美国国内将所述零部件组装成为专利设备，则组装者无疑要承担直接侵权责任，零部件制造者要承担协助侵权责任；类似地，对本案来说，假如专利方法所有方法步骤的实施应当归咎于某一当事人，则该当事人要承担直接侵犯专利权的责任。被诉侵权人不应为原本就没有发生的事情承担诱导侵权责任。[2]

（二）对专利权人争辩理由的评述

接下来，美国最高法院反驳了专利权人提出的4个争辩理由。

---

[1] As this provision illustrates, when Congress wishes to impose liability for inducing activity that does not itself constitute direct infringement, it knows precisely how to do so. The courts should not create liability for inducement of noninfringing conduct wherer Congress has elected not to extend that concept.

[2] 美国最高法院1972年对Deepsouth一案的判决引起了许多美国专利权人的不满，认为这给美国专利制度留下了一个漏洞，不利于维护美国专利权人的利益。在美国有关方面的推动下，1984年修改的美国专利法在第271条增加了（f）款，包括（1）和（2）两项规定，分别平行于（b）款和（c）款，规定任何人在美国制造美国专利产品的全部零部件或者关键零部件并将其出口到美国之外，在那里组装成为专利产品的，也要承担诱导侵犯专利权或者协助侵犯专利权的法律责任。从本案判决来看，美国最高法院仍然在适用Deepsouth一案的判决，似乎并不认为该判决有什么不当之处。

首先，根据美国侵权行为法（tort law）的规定，被告通过第三人对他人造成损害的，即使认定该第三人不承担侵权责任，也仍可能认定该被告要承担侵权责任。专利权人争辩，1952年重新制定的美国专利法是在美国侵权行为法已经形成上述原则的背景下形成的，因此在本案中是否有人承担直接侵权责任无关紧要。

美国最高法院认为，认定被诉侵权人不应承担美国专利法第271条（b）规定的诱导侵权责任，其原因并不在于不存在应当承担直接侵权责任的第三方，而在于没有人作出直接侵犯专利权的行为。美国联邦巡回上诉法院对Muniauction一案的判决（美国最高法院在这里再次推定为正确的判决）认为，对一项方法专利权而言，除非有单个的行为人对实施该专利方法的全部方法步骤承担责任，否则就不存在直接侵犯该方法专利权的行为，因而也就没有损害该专利权人的利益。由于被诉侵权人本身没有实施本案方法专利的全部方法步骤，也不应对本案方法全部方法步骤的实施承担责任，因此本案专利权的合法权益并没有受到损害。专利权人未能向美国最高法院举证这样的侵权行为法案例，即被告导致善意第三人作出某种行为，即使在该行为并非损害原告利益的情况下仍然要追究被告的责任。美国最高法院对专利权人未能举证这样的案例并不感到意外，因为不可能有这样的案例。

专利权人的另一个相关争辩理由是：在侵权行为法领域，在两个或者多个被告共同导致损害的情况下，即使其中每一个被告的行为单独看来是无可指控的，在某些情况下仍然要承担侵权责任。例如，多个被告分别向溪流中排放可以忽略不计的杂质，但如果这些杂质的累加导致产生损害，则这些被告也要承担法律责任。

美国最高法院指出，在上述情况下应当追究侵权责任的根本理由在于这些被告以集体方式损害了原告受法律保护的利益。与之相比，依照Muniauction一案确立的判断规则，专利权人并没有受到侵害。

其次，专利权人认为美国专利法第271条（b）的规定类同于美国刑法第2条关于帮助和教唆的规定，并争辩如果两个当事人的行为包含了构成犯罪行为的所有要素，则依照美国刑法第2条的规定，这两个当事人都要承担刑事责任。

美国最高法院指出，专利权人所说的“类同”不能得到支持。解读美国刑法有关帮助和教唆的法律规定必须考虑其普通法背景，因为依据普通法，两个或者多个被告中的每一个人分别作出犯罪行为的某些要素的，原则上都要承担刑事责任。尽管美国最高法院过去在解释美国专利法第271条（b）的规定时也曾借鉴刑法概念，但是考虑到专利法最为基本的原则在于专利权人只能对权利要求中所记载特征的组合享有权利，除此之外不再享有什么，因此美国最高法院不认为美国国会在1952年审议美国专利法时会想到美国刑法的这一特殊原则。

再者，专利权人争辩在施行1952年重新制定的美国专利法之前所形成的有关专利法原则表明，如果实施了某些方法步骤的被告本意就在于让其客户来实施其余的方法步骤，则该被告应当承担诱导侵权的责任。

美国最高法院指出，需要再次重申的是依照1952年重新制定的美国专利法所授予的专利权的属性排除了这样一种观点，即美国国会的本意就是允许在没有直接侵权行为的情况下追究诱导侵权责任。专利权人对1952年之前形成的专利法原则的理解导致其对Municaution一案提出的直接侵权判断规则产生质疑，其理由在于该判决对认定美国国会原本认为应当构成诱导侵权的行为带来了影响。美国最高法院指出，或许美国联邦巡回上诉法院错在将美国专利法第271条（a）的适用范围解释得过于狭窄，然而这不能成为指望美国最高法院也跟着犯错，对美国专利法第271条（b）作出不当解释，认定在不存在直接侵权行为的情况下也能追究诱导侵权责任的正当理由。

最后，专利权人如同美国联邦巡回上诉法院那样，批评美国最高法院对美国专利法第271条（b）的解释立场导致本来应当认定为侵权者的被告通过让并非由该被告控制或者指导的他人来实施方法专利的一部分方法步骤，就能够逃脱侵权责任。

美国最高法院表示已经知悉到当事人的这一关注，然而指出所有这些问题是由美国联邦巡回上诉法院对Municaution一案判决对美国专利法第271条（a）的解读所带来的。当事人希望消除Municaution一案判决所产生的后果，然而这种愿望不应导致对从根本上动摇美国最高法院对追究诱导侵权责任形成的规则，该规则符合美国专利法的规定，改变该规则不可避免地会带来更大的麻烦，对美国专利法第271条（b）的规定创建一种漂浮不定的侵权概念，既不能见容于现有法律条文，又难以让下级法院以统一协调的方式予以适用。

（三）关于对第271条（a）的正确解释

专利权人希望美国最高法院从实体角度审视美国联邦巡回上诉法院对Municaution一案判决所形成的依据美国专利法第271条（a）认定直接侵权行为的规则。美国最高法院明确表示：今天我们不打算这么做。

首先，本案提出的焦点问题不在于美国专利法第271条（a）的规定，而在于该条（b）的规定。美国最高法院裁定提审本案针对的是如下问题：美国联邦巡回上诉法院认定即使无人作出第271条（a）规定的直接侵权行为也仍然可以依据该条（b）的规定追究诱导侵权责任，这是否正确？这一问题实际上已经预先假定被诉侵权人并未作出第271条（a）所规定的直接侵权行为。其次，由于美国最高法院裁定提审本案所针对的问题并不涉及第271条（a）的规定，因此再审请求人在其公开的意见陈述中也没有涉及这一重要问题。只要美国联邦巡回上诉法院愿意，在其依据本判决重新对本案进行审理时完全有机会重新审视美国专利法第271条（a）的规定。

最后，美国最高法院判决撤销美国联邦巡回上诉法院的大法庭判决，由该法院根据美国最高法院的判决重新对本案进行审理。

三、评析

如本书第1卷（2013）对美国联邦巡回上诉法院本案大法庭判决的评析所述，本案涉及的焦点问题在于怎样才能更为有效地保护方法专利权人的合法权益。

经长期实践，美国对侵犯专利权行为的判断形成了一些堪称经典的规则，包括：要认定构成直接侵犯专利权的行为，除了要满足美国专利法第271条（a）明确规定的条件之外，还要满足第271条（a）没有明确表述的两个条件：一是被控侵权人实施了一项专利的权利要求记载的全部技术特征，即“全部技术特征”原则，二是所有技术特征的实施应当由单个当事人完成，即“单个当事人原则”；要认定构成间接侵犯专利权的行为，除了要满足第271条（b）和（c）明确规定的条件之外，还要满足第271条（b）和（c）没有明确表述的一个条件，即“没有直接侵权行为存在，就不能追究间接侵权责任”。

实践又表明，侵犯方法权利要求的行为与侵犯产品权利要求的行为相比存在不同特点。

构成侵犯产品专利权的行为有一个最为基本的前提条件，这就是在专利法的有效地域范围内在物理意义上出现落入该专利保护范围的产品。因此，对产品权利要求而言，一般说来认定直接侵权行为是否成立有一个较为简单明了的判断标志，这就是是否有人最终将该专利产品制造出来。完成专利产品最后一个零部件的组装工作，从而形成落入权利要求保护范围的专利产品的那个人从法律意义上说就是专利产品的制造者，至于其采用的各个零部件是他自己制造的还是别人为他制造的无关紧要。

对方法权利要求而言情况却有所不同，因为难以找到这样的临界点。现实中既可能由同一人实施方法权利要求记载的所有方法步骤，从而获得专利方法的预期效果；也有可能由多个人分别实施方法权利要求记载的不同方法步骤，其结果是至少其中某人也能获得专利方法的预期效果。上述两种实施方式对专利权人合法权益造成的负面影响并没有什么实质性不同；然而在采用后一种实施方式的情况下，没有任何人实际实施了权利要求记载的全部方法特征，也难以将实施最后一个方法步骤的那个人视为实施了所有方法步骤。此时，如果严格恪守“全部技术特征”原则和“单个当事人”原则，就只能得出所有实施者都没有直接侵犯该方法专利权的结论。

本案涉及的方法专利是一个典型例子，因为该专利方法的实施从本质上说就需要由不同当事人来分别实施不同的方法步骤，从而不可避免地会遭遇上述法律问题。有学者认为随着“云时代”的到来，网络技术领域会越来越多地遇到这种类型的方法专利，因此上述法律问题是科技进步给专利制度带来的无法回避的新挑战。其实，这种类型的方法权利要求并非只有在“云技术”领域才会遇到，在无线通讯领域、网络交易领域、物流配送领域等诸多技术领域都有可能遇到。

为了解决上述问题，美国联邦巡回上诉法院对本案的二审判决向专利权人提出了这样一种规劝，即应当尽量避免要求保护需要有多个当事人分别予以实施的方法发明，即使发明创造的性质需要如此，也应当将其分解成为不同的方法发明分别予以保护，其中每一个方法发明只需要单个当事人即可实施。美国企业界想必对此规劝不能满意，因为很难保证一项方法专利的所有方法步骤只能由单个实施者予以实施，而且分开来申请专利有可能无法满足创造性的要求。

美国联邦巡回上诉法院的大法庭判决试图为解决上述问题找到一条出路，其选择的突破方向不是设法论证在这种情况下构成美国专利法第271条（a）规定的直接侵权行为，而是论证构成该条（b）所规定的诱导侵权行为。

读者可能感到疑惑的是：既然美国最高法院向来坚持“没有直接侵权就

没有间接侵权”的原则，美国联邦巡回上诉法院选择这一方向不是也无法回避需要首先认定有直接侵权行为存在吗？的确，美国最高法院的这一立场如同一座大山一样屹立在那里无法撼动，美国联邦巡回上诉法院无意也无法挑战美国最高法院的权威，因而改为在“直接侵权行为”的含义上做文章，认为美国专利法第271条（b）所说“任何人主动诱导侵犯一项专利权的，应当承担侵权责任”中的“侵犯一项专利权”固然是指直接侵犯专利权，但是不必在该条（a）的意义上予以理解，而是可以单独或者另行予以理解。换言之，美国联邦巡回上诉法院采取的策略是“此直接侵权非彼直接侵权也”！这是美国联邦巡回上诉法院大法庭判决的核心所在，可谓别具匠心。

本书第1卷（2013）对美国联邦巡回上诉法院的大法庭判决提出了如下评析：

> **归纳起来，美国联邦巡回上诉法院的大法庭判决为了解决美国专利实践中遇到的实际困难，试图在美国专利法框架下寻找解决这一问题的突破口，其志可嘉，应当予以肯定。然而，大法庭判决实际采用的判决理由却存在不够严密的缺点，其最大问题在于其判决割断了第271条（b）款和（c）款规定与（a）款规定之间的逻辑联系，使（b）款和（c）款所隐含的“侵犯一项专利权的行为”成为一种没有定义基础的概念，必然会对美国日后认定间接侵犯专利权行为带来麻烦。大法庭判决或许能够解决如何有效保护方法专利的问题，但如果其代价是使（b）款（c）款的适用产生混乱，是否划算就值得商榷了。**

果然不出所料，美国最高法院的判决以9：0的绝对多数断然拒绝了美国联邦巡回上诉法院试图另辟蹊径的做法，指出：“美国联邦巡回上诉法院的分析从根本上误解了侵犯一项方法专利权的含义”“美国联邦巡回上诉法院的相反观点将导致美国专利法第271条（b）的规定成为一个不确定的法律标准”“美国联邦巡回上诉法院的大法庭判决将导致美国法院建立两套侵权法体系：一套用于直接侵权；另一套用于诱导侵权”“不应导致对从根本上动摇美国最高法院对追究诱导侵权责任所形成的规则，该规则符合美国专利法的规定，改变该规则将不可避免地带来更大的麻烦，对美国专利法第271条（b）的规定创建一种漂浮不定的侵权概念，既不能见容于现有法律条文，又难以让下级法院以统一协调的方式予以适用”。

美国最高法院撤销美国联邦巡回上诉法院作出的大法庭判决，是否意味着美国最高法院全然不理会本案提出的实际问题？回答应当是否定的，因为美国最高法院的判决已经明确表示“我们已经知悉当事人的这一关注”。[1]此言并非仅仅是“打官腔”，因为美国最高法院对本案的判决在多处以委婉含蓄的方式指出美国联邦巡回上诉法院对Municaution一案的判决可能存在值得商榷之处。

要解决多个当事人共同实施方法专利的侵权认定问题，最大的障碍在于美国为认定直接侵权行为而采用的“单个当事人”原则。所谓“单个当事人”原则，其实也并不意味着在任何情况下认定直接侵权行为都只能有一个侵权被告。在满足一定条件的情况下也可以追究多个当事人的直接侵权责任。问题的关键就在于如何确定构成例外情况的条件。

对此，美国美国联邦巡回上诉法院2007年对BMC一案的判决给出的条件是：在某一当事人仅仅实施了权利要求记载的一部分技术特征的情况下，如果专利权人能够证明在该当事人“控制”（control）或者“指导”（direct）下，另一当事人实施了权利要求记载的其余技术特征，则可以追究两个当事人的共同侵权责任。

美国联邦巡回上诉法院2008年对Muniauction一案的判决进一步补充了BMC判决给出的条件，认为判断是否存在直接侵犯专利权行为的关键并不仅仅在于是否行使了控制或者提供了指导，还在于有关当事人之间的关系是否能够导致得出结论，认定其中一个当事人的行为应当归咎于另一当事人。该案判决同时指出，如果被诉侵权人与实施一部分专利方法步骤的另一当事人之间的关系是委托人和代理人的关系，或者被诉侵权人与另一当事人订立的合同协议使后者有义务实施一部分专利方法步骤，则该当事人进行的行为应当归咎于被诉侵权人。

将BMC判决与Muniauction判决进行比较，可以看出后者进一步严格了构成例外情况的条件，从而引起了专利权人的不满，认为Muniauction一案的判决不仅直接增大了追究多个行为人共同承担直接侵权责任的难度，也间接增大了认定其中某个行为人承担诱导侵权责任的难度，因而违背了美国国会1952年重新制定美国专利法的本意。

美国最高法院的判决两处提到“假定美国联邦巡回上诉法院对Muniauction一案的判决是正确的”，后来又提到“或许美国联邦巡回上诉法院错在将美国专利法第271条（a）的适用范围解释得过于狭窄”。这种语气和措辞至少表明

[1] We acknowledge this concern.

美国最高法院并不完全赞同美国联邦巡回上诉法院对Muniauction一案的判决。

尽管如此，美国最高法院还是感到首先有必要撤销美国联邦巡回上诉法院的大法庭判决，因为其带来的问题更为严重。如美国最高法院本案判决所述，就算美国联邦巡回上诉法院对Muniauction一案的判决有错，也不要指望美国最高法院为纠正该判决的错误而犯一个更大的错误，即否定“没有直接侵权就没有间接侵权”的原则，这样做的后果将会动摇美国专利制度的根基。

既然美国最高法院隐约已有质疑Muniauction一案判决是否正确的意思，专利权人于是顺势请求美国最高法院直截了当地重新审视美国专利法第271条（a）的含义，作出新的解释。美国最高法院很聪明地以这并非本案当事人申请再审时明确提出的主张为由婉言予以拒绝。笔者认为，为解决本案提出的问题而重新审视第271条（a）的规定不可避免地会涉及“单个当事人原则”，可以想象这也是一块“烫山芋”，因为试图动摇这一原则同样会使美国专利制度“伤筋动骨”；而在不触动该原则的情况下，如何改造美国联邦巡回上诉法院对Muniauction一案的判决并非一件易事。

美国最高法院最后指出：“只要美国联邦巡回法院愿意，在其依据本判决重新对本案进行审理时完全有机会重新审视第271条（a）的规定。”此话讲得很客气，似乎有做与不做悉听尊便的意思。但笔者认为美国联邦巡回上诉法院躲闪回避的余地不大，因为此案已经发回该法院重新审理，似乎不大可能置之不理。接下来，美国联邦巡回上诉法院如何重新审视美国专利法第271条（a）的规定，其结论是否能够得到美国最高法院的认可，我们将拭目以待。

美国联邦巡回上诉法院关于功能性限定特征的立场

一、Lighting Ballast Control LLC v. Universal Lighting Technology Inc.案

（一）本案专利介绍

本案涉及名称为“电子镇流器的控制和保护电路”的第5436529号美国专利，其申请日为1993年4月22日，授权公告日为1995年6月25日，专利权人为Andrzej Boel。

众所周知，荧光灯的启动需要较高的电流，因此常用的荧光灯灯具需要配备一个电子镇流器用以调节电流。电子镇流器一方面能够帮助提供足够高的电流以启动荧光灯，另一方面又能够防止电流达到造成损坏的程度。当荧光灯从灯座上拔下或者荧光灯灯丝断了时，镇流器提供的电流就会突然停止流过荧光灯，回流到镇流器电路。这种回流电流容易损坏电子镇流器，同时还有可能会给维护荧光灯的人员造成电击损伤。

基于现有技术存在的上述问题，本案专利的发明人认为较为理想的是提供一种具有如下性能的串联谐振型的镇流器：第一，在取下荧光灯或者荧光灯损坏时不需要由电源线提供电能；第二，在更换荧光灯后启动新的荧光灯时不需要断开或者合上电源开关；第三，能够适用于任何类型的荧光灯和不同的电源电压；第四，结构简单易于制造，并耐用可靠；第五，价格低廉。

本案专利提供的电子镇流器控制和保护电路对现有技术做了若干改进，包括在更换荧光灯时或者荧光灯损坏时保护电子镇流器，使之避免承受破坏性电流。

该美国专利的权利要求1如下：

一种能量转换装置，采用一个能够产生振荡的共振转换器，具有直流输入端子以产生一个控制信号，用于为至少一个具有可加热灯丝的气体放电灯泡提供电源，该装置包括：

一个电压源装置，用于在所述直流输入端子之间提供恒定或者可变的直流电压；

输出端子，连接到所述气体放电灯泡的灯丝；

控制装置，从所述直流输入端子以及所述共振转换器接收控制信号，能够有效地启动和停止该转换器的振荡；将电流阻断装置与输出端子相连接，在至少一个气体放电灯泡从输出端子上取下或者被损坏时，能够停止来自直流输入端子的控制信号。

本案专利说明书附图1提供的电路如下：

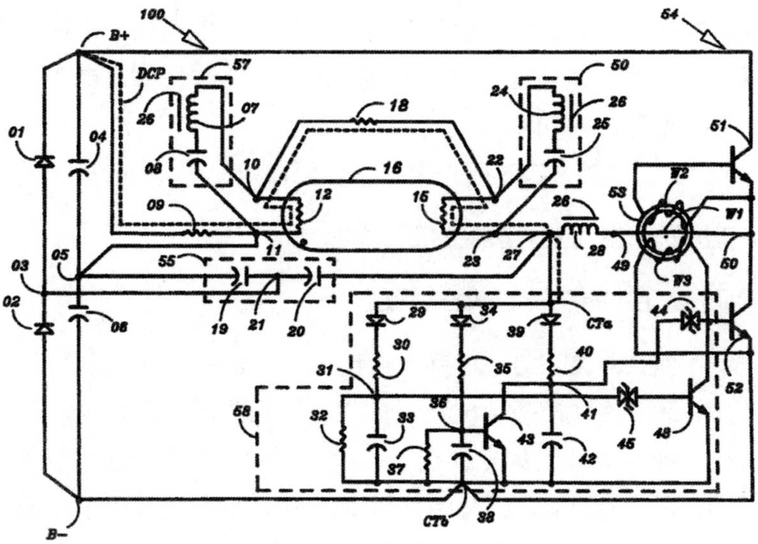

图1

（二）一审判决

专利权人向美国德克萨斯州北区联邦地区法院（下称“美国一审法院”）提起诉讼，指控美国Universal Lignting Technologies公司（下称“被诉侵权人”）侵犯了其第5436529号美国专利。

被诉侵权人认为，本案专利权利要求1中记载的“电压源装置”（voltage source means）应当被认定为美国专利法第112条第6款所说的“功能性限定特征”（means-plus-function limitation），由于本案专利的说明书没有披露任何能够向所述装置提供直流电压的电路结构，应当认定该功能性限定特征不符合美国专利法第112条第2款的规定，因而应当认定本案专利无效。

美国一审法院一开始同意被诉侵权人的上述主张，认为本案专利的权利要求记载的“电压源装置”这一功能性限定特征是不确定的，应当被认定为无效。然而，该法院后来改变了其观点，认为其原先的观点过分注重形式而忽略了实质，没有充分考虑所属领域技术人员所具备的知识，其依据在于被诉侵权人的专家证人以及本案专利的发明人提供的证言表明，所属领域的技术人员可以理解权利要求1中所述“电压源装置”对应于将交流电源转换为直流电源的整流器或者其他能够为本案专利装置提供可用电源的装置。据此，美国一审法院认为权利要求1中记载的这一技术特征不属于美国专利法第112条第6款所述的“功能性限定特征”，能够将其解释为所属领域的一般含义，例如当采用交流电源时就意味着采用诸如具有一般用途的整流器；当采用直流电源时就意味着采用诸如电池或者类似的的电源。

基于上述理由，美国一审法院作出了认定侵权指控成立的一审判决。

（三）美国联邦巡回上诉法院的二审判决

1. 关于如何认定功能性限定特征的问题

美国联邦巡回上诉法院的二审判决指出，“功能性限定特征”所适用的法律应当是美国专利法第112条第6款，该款建立了权利要求的一种“替代式”（*quid pro quo*）撰写方式，即专利权人可以方便地在权利要求中写入广义的用于实现某种功能的“means”，其条件是专利权人在专利说明书中记载能够实现其所述功能的具体结构。判断一项权利要求中记载的技术特征是否需要适用美国专利法第112条第6款的规定属于如何解释权利要求的问题，具有法律判断性质。根据美国联邦巡回上诉法院对Cybor Corp. v. FAS Technologies Inc.一案作出的大法庭判决，二审法院对法律问题进行审判时不需要拘泥于一审判决认定的事实。

对功能性限定特征进行分析判断的第一个步骤是确定该技术特征是否需要适用美国专利法第112条第6款的规定。首先需要判断的是权利要求中是否包含了“means”这一英文措辞，凡是采用了这一英文措辞的就会导致一种推定，即发明人的本意就是采用“功能性限定特征”。

如果一项权利要求本身就记载了实现该功能的结构，则可以成功地推翻上述推定，不需要再到专利说明书中去寻找实现所述功能的具体结构；相反，如果权利要求中仅仅表明其记载的“means”用来实现何种功能，却没有表明该功能通过何种方式予以实现，则有必要依据第112条第6款的规定来解释该“功能性限定特征”，即需要通过说明书来确定所述功能是如何实现的。

美国联邦巡回上诉法院的二审判决指出，由于本案专利的权利要求1中记载了“voltage source means”这一技术特征，其中包含“means”这一措辞，所以适用美国专利法第112条第6款规定的推定成立。该权利要求1记载了其所述的功能为“用于在所述直流输入端子之间提供恒定或者可变的直流电压”，所谓“电压源”表明该技术特征旨在提供电压，权利要求1仅仅写明了该技术特征要实现什么，却没有写明采用何种方式予以实现，其所述功能与“电压源”这一术语本身并没有什么不同。因此，权利要求1没有包含足够的结构信息，不能使“voltage source means”这一功能性限定特征摆脱第112条第6款的适用。

专利权人依赖其专家证言来支持其主张，即“voltage source means”这一技术特征本身就是结构性的，因此不需要适用美国专利法第112条第6款的规定。其专家指出：“所述领域的任何技术人员都会将‘电压源’理解为一种整流器，因为对于荧光灯镇流器来说，将来自家中或者办公室墙上插座的交流电源转换成为直流电源的唯一可行方式就是采用整流器。”该专家还指出，如果采用直接直流电源，则权利要求1所述的“voltage source means”也包括电池。

美国联邦巡回上诉法院的二审判决指出，专利权人的专家证言试图证明权利要求1中记载的“voltage source means”这一功能性限定特征隐含了实现其所述功能的结构，然而该证言并不能改变该权利要求未记载结构性特征这一事实，也不能表明权利要求1所采用的 “voltage source”这一技术术语与某种结构具有相同涵义。尽管整流器和电池可能是实现所述功能的常用方式，专利权人的专家证人也承认还存在许多实现上述功能的其他方式，例如发电装置、太阳能伏打电池等。

2. 关于功能性限定特征是否确定的问题

美国联邦巡回上诉法院的二审判决指出，一旦认定权利要求中记载的某一技术特征为美国专利法第112条第6款规定的功能性限定特征，对该技术特征的解释包括两个步骤：第一，法院应当认定该技术特征要实现何种功能；第二，法院应当认定专利说明书记载了何种实现该功能的方式。本案双方当事人对上述第一个问题的回答没有什么争议，上诉中的争议在于说明书是否提供了足够的实现方式以支持权利要求中记载的功能性限定特征。

美国联邦巡回上诉法院认为，专利权人可以在权利要求中采用“means”这样的广义措辞来限定某一或者某些技术特征，其前提条件是专利权人必须在说明书中指明何种结构构成了该“means”。如果说明书中没有提供适当的结构来支持权利要求中的功能性限定特征，其结果就是导致该权利要求因不符合美国专利法第112条第2款关于权利要求的内容应当确定的规定而被宣告无效。

美国联邦巡回上诉法院的二审判决认为，本案专利没有披露能够实现“电压源装置，用于在所述直流输入端子之间提供恒定或者可变的直流电压”这一功能的结构性特征，其说明书没有记载整流器或者其他能够将交流供电电压转换为直流电压的结构，也没有提到能够从直流供电电源提供可用直流电压的结构。如前所述，专利权人依赖其专家证言以支持其主张，即所属领域的技术人员能够想到确定的结构以实现其权利要求所述的功能。然而这种基于所属领域技术人员的证言无助于弥补本案专利说明书完全没有提及具体结构的缺陷。专利权人的证言仅仅能够证明采用若干不同类型的的具体结构能够实现其权利要求记载的功能，例如整流器、电池、发电装置、太阳能伏打电池等。证明所属领域技术人员可以想出一些可用的结构还不能证明专利权人已经满足了美国专利法第112条第6款规定的采用功能性限定特征时所应当满足的披露要求。

归纳起来，由于美国联邦巡回上诉法院的二审判决首先认定本案专利的权利要求1中采用的“voltage source means”属于美国专利法第112条第6款规定的功能性限定特征，进而认定本案专利的说明书没有记载能够实现这一功能的相应结构，因此得出了专利权人主张的权利要求无效，不能依据这样的权利要求指控他人侵犯其专利权的结论。

二、评析

（一）美国立场的演变过程

20世纪50年代之前，美国最高法院对专利申请人在权利要求中采用功能性限定特征持保留立场，尤其不赞成对一项组合发明的核心要素（most crucial element of a combination claim）采用功能性限定特征的撰写方式（美国将其称为meansplus-function特征）。美国最高法院1946年对Halliburton一案的判决指出：[1]

> 权利要求在表述一项新的组合发明的最为核心的组成要素时，应当采用表明如何才能实现的措辞，而不应当采用表明其物理特性的措辞。我们认为，采用后一种表述方式的权利要求不符合美国专利法的规定，因而应当认定为无效的权利要求。

然而，美国最高法院的上述立场遭到了美国专利律师界的强烈反对，认为该立场会妨碍专利权人获得更为有效的专利保护。1952年重新制定美国专利法时，美国国会采纳了美国专利律师界的意见，修改加入了第112条第6款的著名条款，即：[2]

> 对于针对一种组合的权利要求来说，其特征可以撰写为“用于实现某种功能的装置或者步骤，而不必写出实现其功能的具体结构、材料或者动作。采用这种方式撰写的权利要求应当被解释为涵盖了其专利说明书中记载的相应结构、材料或者动作或者其等同手段。

实施1952年重新制定的美国专利法时，对第112条第6款的规定出现了理解上的分歧，即专利审批程序中和专利侵权诉讼中是否应当对权利要求中的功能性限定特征采用相同的解释方式?

美国专利局在专利审查过程中一直采取对权利要求中的功能性限定特征作宽泛解释的传统立场，认为这样的特征不仅覆盖了其说明书记载的实现该功能的具体方式，还覆盖了能够实现该功能的所有其他方式。美国专利局从其一贯立场出发，认为美国专利法第112条第6款的最后一部分，即“以这种方式撰写的权利要求应当被解释为覆盖了说明书中记载的相应结构、材料或者动作或者其等同手段”仅仅是针对专利侵权诉讼而言，而不是针对专利审查而言，因为是否构成“等同”是专利侵权诉讼中才需要进行的判断，而专利局对专利申请是否能够被授予专利权进行审查无需进行等同判断。换言之，美国专利局认为修改加入的第112条第6款对美国专利局的审查方式不产生什么影响。

---

[1] Halliburton Oil Well Cementing Co. v. Walker, 329 U.S. 1(1946).

[2] An element in a claim for a combination may be expressed as a means or step for performing a specifiedfunction without the recital of structure, material, or acts in support thereof, and such claim shall be construed to cover the corresponding structure, material, or acts described in the specification and equivalents thereof.

美国联邦巡回上诉法院于1994年2月14日对In re Donaldson一案作出的大法庭判决明确认定美国专利局的解释立场是错误的，指出：

> **在解释法律条款时，除非立法宗旨表明其措辞应有某种不同的含义，否则就应当遵从其字面所清楚表达的含义。美国专利法第112条第6款的字面含义应当是：在解释权利要求中所包括的功能性限定特征时，必须将它解释为说明书中记载的相应具体结构、材料、步骤以及其等同物。这一理解与美国国会当年订立这一条款时的宗旨是一致的。这种解释立场不但适用于专利侵权诉讼，也同样适用于专利审批程序。美国专利法既没有表明也没有暗示美国专利局进行专利审查时可以不遵从这一条款的规定。**❶

美国专利局强调其对功能性限定特征的解释立场由来已久，长期以来一直就是这么审查的，不能轻易地予以否定。美国联邦巡回上诉法院不同意这种见解，认为美国专利局长期没有遵从美国专利法有关规定这一事实不能证明它有权继续这么做。

在美国联邦巡回上诉法院作出上述大法庭判决后，美国专利局调整了其原先的做法，在专利审查过程中对权利要求记载的功能性限定特征采用与美国联邦巡回上诉法院在专利侵权诉讼中彼此一致的解释立场。

（二）美国的现行做法

本案判决表明，美国联邦巡回上诉法院在专利侵权诉讼过程中对功能性限定特征形成了一种程式化的解释方式，包括如下步骤：

第一，判断权利要求中是否包含功能性限定特征。对此，美国联邦巡回上诉法院采用的判断方式是审视权利要求中是否采用了“means for”“step for”这样的措辞。如果没有，则不必考虑是否需要适用美国专利法第112条第6款规定的问题；如果有，则可以初步推定该权利要求采用了功能性限定特征，因而有可能要适用第112条第6款的规定。

第二，进一步判断是否存在足以推翻上述推定的例外情况。所谓例外情况主要是指权利要求不仅记载了以“means for”“step for”方式表述的功能性限定特征，同时还记载了实现所述功能的结构或者动作特征。如果存在该例外情况，则可以认定表明该权利要求对功能性限定特征的表述是完备的，无需通过

❶ 29 USPQ.2d 1845.

说明书和附图来确定实现所述功能的具体结构；如果不存在该例外情况，则认定应当适用美国专利法第112条第6款的规定。

第三，所谓“适用美国专利法第112条第6款的规定”，就是判断分说明书和附图是否记载了记载了权利要求所述功能的具体实现方式。如果说明书和附图记载了，则应当将权利要求中所记载的功能性限定特征的含义解释为该具体实现方式及其等同方式；如果没有记载，则认定该权利要求没有明确限定所要求保护的发明创造，因而不符合美国专利法第112条第2款的规定，应当认定该权利要求无效。❶

由此可见，美国采取了一种比较简单明了的判断方式，基本上以权利要求中是否出现了“means for”“step for”这样的措辞作为判断是否需要适用美国专利法第112条第6款规定的标志，因为第112条第6款的条文本来就是这样表述的。

然而，上述判断方式存在两个值得探讨的问题。

第一个问题在于：权利要求中记载的功能性限定特征是否只能采用“means for”或者“step for”这样的方式予以表述，不可能采用其他方式予以表述？

笔者认为对上述问题的回答应当是否定的。以电子领域常用的“放大器”为例，这一措辞中的“器”表明其所述的是一种“装置”，其作用在于表明其所述的对象是一种产品，而不是一种方法步骤。但是，单从“器”字出发无法知道其表述的是何种装置，只有与其前面的“放大”这一词相结合才真正明白其含义。所谓“放大”，是指该装置具有能够放大电信号幅值的功能，至于如何实现放大电信号幅值则完全没有提及。因此，应当认为“放大器”这样的技术术语也属于功能性限定特征的范畴。❷

如果专利申请人认为有必要在权利要求中写入“放大器”这一技术特征，有两种不同的表述方式可供选择：一是直截了当地采用“放大器”（amplifier）这一技术术语；二是采用美国专利法第112条第6款提及的功能性限定特征表

❶ 美国专利法第112条第2款规定：“说明书应当以一项或者多项权利要求结尾，特别指明并明确限定申请人认作其发明的主题。”（The specification shall conclude with one or more claims particularly pointing out and distinctly claiming thesubject matter which the applicant regards as his invention.）

❷“放大器”的英文表述为“amplifier”，是通过将动词“amplify”（放大）加上后缀“er”转化成为名词的，新牛津英汉双解大词典的解释为“an electronic device for increasing the amplitude of electrical signals”，即“一种能够增大电信号幅值的电子装置”。

述方式，将其撰写为“用于增大电信号幅值的装置”（means for increasing the amplitude of electrical signals）。应当认为两种表述方式没有什么不同，表达了相同的含义。

然而，采用美国联邦巡回上诉法院的上述判断方式，其法律结果就有可能出现很大不同。申请人采用前一种表述方式的，美国联邦巡回上诉法院有可能认定不属于第112条意义上的功能性限定特征，因而不需要适用美国专利法第112条第6款的规定，即使说明书和附图中没有记载任何放大器具体电路也不会影响该权利要求的有效性；申请人采用后一种表述方式的，美国联邦巡回上诉法院就会认定为第112条第6款意义上的功能性限定特征，需要适用美国专利法第112条第6款的规定，如果说明书或者附图没有记载放大器的具体电路，就会认定该权利要求的保护主题不确定，不符合美国专利法第112条第2款的规定，进而宣告该权利要求无效。如果对含义相同的措辞仅仅因为其表述方式不同就导致如此之大的差别，显然难以令人信服。

“放大器”这样例子在各技术领域比比皆是，例如电子领域中的“振荡器”“滤波器”“调制器”“解调器”“镇流器”“扼流器”“存储器”“缓存器”“整流器”“检波器”“充电器”“放电器”“拾音器”“电容器”“电感器”；机械领域中的“变速器”“减震器”“反应器”“散热器”“制冷器”“隔离器”“降噪器”“阻尼器”“降压器”“压缩机”“支撑件”“防护罩”；化学领域中的“粘接剂”“催化剂”“缓蚀剂”“活化剂”等等，举不胜举，它们都具有表述具有某种功能的器具或者装置的性质，都可以用作权利要求中的功能性限定特征。

第二个问题在于：如果认定权利要求中记载的某一技术特征属于功能性限定特征，然而申请人没有采用“means for”的撰写方式，而是采用“放大器”之类的表述方式，是否在任何情况下都需要在说明书中记载实现权利要求所述功能的具体实现方式？

对这一问题的回答同样应当是否定的。仍以“放大器”为例，是否需要在说明书中记载构成放大器的具体电路，并不取决于权利要求中记载的功能性限定特征是“放大器”还是“用于增大电信号幅值的装置”，而是取决于所要求保护的发明创造的属性。如果专利申请人要求保护的就是一种经过改进的新型放大器本身，当然需要在说明书中详细写明该新型放大器的电路结构，同时在权利要求书中记载该新型放大器的构成技术特征，否则就不符合专利法的有关规定。如果情况不是这样，而是仅仅采用已知放大器作为其要求保护的整个电子装置的一个组成单元，申请人所关心的只是该放大器所能产生的放大电信号幅值的作用，并不关心该放大功能是如何实现的，则应当认为申请人无需在其说明书和附图中记载放大器的具体电路结构。如若不然，要求专利申请人对其发明创造采用的所有元件、部件都必须展开作原原本本的详细说明，追根寻源，则每一件专利的说明书都会变成一本书那么厚了。

应当指出，美国专利法第112条是关于专利说明书和权利要求书撰写方式的全面规定，并非只涉及功能性限定特征的问题。该条第1款规定说明书必须清楚、完整地公开发明的内容，使所属领域的技术人员能够予以实施；第2款规定权利要求必须清楚准确地限定要求保护的发明。这两款规定是各国专利法中无不具有的关于专利说明书和权利要求书撰写方式的根本性要求，显然比该条第6款的规定更为基本和重要。如果专利文件中缺少必要的记载，致使说明书或者权利要求书不符合第112条第1款和第2款的规定，必定会导致专利权被宣告无效。美国联邦巡回上诉法院作出的有关判决表明，在权利要求中记载了功能性限定特征的情况下，即使申请人没有采用“means for”这样的典型表述方式，仍然有可能认定需要适用美国专利法第112条第6款的规定。[1]美国联邦巡回上诉法院的上述立场显然是必要的，否则对功能性限定特征的解释就会成为一种文字游戏。

由于美国专利法包含了第112条第6款的规定（迄今为止还没有发现有其他国家的专利法写入相同的规定，因此可以认为该款规定是美国专利法的特色之一），美国联邦巡回上诉法院对这一规定又形成了上面所述的判断规则，申请人在美国申请专利时应当注意如下两点：

第一，如果申请人认为有必要在说明书中写入实现某一功能的具体结构或者步骤，否则将导致说明书公开不充分的严重缺陷，而这些结构或者步骤比较复杂，将其一一写入权利要求必然会大大缩小权利要求的保护范围，则可以考虑采用第112条第6款提及的“means for”之类的功能性限定特征，以概括说明书中所述的实现这一功能的具体结构或者步骤，从而谋取较为宽泛的权利要求保护范围。

---

[1] Edward D. Manzo, Patent Claim Construction in the Federal Circuit (2012 edition), by the Litigation Committtee of the Intellectual Property Law Association of Chigago, May 2012.

第二，如果申请人认为有必要在权利要求中写入诸如“放大器”之类的功能性限定特征，而其发明中采用的这些部件均为已知部件，其发明点并不在于对“放大器”本身作出改进，只不过予以应用而已，则说明书和权利要求书应当采用“放大器”（amplifier）的技术术语，不可采用美国专利法第112条第6款提及的“means for”之类的措辞，因为采用后者有可能导致美国法院得出需要适用第112条第6款的结论，进而有可能产生对自己不利的结果，不仅“画蛇添足”，而且“咎由自取”。

（三）关于我国的做法

2009年12月颁布的《最高人民法院关于审理侵犯专利权纠纷案件应用法律若干问题的解释》第四条规定：

> **对于权利要求中以功能或者效果表述的技术特征，人民法院应当结合说明书和附图描述的该功能或者效果的具体实施方式及其等同的实施方式，确定该技术特征的内容。**

上述规定中提及的“以功能或者效果表述的技术特征”即为本文所称的“功能性限定特征”。最高人民法院的上述规定显然借鉴了美国专利法第112条第6款后半部分的规定。

在专利侵权诉讼中，适用最高人民法院的上述规定也会遇到如下两个问题：第一，如何判断权利要求中记载的技术特征是否属于功能性限定特征？第二，在认定权利要求中记载的某一技术特征属于功能性限定特征的情况下，如果专利说明书中没有记载实现所述功能或者效果的具体实施方式，侵权审理法院应当得出何种结论？

关于第一个问题，我国《专利法》中没有美国专利法第112条第6款那样的专门规定，中文的表述方式也不同于英文的表述方式，因此我国不可能借鉴美国联邦巡回上诉法院形成的判断规则，以权利要求中是否采用了“means for”之类的措辞作为判断权利要求是否记载了功能性限定特征的标志。因此，我国法院判断权利要求中是否记载了功能性限定特征，只能依据最高人民法院上述司法解释第四条的规定，判断权利要求中记载的技术特征是否属于对“功能或者效果”的表述，而不是实现该功能或者效果的技术手段。

然而，人们已经认识到并非只要权利要求采用“功能或者效果”来表述某一技术特征，就必须一律适用最高人民法院上述司法解释第四条的规定。北京市高级人民法院2013年9月4日发布的《专利侵权判定指南》第16段提出了如下观点：

对于权利要求中以功能或者效果表述的功能性技术特征，应当结合说明书和附图描述的该功能或者效果的具体实施方式及其等同的实施方式，确定该技术特征的内容。

功能性技术特征，是指权利要求中的对产品的部件或部件之间的配合关系或者对方法的步骤采用其在发明创造中所起的作用、功能或者产生的效果来限定的技术特征。

下列情形一般不宜认定为功能性技术特征：

（1）以功能或效果性语言表述且已经成为所属技术领域的普通技术人员普遍知晓的技术名词一类的技术特征，如导体、散热装置、粘结剂、放大器、变速器、滤波器等；

（2）使用功能性或效果性语言表述，但同时也用相应的结构、材料、步骤等特征进行描述的技术特征。

笔者赞成北京市高级人民法院《专利侵权判定指南》的上述观点，只是认为其所述的“下列情形一般不宜认定为功能性技术特征”值得商榷。事实上，该指南也承认其所述的放大器、变速器、滤波器等技术名词属于“以功能或效果性语言表述的技术名词”，这与“不宜认定为功能性技术特征”的结论似乎不一致。其实，即使认定这些技术名词是“功能性限定特征”也应无妨。正因为这些技术名词“已经为所属技术领域的普通技术人员所普遍知晓”，其含义不言自明，没有必要要求申请人在说明书中记载实现其功能或者效果的具体实施方式。既然如此，认定权利要求中记载的功能性限定特征属于这种类型的技术名词的，就不必适用最高人民法院司法解释第四条的规定，在确定该权利要求限定的保护范围时没有必要结合说明书和附图描述的具体实施方式及其等同的实施方式来确定这些技术名词的含义。

基于上述讨论，应当认为功能性限定特征包括两种类型：一种类型是《专利侵权判断指南》所述的“以功能或效果性语言表述且已经成为所属技术领域的普通技术人员普遍知晓的技术名词一类的技术特征”，这种类型的功能性限定特征不需要申请人在其说明书和附图中披露实现其功能或者效果的具体实施方式，因而不必适用最高人民法院司法解释第四条的规定，可以认为这类技术名词涵盖了能够实现其所述功能或者效果的所有方式；另一种类型的功能性限定特征是其余的功能性表述，其特点在于其所述的功能或者效果并非为所述领域的技术人员普遍知晓，例如“使所述传动件在运动时不会出现被卡住现象的部件”等等，只有通过阅读说明书中记载的具体结构或者步骤才能使所属领域的技术人员知晓明白其所述功能或者效果是如何实现的，在这种情况下就应当适用最高人民法院司法解释第四条的规定，将权利要求中记载的功能或者效果解释为仅仅涵盖说明书和附图记载的具体实施方式及其等同的实施方式。

说到这里，也就很自然地涉及到上面提出的第二个问题，即如果认定权利要求中记载的功能性限定特征属于上述第二种类型，然而说明书和附图并没有记载实现其所述功能或者效果的具体实施方式，应当得出何种结论？

美国联邦巡回上诉法院的做法是：在这种情况下，侵权纠纷审理法院就应当认定权利要求的内容是不确定的，该权利要求应当视为无效，进而得出侵权指控不成立的结论。

笔者赞成美国联邦巡回上诉法院的上述结论，其理由在于专利制度的根本目的在于鼓励发明创造并促进发明创造的实施应用，促进经济社会的发展和进步，因此授予专利权最为基本的前提条件之一就是申请人充分公开其发明创造，使所属领域的技术人员能够实施其发明创造。既想获得专利保护，又舍不得公开必要技术信息的做法不符合《专利法》的立法宗旨。在说明书和附图没有记载实现其功能或者效果的具体实施方式的情况下，如果仍为专利权人提供法律保护，就是使其不当得利，让那些老老实实遵从《专利法》的规定，在说明书中披露具体实施方式的申请人反而处于一种“吃亏”的境地，其结果只会鼓励老实人效仿不老实的人，最终妨碍专利制度的正常运作。

众所周知，我国专利制度采用了对专利有效性纠纷和专利侵权纠纷采用不同途径就行审理的做法，因此我国专利侵权纠纷审理法院不能直接作出认定一项专利权无效的判决。基于这样的制度安排，我国侵权审理法院应当如何作为？

我国《专利法》第二十六条第三款明确规定：

权利要求应当以说明书为依据，清楚、简要地限定要求专利保护的范围。

可以认为，上述规定既涉及授予发明和实用新型专利权的条件，也涉及认定侵犯专利权行为成立的条件。在权利要求中记载的功能性限定特征的性质需要申请人在其说明书或者附图中记载实现其所述功能或者效果的具体实施方式的情况下，如果申请人没有予以记载，侵权审理法院应当有权认定其权利要求没有清楚地限定要求权利要求所限定的保护范围，无从认定被诉侵权行为是否落入该权利要求的保护范围，进而作出认定专利侵权指控不成立的判决。不应认为如此判决就违背了侵权审理法院不得涉及专利有效性的制度。事实上，最高人民法院已经作出了不少采取这种做法的判决。[1] 允许采取这种做法也是现实审判工作的实际需要，有利于提高我国专利申请文件的撰写质量，否则就会影响最高人民法院上述司法解释第四条的正确施行。

---

❶ 例如最高人民法院2012年12月28日对“防电磁污染确保人体健康的方法”实用新型专利侵权诉讼案作出的（2012）民申字第1544号再审裁定指出：“准确界定专利权的保护范围，是认定被诉侵权技术方案是否构成侵权的前提条件。如果权利要求的撰写存在明显瑕疵，结合涉案专利说明书、本领域的公知常识以及相关现有技术等，仍然不能确定权利要求中技术术语的具体含义，无法准确确定专利权的保护范围的，则无法将被诉侵权技术方案与之进行有意义的侵权对比。因此，对于保护范围明显不清楚的专利权，不应认定被诉侵权技术方案构成侵权。”参见本书第1卷（2013）第345页。

第五章

著论索引

一、书籍

一、专利代理

1. 国家知识产权局条法司编著：《2012年全国专利代理人资格考试试题解析》，知识产权出版社2013年6月出版，ISBN 9787513020398。

2. 蹇炜主编：《专利代理事务及流程》，知识产权出版社2013年3月出版，ISBN 9787513018661。

3. 姜晖主编：《专利申请代理实务：化学分册》，知识产权出版社2013年3月出版，ISBN 9787513018692。

4. 李超主编：《专利申请代理实务：电学分册》，知识产权出版社2013年3月出版，ISBN 9787513018708。

5. 李超主编：《专利代理实务分册》（第2版），知识产权出版社2013年9月出版，ISBN 9787513021449。

6. 李勇主编：《专利侵权与诉讼》，知识产权出版社2013年4月出版，ISBN 9787513018647。

7. 马浩主编：《专利代理职业道德》，知识产权出版社2013年5月出版，ISBN 9787513018630。

8. 陶凤波主编：《专利复审与无效代理实务》，知识产权出版社2013年4月出版，ISBN 9787513018678。

9. 王允方著：《我从香山班走来：一位专利代理人的执业札记》，知识产权出版社2013年5月出版，ISBN 9787513020077。

10. 吴观乐主编：《专利代理申请实务：机械分册》，知识产权出版社2013年3月出版，ISBN 9787513018616。

11. 谢顺星主编：《专利咨询服务》，知识产权出版社2013年3月出版，ISBN 9787513018623。

12. 杨立编著：《全国专利代理人资格考试历年真题分类精解》（第4版），知识产权出版社2013年9月出版，ISBN 9787513021418。

13. 杨敏锋编：《2013年全国专利代理人资格考试应试宝典：相关法律知识》，法律出版社2013年7月出版，ISBN 9787511851284。

14. 杨敏锋编：《2013年全国专利代理人资格考试应试宝典：专利法律知识》，法律出版社2013年7月出版，ISBN 9787511851277。

15. 中华全国专利代理人协会编：《〈专利法〉第二十六条第四款理论与实践：2012年专利审查与专利代理高端学术研讨会论文选编》（套装上中下册），知识产权出版社2013年1月出版，ISBN 9787513015622。

16. 中华全国专利代理人协会编：《高质量的专利申请文件——2013年专利审查与专利代理学术研讨会优秀论文集》，知识产权出版社2013年11月出版，ISBN 9787513023726。

17. 中华全国专利代理人协会编：《加强专利代理行业建设 有效服务国家发展大局》，知识产权出版社2013年7月出版，ISBN 9787513021357。

18. 专利代理人考核委员会办公室编：《2013年全国专利代理人资格考试指南》，知识产权出版社2013年6月出版，ISBN 9787513020404。

二、专利案例

1. 北京市高级人民法院知识产权庭编：《知识产权经典判例7（专利卷）》，知识产权出版社2013年1月出版，ISBN 9787513015684。

2. 甘绍宁主编：《美国专利诉讼要案解析》，知识产权出版社2013年1月出版，ISBN 9787513015264。

3. 国家知识产权局专利复审委员会编：《机械领域专利行政诉讼案例精解》，知识产权出版社2013年6月出版，ISBN 9787513018029。

4. 国家知识产权局专利复审委员会编：《专利复审和无效审查决定汇编（2007）医药》（全二卷），知识产权出版社2013年12月出版，ISBN 9787513016193。

5. 国家知识产权局专利复审委员会编：《专利复审和无效审查决定汇编（2008）医药》（全三卷），知识产权出版社2013年12月出版，ISBN 9787513016186。

6. 国家知识产权局专利复审委员会编：《专利复审和无效审查决定汇编（2009）医药》（全三卷），知识产权出版社2013年12月出版，ISBN 9787513016179。

7. 国家知识产权局专利复审委员会编著：《外观设计专利无效宣告典型案例评析》，知识产权出版社2013年9月出版，ISBN 9787513023634。

8. 刘道臣、袁钢著：《中国专利侵权赔偿第1案》，知识产权出版社2013年1月出版，ISBN 9787513014304。

9. 罗东川主编：《中国专利案例精读》，商务印书馆2013年9月出版，ISBN 9787100099110。

10. 魏保志主编：《发明专利保护客体典型案例评析》，知识产权出版社2013年1月出版，ISBN 9787513017589。

11. 肇旭著：《欧洲专利局生物技术专利经典判例译评》，上海人民出版社2013年11月出版，ISBN 9787208117716。

三、专利分析

1. 巢珍主编：《卷烟生产过程创新专利精选》，河南大学出版社2013年5月出版，ISBN 9787564911881。

2. 陈炘钧、米黑尔·罗科著：《纳米科学与技术 纳米科技创新与知识图谱：世界纳米科技专利与文献分析》，吴树仙、王琛译，科学出版社2013年6月出版，ISBN 9787030378835。

3. 大卫·亨特、郎·阮、马修·罗杰斯著：《专利检索——工具与技巧》，陈可南主译，知识产权出版社2013年7月出版，ISBN 9787513020213。

4. 甘绍宁主编：《战略性新兴产业专利技术动向研究》，知识产权出版社2013年4月出版，ISBN 9787513019972。

5. 甘绍宁主编：《重点产业专利信息应用指南》，知识产权出版社2013年1月出版，ISBN 9787513018760。

6. 甘绍宁主编：《专利信息利用实践》，知识产权出版社2013年10月出版，ISBN 9787513004107。

7. 甘绍宁主编：《专利文献研究2013》，知识产权出版社2013年8月出版，ISBN 9787513021579。

8. 国家林业局知识产权研究中心编：《世界林业专利技术现状与发展趋势》，中国林业出版社2013年10月出版，ISBN 9787503872440。

9. 国家知识产权局办公室政策研究处编：《优秀专利调查研究报告集（VII）：专利分析专辑》，知识产权出版社2013年9月出版，ISBN 9787513015882。

10. 国家知识产权局专利局专利文献部编：《专利文献与信息检索》，知识产权出版社2013年3月出版，ISBN 9787513018715。

11. 贺化主编：《专利与产业发展系列研究报告》，知识产权出版社2013年3月出版，ISBN 9787513018920。

12. 贺化主编：《专利导航产业和区域经济发展实务》，知识产权出版社2013年3月出版，ISBN 9787513018944。

13. 经济合作与发展组织编著，《专利统计手册》，高昌林等译，科学文献出版社2013年9月版，ISBN 9787502383718。

14. 李睿编著：《科学—技术关联探测方法研究：专利引文视角》，西南交通大学出版社2013年9月版，ISBN 9787564326494。

15. 林文主编：《三七医药专利预警分析》，知识产权出版社2013年8月出版，ISBN 9787513020602。

16. 刘二稳、许福运等编著：《信息检索与创新专利》，科学出版社2013年8月出版，ISBN 9787030384843。

17. 马艳萍、杨茹欣、谈敦礼著：《炼油工艺技术文献及专利分析》，经济科学出版社2013年10月出版，ISBN 9787514135305。

18. 王景著：《云南重点产业与创新群体专利技术创新研究》，知识产权出版社2013年8月出版，ISBN 9787513021159。

19. 王景、许惠然、周黎著：《云南重点产业与生物质能产业专利战略研究》，云南大学出版社2013年4月出版，ISBN 9787548213918。

20. 王运斗、李鹏编：《专利信息分析及其典型应用》，军事医学科学出版社2013年5月出版，ISBN 9787516301340。

21. 魏保志主编：《实用新型专利权评价报告实务手册》，知识产权出版社2013年10月出版，ISBN 9787513023009。

22. 杨铁军主编：《产业专利分析报告（第7册）：农业机械》，知识产权出版社2013年3月出版，ISBN 7513017859。

23. 杨铁军主编：《产业专利分析报告（第8册）：液体灌装机械》，知识产权出版社2013年3月出版，ISBN 9787513017862。

24. 杨铁军主编：《产业专利分析报告（第9册）：汽车碰撞安全》，知识产权出版社2013年3月出版，ISBN 9787513017879。

25. 杨铁军主编：《产业专利分析报告（第10册）：功率半导体器件》，知识产权出版社2013年3月出版，ISBN 9787513017886。

26. 杨铁军主编：《产业专利分析报告（第11册）：短距离无线通讯》，知识产权出版社2013年3月出版，ISBN 9787513017893。

27. 杨铁军主编：《产业专利分析报告（第12册）：液晶显示》，知识产权出版社2013年3月出版，ISBN 9787513017909。

28. 杨铁军主编：《产业专利分析报告（第13册）：智能电视》，知识产权出版社2013年3月出版，ISBN 9787513017916。

29. 杨铁军主编：产业专利分析报告（第14册）：高性能纤维》，知识产权出版社2013年3月出版，ISBN 9787513017923。

30. 杨铁军主编：《产业专利分析报告（第15册）：高性能橡胶》，知识产权出版社2013年3月出版，ISBN 9787513017930。

31. 杨铁军主编：《产业专利分析报告（第16册）：食用油脂》，知识产权出版社2013年3月出版，ISBN 9787513017947。

32. 叶春明、刘长平著：《专利测度与评价指标体系研究》，知识产权出版社2013年5月出版，ISBN 9787513018937。

33. 翟东升著：《专利知识挖掘关键技术研究》，知识产权出版社2013年1月出版，ISBN 9787513016865。

34. 中国知识产权研究会编：《各行业专利技术现状及其发展趋势报告（2012~2013）》，知识产权出版社2013年1月出版，ISBN 9787513017619。

四、专利相关法律法规

1. J. M. 穆勒著：《知识产权经典译丛：专利法》（第3版），沈超、李华、吴晓辉等译，知识产权出版社2013年8月出版，ISBN 9787513000147。

2. 伯克、莱姆利著：《专利危机与应对之道》，马宁、余俊译，中国政法大学出版社2013年2月出版，ISBN 9787562045038。

3. 查尔斯·S. 巴奎斯特、G. 布莱恩·布塞、约翰·L. 可来考斯基编著：《美国国际贸易委员会专利诉讼手册》，高焕勇、迈克尔·W. 魏勒译，高焕勇审校，知识产权出版社2013年1月出版，ISBN 9787513016858。

4. 国家知识产权局组织编写：《中小学知识产权教育读本：发明与专利》，知识产权出版社2013年9月出版，ISBN 9787513019477。

5. 国家知识产权局条法司编：《专利法研究2011》，知识产权出版社2013年1月出版，ISBN 9787513015011。

6. 国家知识产权局条法司编：《专利法研究2012》，知识产权出版社2013年11月出版，ISBN 9787513024020。

7. 韩其峰著：《专利池许可的反垄断法规制》，中国政法大学出版社2013年6月出版，ISBN 9787562045847。

8. 汉斯·高德、克里斯·阿贝尔特著：《欧洲专利公约手册》（第3版），王志伟译，知识产权出版社2013年11月出版，ISBN 9787513020503。

9. 李贵红著：《药品专利保护与公共健康》，知识产权出版社2013年4月出版，ISBN 9787513016315。

10. 刘珊著：《中德企业软件专利申请行为实证研究》，法律出版社2013年3月出版，ISBN 9787511840592。

11. 齐敬思著：《技术秘密及专利知识问答》（第3版），石油工业出版社2013年12月出版，ISBN 9787502199333。

12. 苏娟主编：《发明专利申请创造性的争辩：机械结构篇》，知识产权出版社2013年2月出版，ISBN 9787513017244。

13. 文希凯主编：《专利法教程》（第3版），知识产权出版社2013年1月出版，ISBN 9787513015790。

14. 徐家力著：《论专利及商业秘密》，上海交通大学出版社2013年1月出版，ISBN 9787313091437。

15. 徐健、苏琰著：《专利池的运营与法律规制》，知识产权出版社2013年6月出版，ISBN 9787513020978。

16. 杨安进、黄腾编著：《商标、专利、著作权不可不知360问》，法律出版社2013年4月出版，ISBN 9787511847195。

17. 杨武著：《专利技术创新：法与经济学分析》，科学出版社2013年3月出版，ISBN 9787030369499。

18. 杨志敏著：《专利权保护范围研究：专利权行使与对抗的理论和实践》，四川大学出版社2013年2月出版，ISBN 9787561465165。

19. 易继明译：《美国专利法》，知识产权出版社2013年1月出版，ISBN 9787513010023。

20. 詹映著：《专利池管理与诉讼》，知识产权出版社2013年3月出版，ISBN 9787513018296。

21. 张乃根、朱丹主编：《中国新专利法的司法实施研究》，上海交通大学出版社2013年6月出版，ISBN 9787313099846。

22. 知识产权出版社编：《〈专利法〉及〈专利法实施细则〉（历次修改对照本）》，知识产权出版社2013年1月出版，ISBN 9787513008112。

23. 中国人民大学知识产权教学与研究中心译，《十二国专利法》，清华大学出版社2013年10月出版，ISBN 9787302342021。

24. 竹中俊子主编：《专利法律与理论：当代研究指南》，彭哲、沈旸、徐明亮等译，知识产权出版社2013年9月出版，ISBN 9787513022699。

五、专利申请与审查

1. 本书编委会编：《专利审查业务研究与实践（2013）》，中国人事出版社2013年版，ISBN 9787512906037。

2. 黄晓庆、魏冰主编：《创新之光：企业专利秘籍》，知识产权出版社2013年9月出版，ISBN 9787513022125。

3. 刘志会主编：《实用新型专利申请问答》，知识产权出版社2013年1月出版，ISBN 9787513016919。

4. 苏娟主编：《发明专利申请创造性的争辩：机械结构篇》，知识产权出版社2013年2月出版，ISBN 9787513017244。

5. 吴大章主编：《外观设计专利实质审查标准新讲》，知识产权出版社2013年6月出版，ISBN 9787513020299。

6. 应志红、刘军、张月等著：《专利审查案例丛书：元器件和半导体领域专利审查案例评析》，知识产权出版社2013年7月出版，ISBN 9787513021029。

7. 张清奎著：《专利审查实践论》，知识产权出版社2013年4月出版，ISBN 9787513018432。

8. 张秋勤主编：《引你成为发明家：青少年科技发明技法与专利申请》，苏州大学出版社2013年8月出版，ISBN 9787567205758。

9. 周考文著：《专利申请自己来》，化学工业出版社2013年11月出版，ISBN 9787122178343。

10. 诸敏刚主编：《海外专利实务手册·美国卷》，知识产权出版社2013年9月出版，ISBN 9787513022606。

六、企业专利管理

1. 李鹏主编：《大型企业专利管理：理论与实务》，知识产权出版社2013

年12月出版，ISBN 9787513023764。

2. 杨铁军主编：《企业专利工作实务手册》，知识产权出版社2013年1月出版，ISBN 9787513016384。

3. 孟奇勋著：《专利集中战略研究》，知识产权出版社2013年8月出版，ISBN 9787513022248。

4. 毛金生、陈燕、李胜军、谢小勇编著：《专利运营实务》，知识产权出版社2013年7月出版，ISBN 9787513021173。

七、其他

1. 北京市哲学社会科学规划办公室、北京市教育委员会、北京知识产权研究基地编：《北京市哲学社会科学研究基地报告：中国专利政策研究报告》，知识产权出版社2013年1月出版，ISBN 9787513015653。

2. 唐春霞著：《专利池的市场定价方法研究》，知识产权出版社2013年3月出版，ISBN 9787513017800。

3. 万小丽著：《专利质量指标研究》，知识产权出版社2013年1月出版，ISBN 9787513016032。

4. 肖兴威编：《中国专利审批制度与廉政建设研究》，知识产权出版社2013年6月出版，ISBN 9787513020459。

二、期刊

一、专利代理与审查

1. 白茹、卞永军："对《专利法》第二十五条一款六项的新思考"，《电子知识产权》2013年第6期。

2. 白若鸽、章放："专利审查工作参与协助打击黑代理的意义及对策"，《中国经贸导刊》2013年第8期。

3. 常喆："冒签无效宣告请求人委托书对于专利无效宣告决定效力的影响辨析"，《电子知识产权》2013年第10期。

4. 陈立："浅谈对专利审查员引用的抵触申请存有质疑时应如何做意见答复"，《中国发明与专利》2013年第9期。

5. 陈琼娣、余翔："若干国家绿色专利加速审查的实践及启示"，《中国科技论坛》2013年第2期。

6. 崔朝利、张清涛："E系统下的审查质量控制模式优化探讨"，《中国发明与专利》2013年第7期。

7. 邓学欣、陈正军、沈嘉琦："从法律的确定性谈审查标准执行一致工作的必要性"，《中国发明与专利》2013年第5期。

8. 杜国顺："浅谈提取物方法发明的创造性判断方法"，《中国发明与专利》2013年第6期。

9. 范胜祥、詹靖康："创造性判断中技术启示的分析"，《电子知识产权》2013年第11期。

10. 方岩、杨嘉、郭强、王小东、陈敏："企业上市专利问题与专利审查实审模式研究"，《中国发明与专利》2013年第1期。

11. 费一楠："浅谈专利摘要中有益效果的翻译技巧"，《中国发明与专利》2013年第9期。

12. 冯楠、吴翔晖、张巍："浅谈专利法第二十二条第三款的判断标准——以具备复审案件为例"，《电视技术》2013年第S2期。

13. 冯术杰、崔国振："试论专利代理机构的设立条件——评《专利代理条例（修订草案送审稿）》有关条款"，《中国发明与专利》2013年第6期。

14. 冯薇、王峥：“涉及界面布局的权利要求的撰写”，《电视技术》2013年第S2期。

15. 高雁、肖丽华、岑奕朗：“企业如何申请高质量的专利”，《电视技术》2013年第S2期。

16. 高跃：“浅谈‘美感’在外观设计专利中的地位与授权中的应用”，《中国发明与专利》2013年第11期。

17. 郭佳欣：“网上缴费常见问题及其处理方法探讨”，《中国发明与专利》2013年第8期。

18. 韩建伟、梁丽超：“浅谈PCT申请进入中国时与软件和程序相关的权利要求的撰写”，《中国发明与专利》2013年第5期。

19. 何永春：“电视广告专利保护客体浅析”，《电视技术》2013年第S2期。

20. 洪芳：“薄型产品外观设计专利申请视图提交误区分析”，《中国发明与专利》2013年第11期。

21. 侯小锋、陈宇、易钊：“禁止重复授权原则涉及PCT的探讨”，《中国发明与专利》2013年第4期。

22. 胡雅琴：“如何撰写申请文件以利于后续修改”，《电视技术》2013年第S2期。

23. 黄立娟：“半导体领域中创造性审查意见答复时技术特征的比对”，《电子知识产权》2013年第3期。

24. 黄熊：“专利申请撰写过程中提高创造性的若干方法”，《电子知识产权》2013年第5期。

25. 吉张媛、冯楠：“浅析图形学相关专利申请的客体问题”，《电视技术》2013年第S2期。

26. 加玉、吴倩：“利用T类文件审查修改超范围”，《电视技术》2013年第S2期。

27. 江舟：“浅谈包含虚拟装置权利要求的PCT申请进入美国时面临的问题与对策”，《中国发明与专利》2013年第12期。

28. 金晶、于雷：“电视技术专利审查中公知常识的认定和举证”，《电视技术》2013年第S2期。

29. 寇飞、石剑平、杨冀川：“试论离体样品检测方法的可专利性认定标准”，《中国发明与专利》2013年第11期。

30. 郎亦虹：“从一个无效案例谈创造性的判断”，《电视技术》2013年第S2期。

31. 冷玉珊：“浅谈医疗器械领域发明专利和实用新型专利申请的注意事项”，《中国发明与专利》2013年第6期。

32. 冷玉珊、李林霞：“浅谈专利法意义上的创伤性或者介入性治疗或处置的方法”，《中国发明与专利》2013年第5期。

33. 李昌林、王锋、苗雨：“技术领域的确定对创造性的影响”，《电视技术》2013年第S2期。

34. 李会彩：“浅析生物医药领域专利申请文件英汉翻译的特点和常见问题”，《中国发明与专利》2013年第6期。

35. 李敏、白露霜：“专利申请中公式的撰写和符号的限定—— 从专利法第二十六条看图形、图像领域专利申请中公式的撰写和符号的限定”，《电视技术》2013年第S2期。

36. 李宁馨、张艳、蒋碧珠：“从提高专利质量的角度看如何撰写专利申请文件”，《中国发明与专利》2013年第3期。

37. 李鹏、张剑云、詹超慧、李萍、奚惠宁：“浅析数学建模相关专利申请的客体问题研究”，《电视技术》2013年第S2期。

38. 李萍、陈茜茜、戚颖、许馨、郭娟：“商业方法相关专利申请的客体问题探讨”，《电视技术》2013年第S2期。

39. 李天星、夏鹏：“从专利审查看高校申请中应注意的问题”，《电视技术》2013年第S2期。

40. 李婷婷、刘栩：“由复审案例看审查标准一致性的重要性”，《电视技术》2013年第S2期。

41. 李晓利、孙方涛：“通信领域向多个国家或地区申请发明专利需注意的问题”，《中国发明与专利》2013年第4期。

42. 李欣玮、姚希、王岩、白婧、张宇：“由权利和义务的平衡浅析现有技术的利用”，《中国发明与专利》2013年第6期。

43. 梁燕：“浅谈复审程序中对于修改超范围的审查”，《电视技术》2013年第S2期。

44. 廖佳佳、陈晨：“从图像领域疑难案例看客体审查”，《电视技术》

2013年第S2期。

45. 凌云："浅谈电学领域实用新型专利申请中'说明书充分公开'的审查"，《中国发明与专利》2013年第6期。

46. 刘化然、李志鹏、王涛、张占江、张华山："百度文库在专利审查中的应用初探"，《中国发明与专利》2013年第12期。

47. 刘瑾、朱峰、韦豪："如何选择更合适的专利缴费方式"，《中国发明与专利》2013年第12期。

48. 刘旺贵、梁丽超："浅谈PCT申请进入美国应注意的问题"，《中国发明与专利》2013年第4期。

49. 刘栩、李婷婷、马美红："浅析专利法实施细则第六十一条第一款的审查"，《电视技术》2013年第S2期。

50. 龙玄耀、李惟芬、王薇洁："如何避免说明书公开不充分"，《电视技术》2013年第S2期。

51. 芦霞、杨颖、胡雅娟、田琳琳、孙淑蓉："涉及图形图像的专利保护客体问题探讨"，《电视技术》2013年第S2期。

52. 鲁艳萍、李萍："非显而易见性的判定"，《电视技术》2013年第S2期。

53. 路伟廷："浅谈背景技术的撰写"，《中国发明与专利》2013年第1期。

54. 罗建华："专利文件要点分析及其对机译校改的启示"，《上海翻译》2013年第1期。

55. 马丽丹、穆旭东、李洋、姚倩："办理专利权评价报告相关手续介绍"，《中国发明与专利》2013年第3期。

56. 马美红、刘栩、刘静、赵晓春："涉及图形用户界面的保护客体探讨"，《电视技术》2013年第S2期。

57. 马天旗、刘欢："利用专利引证信息评价专利质量的改进研究"，《中国发明与专利》2013年第1期。

58. 马鑫、石红艳、刘长勇："从客体标准审视专利申请文件的撰写"，《中国发明与专利》2013年第4期。

59. 孟庆薇、邵凤伟、穆旭东："谈专利申请人应注意的一些问题"，《中国发明与专利》2013年第5期。

60. 穆彬、张鑫蕊："生物领域中断言性结论导致的说明书公开不充分问题浅析"，《中国发明与专利》2013年第3期。

61. 穆旭东、马丽丹、李洋、李晨："办理专利实施许可合同备案手续介绍"，《中国发明与专利》2013年第4期。

62. 穆滢、张琳琳、李婉怡："计算机图形学中美欧客体审查对我国的启示"，《电视技术》2013年第S2期。

63. 欧阳平、李增顺、毛晓鹏："浅谈涉及本国优先权专利申请的注意事项"，《中国发明与专利》2013年第7期。

64. 欧阳平、张珍丽、王欢："涉及生物材料样品保藏的发明专利申请注意事项"，《中国发明与专利》2013年第3期。

65. 戚颖、李萍、陈茜茜："图像领域涉及客体问题的案例分析"，《电视技术》2013年第S2期。

66. 荣芳、陈柳叶："基于修改超范围审查体会的专利申请文件撰写"，《电视技术》2013年第S2期。

67. 陕芳芳："浅谈如何答复审查意见通知书"，《中国发明与专利》2013年第4期。

68. 石红艳、马鑫、金霞："浅谈涉及计算机程序的发明专利申请的审查"，《中国发明与专利》2013年第3期。

69. 时鹏："由专利审查投诉平台的一个具体案例谈对法律说理的思考"，《中国发明与专利》2013年第4期。

70. 苏娟、李博、邓学欣、张琛、陈正军、刘旭兰："基于专利法第二十六条第四款的发明和实用新型审查不一致的分析"，《中国发明与专利》2013年第5期。

71. 孙迪："从专利权的稳定性看专利审查"，《中国发明与专利》2013年第5期。

72. 孙方涛、李文娟、王健："浅谈涉及功能性特征的专利申请文件的撰写"，《中国发明与专利》2013年第9期。

73. 孙国辉、苏文："涉及自然语言处理专利申请如何避免客体缺陷"，《电视技术》2013年第S2期。

74. 孙平、孙洁："关于专利代理机构代理质量责任的探讨"，《电子知识产权》2013年第8期。

75. 孙平、杨斐：“功能性限定权利要求重复授权问题的探讨”，《中国发明与专利》2013年第4期。

76. 孙歆硕、汪卫锋、宋永杰、张丹、赵洁、王丽、毕元波、侯炳萍：“专利代理人对于规范‘电话沟通’的需求与建议研究”，《中国发明与专利》2013年第6期。

77. 孙艳伟：“专利摘要汉译英常见错误探析”，《中国科技翻译》2013年第2期。

78. 唐大立、胡明悦：“专利代理行业的行政监管与行业自律问题研究”，《知识产权》2013年第10期。

79. 田涛、王涛：“如何把握涉及视频数据处理发明的审查标准——各国审查标准对我国审查实践的启示”，《电视技术》2013年第S2期。

80. 万欣容：“浅析PCT国际申请进入日本的申请文件修改”，《中国发明与专利》2013年第3期。

81. 汪涛：“专利审查高速路申请优先审查的正当性分析”，《中国发明与专利》2013年第6期。

82. 王从雷、夏鹏、柴华：“从专利审查角度谈如何提高专利申请文件质量”，《电视技术》2013年第S2期。

83. 王鹏、袁绍彦、叶南飚：“化学专利申请文件撰写常见问题及应对策略”，《塑料工业》2013年第11期。

84. 王荣霞、刘品新：“浅析专利审查中对一般性证据规则的适用”，《中国发明与专利》2013年第12期。

85. 王峥、冯薇：“浅析专利文件的修改”，《电视技术》2013年第S2期。

86. 王正发：“简析PCT申请的程序安全保障”，《中国发明与专利》2013年第8期。

87. 韦欣煜：“专利审查员队伍需要多元化的发展方向——一位专利审查员的职业愿景”，《中国发明与专利》2013年第6期。

88. 魏聪：“浅议专利无效行政诉讼中当事人提交新证据的价值和意义”，《中国发明与专利》2013年第3期。

89. 吴贵明：“浅析利用PCT途径进行专利申请的好处”，《中国发明与专利》2013年第11期。

90. 吴孟秋、陈蕊："浅谈PCT申请进入欧洲地区阶段的申请策略"，《中国发明与专利》2013年第9期。

91. 吴倩、加玉："计算机图形学的专利申请审查方式探讨"，《电视技术》2013年第S2期。

92. 武雪梅、曲凯："从审查角度分析生物技术专利申请中的常见问题和应对策略"，《中国生物工程杂志》2013年第12期。

93. 奚惠宁、任蕊："判断有关医学图像专利申请是否为非授权客体"，《电视技术》2013年第S2期。

94. 向莉："浅谈专利政策中应如何把握创造性标准"，《中国发明与专利》2013年第7期。

95. 肖薇、陈敏泽、董妍、邹丽娜："浅谈控制领域方法类产品权利要求的撰写形式"，《中国发明与专利》2013年第12期。

96. 肖薇、朱艳华、陈柳叶、李思思："浅谈涉及用户界面的权利要求的撰写"，《电视技术》2013年第S2期。

97. 熊英、张超、别智："浅谈我国绿色专利推广应用面对的问题与对策"，《中国发明与专利》2013年第3期。

98. 徐婷妍："浅析设计空间在外观设计专利对比判定中的运用"，《中国发明与专利》2013年第11期。

99. 徐彦磊、王美芳："从专利法第二十七条谈花布的外观设计申请提交规范"，《中国发明与专利》2013年第8期。

100. 薛梅、郑丽芬、李英："机电领域永动机类专利申请的审查方式探讨"，《中国发明与专利》2013年第4期。

101. 杨伦："浅谈权利要求保护范围和解释"，《中国发明与专利》2013年第8期。

102. 杨敏、郭佳欣、张雅涵："分案申请常见问题解答"，《中国发明与专利》2013年第3期。

103. 杨媛、赵明强、周红涛："中药复方产品权利要求主题名称的发展历程简析"，《中国发明与专利》2013年第1期。

104. 于利娜、盛建军、任蕊、王剑："专利审查中需考虑因素对创造性的影响—— 因缺陷而'否定'与克服技术偏见的技术手段对创造性的影响"，《电视技术》2013年第S2期。

105. 张宾、孙寒、张苗、陈旭红、李哲："从对超长审查周期案件的分析探讨如何缩短审查周期"，《中国发明与专利》2013年第1期。

106. 张琳琳、穆滢、李婉怡："计算机图形学专利保护客体审查标准对比分析"，《电视技术》2013年第S2期。

107. 张琳琳、穆滢、马丽莉："欧专局关于发明技术属性判断对中国审查的启示"，《电视技术》2013年第S2期。

108. 张晓霞："关于涉及计算机程序发明审查的思考"，《中国发明与专利》2013年第8期。

109. 张宇、喻倩萍、仇颖、张涛："技术方案的可拆分逻辑性分析在专利审查中的应用"，《中国发明与专利》2013年第11期。

110. 张浴月："中国申请人向美国申请软件专利需注意的问题"，《中国发明与专利》2013年第9期。

111. 赵晶："专利审查过程中'伦理审查'之初探—— 由两件明胶专利引发的思考"，《中国发明与专利》2013年第3期。

112. 赵晶晶、孙方涛、孙淑蓉："浅议如何对视频编解码方法进行专利保护"，《电视技术》2013年第S2期。

113. 赵良、闫家福、何瑜、刘会英："浅谈如何合理地扩大中药专利申请的保护范围"，《中国中药杂志》2013年第3期。

114. 赵囡囡："浅析PCT国际申请文件的准备和修改"，《中国发明与专利》2013年第6期。

115. 郑旋律、朱雪忠："专利审查高速路对后续申请审查质量的影响研究"，《情报杂志》2013年第7期。

116. 郑岩岩："浅析缴纳专利费用的方式及其优缺点"，《中国发明与专利》2013年第5期。

117. 周倩、傅远："新媒体的互联网信息作为现有技术的举证策略"，《电视技术》2013年第S2期。

118. 周学平："PCT申请进入中国国家阶段的审查文本探讨"，《中国发明与专利》2013年第10期。

119. 周永新："游戏的名称是权利要求 谈专利撰写中需要具备的几个意识"，《电子知识产权》2013年第7期。

120. 朱雪忠、郑旋律："专利审查高速路对后续申请国技术创新的影响机制研究”，《情报杂志》2013年第1期。

121. 左萌、李琰：“浅析发明创造性审查中的争议点”，《电视技术》2013年第S2期。

二、专利相关法律法规

1. 曹丽荣：“专利制度与中药资源保护的衔接分析”，《中国新药杂志》2013年第3期。

2. 曹新明：“海峡两岸专利标识比较分析”，《南昌大学学报（人文社会科学版）》2013年第1期。

3. 常伟：“浅析专利无效与专利合同效力的辩证关系”，《中国发明与专利》2013年第8期。

4. 陈家宏：“专利添附问题探讨”，《知识产权》2013年第5期。

5. 陈嘉威、朱峰、尉凤葵：“涉及遗传资源专利保护的相关问题研究”，《中国发明与专利》2013年第9期。

6. 陈健：“商业方法可专利性判断标准研究”，《暨南学报（哲学社会科学版）》2013年第1期。

7. 陈柳叶、李园澍、刘宁宁：“从雾霾天气事件谈绿色专利的强制许可”，《中国发明与专利》2013年第5期。

8. 陈柳叶、刘之幸：“浅谈速成动物饲料与专利保护”，《中国发明与专利》2013年第1期。

9. 陈庆：“超《TRIPS协定》条款对药品专利强制许可的变异及应对策略”，《知识产权》2013年第6期。

10. 陈雅忱、何炼红、陈仲伯：“专利纠纷行政调解协议司法确认问题探讨”，《知识产权》2013年第9期。

11. 陈勇：“浅论实用新型的创造性审查”，《知识产权》2013年第8期。

12. 程永顺、吴莉娟：“‘专利地痞’在中国的现状评述及对策研究”，《知识产权》2013年第8期。

13. 迟国军：“浅析专利技术许可中专利权滥用的法律规制”，《中国发明与专利》2013年第12期。

14. 邓建志：“《TRIPS协定》对知识产权行政保护的规定及其启示”，《知识产权》2013年第1期。

15. 邓志伟、黄姝："论技术标准中的专利默示许可抗辩规则之适用"，《法律适用》2013年第3期。

16. 丁锦希、邵美令、孟立立："美国知识产权反垄断诉讼中专利范围测试规则的适用及启示—— 基于'Schering V.S. Upsher'案实证分析"，《知识产权》2013年第6期。

17. 丁莉丽："简析美国发明法案中的微实体"，《中国发明与专利》2013年第6期。

18. 董晓颖："对外观设计专利分类的一点认识"，《中国发明与专利》2013年第3期。

19. 董妍、崔琳、王立石、马镯："权利要求保护范围在专利审查和司法解释中的差异分析"，《知识产权》2013年第7期。

20. 杜微科："对外观设计相近似判断的法律理解"，《人民司法》2013年第2期。

21. 范晓宇："专利复审委员会国家赔偿责任的可能性及其限定"，《浙江社会科学》2013年第5期。

22. 冯寿波："美国337调查与TRIPS协议实体规定冲突问题研究"，《河北法学》2013年第7期。

23. 冯晓青、邓毅洋："我国电子产品用户界面保护及模式选择"，《湘潭大学学报（哲学社会科学版）》2013年第1期。

24. 高莉："专利等同原则的发展困境"，《苏州大学学报（哲学社会科学版）》2013年第5期。

25. 戈光应："公开开庭中的证据出示应构成设计公开"，《法律适用》2013年第6期。

26. 葛锐、尹爱田："专利保护和公共健康：国家药物政策中的冲突与协调"，《中国卫生经济》2013年第5期。

27. 顾萍、张宏斌："标准必要专利下的相关商品市场界定方法及市场支配地位认定的考量因素"，《电子知识产权》2013年第12期。

28. 顾倩倩、孙绍荣、殷时鑫："专利制度下侵权行为的惩罚机制设计"，《科技管理研究》2013年第16期。

29. 顾润丰："我国专利侵权责任与美国专利侵权责任问题初探"，《中国发明与专利》2013年第12期。

30. 关健、曾贞、杜娜：“浅析产品用途对外观设计专利权保护范围的影响”，《中国发明与专利》2013年第11期。

31. 关永红：“论知识产权控制效力作用范围的扩张与限制”，《学术研究》2013年第3期。

32. 管荣齐：“我国专利实质条件的改进建议”，《知识产权》2013年第10期。

33. 管志琦、田建林：“浅析我国专利权的刑法保护”，《河北法学》2013年第8期。

34. 郭鹏：“金融产品专利创造性的基础审查原则”，《暨南学报（哲学社会科学版）》2013年第8期。

35. 郭斯伦、张继旺、马韶青：“中医药知识产权保护的路径选择”，《医学与哲学（A）》2013年第5期。

36. 韩宏星：“专利创造性的哲学角度思考”，《电子知识产权》2013年第8期。

37. 韩镭、王静、刘卫东、张磊：“美国专利法改革对制药行业的影响——说明书公开要求改革对制药行业的影响”，《中国发明与专利》2013年第5期。

38. 何怀文：“‘发现’与‘发明’的重新界分”，《知识产权》2013年第9期。

39. 何培育：“电子商务领域专利保护现状与对策研究”，《科技管理研究》2013年第15期。

40. 和育东：“专利契约论”，《社会科学辑刊》2013年第2期。

41. 和育东、谷慧君：“专利侵权中公司高管个人责任的中美比较”，《知识产权》2013年第10期。

42. 胡平、覃冬梅、苗伟、邹予婷、常晓宇：“开源软件的专利风险及应对策略”，《中国发明与专利》2013年第2期。

43. 胡允银：“美国虚假专利标记法律制度的修订及评析”，《中国科技论坛》2013年第7期。

44. 黄从珍：“相同技术方案先后申请实用新型和发明专利的司法保护”，《人民司法》2013年第18期。

45. 黄勇、刘东屏：“专利滥用反垄断诉讼中强制性反诉的适用”，《人民司法》2013年第13期。

46. 纪新、徐红菊："国际技术贸易各方利益之法律分析——以专利技术为视角"，《社会科学家》2013年第5期。

47. 冀瑜、李建民、慎凯："网络交易平台经营者对专利侵权的合理注意义务探析"，《知识产权》2013年第4期。

48. 贾引狮："美国与东盟部分国家就TPP知识产权问题谈判的博弈研究——以TPP谈判进程中美国的知识产权草案为视角"，《法学杂志》2013年第3期。

49. 江淼："试论将专利法第二十三条第三款纳入外观设计专利初审范围"，《中国发明与专利》2013年第11期。

50. 姜昱、陈烨："全球知识产权网络的结构分析：基于专利和商标"，《中国科技论坛》2013年第9期。

51. 蒋舸："德国《雇员发明法》修改对中资在德并购之影响"，《知识产权》2013年第4期。

52. 金海军："从美国《专利法》第一百零二条看发明人先申请制的实质"，《知识产权》2013年第4期。

53. 金泳锋、黄钰："专利丛林困境的解决之道"，《知识产权》2013年第11期。

54. 景辉："《专利法》第六十条背后的行政法学困境"，《电子知识产权》2013年第6期。

55. 康添雄："专利强制许可的公共政策研究"，《科技进步与对策》2013年第6期。

56. 郎贵梅："侵害封闭式表述方式限定的药品专利的司法认定"，《人民司法》2013年第14期。

57. 郎贵梅："专利临时保护期内制造的专利产品的后续行为不侵犯专利权"，《人民司法》2013年第6期。

58. 郎亦虹、黄金龙、慈雪："浅谈电子商务商业方法法律保护的完善"，《电视技术》2013年第S2期。

59. 冷玉珊、李紫峰："对实用新型专利制度的几点思考"，《金融与经济》2013年第8期。

60. 李菊丹："欧洲专利局植物发明专利保护实践及启示"，《中国生物工程杂志》2013年第5期。

61. 李明德："关于《专利法修订草案（送审稿）》的几点思考"，《知识产权》2013年第9期。

62. 李娜："论现有技术抗辩与当然无效抗辩"，《中国发明与专利》2013年第6期。

63. 李千江："浅谈专利侵权判断规则在中美司法实践中的运用——深入解析禁止反悔原则和等同原则"，《中国发明与专利》2013年第9期。

64. 李文江："我国专利信托制度的价值取向与立法完善"，《金融理论与实践》2013年第6期。

65. 李晓秋："专利侵权惩罚性赔偿制度：引入抑或摒弃"，《法商研究》2013年第4期。

66. 李玉香："完善专利行政执法权之再思考"，《知识产权》2013年第4期。

67. 李越、温丽萍："中美欧与专利公开有关的法定要求的比较与借鉴"，《中国发明与专利》2013年第2期。

68. 梁玲玲、陈松："商业方法创新的专利保护：争议与启示"，《科技进步与对策》2013年第17期。

69. 廖恬婧："专利临时保护的性质及法理依据探析"，《中国发明与专利》2013年第12期。

70. 刘斌斌、付京章："论专利制度的本质及其社会效应"，《甘肃社会科学》2013年第5期。

71. 刘雪凤："我国清洁能源技术专利强制许可制度研究——既有制度的不足及其完善"，《学海》2013年第5期。

72. 刘雪凤、谌青青："我国绿色专利法律调控机制研究"，《科技进步与对策》2013年第16期。

73. 刘彦明、邢伟伟："若干代表性国家的天然药物专利保护政策浅析"，《中国发明与专利》2013年第9期。

74. 刘艳华："特征变异排除法认定专利侵权探究"，《企业经济》2013年第6期。

75. 柳福东、朱雪忠："低碳国际公约与专利国际公约的冲突与协调研究"，《中国人口·资源与环境》2013年第2期。

76. 吕磊："论专利海盗扩张的成因与影响"，《电子知识产权》2013年第

8期。

77. 吕明瑜："专利联营中专利性质的竞争影响审查"，《当代法学》2013年第1期。

78. 罗蓉蓉："技术标准制定中垄断行为的规制及对策研究"，《法学杂志》2013年第10期。

79. 罗胜强、肖谦："商业方法专利适格性变迁的经济学分析"，《商业研究》2013年第6期。

80. 马琳、Anna Ma："中国企业在欧盟市场的知识产权保护"，《电子知识产权》2013年第5期。

81. 牟萍："生态政治学语境下《TRIPS协定》第27.3（b）款执行现状之探析"，《知识产权》2013年第8期。

82. 倪静："论专利权有效性争议之可仲裁性"，《知识产权》2013年第3期。

83. 倪静："论我国专利无效宣告程序的完善——美、日、德三国制度比较及启示"，《江西社会科学》2013年第6期。

84. 聂稻波、封志强、刘广宇、朱宁："《专利法》第五条应当坚持中国特色"，《知识产权》2013年第3期。

85. 彭飞荣、陶金宏："风险社会背景下我国公众参与专利审查制度之探究"，《知识产权》2013年第6期。

86. 彭强、魏森："论数据挖掘专利利益冲突与衡平"，《电子知识产权》2013年第7期。

87. 饶爱民："欧盟竞争法对专利联营的控制"，《电子知识产权》2013年第3期。

88. 任小明、施国伟："发明或者实用新型技术方案的主题名称对权利要求的保护范围具有限定作用"，《人民司法》2013年第24期。

89. 任晓玲："浅析从'共同体专利'到'欧洲单一专利'的称谓变化——欧洲单一专利制度的创建历程及实质解析之一"，《中国发明与专利》2013年第9期。

90. 任晓玲："浅析欧洲单一专利制度的创建背景和历程——欧洲单一专利制度的创建历程及实质解析之二"，《中国发明与专利》2013年第10期。

91. 石必胜："专利权用尽视角下专利产品修理与再造的区分"，《知识产权》2013年第6期。

92. 宋阳、左海聪："药物专利VS公共健康：从冲突到共存"，《知识产权》2013年第7期。

93. 孙谦、徐莉、周茂新、钟辉："中日蛋白质产品发明新颖性与创造性审查比较研究"，《中国生物工程杂志》2013年第12期。

94. 谭小海、李书蝶："浅谈我国普通保密专利制度的完善"，《中国发明与专利》2013年第12期。

95. 唐华东、王大鹏："对我国人胚胎干细胞专利法律保护的思考"，《知识产权》2013年第5期。

96. 汪亮："计算机软件专利保护可行性探讨"，《科技管理研究》2013年第5期。

97. 王保民、张峣："我国专利先用权制度实施的困境与立法完善"，《知识产权》2013年第8期。

98. 王灿："我国专利技术出口的监管 从高智发明公司在中国的运营谈起"，《电子知识产权》2013年第4期。

99. 王灿："论我国专利纠纷调解和仲裁机构的建立"，《电子知识产权》2013年第Z1期。

100. 王大鹏、魏保志："宽泛权利要求的合理权利边界—— 从生物技术领域视角谈专利权的扩张与限制"，《知识产权》2013年第2期。

101. 王晓君、刘铁光："论专利无效宣告的追溯力—— 认真对待知识产权的特殊性"，《社会科学战线》2013年第12期。

102. 王晓燕："云计算的专利适格性分析"，《暨南学报（哲学社会科学版）》2013年第4期。

103. 王正发："浅谈PCT制度与专利许可"，《中国发明与专利》2013年第10期。

104. 卫军、任晓玲："浅析欧洲单一专利制度的实质内容—— 欧洲单一专利制度的创建历程及实质解析之三"，《中国发明与专利》2013年第11期。

105. 吴太轩："技术标准化中的专利权滥用及其反垄断法规制"，《法学论坛》2013年第1期。

106. 吴艳："论信息技术领域职务发明制度—— 兼评《职务发明条例草案（征求意见稿）》，《科技管理研究》2013年第19期。

107. 邢素军："失效专利概念辨析"，《科技管理研究》2013年第3期。

108. 徐棣枫："权利的不确定性与专利维权周期—— 专利法第四次修改草案相关方案的探讨"，《南京大学学报（哲学·人文科学·社会科学版）》2013年第5期。

109. 徐文杰、邵蓉："美国对再定位药品的专利保护和行政保护研究及其启示"，《中国医药工业杂志》2013年第11期。

110. 薛同锐："美国'337调查'之特点及中国应对之策"，《亚太经济》2013年第6期。

111. 闫文军、殷宗萍："'特意排除'规则：限制等同原则适用的一种新规则"，《知识产权》2013年第1期。

112. 严若菡："我国产品图形用户界面的专利保护研究"，《中国发明与专利》2013年第11期。

113. 严若菡："浅谈我国旅游纪念品外观设计专利的发展与保护"，《中国发明与专利》2013年第3期。

114. 杨波、何莉莉："专利侵权抗辩：现有技术抗辩与专利无效宣告的差异解析"，《中国发明与专利》2013年第8期。

115. 杨博闻、邱敏："重构职务专利归属制度"，《科技管理研究》2013年第17期。

116. 杨崇森、杨显滨："本土意境下中药复方专利的涅槃场域—— 以中医药学原理为研究路径"，《法学杂志》2013年第10期。

117. 杨莉、宋华琳、赵婕："药品试验数据保护与专利保护之平行并存性研究"，《中国新药杂志》2013年第22期。

118. 姚倩、杨敏、郭佳欣、马丽丹、李晨："抵触申请与重复授权的异同浅析"，《中国发明与专利》2013年第4期。

119. 尹锋林、曹鹏飞："美国云计算专利侵权规则及对我国的借鉴意义"，《电子知识产权》2013年第6期。

120. 尹昕："发明专利创造性判断中对试验数据及技术偏见的司法认定"，《人民司法》2013年第4期。

121. 于凯旋："浅析专利海盗的分类与特征"，《电子知识产权》2013年第8期。

122. 于萍："从《专利法》第三十三条探析'修改超范围'审查中的两个

问题”，《知识产权》2013年第12期。

123. 余高能：“对我国侵犯知识产权犯罪刑事立法系统性的考量”，《知识产权》2013年第12期。

124. 袁晓东、张军荣、冯灵：“美国发明保密制度的历史沿革、运行及评价”，《自然辩证法通讯》2013年第4期。

125. 袁秀挺、王翠平：“等同侵权的司法实践：原则、限制和案例——‘专利等同侵权的司法认定’研讨会综述”，《知识产权》2013年第8期。

126. 张闯：“欧盟推动专利信息应用的政策措施与经验借鉴”，《中国发明与专利》2013年第6期。

127. 张冲、叶红兵：“论我国专利强制许可制度的改革与完善”，《科技管理研究》2013年第17期。

128. 张冬、马超：“传统文化专利保护的合法性问题”，《河北法学》2013年第4期。

129. 张芳：“专利侵权赔偿数额裁决权的性质及其与民事诉讼制度的衔接——《专利法》第四次修改草案征求意见稿第六十五条评析”，《知识产权》2013年第12期。

130. 张耕、贾小龙：“专利‘侵权不停止’理论新解及立法完善——基于当事人之间的利益衡量”，《知识产权》2013年第11期。

131. 张吉豫：“禁止专利权滥用原则的制度化构建”，《现代法学》2013年第4期。

132. 张继宏：“美国等同原则的‘消亡’对我国专利侵权诉讼的启示”，《知识产权》2013年第2期。

133. 张丽华、陈中伟、黄磊、唐莉：“浅析美日欧关于用途限定的产品权利要求的新颖性审查”，《中国发明与专利》2013年第8期。

134. 张玲、纪璐：“美国专利侵权惩罚性赔偿制度及其启示”，《法学杂志》2013年第2期。

135. 张妮：“论专利制度的价值目标及其矛盾性法律需求”，《科技管理研究》2013年第11期。

136. 张鹏：“功能性限定权利要求认定与解释的制度完善”，《电子知识产权》2013年第8期。

137. 张伟君：“实用艺术作品著作权法保护与外观设计专利法保护的协

调”，《知识产权》2013年第9期。

138. 张晓东、傅利英：“美国专利审查中的‘显易尝试’标准及对我国的启示”，《中国医药工业杂志》2013年第5期。

139. 张秀玲：“专利先用权之原有范围的再探讨”，《理论与改革》2013年第2期。

140. 张媛：“TRIPS协议下商业秘密的国际保护——兼论我国商业秘密保护的法律完善”，《扬州大学学报（人文社会科学版）》2013年第3期。

141. 张政权：“涉及计算机程序的发明专利保护——法律规范的冲突、选择与适用”，《电子知识产权》2013年第7期。

142. 赵晶、王奋宇：“美国专利制度改革及其对中国的影响”，《中国科技论坛》2013年第1期。

143. 周波：“指定中国的国际专利申请权权属纠纷的管辖与受理条件”，《人民司法》2013年第6期。

144. 周红阳、林欧：“反垄断法规制专利标准化垄断的制度模式”，《法律适用》2013年第12期。

145. 周怡瑶：“中印传统医药的知识产权保护比较研究”，《电子知识产权》2013年第10期。

146. 朱显国：“完善我国国防专利法律制度的研究”，《知识产权》2013年第7期。

147. 邹龙妹：“专利行政执法自由裁量权的控制——‘和谐服务理念’下的专利行政执法”，《知识产权》2013年第9期。

148. 左萌、孙方涛：“美国专利无效案件中‘既决事项’初探”，《知识产权》2013年第8期。

149. 左萌、孙方涛、郭风顺：“浅析美国专利无效的双轨制”，《知识产权》2013年第12期。

150. 左玉茹、罗丹：“职务发明条例帮了谁的忙，添了谁的乱”，《电子知识产权》2013年第Z1期。

三、专利案例分析

1. 曹丽荣：“从Myriad案谈基因专利的正当性及美国对基因专利授权实质性要件分析”，《中国生物工程杂志》2013年第1期。

2. 曹永翔、刘建清："医药领域专利复审和无效案件的统计分析"，《中国新药杂志》2013年第19期。

3. 陈柳叶、荣芳、朱艳华："从专利权纠纷案探析等同原则的适用性"，《电视技术》2013年第S2期。

4. 陈默："论对价理论在专利充分公开中的适用—— 评加拿大最高法院'万艾可'专利无效案"，《中国发明与专利》2013年第1期。

5. 崔国振、冯术杰："专利侵权案件是否因专利确权案件中止探析——'三防双面型吊顶装饰板'实用新型专利无效及专利侵权诉讼案解析"，《电子知识产权》2013年第9期。

6. 费聿辉、刘江、林桂荣、张宇："苹果三星专利大战来龙去脉及影响分析"，《中国发明与专利》2013年第7期。

7. 郝建明："浅谈美国联邦最高法院'人类基因专利'案及影响"，《中国发明与专利》2013年第11期。

8. 何怀文："方法专利引诱侵权研究—— 兼评美国联邦巡回上诉法院Akamai Technologies, Inc. v. Limelight Networks, Inc.案全席判决"，《知识产权》2013年第3期。

9. 黄姗、沙柯、金英："苹果公司和三星公司专利纠纷之我见"，《中国发明与专利》2013年第6期。

10. 李晓蕾："从Akamai案和McKesson案看美国方法专利保护的新变化"，《中国发明与专利》2013年第7期。

11. 马毓昭、杨中亮、宗磊、池芳："苹果与三星专利战对我国人机交互技术专利布局的启示"，《中国发明与专利》2013年第2期。

12. 潘颖、卢章平、黄晋："专利侵权诉讼网络在企业市场竞争研究中的应用"，《情报杂志》2013年第9期。

13. 彭红斌、石丽静："日本应对'337调查'的经验及启示"，《理论探索》2013年第2期。

14. 苏玉峰："由三星和苹果侵权案看如何评价外观设计的设计特征"，《中国发明与专利》2013年第2期。

15. 汪建斌："伊利与蒙牛专利大战之探析"，《中国发明与专利》2013年第5期。

16. 王婧："由一起专利无效案谈自由心证与证据规则的关系"，《中国发明与专利》2013年第9期。

17. 韦炜、徐莉、王璟、马秋娟："'热稳定的葡糖淀粉酶'专利无效案评述"，《中国发明与专利》2013年第7期。

18. 文希凯："印度授予第一例药物专利强制许可的启示"，《中国发明与专利》2013年第3期。

19. 吴蓉："专利创造性判断中的商业成功——最高人民法院（2012）行提字第8号判决评析"，《知识产权》2013年第9期。

20. 武玉琴、王美石、项荣："从微信专利纠纷谈专利侵权诉讼的攻防"，《中国发明与专利》2013年第12期。

21. 严若菡："从一起专利侵权诉讼案看我国家具行业外观设计专利的发展"，《中国发明与专利》2013年第7期。

22. 姚丹："从Satcon走向破产论技术创新与专利资产积累"，《中国发明与专利》2013年第10期。

23. 叶若思、祝建军、陈文全："标准必要专利权人滥用市场支配地位构成垄断的认定 评华为公司诉美国IDC公司垄断纠纷案"，《电子知识产权》2013年第3期。

24. 叶若思、祝建军、陈文全："标准必要专利使用费纠纷中FRAND规则的司法适用——评华为公司诉美国IDC公司标准必要专利使用费纠纷案"，《电子知识产权》2013年第4期。

25. 张春水："'在X射线分析领域内对铸造缺陷进行分类的方法'专利复审案评析——以现有技术为基础判断创造性"，《电子知识产权》2013年第Z1期。

26. 张吉豫："标准必要专利'合理无歧视'许可费计算的原则与方法——美国'Microsoft Corp. v. Motorola Inc.'案的启示"，《知识产权》2013年第8期。

27. 张蔚："必要技术特征涉及的'技术问题'——从高行终字第1722号专利权无效宣告请求案谈起"，《电子知识产权》2013年第10期。

28. 张小丽、全宇军："如何确定标准基本专利的RAND许可费——浅析Microsoft v. Motorola案的裁决及其影响"，《中国发明与专利》2013年第9期。

29. 张玉蓉、邓家骎："低碳技术发展与我国专利无效宣告制度的改进——由'磷酸铁锂电池'案引发的思考"，《中国科技论坛》2013年第6期。

30. 张占江、容淦、张建升、谭南、李海丽、张华山：“苹果与HTC专利交叉许可引发的思考”，《中国发明与专利》2013年第2期。

31. 朱妙春：“屡战屡胜——数控立体雕刻机专利纠纷系列案代理纪实”，《中国发明与专利》2013年第6期。

32. 朱妙春：“全面出击——玉米脱粒机专利纠纷系列案代理纪实（上）”，《中国发明与专利》2013年第9期。

33. 朱妙春：“全面出击——玉米脱粒机专利纠纷系列案庭审纪实（下）”，《中国发明与专利》2013年第11期。

四、专利分析

1. 曹燕、陈智国、佟贺丰：“浅析G20国之美国专利资源分布”，《科技管理研究》2013年第9期。

2. 陈安安：“苹果公司在华专利布局分析”，《中国发明与专利》2013年第5期。

3. 陈振英、陈国钢、殷之明：“专利视角下高校科技创新水平比较——‘十一五’期间我国C9大学的发明专利计量分析”，《情报杂志》2013年第7期。

4. 慈雪、郎亦虹：“韩国三星电子株式会社在华专利布局分析——电视图像领域”，《电视技术》2013年第S2期。

5. 丁海德、周晓梅、綦晓卿：“城市专利产出能力实证分析——基于青岛市的视角”，《科技管理研究》2013年第2期。

6. 董林水、宋爱云：“我国农业大学国内专利申请动态发展趋势及技术领域分布格局”，《中国发明与专利》2013年第12期。

7. 董新蕊：“3D打印行业巨头德国EOS公司专利分析”，《中国发明与专利》2013年第12期。

8. 冯仁涛：“基于专利数据的区域技术布局分析”，《图书情报工作》2013年第4期。

9. 冯仁涛、余翔：“中国区域技术布局的相似性分析”，《情报杂志》2013年第1期。

10. 付秀颖、孙绍慧、吴红、郭凤娇：“专利视角下高校学科交叉研究”，《情报杂志》2013年第10期。

11. 宫磊、刘静、熊金安、安晓兰："浅议苹果公司在国内图像通信领域的专利布局"，《电视技术》2013年第S2期。

12. 顾志恒、何先美："中国高校国际专利申请现状分析及其对策"，《科技管理研究》2013年第7期。

13. 韩大平、吴洪："基于'食品科学与工程'学科的专利合作网络结构研究"，《科学管理研究》2013年第6期。

14. 胡晓珊、张旭、陈春淳、张旋："日亚公司在LED领域的专利布局现状简析"，《照明工程学报》2013年第4期。

15. 雷蕾、韦铁、何明、李佩鸿："广西战略性新兴产业知识产权发展研究"，《广西社会科学》2013年第11期。

16. 李熙、刘昶："三星智能电视手势遥控技术专利分析"，《电视技术》2013年第14期。

17. 林峻："2011年国际PCT专利申请态势分析"，《科技管理研究》2013年第2期。

18. 林甡："孟山都公司转基因种子专利战略初探"，《中国发明与专利》2013年第9期。

19. 刘昶、阎岩："Google关于视频搜索的专利技术"，《电视技术》2013年第12期。

20. 刘凤朝、傅瑶、孙玉涛："基于专利的美国技术创新领域分布结构演变"，《科学学研究》2013年第7期。

21. 刘伟、邹文俊、王鹏龙、徐昕、雷海民："天士力构建复方丹参提取物专利网的分析"，《中国中药杂志》2013年第1期。

22. 刘祥国："高校专利许可中的（双边）道德风险与激励约束机制"，《广西社会科学》2013年第8期。

23. 吕国昌、倪芝青："杭州等18个重点城市专利发展比较"，《科技管理研究》2013年第3期。

24. 罗恺、袁晓东："我国高校专利分散趋势及其影响因素研究"，《高等工程教育研究》2013年第4期。

25. 马军杰、卢锐、刘春彦："中国专利产出绩效的空间计量经济分析"，《科研管理》2013年第6期。

26. 苗小郁、高东辉、韩冰冰、刘长青、林学峰："高校专利申请量及法律状态分析——以北京市‘211工程’院校为例”，《中国高校科技》 2013年第4期。

27. 牛欣、陈向东：“城市创新跨边界合作与辐射距离探析——基于城市间合作申请专利数据的研究”，《地理科学》2013年第6期。

28. 漆艳茹、刘云、侯媛媛：“基于专利影响因素分析的区域创新能力比较研究”，《中国管理科学》2013年第S2期。

29. 乔淑欣：“波音公司飞行器相关技术专利布局研究”，《飞航导弹》2013年第10期。

30. 饶凯、孟宪飞、于晓丹：“科技人力资源因素对中国地方大学专利申请——专利许可的影响”，《中国科技论坛》2013年第4期。

31. 施婉君：“高校国际专利PCT申请发展态势”，《研究与发展管理》2013年第1期。

32. 孙威、张晖：“军队院校专利发展的现状与思考”，《中国发明与专利》2013年第10期。

33. 谭龙、刘云、侯媛媛：“我国高校专利实施许可的实证分析及启示”，《研究与发展管理》2013年第3期。

34. 谭龙、王宇、宋赛赛、孙兵兵：“金砖五国专利发展现状比较分析”，《中国发明与专利》2013年第5期。

35. 唐恒、朱伟伟：“高校专利运营模式的构建——基于客户价值的视角”，《研究与发展管理》2013年第1期。

36. 佟贺丰、雷孝平、张静：“基于专利计量的国家H指数分析”，《情报科学》2013年第12期。

37. 汪建斌：“宝洁公司在华专利布局态势分析”，《中国发明与专利》2013年第3期。

38. 王瑞敏、滕青、卢斐斐：“影响高校专利转化的因素分析和对策研究”，《科研管理》2013年第3期。

39. 吴伟、吕旭峰、余晓：“协同创新视阈下部属高校合作专利产出发展探析”，《中国高教研究》，2013年第9期。

40. 吴殷：“日本高校专利技术转移比较研究”，《中国发明与专利》2013年第4期。

41. 吴殷：“浅析日本高校专利技术转移成效之影响因素”，《中国发明与专利》2013年第5期。

42. 熊金安、郭海波、宫磊、阎赛、姚雅倩："苹果和三星在中国移动终端领域的专利分析"，《电视技术》2013年第S2期。

43. 徐进："浙江与江苏、广东、山东专利发展状况比较研究"，《科技管理研究》2013年第3期。

44. 徐进："浙江省专利实力差距与全国比较研究"，《科技管理研究》2013年第9期。

45. 徐文洪、曹华东："基于产业规模及专利分析的河南省战略性新兴产业发展思路与布局"，《科技管理研究》2013年第20期。

46. 许春："中国大学专利、技术转移与企业创新—— 基于累积创新视角"，《科学学与科学技术管理》，2013年第12期。

47. 杨倩、孙立冰、卢立明、赵超："从专利角度分析我国药学类高等校院的技术创新现状—— 以中国药科大学为例"，《中国药科大学学报》2013年第2期。

48. 杨舒杰、袁红梅、杨莉、刘皓："基于国内高校专利申请数据分析我国医药产学研的创新模式"，《中国医药工业杂志》2013年第12期。

49. 杨弯弯、周帆琦、陈晓榕、张维昊："基于科技论文与专利指标评价'中三角'的科技产出"，《科技管理研究》2013年第4期。

50. 杨小凤："茂名市专利申请与授权情况分析研究"，《科技管理研究》2013年第15期。

51. 杨毅、张涛："加强农业高校知识产权保护工作的几点思考"，《湖北农业科学》2013年第16期。

52. 虞文武、郑明星："基于专利分析的高等职业建设院校产学研合作研究"，《继续教育研究》2013年第12期。

53. 张福俊、刘桂仁、刘谦、李瑞琴："山东省国内专利文献计量学分析"，《科技管理研究》2013年第1期。

54. 赵丽霞、李新："内蒙古专利产出影响因素的实证研究"，《科学管理研究》2013年第2期。

55. 赵明强："普洛股份的专利申请状况分析"，《中国发明与专利》2013年第1期。

56. 郑享清、金珍："中部地区专利产出比较分析"，《科技管理研究》

2013年第7期。

57. 邹文俊、张宇清、徐芳媛、黄沛、刘伟："礼来公司吉西他滨全球及在华专利布局策略分析"，《中国新药杂志》2013年第17期。

五、企业专利战略

1. 蔡亮珍："浅议我国企业专利工作水平的提升措施"，《中国发明与专利》2013年第1期。

2. 曹洁："浅谈我国企业的对外专利申请策略"，《中国发明与专利》2013年第2期。

3. 陈琼娣："转用发明的专利申请策略研究——以清洁技术创新为例"，《中国发明与专利》2013年第9期。

4. 戴旸、梁帆、刘宗巍、赵福全："浅谈企业知识产权管理者如何开展尽职调查"，《中国发明与专利》2013年第4期。

5. 董丽、黄泰康、袁红梅："从企业视角谈药品专利保护的几点措施"，《中国新药杂志》2013年第7期。

6. 董小灵："浅谈企业专利管理部门绩效评估指标"，《中国发明与专利》2013年第8期。

7. 高雪莲："通过PCT途径寻求美国专利保护的策略"，《中国发明与专利》2013年第1期。

8. 宫磊、刘玲斐："从美国专利法之变谈如何应对潜在的威胁专利"，《中国发明与专利》2013年第4期。

9. 贺宁馨、袁晓东："专利钓饵对中国专利制度的挑战及其防范措施研究"，《科学学与科学技术管理》2013年第1期。

10. 黄贤涛、王文心："提升企业知识产权资产管理能力"，《电子知识产权》2013年第3期。

11. 江世琳："技术创新促进企业专利策略转型升级"，《中国发明与专利》2013年第9期。

12. 李顺德："企业'走出去'的专利风险"，《知识产权》2013年第1期。

13. 林小爱："专利交易特殊性及运营模式研究"，《知识产权》2013年第3期。

14. 刘海静："浅谈企业知识产权目标的演变"，《中国发明与专利》2013

年第1期。

15. 刘祥国、李正生："非对称信息中的专利许可策略研究"，《求索》2013年第6期。

16. 刘一霖："企业如何提高实用新型专利权的稳定性"，《中国发明与专利》2013年第4期。

17. 刘咏梅："论海南南药开发的知识产权保护"，《中国发明与专利》2013年第3期。

18. 刘芸、朱瑞博："专利丛林背景下科技型小微企业融资长效机制构建"，《经济体制改革》2013年第6期。

19. 孟奇勋："开放式创新环境下专利经营公司战略模式研究"，《情报杂志》2013年第5期。

20. 穆飞鹏、李慧子、朱艳华："浅谈专利信息分析在企业专利战略布局的应用"，《电视技术》2013年第S2期。

21. 倪静云、蔡勇、徐嘉辰、胡元佳、王一涛："专利许可与中药国际化发展的策略探讨"，《中草药》2013年第21期。

22. 潘睿、范丽芬："浅谈跨国技术合作中的知识产权风险"，《中国发明与专利》2013年第7期。

23. 漆苏："企业国际化经营的专利风险识别——基于企业行为的实证研究"，《科学学研究》2013年第8期。

24. 沙宇慧、李玉丹、杨悦："奥美拉唑知识产权保护策略分析"，《中国新药杂志》2013年第6期。

25. 孙娟、董丽、曹志华："国外企业医药专利战略特点及启示"，《中国新药杂志》2013年第15期。

26. 孙文倩、龙巧云、李强、韩涛、康蕾、张雨："仿制药公司对噻吩吡啶类抗血栓药物的专利战略研究"，《中国新药杂志》2013年第10期。

27. 王正发："PCT国家阶段的战略运用"，《知识产权》2013年第1期。

28. 武玉琴、美石："微软公开专利的意义不可低估"，《中国发明与专利》2013年第8期。

29. 奚缨、许怀远："浅析企业专利战略对纺织产业转型升级的意义"，上海纺织科技2013年第11期。

30. 夏玮："科技型中小企业专利行为分析——上海、慕尼黑四家中小企业案例比较研究”，《情报杂志》2013年第4期。

31. 徐国祥、余碧涛、艾娟、朱科：“浅析专利资产对提升企业核心竞争力的促进”，《中国发明与专利》2013年第1期。

32. 徐俊峰：“浅谈我国企业知识产权管理现状及对策”，《中国发明与专利》2013年第2期。

33. 颜涛、黄非：“谁是专利的试金石 专利又是谁的敲门砖——试谈专利与市场的关系”，《中国发明与专利》2013年第2期。

34. 杨辉：“3G企业制定和实施专利战略的基本思想”，《中国发明与专利》2013年第5期。

35. 张斌：“全球化视角下的我国企业专利战略研究”，《财政研究》2013年第4期。

36. 张杰、李晨颖、翟东升：“LED企业专利诉讼关系网络分析”，《情报杂志》2013年第8期。

37. 张勇、宋明顺：“企业家专利意识对企业经济的影响——基于浙江的调研”，《科研管理》2013年第1期。

38. 张玉蓉：“我国金融企业商业方法专利竞争战略研究”，《情报杂志》2013年第4期。

39. 周嘉、董丽、曹婷：“浅析我国医药企业的专利运营”，《中国新药杂志》2013年第16期。

六、技术标准与专利联盟

1. 方放：“技术标准设定动因下的高技术企业专利开发研究”，《科技进步与对策》2013年第7期。

2. 冯永琴、张米尔、纪勇：“技术标准演进中的创立者专利声明行为研究”，《系统管理学报》2013年第2期。

3. 胡坚：“战略性新兴产业纵向一体化专利联盟对区域产业影响研究”，《重庆大学学报（社会科学版）》2013年第6期。

4. 黄亦鹏、魏国平、李华军：“战略性新兴产业的专利联盟与标准化战略研究”，《科技管理研究》2013年第20期。

5. 李岩、陈燕、孙全亮：“构建我国企业专利池的策略及运作模式研究”，《知识产权》2013年第10期。

6. 卢思、赵涛："浅析专利池的构成要素"，《中国发明与专利》2013年第1期。

7. 罗猷韬、杜晓君、夏冬："竞争性专利联盟的形成分析"，东北大学学报（自然科学版）》，2013年第6期。

8. 骆思洁："联盟标准对小商品专利权的促进作用研究"，《安徽农业科学》2013年第20期。

9. 牛巍、宋伟："基于纵向结构的专利联盟企业间利益分配研究"，《科技管理研究》2013年第23期。

10. 沈娇、王磊："深圳企业构建和运营产业专利联盟概况"，《中国发明与专利》2013年第2期。

11. 石翠、周俏丽、张桂平："面向中文专利文献的有标记并列结构的统计分析"，《中文信息学报》2013年第5期。

12. 王斌："FRAND承诺对标准基本专利权利行使的影响"，《电子知识产权》2013年第12期。

13. 王怀祖、苏平、黄俊："网络外部性环境下非对称性专利联盟形成问题研究"，《科技管理研究》2013年第1期。

14. 巫晓倩："标准专利运营的平衡之道"，《电子知识产权》2013年第12期。

15. 杨文丽、李晓钟："基于我国饮料制造业的专利标准化效应比较研究"，《食品与生物技术学报》2013年第4期。

16. 张米尔、国伟、纪勇："技术专利与技术标准相互作用的实证研究"，《科研管理》2013年第4期。

17. 张雪红："标准必要专利禁令救济政策之改革"，《电子知识产权》2013年第12期。

18. 赵郁、赵国璧："冷静看待国内区域行业专利联盟成立热潮"，《中国发明与专利》2013年第9期。

19. 郑书前："我国绿色专利联盟构建的法律思考"，《电子知识产权》2013年第11期。

20. 周奇："标准专利的限制与平衡 从国内创新保护的角度"，《电子知识产权》2013年第12期。

七、专利价值与评估

1. 陈欣："浅析专利价值评估在中小型企业专利交易中的运用"，《中国发明与专利》2013年第11期。

2. 董小灵："浅谈基于财务预测的专利经济价值评估"，《中国发明与专利》2013年第7期。

3. 高鹏、谢印成、高杰："考虑专利许可费的三级闭环供应链协作机制"，《工业工程》2013年第4期。

4. 洪艳蓉："资产信用融资与风险管理：专利许可收费权证券化的新探索"，《知识产权》2013年第11期。

5. 冀瑜、项珍珍、魏辰雨、李旭："美国IPXI公司专利许可使用权证券化融资机制探析"，《浙江金融》2013年第5期。

6. 李锋、吴洁、尹洁："政府主导型产学研合作中专利价值分析体系研究"，《科技管理研究》2013年第24期。

7. 李满宇、刘桂明："专利价值评估的影响因素分析"，《中国发明与专利》2013年第7期。

8. 李云梅、雷文婷："技术创新型企业专利价值评价模型构建"，《财会通讯》2013年第29期。

9. 李云婷："基于放弃期权的生物技术专利价值评估方法"，《商业会计》2013年第10期。

10. 潘剑、解静："专利资产评估中的法律因素分析"，《电子知识产权》2013年第5期。

11. 齐美然、郭子雪："基于模糊实物期权理论的专利价值评估"，《河北大学学报（自然科学版）》2013年第6期。

12. 钱坤、沈厚才、黄忠全："基于质押融资的专利价值系统分析"，《管理现代化》2013年第4期。

13. 申成然、熊中楷、彭志强："专利保护与政府补贴下再制造闭环供应链的决策和协调"，《管理工程学报》2013年第3期。

14. 宋爽、陈向东："基于存续期的专利价值研究述评"，《科技管理研究》2013年第12期。

15. 王建明："专利保护下再制造闭环供应链差别定价与协调研究"，《运筹与管理》2013年第3期。

16. 熊中楷、黎雪："专利保护对考虑市场细分闭环供应链的影响"，《工业工程》2013年第3期。

17. 薛明皋、刘璘琳："专利质押贷款环境下的专利价值决定因素研究"，《科研管理》2013年第2期。

18. 尹锋林："中国专利 价格几何"，《电子知识产权》2013年第3期。

19. 俞风雷："专利资产证券化的法学价值评述"，《知识产权》2013年第10期。

20. 岳贤平："专利组合的存在价值及其政策性启示"，《情报理论与实践》2013年第2期。

21. 张古鹏、陈向东："基于专利存续期的专利价值研究—— 一个基于收益服从指数分布假设的模型重构"，《管理工程学报》2013年第4期。

22. 张运生、韦小彦、王吉斌："高科技企业创新生态系统技术标准许可定价策略研究"，《科技进步与对策》2013年第22期。

23. 赵蕴华、张静、李岩、殷绪成："基于机器学习的专利价值评估方法研究"，《情报科学》2013年第12期。

八、专利与创新

1. 白云朴、惠宁："企业自主创新成果产业化评价体系构建研究"，《社会科学研究》2013年第1期。

2. 曹勇、赵莉："专利获取、专利保护、专利商业化与技术创新绩效的作用机制研究"，《科研管理》2013年第8期。

3. 陈锦其、徐明华："专利制度超前背景下的企业专利行为研究"，《科学学与科学技术管理》，2013年第5期。

4. 陈伟、沙蓉、张永超、田世海："我国知识密集型产业专利创新绩效评价研究—— 基于DEA-Malmquist指数方法"，《管理评论》2013年第8期。

5. 陈昭、欧阳秋珍："国际技术溢出对我国技能溢价的影响路径：理论、模型与实证分析"，《上海经济研究》2013年第7期。

6. 党兴华、弓志刚："多维邻近性对跨区域技术创新合作的影响—— 基于中国共同专利数据的实证分析"，《科学学研究》2013年第10期。

7. 苟燕楠、董静："风险投资进入时机对企业技术创新的影响研究"，

《中国软科学》2013年第3期。

8. 桂黄宝："我国高技术产业创新能力时空差距研究"，《经济体制改革》2013年第2期。

9. 黄德海、窦夏睿、李志东："创新与中国专利文化"，《电子知识产权》2013年第9期。

10. 姜南："多维专利密度视角下的产业创新活动影响因素分析"，《科学学与科学技术管理》2013年第12期。

11. 李海波、李桂茹、袭著燕、高晓瑾、李星洲："自主创新驱动区域发展的路径与对策研究——以山东省创新型企业为例"，《科技进步与对策》2013年第2期。

12. 李红、申晓飞："我国知识密集型企业专利能力的构建与评价探究"，《科技管理研究》2013年第9期。

13. 李靖："专利申请量与经济增长的实证分析——以深圳为例"，《特区经济》2013年第1期。

14. 李丽、王灿："从高智发明公司看国外知识产权投资对我国出口影响"，《国际贸易》2013年第5期。

15. 李鹏、安纪平："浅谈TRIZ理论在专利回避设计中的应用"，《中国发明与专利》2013年第2期。

16. 李文丽、沈滢、许正良："企业专利能力演进机理的研究框架与理论模型——以知识为逻辑起点"，《情报科学》2013年第8期。

17. 梁艳红、檀润华、马建红："面向产品创新设计的专利文本分类研究"，《计算机集成制造系统》2013年第2期。

18. 刘朝、师洪波、张靖："大科学骨干人员专利意愿及影响因素的实证分析——基于某大科学项目的调查"，《科学管理研究》2013年第2期。

19. 刘凤朝、姜滨滨、马艳艳："基于USPTO专利的中日韩校企合作模式及其绩效比较"，《研究与发展管理》2013年第5期。

20. 刘辉："技术标准下的专利池对我国企业自主创新机制的影响研究"，《科技管理研究》2013年第4期。

21. 刘江南、于德介、彭丽、洪义海、卢伟健、杨小娟："基于裁剪法的机构综合专利利用再创新模型"，《湖南大学学报（自然科学版）》2013年第10期。

22. 刘晓燕、阮平南、童彤："专利合作网络知识扩散影响因素分析——以集成电路产业为例"，《中国科技论坛》2013年第5期。

23. 刘志迎、单洁含："技术距离、地理距离与大学—企业协同创新效应——基于联合专利数据的研究"，《科学学研究》2013年第9期。

24. 毛昊、刘澄、林瀚："中国企业专利实施和产业化问题研究"，《科学学研究》，2013年第12期。

25. 邱洪华："中国银行业创新绩效与专利活动的动态关联"，《金融论坛》2013年第2期。

26. 邱清盈、薛驰、冀瑜、冯培恩："基于专利知识的机械产品辅助创新系统"，《计算机集成制造系统》2013年第2期。

27. 饶凯、孟宪飞、徐亮、Andrea Piccaluga："研发投入对地方高校专利技术转移活动的影响——基于省级面板数据的实证分析"，《管理评论》2013年第5期。

28. 孙娜："开放经济条件下我国专利创造效率的实证研究"，《管理现代化》2013年第2期。

29. 王文普、陈斌："环境政策对绿色技术创新的影响研究——来自省级环境专利的证据"，《经济经纬》2013年第5期。

30. 王燕玲："面向企业技术创新的专利分析框架研究"，《科技管理研究》2013年第5期。

31. 魏海燕："中国专利的现状分析及技术创新思考"，《科技管理研究》2013年第1期。

32. 徐明、姜南："我国专利密集型产业及其影响因素的实证研究"，《科学学研究》2013年第2期。

33. 徐明、姜南："专利密集型产业对工业总产值贡献率的实证分析"，《科学学与科学技术管理》2013年第4期。

34. 徐巧玲："高技术产业专利开发与产业发展关系实证研究"，《科技进步与对策》2013年第4期。

35. 杨忠敏、王兆华、宿丽霞："能源技术专利与CO_2排放的关联性研究"，《科研管理》2013年第10期。

36. 姚飞、李建英、王大海："基于大学衍生企业创业的专利权制度比较研究"，《科技进步与对策》2013年第7期。

37. 詹爱岚、曹耀艳：“全球创新竞争下的中国专利激增：企业战略视角的思考”，《情报杂志》2013年第8期。

38. 詹爱岚、翟青：“中国专利激增动因及创新力研究”，《科学学研究》2013年第10期。

39. 张庆、冯仁涛、余翔：“专利授权率、经济绩效与技术创新——关于专利契约论的实证检验”，《软科学》2013年第3期。

40. 张晓黎、覃正：“知识基础能力、研发投入与技术创新绩效关系研究——基于全球R&D领先通信及技术设备制造类企业的实证分析”，《科技进步与对策》2013年第11期。

41. 张优智、党兴华：“专利产出与经济增长的协整关系研究”，《科技管理研究》2013年第11期。

42. 张宇青：“我国‘专利沉睡’之困与治理研究”，《科学管理研究》2013年第4期。

43. 赵方捷：“从英国专利保护制度的历史变迁看其对英国经济增长的持续作用”，《理论月刊》2013年第5期。

44. 周五七、聂鸣：“中国碳排放强度下降：结构效应与专利效应”，《科研管理》2013年第6期。

45. 庄涛、吴洪：“基于专利数据的我国官产学研三螺旋测度研究——兼论政府在产学研合作中的作用”，《管理世界》2013年第8期。

九、专利政策

1. 董亮、隋智勇、任剑新：“质量梯与最优专利宽度设计”，《科学学研究》2013年第6期。

2. 李黎明、刘海波：“基于医药产业的专利、贸易政策与国际贸易关系研究”，《中国软科学》2013年第6期。

3. 李小丽：“美国大学专利技术转移组织运营的宏观机制探析及启示”，《管理现代化》2013年第5期。

4. 李玉米、张韵君、吴二娇：“专利申请资助政策变迁与效果分析——以广州市为例”，《科技管理研究》2013年第12期。

5. 刘凌、冉启英：“专利资助的产业甄别问题——以新疆为例”，《特区经济》2013年第3期。

6. 潘鑫、王元地、金珺：“基于区域专利视角的科技政策作用分析”，《科学学与科学技术管理》2013年第12期。

7. 谭龙、刘云、杨芳娟：“促进专利申请量与质量协调发展的资助政策改进策略研究”，《科技进步与对策》2013年第19期。

8. 王璟：“我国区域性专利保护条例修订比较研究”，《科技管理研究》2013年第2期。

9. 吴艳：“美国政府涉及PAE的政策及其对我国的启示”，《电子知识产权》2013年第8期。

10. 徐棣枫、陈瑶：“中国专利促进政策的反思与调整——目标、机制、阶段性和开放性问题”，《重庆大学学报（社会科学版）》2013年第6期。

11. 徐进：“国内各省、市知识产权“十二五”规划指标比较研究”，《科技管理研究》2013年第4期。

12. 原长弘、孙会娟、李雪梅：“地方政府科技投入强度及本地市场技术需求对研究型大学专利产出效率影响研究”，《科技进步与对策》2013年第10期。

13. 曾铁山、朱雪忠、袁晓东、文家春：“基于市场化导向的我国专利政策功能定位研究”，《情报杂志》2013年第7期。

14. 张勤：“评2012年我国每万人有效发明专利拥有量超过3.3件”，《知识产权》2013年第1期。

15. 张鑫蕊、李煦颖、马秋娟、张秀丽：“从专利角度分析国家政策对燃料乙醇产业的影响”，《化工进展》2013年第12期。

16. 张月月、胡峰：“国际生产体系中绿色专利跨国转移的动力机制及制度保障”，《中国科技论坛》2013年第4期。

17. 赵梅生：“试析美国政府机构加强知识产权执法的态势与原因”，《电子知识产权》2013年第4期。

18. 朱雪忠、罗敏：“以专利政策为核心的低碳政策互动机制研究——从促进低碳技术创新的视角”，《中国科技论坛》2013年第4期。

十、专利中介服务

1. 董玉鹏、包逸萍：“专利信息服务标准规范体系构建研究”，《中国科技论坛》2013年第9期。

2. 郭强："基于区域产业集群的专利信息服务平台建设研究"，《科技进步与对策》2013年第20期。

3. 瞿丽曼："战术型专利信息服务规范体系构建研究"，《情报杂志》2013年第7期。

4. 李小童："我国专利代理机构开展专利权价值评估业务正逢其时"，《中国发明与专利》2013年第7期。

5. 邢欣欣："国内外专利分析服务状况比较研究"，《中国发明与专利》2013年第8期。

6. 杨晨、蔡芸："基于探索性案例分析的专利创业服务模块化运行研究"，《科技进步与对策》2013年第24期。

7. 杨小凤："国内专利信息服务体系建设现状分析"，《图书馆工作与研究》2013年第3期。

8. 张希："移动阅读环境下的专利信息服务发展策略研究"，《中国发明与专利》2013年第4期。

十一、其他

1. 陈宝霞："企业专利档案管理与利用研究——以燕山石化专利档案管理与利用为例"，《北京档案》2013年第2期。

2. 陈志国、杨甜婕："创新驱动战略背景下我国专利保险发展模式研究"，《保险研究》2013年第8期。

3. 丁锦希、张金凤、方玥、王中、何梦云、顾艳："战略性新兴生物医药产业专利质押融资现状评价及其政策成因分析"，《中国科技论坛》2013年第2期。

4. 方厚政、刘鹏："专利拍卖成交率影响因素的实证研究——以中国技术交易所为例"，《科学学研究》2013年第12期。

5. 李明星、Nelson Amowine、何娣、张慜："转型升级背景下小微企业专利融资模式创新研究"，《科技进步与对策》2013年第18期。

6. 刘毕贝："基于专利制度本旨的专利质量涵义的界定及解释"，《中国科技论坛》2013年第11期。

7. 刘琼、刘桂锋、刘红光："中国专利学位论文研究热点的共词分析"，《科技管理研究》2013年第23期。

8. 吕萍："专利档案管理及其在企业知识产权战略中的作用"，《兰台世界》2013年第S1期。

9. 曲燕、王大鹏："试析专利审查质量与质量文化建设的关系"，《知识产权》2013年第11期。

10. 宋东林、全卓、唐恒："长三角地区重点产业专利预警合作机制研究"，《科技管理研究》2013年第18期。

11. 孙华平、刘桂锋："科技型小微企业专利运营体系及融资模式研究"，《科技进步与对策》2013年第18期。

12. 孙振嘉、丁锐、王付国、吴宏伟："基于专利战略视角的企业专利档案管理模式研究"，《情报科学》2013年第9期。

13. 滕立："网络视角下的中国专利研究现状—— 研究力量分布、知识基础与研究主题"，《情报杂志》2013年第12期。

14. 杨千雨："论我国专利被许可项目融资担保制度之构建"，《云南民族大学学报（哲学社会科学版）》2013年第5期。

15. 袁红梅、武志昂："基于政府角色定位的专利制度设计研究"，《科技进步与对策》2013年第12期。

16. 张广安："基于文献计量的专利质量研究评述"，《生产力研究》2013年第3期。

17. 张晓京、于渤："中国专利质量研究：开放经济的视角"，《经济理论与经济管理》2013年第1期。

18. 朱雅琛、黄非："CPC分类体系：开创专利分类体系新纪元"，《中国发明与专利》2013年第2期。